全国技工教育规划教材
高等职业院校精品教材系列

建筑电气控制技术
（第2版）

苏　山　魏　华　韦　宇　主　编
王艳丽　陈　冉　张　刚　副主编
马福军　江祥明　参　编

電子工業出版社
Publishing House of Electronics Industry
北京·BEIJING

美丽中国——广西桂林漓江风光

内 容 简 介

本书根据教育部新的职业教育教学改革精神，结合本课程标准新的要求进行编写。本书既讲述电气控制技术的基本原理，又重点介绍电气控制技术在建筑电气领域的最新应用。全书共 9 章，不仅优化和调整了许多原有课程内容，还增加了如双电源切换装置、控制与保护开关电器、软启动控制、变频启动控制、消火栓泵的典型控制、排水设备的控制、通风排烟设备的控制、电气控制设计中的电气保护等内容。本书选取多个最新的工程应用实例，采用建筑电气工程中的新规范、新知识、新技术和新产品，具有很强的职业教育特色。本书以培养高素质技术技能型人才为目标，编写思路清晰、概念准确、内容新颖，具有较强的实用性和先进性。

本书为高等职业本专科院校建筑类专业相应课程的教材，也可作为开放大学、成人教育、自学考试、中职学校和培训班的教材，以及工程技术人员的参考书。

本教材配有免费的电子教学课件、练习题参考答案，详见前言。

图书在版编目（CIP）数据

建筑电气控制技术/苏山，魏华，韦宇主编. —2 版. —北京：电子工业出版社，2020.9（2024.8重印）
高等职业院校精品教材系列
ISBN 978-7-121-35882-1

Ⅰ. ①建… Ⅱ. ①苏… ②魏… ③韦… Ⅲ. ①房屋建筑设备－电气控制－高等学校－教材 Ⅳ. ①TU85

中国版本图书馆 CIP 数据核字（2019）第 004232 号

责任编辑：陈健德（E-mail:chenjd@phei.com.cn）
印　　刷：三河市兴达印务有限公司
装　　订：三河市兴达印务有限公司
出版发行：电子工业出版社
　　　　　北京市海淀区万寿路 173 信箱　邮编　100036
开　　本：787×1 092　1/16　印张：16　字数：410 千字
版　　次：2016 年 2 月第 1 版
　　　　　2020 年 9 月第 2 版
印　　次：2024 年 8 月第 9 次印刷
定　　价：52.00 元

凡所购买电子工业出版社图书有缺损问题，请向购买书店调换。若书店售缺，请与本社发行部联系，联系及邮购电话：（010）88254888，88258888。

质量投诉请发邮件至 zlts@phei.com.cn，盗版侵权举报请发邮件至 dbqq@phei.com.cn。

本书咨询联系方式：chenjd@phei.com.cn。

随着我国建筑行业的蓬勃发展，各地企业需要大量的建筑类专业技能型人才。为满足社会对建筑类专业人才的迫切需求，培养适应建筑电气职业岗位的高素质技术技能型人才，许多高职院校在本课程中推行工学结合项目导向的人才培养模式，构建以岗位能力为核心、以实践教学为主体的特色课程。本书根据教育部新的职业教育教学改革精神，结合本课程标准新的要求进行编写。

本书选取多个最新的工程应用实例，采用建筑电气工程实践中的新规范、新知识、新技术和新产品，具有很强的职业教育特色，体现建筑电气行业的技术发展和特点。本书以培养高素质技术技能型人才为目标，编写思路清晰、概念准确、内容新颖，具有较强的实用性和先进性。

本书既讲述电气控制技术的基本原理，又重点介绍电气控制技术在建筑电气领域的最新应用，不仅优化和调整了许多原有课程内容，还增加了如双电源切换装置、控制与保护开关电器、软启动控制、变频启动控制、消火栓泵的典型控制、排水设备的控制、通风排烟设备的控制、电气控制设计中的电气保护等新内容。另外，为适应可编程控制技术的应用需求，本书专门介绍了可编程控制器的组成、工作原理和应用技术，突出其在工程上的实用性。

本书共分为 9 章，内容包括：常用低压电器、电气控制的典型环节与规律、给排水设备的控制、通风排烟设备的控制、空调与制冷设备的控制、电梯的控制、建筑施工常用机械设备的控制、可编程控制技术、电气控制设计等。本书为高等职业本专科院校建筑类专业相应课程的教材，也可作为开放大学、成人教育、自学考试、中职学校和培训班的教材，以及工程技术人员的参考书。

本书由浙江建设职业技术学院苏山、南宁学院魏华和广西建设职业技术学院韦宇任主编，由河南建筑职业技术学院王艳丽、山东城市建设职业学院陈冉和江苏建筑职业技术学院张刚任副主编。其中第 1 章和第 9 章由苏山编写；第 2 章由魏华编写；第 3 章由江祥明编写；第 4 章由韦宇编写；第 5 章由王艳丽编写；第 6 章由马福军编写；第 7 章由陈冉编写；第 8 章由张刚编写。全书由苏山负责统稿。浙江省建筑设计研究院教授级高级工程师杨彤、浙江中凯科技股份有限公司高级工程师李华民、中天建设集团浙江安装工程有限公司高级工程师卢丹凤对本书进行了认真的审阅，并提供了非常宝贵的修改意见，在此谨向他们表示诚挚的谢意。

本书参考了大量的书刊资料，并引用了部分内容，除在参考文献中列出外，在此一并向这些书刊资料的作者表示衷心的感谢。

由于专业水平有限，加之时间仓促，书中难免有错漏之处，恳请广大读者批评指正。

为了方便教师教学，本书还配有免费的电子教学课件、练习题参考答案，请有此需要的教师登录华信教育资源网（http://www.hxedu.com.cn）免费注册后进行下载，有问题时请在网站留言或与电子工业出版社联系（E-mail：hxedu@phei.com.cn）。

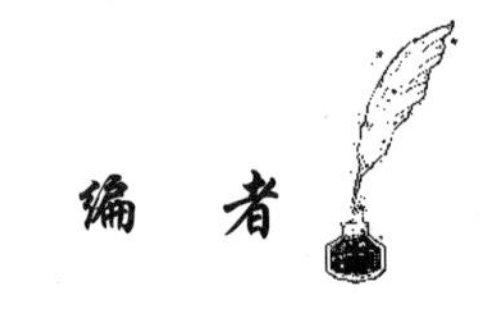

目 录

第1章 常用低压电器

教学导航

教	知识重点	1．了解常用低压电器的结构、工作原理； 2．掌握常用低压电器的功能、图形与文字符号； 3．熟悉常用低压电器的型号和选用方法
	知识难点	常用低压电器的工作原理
	推荐教学方式	利用多媒体图片和动画把低压电器的结构、工作原理演示给学生们看，同时结合在实训楼观看实物讲解
	建议学时	12 学时
学	推荐学习方法	结合本章内容，通过自我查找资料、观察总结，了解低压电器的结构、工作原理，为今后分析电气控制系统图打下良好的基础
	必须掌握的理论知识	1．低压电器的基本概念； 2．常用低压电器的分类方法； 3．接触器和继电器； 4．其他低压开关和控制电器
	必须掌握的技能	1．认识常用的低压电器； 2．主要低压电器的选用

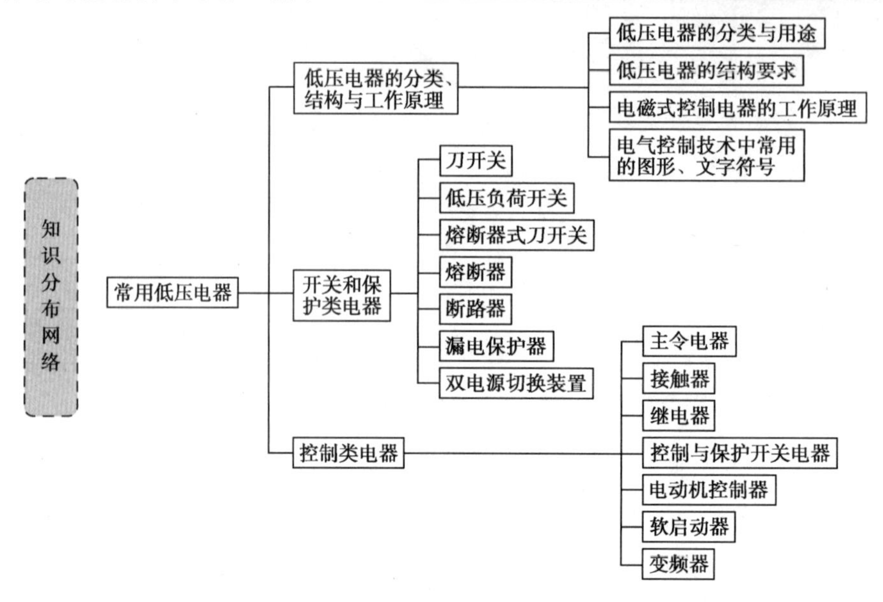

1.1 低压电器的分类、结构与工作原理

在我国经济建设事业和人民生活中，电能的应用越来越广泛，大多采用低压供电。为了安全、可靠地使用电能，电路中就必须装有各种起调节、分配、控制和保护作用的各类断路器、接触器、继电器等低压电器。即无论是低压供电系统还是控制生产过程的电力拖动控制系统，都是由用途不同的各类低压电器组成的。随着科学技术和生产的发展，低压电器的种类不断增多，用量也不断增大，用途更为广泛。

1.1.1 低压电器的分类与用途

我国现行标准将工作电压交流 1200V、直流 1500V 以下的电气线路中起通断、保护、控制或调节作用的电器称为低压电器。

1. 低压电器的分类

低压电器的种类繁多，工作原理也各异，因而有不同的分类方法。以下介绍三种分类方式。

1）按用途和控制对象分

按用途和控制对象不同，可将低压电器分为开关保护类电器和控制类电器。

（1）用于低压电力网的开关保护类电器：这类低压电器主要用于低压供电系统，它包括刀开关、负荷开关、隔离开关、断路器和熔断器等。对开关保护类电器的主要要求是断流能力强、限流效果好；在系统发生故障时保护动作准确，工作可靠；有足够的热稳定性和动稳定性。

（2）低压控制类电器：这类电器主要用于电力拖动及自动控制系统，它包括接触器、启动器和各种控制继电器等。对控制类电器的主要要求是操作频率高，电器和机械寿命长，有相应的转换能力。

2）按操作方式分

按操作方式不同，可将低压电器分为自动电器和手动电器。

（1）自动电器：通过电磁（或压缩空气）做功来完成接通、分断、启动、反向和停止等动作的电器称为自动电器。常用的自动电器有接触器、继电器等。

（2）手动电器：通过人力做功来完成接通、分断、启动、反向和停止等动作的电器称为手动电器。常用的手动电器有刀开关、转换开关和主令电器等。

3）按工作原理分

按工作原理不同，可将低压电器分为电磁式电器和非电量控制电器。

（1）电磁式电器：这类电器是根据电磁感应原理进行工作的，它包括交直流接触器、电磁式继电器等。

（2）非电量控制电器：这类电器是以非电物理量作为控制量进行工作的，包括按钮开关、行程开关、热继电器、速度继电器等。

另外，低压电器按工作条件还可划分为一般工业电器、船用电器、化工电器、矿用电器、牵引电器及航空电器等几类，对不同类型低压电器的防护形式、耐潮湿、耐腐蚀、抗冲击等性能的要求不同。

下面，我们将重点介绍最典型的几类低压电器，如刀开关、熔断器、断路器、接触器、继电器、主令电器、启动器等。

2. 低压电器的基本用途

在输送电能的输电线路和各种用电的场合，需要使用不同的电器来控制电路的通、断，并对电路的各种参数进行调节。低压电器在电路中的用途就是根据外界控制信号或控制要求，通过一个或多个器件组合，自动或手动地接通、分断电路，连续或断续地改变电路状态，对电路进行切换、控制、保护、检测和调节。

1.1.2　低压电器的结构要求

低压电器产品的种类多、数量大，用途极为广泛。为了保证不同产地、不同企业生产的低压电器产品的规格、性能和质量一致，通用性和互换性好，低压电器的设计和制造必须严格按照国家的有关标准，尤其是基本系列的各类开关电器必须保证执行三化，即标准化、系列化、通用化，四统一，即型号规格、技术条件、外形及安装尺寸、易损零部件统一的原则。我们在购置和选用低压电器元件时，也要特别注意检查其结构是否符合标准，防止给今后的运行和维修工作留下隐患和麻烦。

1.1.3　电磁式控制电器的工作原理

电磁式控制电器是低压电器中最典型也是应用最广泛的一种电器。控制系统中的接触器和电磁式继电器就是两种最常用的电磁式控制电器。虽然电磁式控制电器的类型很多，但它的工作原理和构造基本相同。其基本结构是由电磁机构和触点系统组成。触点是电磁式控制电器的执行部分，电器就是通过触点的动作来分合被控电路的。触点在闭合状态下，动、静触点完全接触，并有工作电流通过时，称为电接触。电接触时会存在接触电

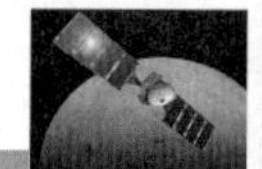

阻，动、静触点在分离时，会产生电弧。触点系统存在的接触电阻和电弧现象，对电气系统的安全运行影响较大，电磁机构的电磁吸力和反力特性又是决定电器性能的主要因素之一。低压电器的主要技术性能指标与参数就是在这些基础上制定的。因此，触点结构、电弧、灭弧装置以及电磁吸力和反力特性等是构成低压电器的基本问题，也是研究电气元件结构和工作原理的基础。

1．电磁机构

电磁机构是电磁式继电器和接触器等低压器件的主要组成部件之一，工作原理是将电磁能转换成为机械能，从而带动触点动作。常用电磁机构的形式如图 1-1 所示。

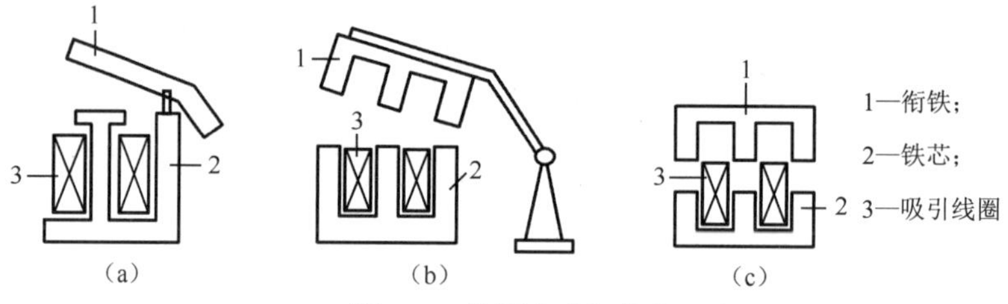

图 1-1　常用电磁机构的形式

电磁机构由吸引线圈（励磁线圈）和磁路两部分组成。其中磁路包括铁芯、铁轭、衔铁和空气隙。当吸引线圈通过一定的电压或电流时，产生激励磁场及吸力，并通过气隙转换为机械能，从而带动衔铁运动使触点动作，以完成触点的断开和闭合。

图 1-1 是几种常用的电磁机构结构示意图。由图可见，衔铁可以直动，也可以绕支点转动。按磁系统的形状分类，电磁机构可分为 U 形［见图 1-1（a）］和 E 形［见图 1-1（b）］两种。铁芯按衔铁的运动方式分为如下几类：

（1）衔铁沿棱角转动的拍合式铁芯如图 1-1（a）所示，其衔铁绕铁轭的棱角转动，磨损较小，铁芯一般用电工软铁制成，适用于直流继电器和接触器。

（2）衔铁沿轴转动的拍合式铁芯如图 1-1（b）所示，其衔铁绕轴转动，铁芯一般用硅钢片叠成，常用于较大容量的交流接触器。

（3）衔铁做直线运动的直动式铁芯如图 1-1（c）所示，衔铁在线圈内成直线运动，多用于中小容量交流接触器和继电器中。

吸引线圈按其通电种类一般分为交流电磁线圈和直流电磁线圈。对于交流电磁线圈，通交流电时，为了减小因涡流造成的能量损失和温升，铁芯和衔铁用硅钢片叠成。对于直流电磁线圈，铁芯和衔铁可以用整块电工软钢做成。当线圈并联于电源工作时，称为电压线圈，它的特点是线圈匝数多，导线直径较小。当线圈串联于电路工作时，称为电流线圈，它的特点是线圈匝数少，导线直径较大。

2．电磁机构的工作原理

电磁机构使衔铁释放的力与气隙之间的关系曲线称为反力特性曲线。电磁机构使衔铁释放的力一般有两种：一种是利用弹簧的反力，另一种是利用衔铁的自身重力。弹簧的反力与其机械形变的位移量 x 成正比，其反力特性可写成：

$$F_{f1}=K_1x \tag{1-1}$$

自重的反力与气隙大小无关，如果气隙方向与重力一致，其反力特性可写成：

$$F_{f2}=-K_2 \tag{1-2}$$

考虑到常开触点闭合时超行程机构的弹力作用，上述两种反力特性曲线如图 1-2 所示。其中，δ_1 为电磁机构气隙的初始值；δ_2 为动、静触点开始接触时的气隙长度。由于超行程机构的弹力作用，反力特性在δ_1处有一突变。

3．吸力特性

电磁机构的吸力与气隙之间的关系曲线称为吸力特性曲线。电磁机构的吸力与很多因素有关，当铁芯与衔铁端面互相平行，且气隙δ比较小时，电磁吸力可近似地按下式求得：

$$F=4\times10^5B^2 S=4\times10^5\Phi^2/S \tag{1-3}$$

式中，B 为气隙间磁通密度（T）；S 为吸力处气隙端面积（m^2）；F 为电磁吸力（N）；Φ为通过气隙的磁通。

当端面积 S 为常数时，电磁吸力 F 与磁通密度 B^2 成正比，即 F 与磁通Φ^2 成正比，反比于端面积 S，即：

$$F\propto \Phi^2/S$$

电磁机构的吸力特性反映的是其电磁吸力与气隙的关系，而励磁电流的种类不同，其吸力特性也不一样。如图 1-3 所示为交流和直流吸力特性曲线。

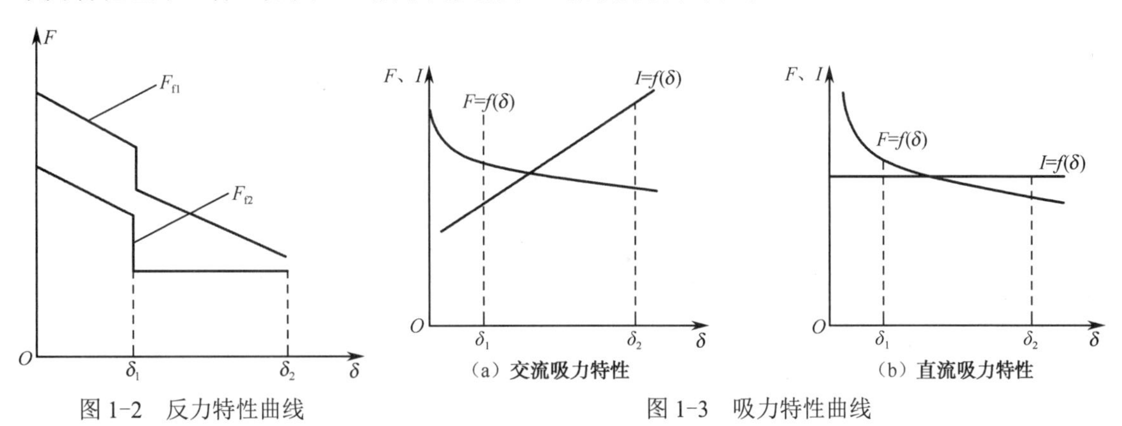

图 1-2 反力特性曲线

图 1-3 吸力特性曲线

4．触点系统

触点按其原始状态（即线圈未通电时）可分为常开触点和常闭触点。在原始状态时断开、线圈通电后闭合的触点叫常开触点，在原始状态时闭合、线圈通电后断开的触点叫常闭触点。线圈断电后所有触点复原。

1）触点的接触电阻

当动、静触点闭合后，不可能是完全紧密地接触，从微观看，只是一些凸起点之间的有效接触，因此工作电流只流过这些相接触的凸起点，使有效导电面积减小，该区域的电阻远大于金属导体的电阻。这种由于动、静触点闭合时形成的电阻，称为接触电阻。由于接触电阻的存在，不仅会造成一定的电压损耗，还会使铜耗增加，造成触点温升超过允许值，导致触点表面的“膜电阻”进一步增加及相邻绝缘材料的老化，严重时可使触点熔焊，造成电气系统发生事故。因此，对各种电器的触点都规定了它的最高环境温度和允许温升。

为确保导电、导热性能良好，触点通常由铜、银、镍及其合金材料制成，有时也在铜触点表面电镀锡、银或镍。对于有些特殊用途的电器，如微型继电器和小容量的电器，其触点常采用银质材料，以减小其接触电阻；对于大、中容量的低压电器，在结构设计上，采用滚动接触结构的触点，可将氧化膜去掉。

除此之外，触点在运行时还存在磨损，触点的磨损包括电磨损和机械磨损。电磨损是由于在通断过程中触点间的放电作用使触点材料发生物理性能和化学性能的变化而引起的。电磨损是引起触点材料损耗的主要原因之一。机械磨损是由于机械作用使触点材料发生磨损和消耗。机械磨损的程度取决于材料硬度、触点压力及触点的滑动方式等。为了使接触电阻尽可能减小，一是要选用导电性好、耐磨性好的金属材料做触点，使触点本身的电阻尽量减小；二是要使触点接触得紧密一些。另外，在使用过程中尽量保持触点清洁，在有条件的情况下应定期清洁触点表面。

2）触点的接触形式

触点的接触形式及结构形式很多，通常按其接触形式分为三种，即点接触、面接触和线接触，如图 1-4 所示。显然，面接触时的实际接触面要比线接触时的大，而线接触的又比点接触的大。图 1-4（a）所示为点接触，它由两个半球形触点或一个半球形与一个平面形触点构成，这种结构有利于提高单位面积上的压力，减小触点的表面电阻。它常用于小电流的电器中，如接触器的辅助触点和继电器触点。图 1-4（b）所示为面接触，这种触点一般在接触表面上镶有合金，以减小触点的接触电阻，提高触点的抗熔焊、抗磨损能力，允许通过较大的电流。中、小容量的接触器的主触点多采用这种结构。图 1-4（c）所示为线接触，通常被做成指形触点结构，其接触区是一条直线。触点在通、断过程中滚动接触并产生滚动摩擦，以利于去掉氧化膜。这种滚动线接触适用于通电次数多、电流大的场合，多用于中等容量电器。

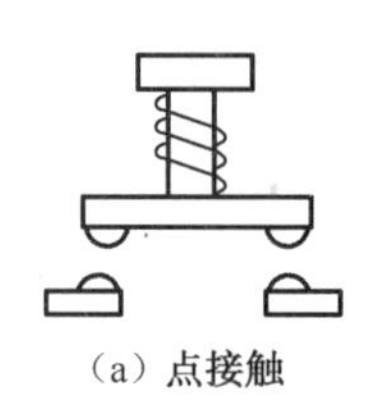

（a）点接触　（b）面接触

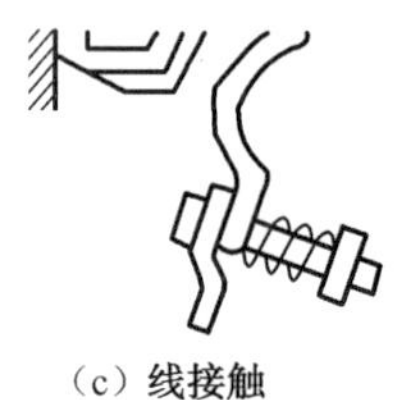

（c）线接触

图 1-4　触点的接触形式

触点在接触时，为了使触点接触得更加紧密，以减小接触电阻，消除开始接触时产生的振动，一般在触点上都装有接触弹簧。当动触点刚与静触点接触时，由于安装时弹簧预先压缩了一段，因此产生一个初压力 F_1，如图 1-5（b）所示，并且随着触点闭合，逐渐增大触点间的压力。触点闭合后由于弹簧在超行程内继续变形而产生终压力 F_2，如图 1-5（c）所示。弹簧被压缩的距离称为触点的超行程，即从静、动触点开始接触到触点压紧，整个触点系统向前压紧的距离。有了超行程，在触点磨损的情况下，仍具有一定压力，磨损严重时超行程将失效。

5．电弧的产生及灭弧方法

1）电弧的产生及其物理过程

在自然环境中分断电路时，如果电路的电流（或电压）超过某一数值（根据触点材料的不同，此值为 0.25～1 A、12～20 V），触点在分断的时候就会产生电弧。

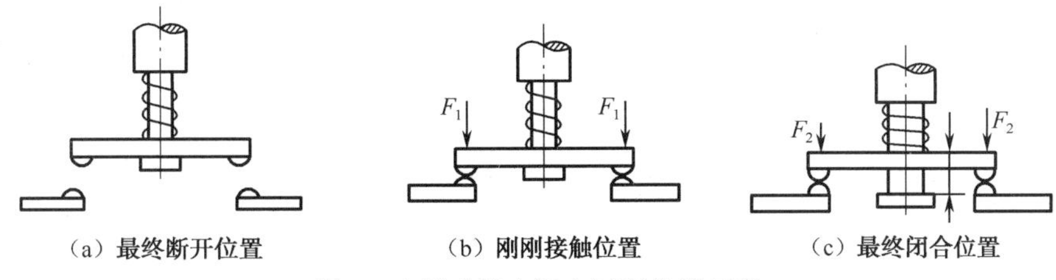

(a) 最终断开位置 (b) 刚刚接触位置 (c) 最终闭合位置

图1-5 桥式触点闭合过程位置示意

电弧实际上是触点间气体在强电场作用下产生的放电现象。所谓气体放电，就是触点间隙中的气体被游离产生大量的电子和离子，在强电场作用下，大量的带电粒子做定向运动，于是绝缘的气体就变成了导体。电流通过这个游离区时所消耗的电能转换为热能和光能，发出光和热的效应，产生高温并发出强光，使触点烧损，并使电路的切断时间延长，甚至不能断开，造成严重事故。所以，必须采取措施熄灭或减小电弧，为此首先要了解电弧产生的原因。电弧的产生主要经历以下四个物理过程。

(1) 强电场放射：触点开始分离时，其间隙很小，电路电压几乎全部降落在触点间很小很小的间隙上，因此该处的电场强度很高，每米可达几亿伏，此强电场将触点阴极表面的自由电子拉出到气隙中，使触点间隙中存在较多的电子，这种现象就是所谓的强电场放射。

(2) 撞击电离：触点间隙中的自由电子在电场作用下，向正极加速运动，它在前进途中撞击气体原子，该原子被分裂成电子和正离子。电子在向正极运动过程中，又将撞击其他原子，使触点间隙气体中的电荷越来越多，这种现象称为撞击电离。触点间隙中的电场强度越强，电子在加速过程中所走的路程越长，它所获得的能量就越大，故撞击电离的电子就越多。

(3) 热电子发射：撞击电离产生的正离子向阴极运动，撞击在阴极上后会使阴极温度逐渐升高，使阴极金属中的电子动能增加，当阴极温度达到一定程度时，一部分电子有足够动能将从阴极表面逸出，再参与撞击电离。由于高温使电极发射电子的现象称为热电子发射。

(4) 高温游离：当电弧间隙气体的温度升高时，气体分子的热运动速度加快。当电弧的温度达到 3 000 ℃或更高时，气体分子将发生强烈的不规则热运动并造成相互碰撞，结果使中性分子游离成为电子和正离子。这种因高温使分子撞击所产生的游离称为高温游离。当电弧间隙中有金属蒸气时，产生高温游离的概率大大增加。另外，伴随着电离的进行，还存在着消电离作用。消电离是指正、负带电粒子接近时在结合成为中性粒子的同时，削弱了电离的过程。消电离过程可分为复合和扩散两种。电离和消电离的作用是同时存在的。当电离速度快于消电离速度时，电弧就增强；当电离速度与消电离速度相等时，电弧就稳定燃烧；当消电离速度大于电离速度时，电弧就会熄灭。因此，要使电弧熄灭，一方面要减弱电离作用，另一方面是增强消电离作用。

2) 电弧的熄灭及灭弧的方法

对于需要通断大电流电路的电器，如接触器、低压断路器等，要有较完善的灭弧装置。对于小容量继电器、主令电器等，由于它们的触点是通断小电流电路的，因此不要求有完善的灭弧装置。根据以上分析的原理，常用的灭弧方法和装置有以下几种。

（1）电动力吹弧：图 1-6 是一种桥式结构双断口触点，流过触点两端的电流方向相反，将产生互相排斥的电动力。当触点打开时，在断口中产生电弧。电弧电流在两电弧之间产生图中以“⊕”表示的磁场，根据左手定则，电弧电流要受到一个指向外侧的电动力 F 的作用，电弧向外运动并拉长，使其迅速穿越冷却介质，从而加快电弧冷却并熄灭。这种方法一般多用于小功率的电器中；当配合栅片灭弧时，也可用于大功率的电器中。交流接触器通常采用这种灭弧方法。

（2）栅片灭弧：灭弧栅一般由多片镀铜薄钢片（称为栅片）和石棉绝缘板组成，它们通常在电器触点上方的灭弧室内，彼此之间互相绝缘。如图 1-7 所示为栅片灭弧示意图。

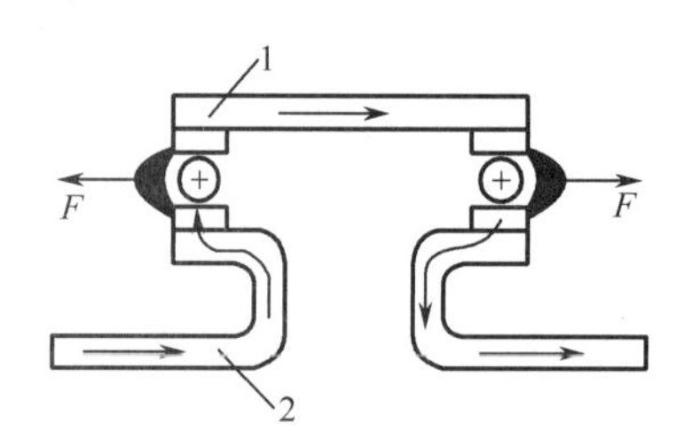

1—动触点；2—静触点

图 1-6　桥式触点灭弧原理

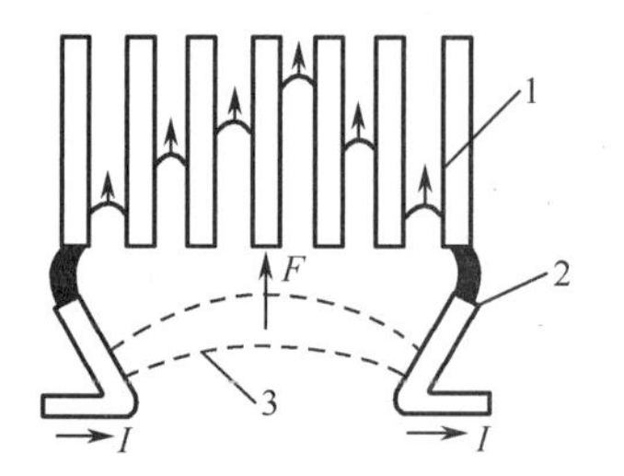

1—灭弧栅片；2—触点；3—电弧

图 1-7　栅片灭弧示意

当触点分断电路时，在触点之间产生电弧，电弧电流产生磁场，由于钢片磁阻比空气磁阻小得多，因此，电弧上方的磁通非常稀疏，而下方的磁通却非常密集，这种上疏下密的磁场将电弧拉入灭弧罩中，当电弧进入灭弧栅后，被分割成数段串联的短弧。这样每两片灭弧栅片可以看作一对电极，而每对电极间都有 150～250 V 的绝缘强度，使整个灭弧栅的绝缘强度大大加强，而每个栅片间的电压不足以达到电弧燃烧电压，同时栅片吸收电弧热量，使电弧迅速冷却而很快熄灭。

（3）磁吹灭弧：磁吹灭弧方法是利用电弧在磁场中受力，将电弧拉长，并使电弧在冷却的灭弧罩窄缝隙中运动，产生强烈的消电离作用，从而将电弧熄灭。其原理如图 1-8 所示。图中，在触点电路中串入吹弧线圈 3，当主电流 I 通过线圈时，产生磁通Φ，根据右手螺旋定则可知，该磁通从导磁体通过导磁夹片，在触点间隙中形成磁场。图中“×”符号表示磁通Φ方向为进入纸面。当触点打开时在触点间隙中产生电弧，电弧自身也产生一个磁场，该磁场在电弧上侧，方向为从纸面出来，用“⊙”符号表示，它与线圈产生的磁场方向相反。而在电弧下侧，电弧磁场方向进入纸面，用“⊕”符号表示，它与线圈的磁场方向相同。这样，两侧的合成磁通就不相等，下侧的大于上侧的，因此，产生强烈的电磁力将电弧推向灭弧罩，使电弧急速进入灭弧罩，电弧被拉长并受到冷却而很快被熄灭。此外，由于这种灭弧装置是利用电弧电流本身灭弧，因

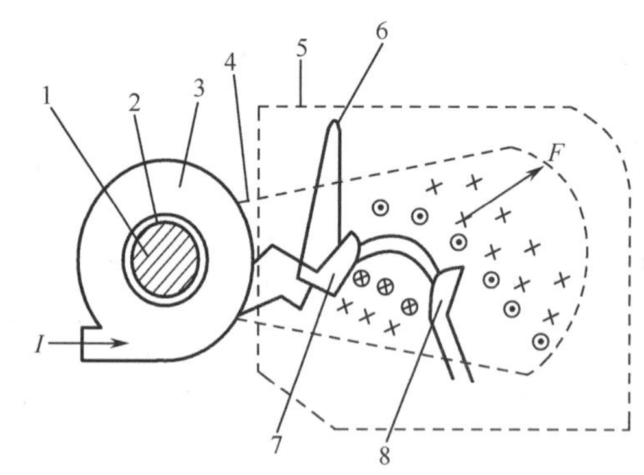

1—铁芯；2—绝缘管；3—吹弧线圈；4—导磁夹片；
5—灭弧罩；6—引弧角；7—静触点；8—动触点

图 1-8　磁吹式灭弧装置

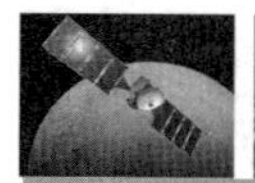

而电弧电流越大，吹弧能力也越强，它广泛应用于直流灭弧装置中（如直流接触器）。

1.1.4　电气控制技术中常用的图形、文字符号

电气控制线路图用于表达电气设备的电气控制系统的结构、原理等设计意图，将电气控制线路中的各元器件的连接用一定的图形及文字符号表示出来。为了便于交流与沟通，我国参照国际电工委员会（IEC）颁布的有关文件，制定了电气设备有关国家标准。近年来，国家颁发了一系列与 IEC 对应的国家系列标准，如 1996—2008 年颁布的 GB/T 4728.2～4728.13《电气简图用图形符号》，2006—2008 年颁布的 GB/T 6988.1—2008、GB/T 6988.5—2006《电气技术用文件的编制》，2002—2018 年颁布的 GB/T 5094.1～5094.4《工业系统、装置与设备以及工业产品——结构原则与参照代号》，2003 年颁布实施的 GB 18656—2002《工业系统、装置与设备以及工业产品系统内端子的标识》，2008 年颁布的 GB/T 18135《电气工程 CAD 制图规则》，2003 年颁布的 GB/T 19045《明细表的编制》，2012 年颁布并实施的 GB/T 50786—2012《建筑电气制图标准》。表 1-1～表 1-3 中列出了常用的电气图形、文字符号以供参考。

表 1-1　电气技术中常用的基本文字符号

项目种类	设备、装置、元器件举例	参照代号的字母代码		项目种类	设备、装置、元器件举例	参照代号的字母代码	
		主类代码	含子类代码			主类代码	含子类代码
把某一输入变量（物理性质、条件或事件）转换为供进一步处理的信号	电压互感器	B	BE	提供信息	无色信号灯	P	PG
	电流互感器				铃、钟		PB
	接近开关		BG	受控切换或改变能量流、信号流或材料流（对于控制电路中的信号，见 K 类和 S 类）	隔离器	Q	QB
	位置开关				隔离开关		
	位置测量传感器				软启动器		QAS
	液位测量传感器		BL		接触器		QAC
	热过载继电器		BB		断路器		QA
直接防止（自动）能量流、信息流、危险的或意外的情况，包括用于防护的系统或设备	熔断器	F	FA	把手动操作转变为进一步处理的特定信号	按钮开关	S	SF
	电流保护器		FC		控制开关		
	接闪器		FE		多位开关（选择开关）		SAC
处理（接收、加工和提供）信号或信息（用于防护的物体除外，见 F 类）	继电器	K	KF		启动按钮		SF
	时间继电器				停止按钮		SS
	电流继电器		KC	保持能量性质不变的能量变换，已建立的信号保持信息内容不变的变换，材料形态或形状的变换	隔离变压器	T	TF
	电压继电器		KV		控制变压器		TC
	信号继电器		KS		自耦变压器		TT
	压力继电器		KPR		变频器		TA

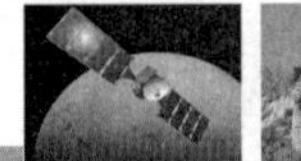

表 1-2　常用的电气图形、文字符号

名称		图形符号	文字符号
一般三极电源开关			QB
低压断路器			QA
行程开关	动合触点		BG
	动断触点		
	复合触点		
自动复位手动按钮	启动		SF
	停止		SS
	复合		SF
无自动复位手动旋转开关			SA
自复位蘑菇头式应急按钮开关			SS
热继电器	热元件		BB
	动断触点		

名称		图形符号	文字符号
接触器	线圈		QAC
	主触点		
	动合辅助触点		
	常闭辅助触点		
速度继电器	动合触点		KS
	动断触点		
转换开关			SAC
熔断器			FA
熔断器式刀开关			QB
负荷开关			QB
熔断器式负荷开关			QB
接近开关			BG

名称			图形符号	文字符号
继电器		线圈		KF
		动合触点		
		动断触点		
时间继电器	得电延时型	线圈		
		延时闭合动合触点		
		延时断开动断触点		
时间继电器	失电延时型	线圈		
		延时断开动合触点		
		延时闭合动断触点		
控制与保护开关电器				CPS
液位控制开关		动合触点		BL
		动断触点		

表 1-3　电气技术中常用的辅助文字符号

序号	文字符号	名称	序号	文字符号	名称	序号	文字符号	名称
1	A	电流	36	FA	事故	71	P	压力
2	A	模拟	37	FB	反馈	72	P	保护
3	AC	交流	38	FM	调频	73	PL	脉冲
4	A、AUT	自动	39	FW	正，前	74	PM	调相
5	ACC	加速	40	FX	固定	75	PO	并机
6	ADD	附加	41	G	气体	76	PR	参量
7	ADJ	可调	42	GN	绿	77	R	记录
8	AUX	辅助	43	H	高	78	R	右
9	ASY	异步	44	HH	最高	79	R	反
10	B、BRK	制动	45	HH	手孔	80	RD	红
11	BC	广播	46	HV	高压	81	RES	备用
12	BK	黑	47	IN	输入	82	R，RST	复位
13	BU	蓝	48	INC	墙	83	PTD	热电阻
14	BW	向后	49	IND	感应	84	RUN	运转
15	C	控制	50	L	左	85	S	信号
16	CCW	逆时针	51	L	限制	86	ST	启动
17	CD	操作台	52	L	低	87	S，SET	置位、定位
18	CO	切换	53	LL	最低	88	SAT	饱和
19	CW	顺时针	54	LA	闭锁	89	STE	步进
20	D	延时	55	M	主	90	STP	停止
21	D	差动	56	M	中	91	SYN	同步
22	D	数字	57	M、MAN	手动	92	SY	断步
23	D	降	58	MAX	最大	93	SP	设定点
24	DC	直流	59	MIN	最小	94	T	温度
25	DCD	解调	60	MC	微波	95	T	时间
26	DEC	减	61	MD	调制	96	T	力矩
27	DP	调度	62	MH	人孔	97	TM	发送
28	DR	方向	63	MN	监听	98	U	升
29	DS	失步	64	MO	瞬时	99	UPS	不间断电源
30	E	接地	65	MUX	多路使用的限定符号	100	V	真空
31	EC	编码	66	NR	正常	101	V	进度
32	EM	紧急	67	OFF	断开	102	V	电压
33	EMS	发射	68	ON	闭合	103	VR	可变
34	EX	防爆	69	OUT	输出	104	WH	白
35	F	快速	70	O/E	光电转换器	105	YE	黄

1.2 开关和保护类电器

1.2.1 刀开关

刀开关是低压配电中结构最简单、应用最广泛的电器，主要用在低压成套配电装置中，作为不频繁手动接通和分断交直流电路或作隔离开关用；也可以用于不频繁接通与分断额定电流10A以下的负载，如小型电动机等。

刀开关由手柄、触刀、静插座、铰链支座和绝缘底板组成，如图1-9所示。刀开关按极数分为单极、双极和三极；按操作方式分为直接手柄操作式、杠杆操作机构式和电动操作机构式；按刀开关转换方向分为单投和双投等。

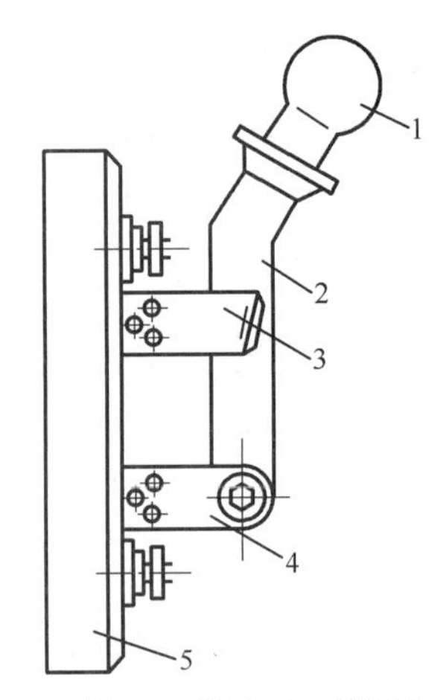

1—手柄；2—触刀；3—静插座；
4—铰链支座；5—绝缘底板

图1-9 刀开关典型结构

1. 分类与作用

刀开关的主要类型有隔离开关、负荷开关、熔断器式刀开关等。常用的产品有HD14、HD17、HS13系列刀开关，HK2、HD13BX系列开启式负荷开关，HRS、HR5系列熔断器式刀开关。HD系列刀开关、HS系列刀型转换开关主要用于交流380V、50Hz电力网中作电源隔离或电流转换之用，是电力网中必不可少的电气元件，常用于各种低压配电柜、配电箱、照明箱中。当电源进入配电柜后首先接的是刀开关，再接熔断器、断路器、接触器等其他电气元件，以满足各种配电功能及要求。当其以下的电气元件或电路中出现故障时，切断隔离电源就靠它来实现，以便对设备、电气元件进行修理和更换。HS系列刀型转换开关主要用于转换电源，即当一路电源不能供电，需要另一路电源供电时就由它来进行转换，当转换开关处于中间位置时，可以起隔离作用。

2. 型号及意义

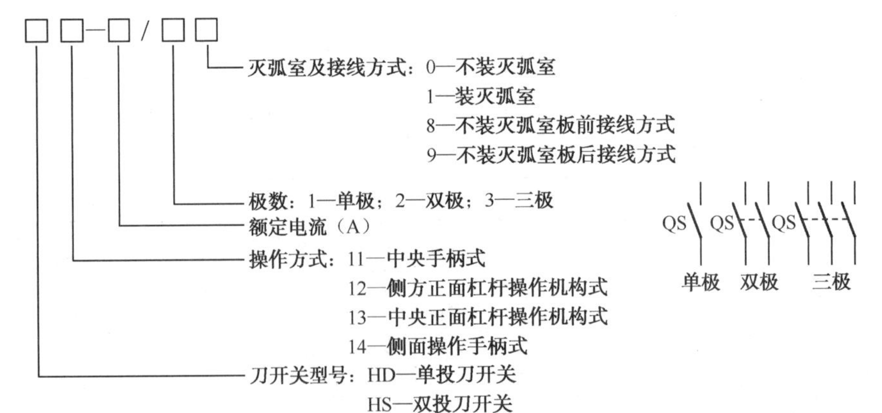

3. 主要技术参数

HD17系列刀开关的主要技术参数详见表1-4。

表 1-4　HD17 系列刀开关的主要技术参数

额定电流（A）		200	400	630	1 000	1 600
通断能力（A）（5 个操作循环）	AC 380 V，$\cos\phi$=0.72～0.8	200	400	630	1 000	1 600
	DC 220 V T=0.01～0.011 s	200	400	630	1 000	1 600
机构寿命（次）		10 000	10 000	5 000	5 000	5 000
电寿命（次）		1 000	1 000	500	500	500
1 s 短时感受电流（kA）		10	20	25	30	40
动稳定电流峰值（kA）	杠杆操作机构式	30	40	50	60	80
	手柄式	20	30	40	50	—
操作力（N）		≤300	≤300	≤400	≤400	≤400

为了使用方便和减小体积，在刀开关上安装熔丝或熔断器，组成兼有通断电路和保护作用的开关电器，如开启式负荷开关、熔断器式刀开关等。

1.2.2　低压负荷开关

1. 作用

低压负荷开关是介于断路器和隔离开关之间的一种开关电器，具有简单的灭弧装置，能切断小容量负载的额定电流和一定的过载电流，但不能切断短路电流，只用于不频繁接通和分断小容量电路。

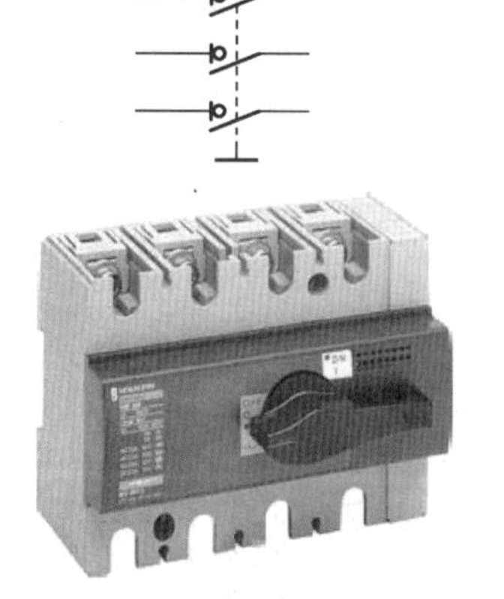

图 1-10　低压负荷开关的图形符号及外形

2. 符号及技术参数

（1）低压负荷开关的图形符号及外形如图 1-10 所示。

（2）低压负荷开关的主要技术参数详见表 1-5。

表 1-5　低压负荷开关的主要技术参数

INS	INS40	INS63	INS80	INS100	INS125
UeAC22A 380/415 V	40	63	80	100	125
UeAC22A 690 V	—	—	—	100	125
UeAC23A 380/415 V	40	63	72	100	125
UeAC23A 500/525 V	32	40	40	100	125
UeAC23A 690 V	—	—	—	63	80

1.2.3　熔断器式刀开关

1. 作用

熔断器式刀开关即熔断器式隔离开关，是以熔断体或带有熔断体的载熔件作为动触点的一种隔离开关，主要用于额定电压 AC 600 V（45～62 Hz）、额定发热电流至 630 A 的具

有高短路电流的配电电路和电动机电路中作为电源开关、隔离开关、应急开关，并作电路保护用，但一般不作直接控制单台电动机之用。

2．型号及意义

熔断器式刀开关的型号及意义如下：

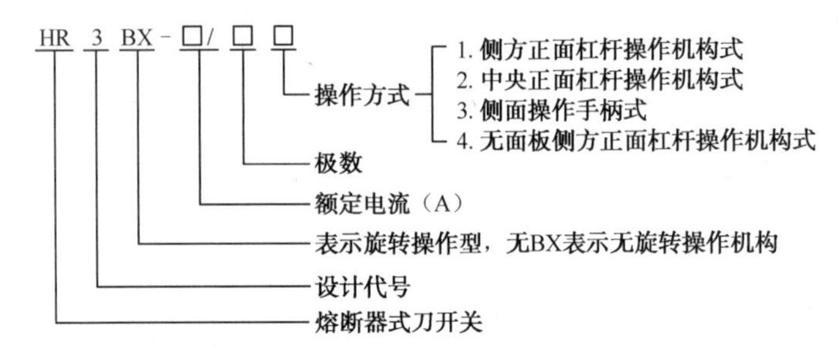

3．主要技术参数

HR5 系列熔断器式刀开关的主要技术参数详见表 1-6。

表 1-6　HR5 系列熔断器式刀开关的主要技术参数

额定工作电压（V）	380		660	
约定发热电流（A）	100	200	400	630
熔体电流值（A）	4～160	80～250	125～400	315～630
熔断体号	00	1	2	3

熔断器式刀开关的外形、图形符号及文字符号如图 1-11 所示。

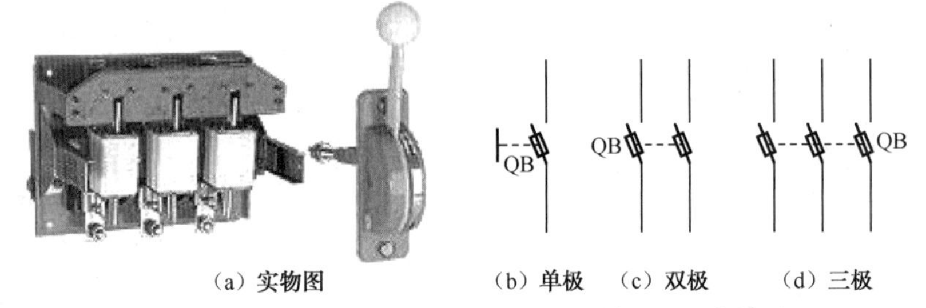

图 1-11　熔断器式刀开关的外形、图形符号及文字符号

1.2.4　熔断器

在低压配电系统中，熔断器是起安全保护作用的一种电器。当电流超过规定值一定时间后，以它本身产生的热量使熔体熔化而分断电路，避免电气设备损坏，防止事故蔓延。熔断器广泛应用于低压配电系统和控制系统及用电设备中，作短路和过电流保护，它通常与被保护电路串联，能在电路发生短路或严重过电流时快速自动熔断，从而切断电路电源，起到保护作用。熔断器与其他开关电器组合可构成各种熔断器组合电器，如熔断器式隔离器、熔断器式刀开关、隔离器熔断器组合负荷开关等。熔断器的图形与文字符号见表 1-2。

1．熔断器的结构

熔断器一般由绝缘底座（常为瓷座）、熔断管、熔体、填料及导电部件等部分组成（如

图 1-12、图 1-13 所示）。其中，熔体是熔断器的主要工作部分，熔体相当于串联在电路中的一段特殊的导线，它由金属材料制成，通常做成不同的丝状、带状、片状或笼状，除丝状外，其他通常制成变截面结构，目的是改善熔体材料性能及控制不同故障情况下的熔化时间。在熔体熔断切断电路的过程中会产生电弧，为了安全有效地熄灭电弧，一般将熔体安装在熔断管内。熔断管一般由硬质纤维或瓷质绝缘材料制成封闭或半封闭式的管状。

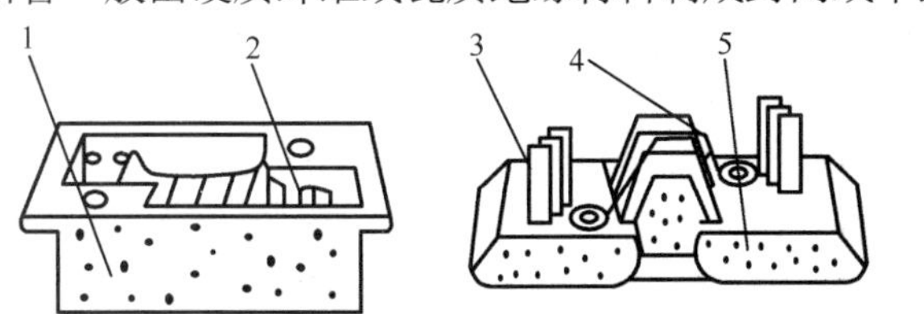

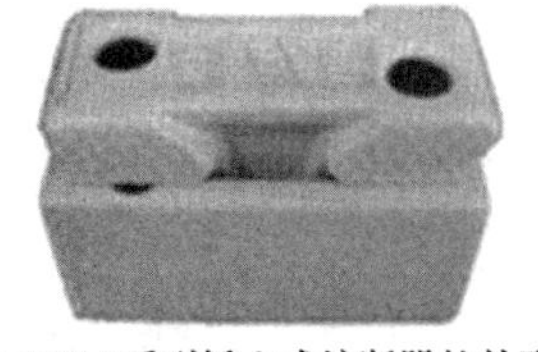

（a）插入式熔断器的结构　　（b）RC1A系列插入式熔断器的外形

1—瓷座；2—静触点；3—动触点；4—熔体；5—瓷盖

图 1-12　插入式熔断器的结构和外形

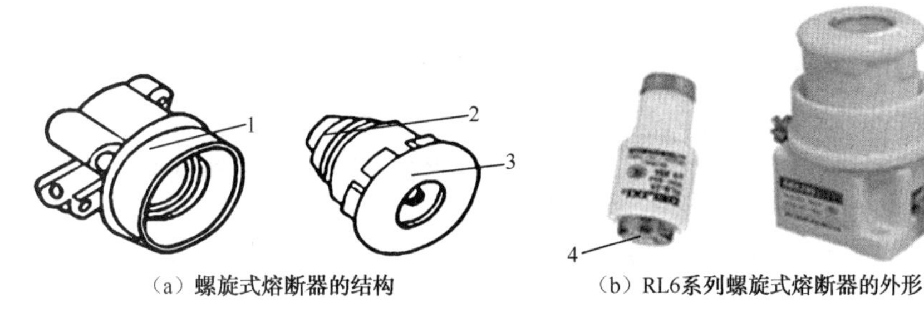

（a）螺旋式熔断器的结构　　（b）RL6系列螺旋式熔断器的外形

1—瓷座；2—熔体；3—瓷帽；4—熔断指示器

图 1-13　螺旋式熔断器的结构和外形

2．熔断器的工作原理

熔断器的熔体与被保护电路串联。当电路正常工作时，熔体在额定电流下不应熔断，所以其最小熔化电流 I_r 必须大于额定电流 I_{re}。最小熔化电流 I_r 是指当熔体通过这个电流值的电流时，熔体能够达到其稳定温度，并且熔断。最小熔化电流 I_r 与熔体的额定电流 I_{re} 之比称为熔化系数β，即$\beta=I_r/I_{re}$。一般β在 1.6 左右，它是表征熔断器保护灵敏度的特性指标之一。当电路发生短路或严重过载时，熔体中流过很大的故障电流，引起熔体的发热与熔化。过电流相对额定电流的倍数越大，产生的热量就越多，温度上升也越迅速，熔体熔断所需要的时间就越短暂；反之，过电流相对额定电流的倍数越小，熔体熔断所需要的时间就越长。当预期短路电流很大时，熔断器将在短路电流达到其峰值之前动作，即通常所说的“限流”作用。在熔断器动作过程中可以达到的最高瞬态电流值称为熔断器的截断电流。

熔断器的保护特性常用时间-电流特性曲线（或称为安秒特性曲线）表示，如图 1-14 所示，它表征流过熔体的电流与熔体的熔断时间的关系，这一关系与熔体的材料和结构有关，是熔断器的主要技术参数之一。图中，t 为熔断时间。由图 1-14 可见，熔断器是以热效应原理工作的，在电流引起的发热过程中，总是存在 I^2t 特性关系，即电流通过熔体时产生的热量与电流的平方和电流持续的时间成正比，电流越大，则熔体熔断时间越短。

3．熔断器的技术参数

（1）额定电压：指熔断器长期工作时和分断后能承受的电压值。此值一般大于或等于电气设备的额定电压。

（2）额定电流：指熔断器长期工作时，设备部件温度不超过规定值时所承受的电流。熔断器的额定电流分熔断管的额定电流和熔体的额定电流，通常熔断管的额定电流等级比较少，而熔体的额定电流等级比较多，但熔体的额定电流最大不超过熔断管的额定电流。

（3）极限分断能力：指熔断器在规定的额定电压和时间常数的条件下，能分断的最大电流值。极限分断能力反映了熔断器分断短路电流的能力。

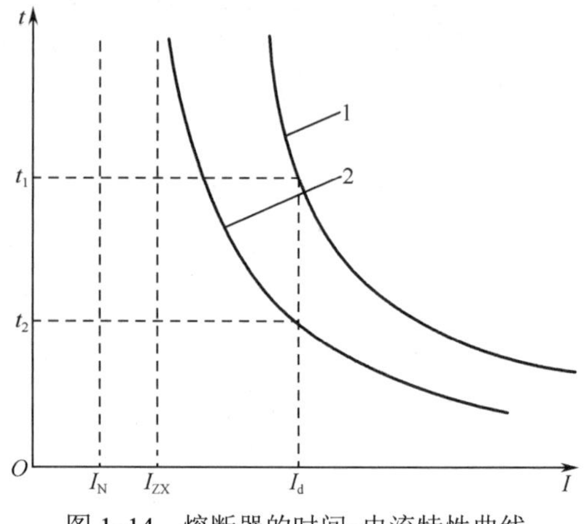

图 1-14　熔断器的时间-电流特性曲线

4．常用的典型熔断器

熔断器的产品种类很多，常用产品系列有 RL 系列螺旋式熔断器、RC 系列插入式熔断器、R 系列玻璃管式熔断器、RT 系列有填料封闭管式熔断器、RM 系列无填料封闭管式熔断器、NGT 系列有填料快速熔断器、RST 及 RS 系列半导体器件保护用快速熔断器、HG 系列熔断器式隔离器和特殊熔断器等。

1）插入式熔断器

插入式熔断器又称瓷插式熔断器，其结构与外形如图 1-12 所示。常用的插入式熔断器为 RC1A 系列插入式熔断器。这种熔断器一般用于民用交流 50 Hz、额定电压至 380 V、额定电流至 200 A 的低压照明线路末端或分支电路中，作为短路保护及高倍过电流保护。RC1A 系列熔断器由瓷盖 5、瓷座 1、静触点 2、熔体 4 和动触点 3 组成。瓷盖和瓷座由电工瓷制成，瓷座两端固装着静触点，动触点固装在瓷盖上。瓷盖中段有一突起部分，熔丝沿此突起部分跨接在两个动触点上。瓷座中间有一空腔，它与瓷盖的突起部分共同形成灭弧室。熔断器所用熔体材料主要是软铅丝或铜丝。使用时应按产品目录选用合适的规格。

2）螺旋式熔断器

螺旋式熔断器多用于工矿企业低压配电设备、机械设备的电气控制系统中作短路保护用。常用产品有 RL1、RL6 系列螺旋式熔断器，其结构与外形如图 1-13 所示。螺旋式熔断器由瓷座 1、熔体 2、瓷帽 3 等组成。熔体是一个瓷管，内装有石英砂和熔丝，熔丝的两端焊在熔体两端的导电金属端盖上，其上端盖中有一个染有红漆的熔断指示器，当熔体熔断时，熔断指示器弹出脱落，透过瓷帽上的玻璃孔可以看见红色消失。熔断器熔断后，只要更换熔体即可。

3）封闭管式熔断器

此类熔断器分为无填料、有填料和快速熔断器三种。无填料封闭管式熔断器主要有 RM3 型和 RM10 型，其结构与外形图如图 1-15 所示。无填料封闭管式熔断器由管帽 1、铜圈 2、熔断管 3 和熔体 4 等几部分组成。图示的 RM10 型熔断器适用于额定电压至 380 V 或

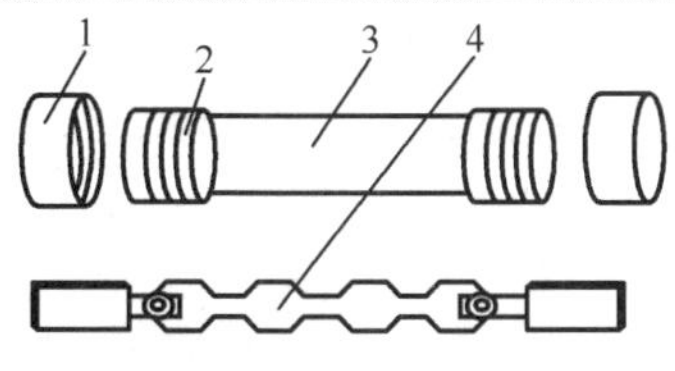

（a）无填料封闭管式熔断器的结构

（b）RM10型无填料封闭管式熔断器的外形

1—管帽；2—铜圈；3—熔断管；4—熔体

图 1-15　无填料封闭管式熔断器的结构及外形

直流的低压电力网络或配电装置中，作为电缆、导线及电气设备的短路保护及电缆导线的过负荷保护之用。

有填料封闭管式熔断器主要有 RT0 系列，这是一种有限流作用的熔断器。由填有石英砂的瓷质熔体管、触点和镀银铜栅状熔体组成。有填料封闭管式熔断器均装在特别的底座上，如带隔离刀闸的底座或以熔断器为隔离刀的底座上，通过手动机构操作。有填料封闭管式熔断器额定电流为 50～1 000 A，主要用于短路电流大的电路或有易燃气体的场所。

RS0 系列快速熔断式熔断器是一种快速动作型的熔断器，由熔断管、触点底座、动作指示器和熔体组成。熔体为银质窄截面或网状形式，为一次性使用，不能自行更换。由于其具有快速动作性，一般作为半导体整流元件及其成套设备的过载及短路保护器件。NGT 系列为有填料快速熔断器，RT16、RT17 系列高分断能力熔断器属于全范围熔断器，能分断从最小熔化电流至其额定分断能力（120 kA）之间的各种电流，额定电流最大为 1 250 A，具有较好的限流作用。几种常用系列熔断器的外形如图 1-16 所示。

（a）RS0系列

（b）NGT系列

（c）RL1系列

图 1-16　几种常用系列熔断器的外形

4）半导体器件保护用熔断器

由于半导体器件只能在极短的时间（数毫秒至数十毫秒）内承受过电流，当半导体器件工作于过电流或短路的情况下，其 PN 结的温度会快速、急剧地上升，半导体器件将因此而被迅速烧毁，因此，对其承担过电流或短路保护的器件必须能快速动作。普通的熔断器的熔断时间是以秒计的，所以通常不能用来保护半导体器件，必须使用快速熔断器。

目前，用于半导体器件保护的快速熔断器有 RS、NGT 和 CS 系列等。如图 1-17 所示，RS0 系列快速熔断器一般用于大容量硅整流管的过电流和短路保护；RS3 系列快速熔断器一般用于晶闸管的过电流和短路保护；RSB 系列熔断器是有填料管式熔断器，体积小，维护方便，分断能力大于 4 kA，可用于小功率变频器、充电电源等小功率变流器，也可作为进口变流器中快速熔断器的备件；CS 系列通常用于保护半导体器件及其成套装置。

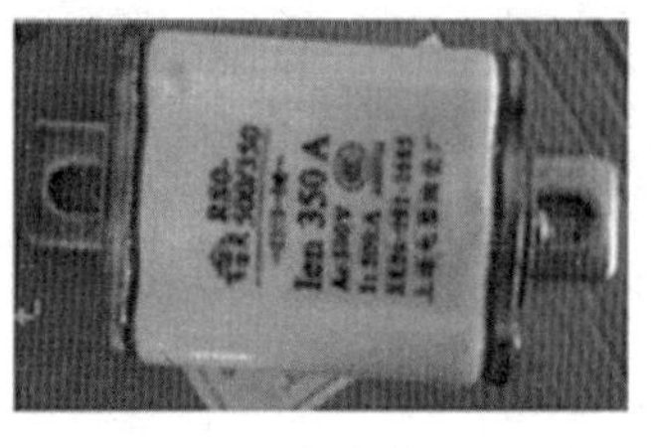

（a）RS0系列　（b）RS3系列　（c）RSB系列　（d）CS系列

图1-17　几种半导体器件保护用熔断器的外形

5）自复式熔断器

自复式熔断器是一种采用气体、超导材料或液态金属钠等作为熔体的一种新型熔断器。采用液态金属钠作为熔体的自复式熔断器，在常温下时钠的电阻小，具有高电导率，允许通过正常的工作电流。当电路发生短路时，在故障电流作用下，产生的高温使局部的液态金属钠迅速汽化而蒸发，气态钠的电阻很高，从而限制了短路电流。当故障消除后，温度下降，气态钠又变成固态钠，自动恢复至原来的导电状态，熔体所在电路又恢复导通。此类自复式熔断器的优点是能重复使用，故障后不必更换熔体；其缺点是只能限制故障电流，不能切断故障电流，因此又将其称为限流型自复式熔断器，如图1-18所示。

作为自复式熔断器熔体的材料很多，美国研发的一种叫 Ploy Switch 的自复式过流保险丝，它由聚合树脂（Polyresin）及导体（Conductive）组成。在正常情况下，聚合树脂紧密地将导体束缚在结晶状的结构内，构成一个低阻抗的链键。当电路发生短路或过电流时，导体上所产生的热量会使聚合树脂由结晶状变成胶状，被束缚在聚合树脂上的导体便分离，导致阻抗迅速增大，从而限制了故障电流。当电路恢复正常时，聚合树脂又重新恢复到低阻抗状态。Ploy Switch 自复式熔断器是全球领先的 PPTC 元件，用于保护电路以避免电子设备因出现大电流或过高温度而造成损坏，从而减少维护和修理工作，同时带来客户的满意和企业保修成本的降低。Ploy Switch 电源管理元件能够对各类电源故障进行保护，其特点是：电流限制速度快，能够检测电路过载或电压过低的故障，具有软启动功能。在 USB 应用中，该元件能够提供真正独立的开关控制，避免在热插拔时出现误动作，减少外接元件的数量。

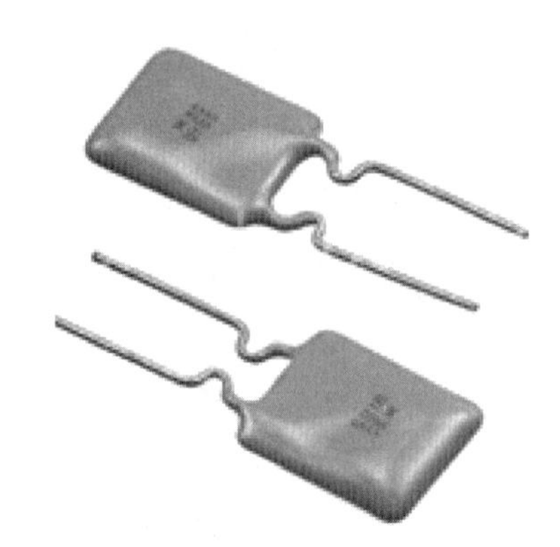

图1-18　自复式熔断器的外形

5．熔断器的选用

由于各种电气设备都具有一定的过载能力，允许在一定条件下较长时间运行；而当负载超过允许值时，就要求保护熔体在规定时间内熔断。还有一些设备启动电流很大，但启动时间很短，所以要求这些设备的保护特性要适应设备运行的需要，要求熔断器在电动机启动时不熔断，在短路电流作用下和超过允许过负荷电流时，能可靠熔断，起到保护作用。熔体的额定电流如选择偏大时，负载在短路或长期过负荷时不能及时熔断，无法及时切断故障电路；选择过小时，可能在正常负载电流作用下就会熔断，影响正常运行。为保

证设备正常运行，必须根据负载性质合理地选择熔体的额定电流。

1）选用的一般原则

（1）熔断器类型的选择

选择熔断器的类型时，主要依据负载的保护特性和预期短路电流的大小。当熔断器主要用来做过电流保护时，希望熔体的熔化系数小，这时可选用熔体为铅锡合金的熔丝，如 RC1A 系列熔断器）；当熔断器主要用来做短路保护时，可选用熔体为锌质的（如 RM10 系列无填料封闭管式）熔断器。当短路电流比较大时，可选用具有高分断能力的、有限流作用的熔断器［如 RL 系列螺旋式熔断器、有限流作用的 RT（NT）系列高分断能力熔断器等］。当有上下级熔断器选择性配合要求时，应考虑过电流选择比。过电流选择比是指上下级熔断器之间满足选择性要求的额定电流最小比值，它和熔体的极限分断电流、I_t 值和时间-电流特性有密切关系。一般需根据制造厂提供的数据或将性曲线进行较详细的计算和整定来确定。

（2）熔体额定电流的确定

① 对于负载电流比较平稳的照明或电阻炉这一类阻性负载进行短路保护时，使熔体的额定电流 I_{fe} 稍大于或等于线路的正常工作电流，即

$$I_{fe} \geqslant I \tag{1-4}$$

式中，I_{fe} 为熔体的额定电流；I 为线路的工作电流。

② 用于保护电动机的熔断器，应考虑不受电动机启动电流的影响，一般选熔体额定电流应为电动机额定电流 I_{me} 的 1.5～3.5 倍，即

$$I_{fe} \geqslant (1.5 \sim 3.5) I_{me} \tag{1-5}$$

式中，I_{fe} 为熔体的额定电流；I_{me} 为电动机的额定电流。

对于启动不频繁或启动时间不长的电动机，系数选用下限；对于频繁启动的电动机，系数选用上限。

③ 用于为多台电动机供电的主干线做短路保护的熔断器，在出现尖峰电流时不应该熔断。通常，将其中一台容量最大的电动机启动，同时其余电动机均正常运行时出现的电流作为其尖峰电流，熔体额定电流可按下式计算：

$$I_{fe} \geqslant (1.5 \sim 2.5) I_{meMAX} + \Sigma I_{me} \tag{1-6}$$

式中，I_{fe} 为熔体的额定电流；I_{me} 为电动机的额定电流；I_{meMAX} 为多台电动机中容量最大的一台电动机的额定电流；ΣI_{me} 为其余电动机额定电流之和。

2）快速熔断器的选择

快速熔断器的选择与其接入电路的方式有关。以三相硅整流电路为例，快速熔断器接入电路的方式常见的有交流侧接入、直流侧接入和整流桥臂接入（即与硅元件相串联）三种，如图 1-19 所示。

（1）熔体额定电流的选择

选择熔体的额定电流时应当注意，快速熔断器熔体的额定电流是以有效值表示的，而硅整流元件的额定电流却是用平均值表示的。当快速熔断器接入交流侧时，熔体的额定电流为：

$$I_{fe} \geqslant K_1 I_{zmax} \tag{1-7}$$

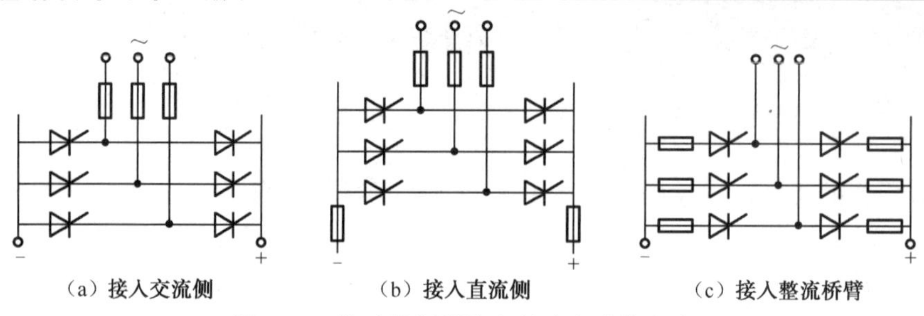

图 1-19 快速熔断器接入整流电路的方式

式中，I_{zmax} 为可能使用的最大整流电流；K_1 为与整流电路的形式及导电情况有关的系数，若用于保护硅整流元件，K_1 值见表 1-7，若用于保护晶闸管，K_1 值见表 1-8。当快速熔断器接入整流桥臂时，熔体的额定电流为：

$$I_{fe} \geqslant 1.5\,I_{ge} \tag{1-8}$$

式中，I_{ge} 为硅整流元件或晶闸管的额定电流（平均值）。

表 1-7 不同整流电路时的 K_1 值

整流电路形式	单相半波	单相全波	单相桥式	三相半波	三相桥式	双星形六相
K_1 值	1.57	0.785	1.11	0.575	0.816	0.29

表 1-8 不同整流电路及不同导通角时的 K_1 值

晶闸管导通角		180°	150°	120°	90°	60°	30°
整流电路形式	单相半波	1.57	1.66	1.88	2.22	2.78	3.99
	单相桥式	1.11	1.17	1.33	1.57	1.97	2.82
	三相桥式	0.816	0.828	0.865	1.03	1.29	1.88

（2）快速熔断器额定电压的选择

快速熔断器分断电流的瞬间，最高电弧电压可达电源电压的 1.5～2 倍。因此，硅整流元件（或晶闸管整流元件）的反向峰值电压必须大于此电压值才能安全工作，即

$$U_F \geqslant K_2 \sqrt{2}\, U_{re} \tag{1-9}$$

式中，U_F 为硅整流元件或晶闸管的反向峰值电压；U_{re} 为快速熔断器的额定电压；K_2 为安全系数，其值一般为 1.5～2。

6. 熔断器的运行与维修

1）使用熔断器时的注意事项

（1）熔断器的保护特性应与被保护对象的过载特性相适应，考虑到可能出现的短路电流，选用相应分断能力的熔断器。

（2）熔断器的额定电压要适应线路电压等级，熔断器的额定电流要大于或等于熔体额定电流。

（3）线路中各级熔断器熔体额定电流要相应配合，前一级熔体额定电流必须大于下一级熔体额定电流。

（4）熔断器的熔体要按被保护对象的分断要求，选用相应的熔体，不允许随意加大熔体的额定电流或用其他导体代替熔体。

2）熔断器的巡视检查

（1）检查熔断器和熔体的额定值与被保护设备是否相匹配。

（2）检查熔断器外观有无损伤、变形，瓷绝缘部分有无闪烁放电痕迹。

（3）检查熔断器各接触点是否完好、接触紧密，是否有过热现象。

（4）检查熔断器的熔断信号指示器是否正常。

3）熔断器的使用维修

（1）熔体熔断时，要认真分析熔断的原因，可能的原因有：短路故障或过载运行而正常熔断；熔体使用时间过久，运行中温度高而使熔体受氧化，致使其特性变化而误动作；熔体安装时有机械损伤，使其截面积变小，导致其在正常运行中发生误断。

（2）拆换熔体时，要求做到：首先要找出熔体熔断的原因，未确定熔断原因时，不得拆换熔体试运行；更换新熔体时，要检查熔体的额定值是否与被保护设备相匹配；要检查熔断管内部烧伤情况，如有严重烧伤，应同时更换熔管。瓷熔管损坏时，不允许用其他材质管代替。填料式熔断器更换熔体时，要注意填充填料。

（3）维护检查熔断器时，要按安全规程要求，切断电源，不允许带电摘取熔断器管。

1.2.5　断路器

低压断路器又称自动空气开关，是低压配电网中的主要开关电器之一。它不仅可以接通和分断正常负载电流、电动机工作电流和过载电流，而且可以分断短路电流。通常用于不频繁操作的低压配电线路或电器开关柜（箱）中作为电源开关使用，并可以对线路、电气设备及电动机等实行保护，当发生严重过电流、过载、短路、断相、漏电等故障时，能自动切断线路，起到保护作用，而且在分断故障电流后，一般不需要更换部件，因此获得了广泛应用。较高性能的万能式断路器带有三段式保护特性，并具有选择性保护功能。高性能的万能式断路器带有多种脱扣器，包括智能化脱扣器，具有多种保护功能，也可实现计算机网络通信。低压断路器具有的多种功能，是以脱扣器或附件的形式实现的，根据用途不同，断路器可配备不同的脱扣器或继电器。

低压断路器的分类方式很多，按使用类别分，有选择型和非选择型。非选择型保护特性多用于支路保护，干线路断路器则要求采用选择型，以满足电路内各种保护电器的选择性断开，把事故区域限制到最小范围。按灭弧介质分，有空气式和真空式。根据采用的灭弧技术，断路器又有两种类型：零点灭弧式断路器和限流式断路器。在零点灭弧式断路器中，被触点拉开的电弧在交流电流过零时熄灭，限流式断路器的“限流”是指把峰值预期短路电流限制到一个较小的允通电流。按结构形式分，有框架式、塑壳式（装置式）和微型式。按操作方式分，有人力操作、动力操作及储能操作式。按极数可分为单极、二极、三极和四极式。按安装方式又可分为固定式、插入式和抽屉式等。

根据断路器在电路中的不同用途，断路器被区分为配电用断路器、电动机保护用断路器和其他负载（如照明）用断路器等。低压断路器的功能相当于闸刀开关、过电流继电器、失压继电器、热继电器及漏电保护器等电器部分或全部的功能总和，是低压配电网中一种重要的保护电器。

低压断路器具有多种保护功能（过载、短路、欠电压保护等）、动作值可调、分断能力

高、操作方便、安全等优点，所以目前被广泛应用。

1. 低压断路器的结构和工作原理

低压断路器由操作机构、触点、保护装置（各种脱扣器）、灭弧系统等组成。低压断路器的结构原理如图1-20所示。

低压断路器的主触点是靠手动操作或电动力合闸的。主触点闭合后，自由脱扣机构将主触点锁在合闸位置上。过电流脱扣器的线圈和热脱扣器的热元件与主电路串联，欠电压脱扣器的线圈和电源并联。当电路发生短路或严重过载时，过电流脱扣器的衔铁吸合，使自由脱扣机构动作，主触点断开主电路。当电路过载时，热脱扣器的热元件发热使双金属片向上弯曲，推动自由脱扣机构动作。当电路欠电压时，欠电压脱扣器的衔铁释放，也使自由脱扣机构动作。分励脱扣器则作为远距离控制用，在正常工作时，其线圈是断电的，在需要远距离控制时，按下启动按钮，使线圈通电，衔铁带动自由脱扣机构动作，使主触点断开。

2. 常用典型低压断路器

1）框架式断路器

框架式断路器的结构形式有一般式、多功能式、高性能式和智能式等几种；安装方式有固定式、抽屉式两种；操作方式分手动操作和电动操作两种。具有多段式保护特性，主要用于低压配电网络中，用来分配电能和供电线路及电源设备的过载、欠电压、短路保护。图1-21所示是抽屉式、固定式断路器的外形结构图。

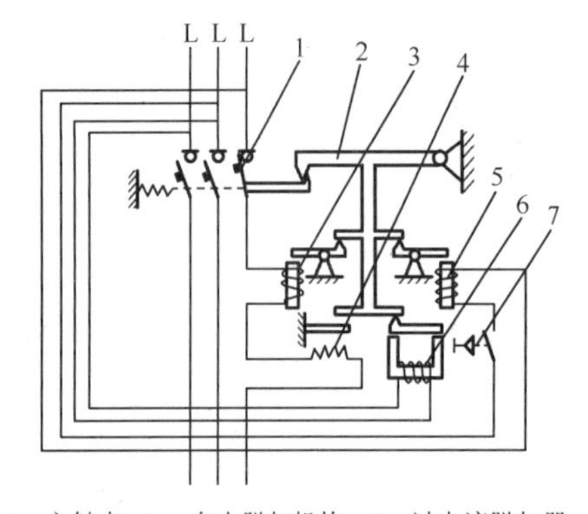

1—主触点；2—自由脱扣机构；3—过电流脱扣器；4—热脱扣器；5—分励脱扣器；6—欠电压脱扣器；

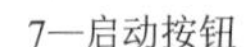

7—启动按钮

图1-20 低压断路器的结构原理

（a）抽屉式框架断路器

（b）固定式框架断路器

图1-21 框架式断路器的外形

框架式断路器的型号及意义如下页所示。

智能型断路器的特征是采用了以微处理器或单片机为核心的智能控制器（智能脱扣器），它不仅具备普通断路器的各种保护功能，同时还具备实时显示电路中的各种电气参数（电流、电压、功率、功率因数等），对电路进行在线监视、自动调节、测量、试验、自诊断、通信等功能；能够对各种保护功能的动作参数进行显示、设定和修改；保护电路动作时的故障参数能够存储在非易失存储器中以便查询。以智能型SDW1断路器为例，说明其结构原理，如图1-22所示。该类断路器采用立体布置形式，具有结构紧凑、体积小的特点，

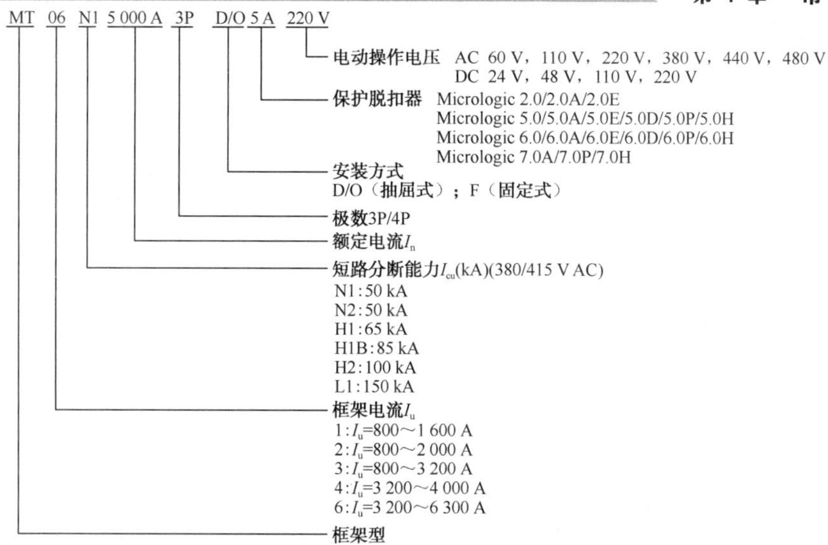

有固定式及抽屉式两种安装方式。固定式断路器主要由触点系统、智能型脱扣器、手动操作机构、电动操作机构、固定板组成；抽屉式断路器主要由触点系统、智能型脱扣器、手动操作机构、电动操作机构、抽屉座组成。其智能型脱扣器具有过载长延时反时限、短延时反时限、短路瞬动和接地故障等各种保护功能，以及负载监控功能、电流表功能、整定功能、自诊断功能和试验功能，另外还具有脱扣器的显示功能，即脱扣器在运行时能显示其运行电流（即电流表功能），故障发生时能显示其保护特性规定的区段并在分断电路后锁存故障，能显示其故障电流；在整定时能显示整定区段的电流、时间及区段类别等；如果是延时动作，在动作过程中指示灯闪烁，断路器分断以后指示灯由闪烁转为恒定发光；试验时能显示试验电流、延时时间、试验指示及试验动作区段。国内生产的 DW45、DW40、DW914（AH）、DW18（AE-S）、DW48、DW19（3WE）、DW17（ME）等智能型断路器，都配有 ST 系列智能型脱扣器及配套附件。它采用积木式配套方案，可直接安装于断路器本体中，无须二次接线，并可按多种方案任意组合。

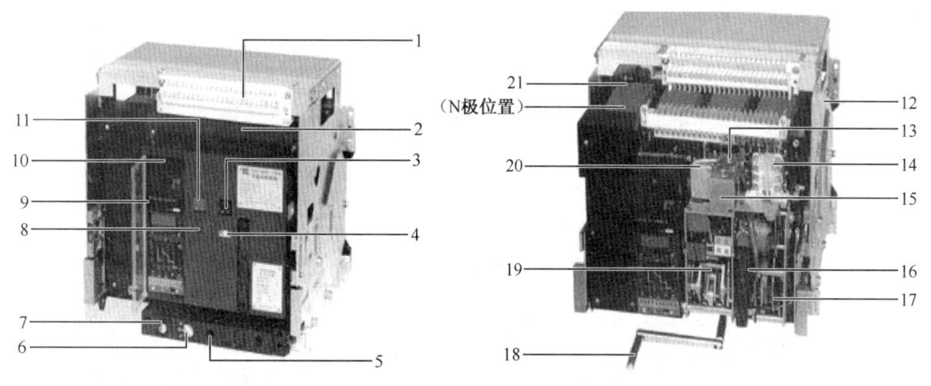

1—二次回路接线端子；2—面板；3—合闸按钮；4—储能/释能指示；5—摇手柄插入位置；6—“连接”“试验”和“分离”位置指示；7—摇手柄存放处；8—主触点位置指示；9—智能型脱扣器；10—故障跳闸指示/复位按钮；11—分闸按钮；12—抽屉座；13—分励脱扣器；14—辅助触点；15—闭合（释能）电磁铁；16—手动储能手柄；17—电动储能机构；18—摇手柄；19—操作机构；20—欠电压脱扣器；21—灭弧室

图 1-22　SDW1 系列智能型断路器

2）塑壳式断路器

塑壳式断路器又称为装置式自动开关，它主要由塑料绝缘外壳、操作机构、触点系统和脱扣器四部分组成，具有快速闭合、断开的自由脱扣机构。脱扣器由电磁式脱扣器和热脱扣器等组成，额定电流 250 A 及以上的断路器，其电磁脱扣器是可调式；600 A 及以上的断路器除热、磁脱扣器外，还有电子脱扣器。断路器可安装分励脱扣器、欠电压脱扣器、辅助触点、报警触点和电动操作机构。断路器除一般固定安装形式外，还可附带接线座，供各种不同使用场所作插入式安装用。大容量产品的操作机构采用储能式，小容量（50 A 以下）常采用非储能式闭合，操作方式多为手柄扳动式。塑壳式断路器多为非选择型，根据断路器在电路中的不同用途，分为配电用断路器、电动机保护用断路器和其他负载用断路器等。常用于低压配电开关柜（箱）中，作配电线路、电动机、照明电路及电热器等设备的电源控制开关及保护。在正常情况下，塑壳式断路器可分别作为线路的不频繁转换及电动机的不频繁启动之用。

如图 1-23 所示为塑壳式断路器的内部结构。外壳 1 采用 DMC 玻璃丝增强的不饱和聚酯料团制造，具有优良的电性能和很高的强度；灭弧室 2 具有优良的灭弧性能及避免电弧外逸的零飞弧功能；银触点 3 是采用多元素的合金触点，耐磨，还可附带接线座，供各种不同使用场所作插入式安装用；大容量产品的操作机构具有抗电弧、接触电阻小的优点，不论人工“合”或“分”快慢如何，其操作机构 7 均可瞬时合上或断开，并且在发生电路故障时能迅速分断电流；触点系统 4 是由利用平行导体和节点电磁力斥开的结构及有利于电弧转移的弧角部分构成的；限流机构 6 的结构简单，动作可靠，它利用电磁力斥开过死点，斥开距离等于断开距离，对智能型脱扣器具有后备保护的作用；脱扣机构 10 设计成立体二级脱扣，因而脱扣力小，大大提高了断路器的综合性能；自动脱扣装置 9 是热动电磁型；当因事故自动脱扣后，其手柄 8 处在 ON（合）与 OFF（分）的中间位置；当断路器脱扣后，要使断路器复位，需将手柄推向 ON（合）后，手柄回到 OFF（分）的位置。为确认断路器操作机构和脱扣机构动作是否可靠，可以通过脱扣按钮 11，从盖子上用机械的方式进行脱扣。

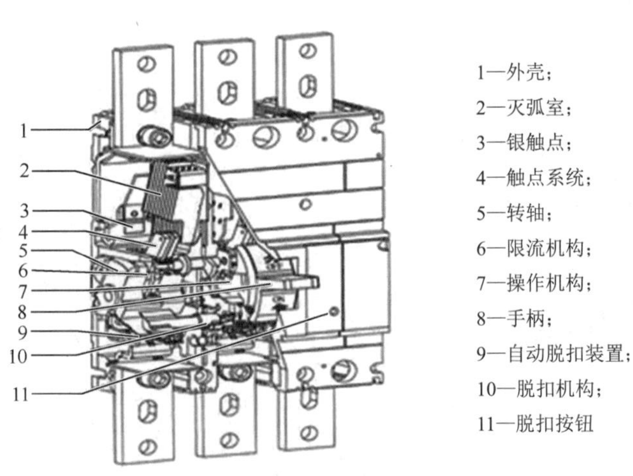

图 1-23　塑壳式断路器的内部结构示意

塑壳式断路器的品牌种类繁多，其中 NS 系列塑壳式断路器适用于交流 50 Hz、额定绝缘电压 660 V、额定工作电压 380 V（400 V）及以下，其额定电流至 1 250 A，一般作为配电用，额定电流为 200 A 的 400Y 型断路器亦可作为保护电动机用。NS 系列塑壳式断路器有四种性能形式，四极断路器主要用于交流 50 Hz、额定电压 400 V 及以下、额定电流 100～630 A 三相五线制的系统中，它能保证用户和电源完全断开，确保安全，从而解决其他任何断路器不可克服的中性线电流不为零的弊端。图 1-24 所示为几种塑壳式断路器的外形。

（a）手动操作塑壳式断路器

（b）电动操作塑壳式断路器

（c）抽屉式操作塑壳式断路器

图 1-24　塑壳式断路器外形图

塑壳式断路器的型号及意义如下。

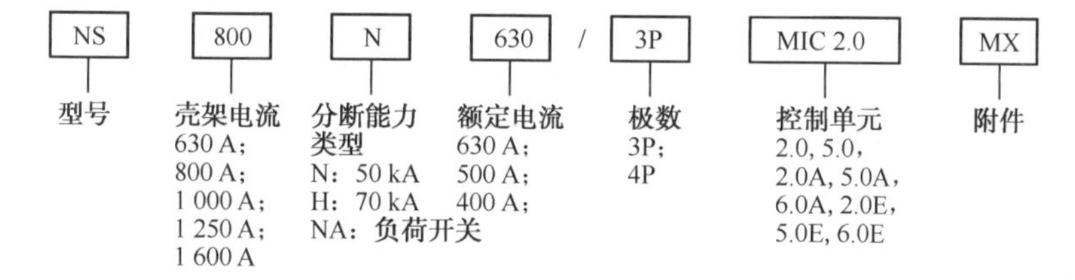

3）微型断路器

微型断路器通常装于线路末端，对有关电路和用电设备进行配电、控制和保护等。它主要由操作机构、热脱扣器、电磁脱扣器、触点系统、灭弧室等部件组成，所有部件都置于一个绝缘外壳中。有的产品备有报警开关、辅助触点组、分励脱扣器、欠压脱扣器和漏电脱扣器等附件，供需要时选用。断路器的过载保护采用双金属片式热脱扣器完成，额定电流在 5 A 以下的采用复式加热方式，额定电流在 5 A 以上的采用直接加热方式。如图 1-25 所示是 iC65 微型断路器的外观。iC65 系列微型断路器主要适用于交流 50/60 Hz，额定工作电压为 240/415 V 及以下，额定电流至 60 A 的电路中。该断路器主要用于现代建筑物的电气线路及设备的过载和短路保护，也适用于线路的不频繁操作。

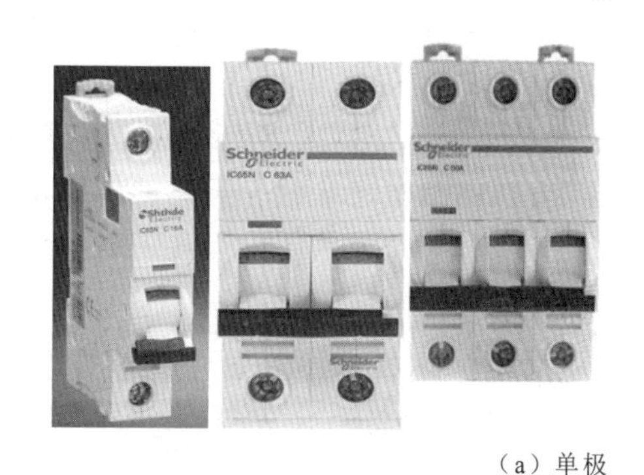

（a）单极
（b）双极　（c）三极

图 1-25　微型断路器的外观

微型断路器的型号及意义如下。

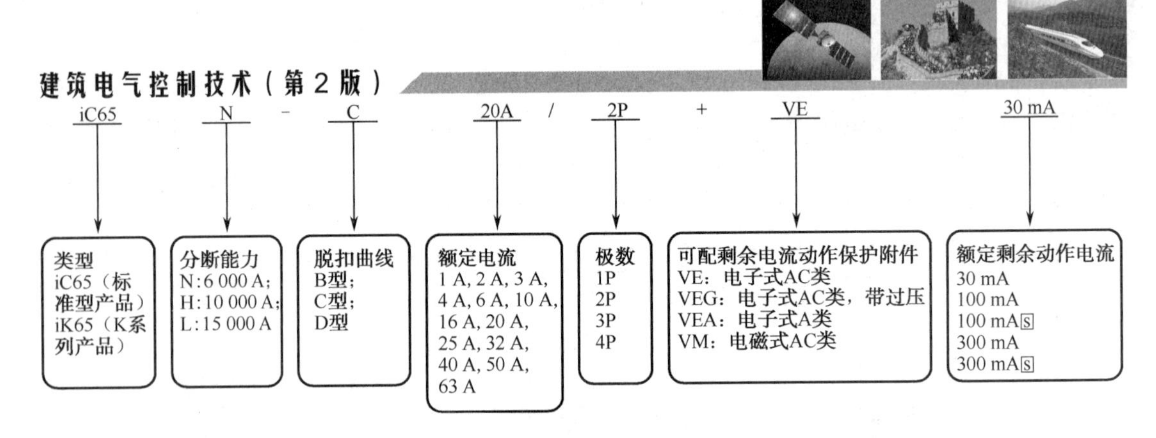

4）智能型低压断路器

把微处理机和计算机技术引入低压电器，一方面使低压电器具有智能化功能，另一方面使低压开关电器通过中央控制系统，进入计算机网络系统。把微处理器引入低压断路器，使断路器的保护功能大大增强，它的三段保护特性中的短延时可设置成 I^2t 特性，以便与后一级保护更好匹配，可实现接地故障保护。微处理器的智能型脱扣器的保护特性可方便地调节，还可设置预警特性。智能型断路器可反映负载电流的有效值，消除输入信号中的高次谐波，避免高次谐波造成的误动作。采用微处理器还能提高断路器的自诊断和监视功能，可监视检测电压、电流和保护特性，并可用液晶显示。当断路器内部温升超过允许值，或触点磨损量超过限定值时能发出警报。

智能型断路器能保护各种启动条件的电动机，并具有很高的动作准确性，其整定调节范围宽，可以保护电动机的过载、断相、三相不平衡、接地等故障。智能型断路器通过与控制计算机组成网络还可自动记录断路器运行情况和实现遥测、遥控和遥信。智能型断路器是传统低压断路器改造、提高、发展的方向。近年来，我国的断路器生产厂也已开发生产了各种类型的智能型低压断路器，相信今后智能型断路器在我国一定会有更大的发展。

3．低压断路器的特性及技术参数

我国低压电器标准规定低压断路器应有下列特性参数。

（1）形式：断路器形式包括相数、极数、额定频率、灭弧介质、闭合方式和分断方式。

（2）主电路额定值：主电路额定值包括额定工作电压、额定电流、额定短时接通能力、额定短时耐受电流。万能式断路器的额定电流还分主电路的额定电流和框架等级的额定电流。

（3）额定工作制：断路器的额定工作制可分为8 h工作制和长期工作制两种。

（4）辅助电路参数：断路器辅助电路参数主要为辅助接点特性参数。万能式断路器一般具有常开触点、常闭触点各三对，供信号装置及控制回路用；塑壳式断路器一般不具备辅助接点。

（5）其他：断路器的特性参数除上述各项外，还包括脱扣器形式及特性、使用类别等。

4．断路器的选用

额定电流在630 A以下，且短路电流不大时，可选用塑壳式断路器；额定电流较大，短路电流亦较大时，应选用万能式断路器。一般选用原则为：

（1）断路器额定电流≥负载工作电流；

（2）断路器额定电压≥电源和负载的额定电压；

（3）断路器脱扣器额定电流≥负载工作电流；

（4）断路器极限通断能力≥电路最大短路电流；

（5）线路末端单相对地短路电流/断路器瞬时（或短延时）脱扣器整定电流≥1.25；

（6）断路器欠电压脱扣器额定电压=线路额定电压。

1.2.6　漏电保护器

漏电保护器用于对低压电网直接触电和间接触电进行有效保护，也可以作为三相电动机的缺相保护。它有单相的，也有三相的。由于其以漏电电流或由此产生的中性点对地电压变化为动作信号，所以不必以用电电流值来整定动作值，因而灵敏度高，动作后能有效切断电源，保障人身安全。

漏电保护器可以按其保护功能、结构特征、安装方式、运行方式、极数和线数、动作灵敏度等分类，这里主要按其保护功能和用途进行分类，一般可分为漏电保护继电器、漏电保护开关和漏电保护插座三种。

1．漏电保护继电器

漏电保护继电器是指具有对漏电电流检测和判断的功能，而不具有切断和接通主回路功能的漏电保护装置。漏电保护继电器由零序互感器、脱扣器输出信号的辅助接点组成。它可与大电流的自动开关配合，作为低压电网的总保护或主干路的漏电、接地或绝缘监视保护。当主回路有漏电电流时，由于辅助接点和主回路开关的分离脱扣器串联成同一回路，因此辅助接点接通分离脱扣器而断开空气开关、交流接触器等，使其掉闸，切断主回路。辅助接点也可以接通声、光信号装置，发出漏电报警信号，反映线路的绝缘状况。

2．漏电保护开关

漏电保护开关不仅与其他断路器一样可将主电路接通或断开，而且具有对漏电流检测和判断的功能。当主回路中发生漏电或绝缘破坏时，漏电保护开关可根据判断结果将主电路接通或断开。它与熔断器、热继电器配合可构成功能完善的低压开关元件。目前这种形式的漏电保护装置应用最为广泛，市场上的漏电保护开关根据功能常用的有以下几种类别：

（1）只具有漏电保护断电功能，使用时必须与熔断器、热继电器、过流继电器等保护元件配合。

（2）同时具有过载保护功能。

（3）同时具有过载、短路保护功能。

（4）同时具有短路保护功能。

（5）同时具有短路、过负荷、漏电、过压、欠压保护功能。

3．漏电保护插座

漏电保护插座是指具有对漏电流检测和判断并能切断回路的电源插座。其额定电流一般为 10 A、16 A，漏电动作电流为 6～30 mA，灵敏度较高，常用于手持式电动工具和移动漏电保护器。国家为了规范漏电保护器的正确使用，颁布了 GB 13955—2017《剩余电流动作保护装置安装和运行》等一系列标准和规定。依据这些标准和规定，我们在选用漏电保护器时应遵循以下主要原则。

（1）购买漏电保护器时应购买具有生产资质的厂家产品，且产品质量检测合格。在这里要提醒大家：目前市场上销售的漏电保护器有一些是不合格品。国家质检总局会定期公布漏电保护器产品质量抽查结果，常有10%以上的产品不合格，其主要问题为：有的不能正常分断短路电流，消除火灾隐患；有的起不到人身触电的保护作用；还有一些不该跳闸时跳闸，影响正常用电。

（2）应根据保护范围、人身和设备安全及环境要求确定漏电保护器的电源电压、工作电流、漏电电流及动作时间等参数。

（3）采用漏电保护器做设备分级保护时，应满足上、下级开关动作的选择性。一般上一级漏电保护器的额定漏电电流不小于下一级漏电保护器的额定漏电电流，这样既可以灵敏地保护设备安全，又能避免越级跳闸，缩小事故检查范围。

（4）手持式电动工具（除Ⅲ类外）、移动式生活用家电设备（除Ⅲ类外）、其他移动式机电设备，以及触电危险性较大的用电设备，必须安装漏电保护器。

（5）建筑施工场所、临时线路的用电设备，应安装漏电保护器。这是《施工现场临时用电安全技术规范》（JGJ46—2012）中明确要求的。

（6）机关、学校、企业、住宅建筑物内的插座回路，宾馆、饭店及招待所的客房内插座回路，也必须安装漏电保护器。

（7）安装在水中的供电线路和设备以及潮湿、高温、金属占有系数较大及其他导电良好的场所，如机械加工、冶金、纺织、电子、食品加工等行业的作业场所，以及锅炉房、水泵房、食堂、浴室、医院等场所，必须使用漏电保护器进行保护。

（8）固定线路的用电设备和正常生产作业场所，应选用带漏电保护器的动力配电箱。临时使用的微型电气设备，应选用漏电保护插头（座）或带漏电保护器的插座箱。

（9）漏电保护器作为直接接触防护的补充保护时（不能作为唯一的直接接触保护），应选用高灵敏度、快速动作型漏电保护器。一般环境选择动作电流不超过 30 mA，动作时间不超过 0.1 s。这两个参数保证了人体如果触电，不会使触电者产生病理性生理危险效应。在浴室、游泳池等场所，漏电保护器的额定动作电流不宜超过 10 mA。在触电后可能导致二次事故的场合，应选用额定动作电流为6 mA的漏电保护器。

（10）对于不允许断电的电气设备，如公共场所的通道照明、应急照明，消防设备的电源，用于防盗报警的电源等，应选用报警式漏电保护器接通声、光报警信号，通知管理人员及时处理故障。

1.2.7 双电源切换装置

双电源切换装置（ATSE）的定义：由一个或几个转换开关及其他必要的电器组成，用于检测电路，并能将一个或几个负载从一个电源换接至另一个电源的自动电器。

ATSE根据其能否分断短路电流可分为PC级和CB级：PC级能够接通、承载负荷，但不能分断短路电流；CB级配备过电流脱扣器，主触点能够接通，可用于分断短路电流。

ATSE 的形式可分为分装式和组装式：分装式是制造商只提供开关部分和自动控制器，供用户自行组合、安装；组装式是将开关部分、自动控制器等装入箱内。断路器的进线端装有刀闸开关或隔离开关（检修时作隔离用）。断路器的负载端按用户的需要装分路开关。

1．ATSE 的结构

国内一些双电源切换装置（见图 1-26），采用电磁驱动、电气机械同时联锁机构，主回路触点为两静一动结构，动触点采用 V 形设计。为避免电磁线圈长期带电工作，630 A 以上型采用单线圈、直流脉冲操作，630 A 以下型采用双线圈、直流脉冲操作，且接入的控制电源均为主备电源（交流 220 V），无须另加控制电源。电磁驱动后由电气机械同时联锁接通状态，以避免发生主备电源同时接通的故障。开关本体有电气或机械合闸指示作为隔离功能的指示器，同时还为用户提供 2 常开 2 常闭无源辅助触点供其他之用。

图 1-26　双电源切换装置

国内还有一些双电源切换装置则是由两台带电动操作机构的断路器（三极或四极用双电源切换）、接插座、安装底板等组成的开关部分和一台电子自动控制器（有普通型和智能型两种）构成。普通型自动控制器由光电耦合器、稳压电源、电压对比线路、逻辑电路、延时回路、继电器和输出回路等组成；智能型自动控制器由一个微型的微处理器进行鉴别延时，启动输出。

2．ATSE 的基本功能

（1）监视常用电源和备用电源是否正常。

（2）进行常用电源与备用电源的自动切换。

（3）执行部件在操作运行时，应具备良好、可靠的电气和机械联锁，切实防止同时接通常用和备用电源。

（4）CB 级产品的执行部件对电源、线路和电气设备具有过载、短路保护功能。

（5）主电源和备用电源同时供电时，主电源有优先选择权。

（6）可提供可调延时功能。

（7）可实现手动/自动转换和远程操作（智能型）。

（8）可按用户需求提供通信接口（协议订货）。

3．ATSE 的工作原理

自动控制器随时对正在运行的常用电源和准备切换的备用电源进行监视，当主电源侧电压继电器检测到电压信号（如失压、欠压、缺相）时，备用电源侧电压继电器动作，同时接通其控制的时间继电器进入延时，该延时的目的是观察常用电源的异常是短时间可恢复的，还是无法在延时之内恢复正常的。在确认常用电源已无法恢复正常时，控制器的继电器发出指令，常用电源断路器电动操作机构的分闸开关使其断开。

双电源切换装置的符号和技术参数如图 1-27 所示。

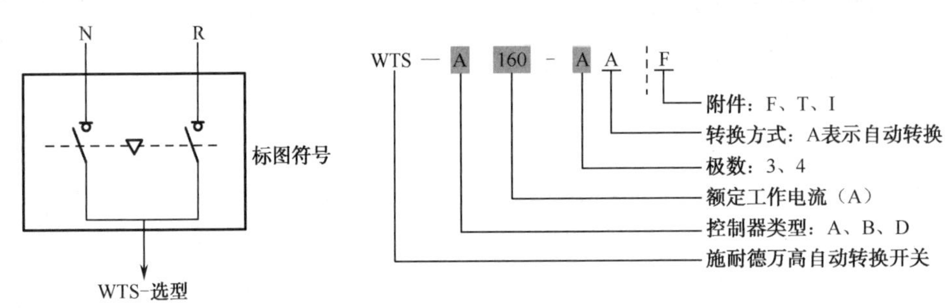

注：1. 控制器类型　A：末端型，适用于32～630 A；
B：基本型，适用于32～5 000 A；
D：智能型，适用于32～5 000 A

控制器连接电缆　1.5 m，32～160 A 标配
2.0 m，200～5 000 A 标配

2. 额定工作电流（A）　32、40、50、63、100、125、160、200、250、320、400、500、630、800、1 000、1 250、1 600、2 000、2 500、3 150、4 000、5 000

3. 极数　3：3极产品；
4：4极产品

4. 附件　F：位置反馈信号（32～630 A选配、800～5 000 A标配）；
T：通信模块（仅B型控制器选配）；
I：电流检测模块（仅当选择D型控制器后可以选配）

图 1-27　双电源切换装置的符号和技术参数

1.3　控制类电器

1.3.1　主令电器

主令电器（广义）通过闭合或断开控制电路，控制电动机的启动、停车、制动以及调速等。它可以直接用于控制电路，也可以通过电磁式电器间接作用于控制电路。在控制电路中，由于它是一种专门发布命令的电器，故称其为主令电器。主令电器分断电流的能力较弱，因此不允许分合主电路。主令电器种类繁多，应用广泛。常用的有控制按钮、行程开关、万能转换开关等控制按钮。

1. 控制按钮

控制按钮是一种结构简单、应用十分广泛的主令电器。在低压控制电路中，远距离操纵接触器、继电器等电磁式电器时，往往需要使用按钮开关来发出控制信号。控制按钮的结构种类很多，可分为普通揿钮式、蘑菇头式、自锁式、自复位式、旋柄式、带指示灯式、带灯符号式及钥匙式等，有单钮、双钮、三钮及不同组合形式，一般采用积木式结构，由按钮帽、复位弹簧、桥式触点和外壳等组成，通常做成复合式，有一对常闭触点和常开触点，有的产品可通过多个元件的串联增加触点对数，最多可增至 8 对。还有一种自持式按钮，按下后即可自动保持闭合位置，断电后才能打开。控制按钮的基本结构及外形如图 1-28 所示。

为了标明各个按钮的作用，避免误操作，通常将按钮帽做成不同的颜色，以示区别，其

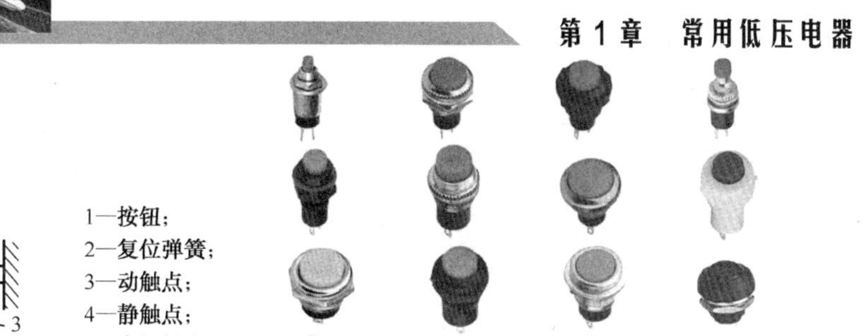

图 1-28　按钮开关的基本结构及外形

颜色有红、绿、黑、黄、蓝白等。例如，红色表示停止按钮，绿色表示启动按钮等。另外，还有形象化符号可供选用。按钮开关的主要参数有形式及安装孔尺寸、触点数量及触点的电流容量，在产品说明书中都有详细说明。按钮开关的图形符号及文字符号参见表 1-2。常用国产产品有 LAY3、LAY6、LA20、LA25、LA101、LA38、NP1 等系列。国外进口及引进产品的品种也很多，市场上有一些品种的结构较新。

2. 行程开关

行程开关又称为限位开关，是利用生产机械某些运动部件对其的碰撞来发出开关量控制信号的主令电器。一般用来控制生产机械的运动方向、速度、行程远近或定位，可实现行程控制以及限位保护的控制。

行程开关的基本结构可以分为三个主要部分：推杆（操作机构）、触点系统和外壳。其结构形式多种多样，其中推杆形式主要有直动式、杠杆式和万向式三种。触点类型有一常开一常闭、一常开二常闭、二常开一常闭、二常开二常闭等形式。动作方式可分为瞬动、蠕动、交叉从动式三种。行程开关的主要参数有形式、动作行程、工作电压及触点的电流容量，在产品说明书中都有详细说明。

直动式行程开关的结构见图 1-29。

3. 接近开关

接近开关又称无触点行程开关，其功能是当某种物体与之接近到一定距离时，就发出动作信号，而不像机械式行程开关那样需要施加机械力。接近开关是通过其感辨头与被测量物体之间的介质能量的变化来取得信号的。在完成行程控制和限位保护方面，它完全可以代替机械式有触点行程开关。除此之外，它还可用做高频计数、测速、液面控制、零件尺寸检测、加工程序的自动衔接等的非接触式开关。由于它具有非接触式触发、动作速度快、可在不同的检测距离内动作、发出的信号稳定无脉动、工作稳定可靠、寿命长、重复定位精度高以及能适应恶劣的工作环境等特点，所以在机床、纺织、印刷、塑料等工业生产中应用广泛。接近开关的形式有多种，按其感辨机构的工作原理来分，有高频振荡型、超声波型、电容型、光电型、电磁感应型等，其中高频振荡型最为常用。图 1-30 所示为几种接近开关的外形。常用的国产接近开关有 3SG、LJ、CJ、SJ、B 和 LXJO 等系列，另外，国外进口及引进产品也在国内应用广泛。

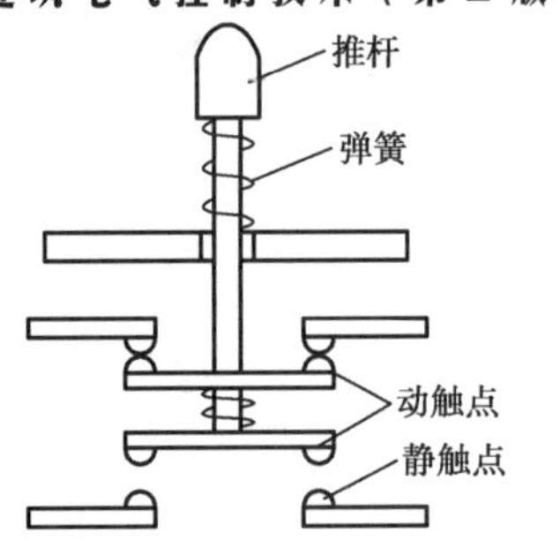

图 1-29　直动式行程开关的结构

图 1-30　接近开关外形

1）工作原理

下面以电磁感应型接近开关为例，介绍其工作原理。

电磁感应型接近开关属于一种有开关量输出的位置传感器，主要由高频振荡器、整形检波、信号处理和输出器等几部分组成，其基本工作原理是：振荡器的线圈固定在开关的作用表面，产生一个交变磁场。当金属物体接近此作用表面时，该金属物体内部产生的涡流将吸取振荡器的能量，致使振荡器停振。振荡器的振荡和停振这两个信号，经整形放大后转换成二进制开关信号，并输出开关控制信号。其工作流程框图如图 1-31 所示。这种接近开关所能检测的物体必须是金属导电体。

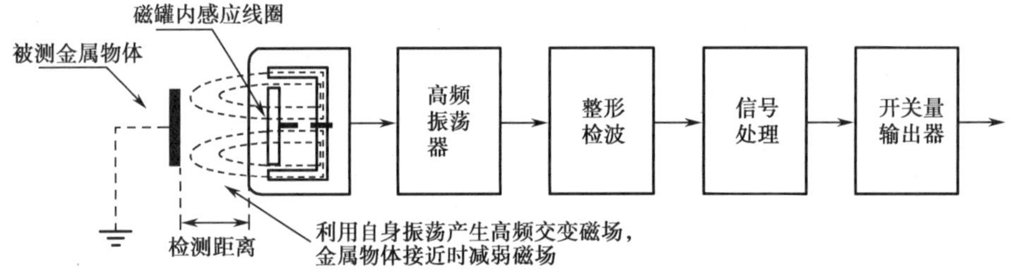

图 1-31　电磁感应型接近开关工作流程框图

2）接近开关的主要技术指标

（1）动作距离：指被检测体按一定方式移动，致使开关刚好动作时，感辨头与被检测体之间的距离。额定动作距离指接近开关动作距离的标称值。

（2）设定距离：接近开关在实际工作中整定的距离，一般为额定动作距离的 0.8 倍。

（3）回差值：动作距离与复位距离之间的绝对值。

（4）输出状态：分常开和常闭。对于常开型，在无被检测物体时，由于接近开关内部的输出晶体管的截止而处于断开状态；当检测到物体时，接近开关内部的输出晶体管导通，相当于开关闭合，负载得电工作。常闭型与其相反。

（5）检测方式：分埋入式和非埋入式。埋入式的接近开关在安装上为齐平安装型，可与安装的金属物件形成同一表面；非埋入式的接近开关则需把感应头露出，以达到延长检测距离的目的。

（6）响应频率：按规定的 1 s 时间间隔内，接近开关动作循环的次数。

（7）导通压降：开关在导通时，残留在开关输出晶体管上的电压降。

（8）输出形式：分 NPN 二线、NPN 三线、NPN 四线、PNP 二线、PNP 三线、PNP 四

线、DC 二线、AC 二线、AC 五线（自带继电器）等几种常用的输出形式。

4．光电开关

光电开关（光电传感器）是光电接近开关的简称，它是利用被检测物对光束的遮挡或反射，由同步回路选通电路，从而检测物体有无的。物体不限于金属，所有能反射光线的物体均可被检测。光电开关将输入电流在发射器上转换为光信号射出，接收器再根据接收到的光线的强弱或有无对目标物体进行探测。安防系统中常用光电开关作为烟雾报警器，工业中经常用它来计数机械臂的运动次数。

1）工作原理

如图 1-32 所示是光电开关工作示意图。光电开关由发射器、接收器和检测电路三部分组成。通常把发射器和接收器组装在同一密闭的壳体内，彼此间用透明绝缘体隔离。发射器的引脚为输入端，接收器的引脚为输出端，常见的发光源为发光二极管，受光器为光敏二极管、光敏三极管等。

在输入端加电信号使发光源发光，光的强度取决于激励电流的大小，此光照射到封装在一起的受光器上后，因光电效应而产生了光电流，由接收器输出端引出，这样就实现了电—光—电的转换。

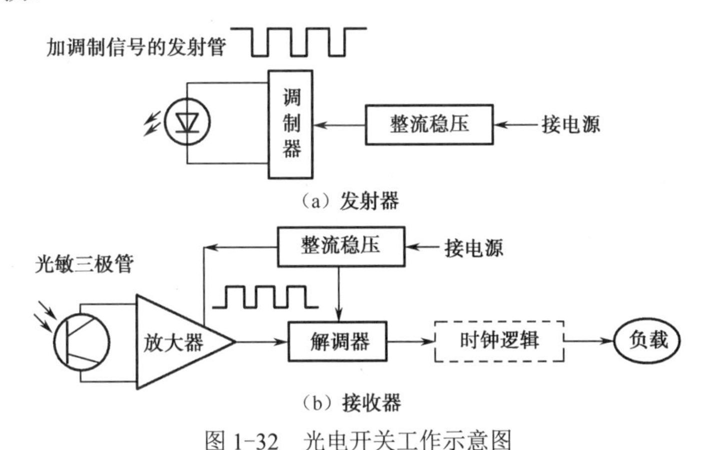

图 1-32　光电开关工作示意图

发射器对准目标发射光束，当被检测物体进入接收器作用范围时，被反射回来的光脉冲进入光敏三极管，并在接收电路中将光脉冲解调为电脉冲信号，再经放大器放大和同步选通整形，然后用数字积分或 RC 积分方式排除干扰，最后经延时（或不延时）触发驱动器输出光电开关控制信号。

2）分类

根据检测方式的不同，光电开关可分为漫反射式、镜反射式、对射式、槽式和光纤式等。

（1）漫反射式光电开关：漫反射式光电开关是一种集发射器和接收器于一体的传感器，当有被检测物体经过时，将光电开关发射器发射的足够量的光线反射到接收器，于是光电开关就产生了开关信号。当被检测物体的表面光亮或其反光率极高时，漫反射式光电开关是首选的检测模式。

（2）镜反射式光电开关：镜反射式光电开关也是集发射器与接收器于一体，光电开关发射器发出的光线经过反射镜反射回接收器，当被检测物体经过且完全阻断光线时，光电开关就产生了开关信号。

（3）对射式光电开关：对射式光电开关包含在结构上相互分离且光轴相对放置的发射器和接收器，发射器发出的光线直接进入接收器。当被检测物体经过发射器和接收器之间且阻断光线时，光电开关就产生了开关信号。当检测物体不透明时，对射式光电开关是最可靠的检测模式。

（4）槽式光电开关：槽式光电开关通常是标准的 U 形结构，其发射器和接收器分别位于 U 形槽的两边，并形成一光轴，当被检测物体经过 U 形槽且阻断光轴时，光电开关就产生了开关信号。槽式光电开关比较安全可靠，适合检测高速变化，能分辨透明与半透明物体。

（5）光纤式光电开关：光纤式光电开关采用塑料或玻璃光纤传感器来引导光线，以实现被检测物体不在相近区域的检测。通常光纤传感器分为对射式和漫反射式。

3）应用

光电开关分常开和常闭两种。常开型的光电开关，当无检测物体时，由于光电开关内部输出晶体管的截止而使负载不工作；当检测到物体时，晶体管导通，负载得电工作。

光电开关所使用的冷光源有红外光、红色光、绿色光和蓝色光等，可非接触、无损伤地检测各种固体、液体、透明体、黑色体、柔软体和烟雾等物质的状态和动作，而且体积小、功能多、寿命长、精度高、响应速度快、检测距离远，抗光、电、磁干扰能力强。目前，这种新型的光电开关已被用于物位检测、液位控制、产品计数、宽度判别、速度检测、定长剪切、孔洞识别、信号延时、自动门传感、色标检出、冲床和剪切机以及安全防护等诸多领域。此外，利用红外线的隐蔽性，还可在银行、仓库、商店、办公室以及其他需要的场合作为防盗警戒之用。

5. 转换开关

转换开关主要应用于低压断路操作机构的合闸与分闸控制、各种控制线路的转换、电压和电流表的换相测量控制、配电装置线路的转换和遥控等，是一种多挡式、控制多回路的主令电器。

目前常用的转换开关类型主要有两大类：万能转换开关和组合开关。两者的结构和工作原理基本相似，在某些应用场合下两者可相互替代。转换开关按结构类型可分为普通型、开启组合型和防护组合型等；按用途又分为主令控制用和控制电动机用两种；按操作方式可分为定位型、自复型和定位自复型三大类；按操动器外形分有 T 形、手枪形、鱼尾形、钮形和钥匙形五种。如图 1-33 所示为 LW5 系列万能转换开关，其中图 1-33（a）为其某一层的结构原理图，图 1-33（b）是其外形图。

转换开关一般采用组合式结构设计，由操作机构、定位装置、限位系统、触点装置、面板及手柄等组成。触点装置通常采用桥式双断点结构，并由各自的凸轮控制其通断。定位系统采用滚轮卡棘轮辐射形结构，不同的棘轮和凸轮可组成不同的定位模式，从而得到不同的输出开关状态，即手柄在不同的转换角度时，触点的状态是不同的。不同型号的万能转换开关，其手柄有不同的操作位置，具体可从电气设备手册中万能开关的“定位特征表”中查取。万能转换开关的触点在电路图中的图形符号如图 1-34 所示。由于其触点的分合状态与操作手柄的位置有关，因此，在电路图中除要画出触点图形符号外，还应有操作手柄位置与触点分合状态的表示方法。其表示方法有两种，一种是在电路图中画虚线和画“•”的方法，如图 1-34（a）所示，即用虚线表示操作手柄的位置，用有无“•”表示触点的闭合、断开状态，如在触点图形符号的下面虚线位置上画“•”，就表示该触点处于闭合状态。另一种方法是在触点图形符号上标出触点编号，用接点表来表示操作手柄处于不同位置时触点的分合状态，如图 1-34（b）所示。表中用有无“×”来表示手柄处于不同位置时触点的闭合和断开状态。

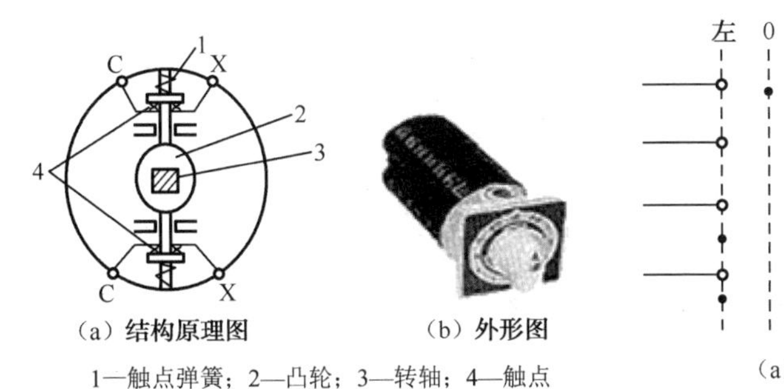

（a）结构原理图　（b）外形图

1—触点弹簧；2—凸轮；3—转轴；4—触点

图 1-33　LW5 系列万能转换开关

左　0　右

（a）

触点	位置		
	左	0	右
1-2		×	
3-4			×
5-6	×		×
7-8	×		

（b）

图 1-34　万能转换开关的图形符号

常用的转换开关有 LW5、LW6、LW8、LW9、LW12、LW16、VK、3LB、HZ 等系列，其中，3LB 系列是引进西门子公司技术生产的，另外还有许多品牌的进口产品也在国内得到广泛应用。LW39 系列万能转换开关分 A、B 两大系列。A 系列造型美观，接线极其方便，内部所有动作部位均设置滚动轴承结构，动作手感非常柔和，开关寿命长。其中带钥匙开关采用全金属结构，内部采用放大锁定结构，避开传统的直接采用锁片锁定的做法，使开关锁定后非常牢固。B 系列是进行微型化设计的产品，具有结构可靠、美观新颖、外形尺寸小的优点。它的接线采用内置接法，使之更加安全可靠；它的另一大特点是定位角度可以是 30°、60°和 90°，面板一周最多可做成 12 挡。LW39 系列万能转换开关适用于交流 50 Hz、电压至 380 V 和直流 220 V 及以下的电路中，用于配电设备的远距离控制、电气测量仪表的转换和伺服电动机、微电动机的控制，亦可用于小容量笼型异步电动机的控制。LW5D 系列万能转换开关适用于交流 50 Hz、额定电压至 500 V 及以下，直流电压至 440 V 的电路中转换电气控制线路（电磁线圈、电气测量仪表和伺服电动机等），也可直接控制 5.5 kW 三相笼型异步电动机，可逆转换、变速等。LW12-16、LW9□-16 系列微型万能转换开关的额定发热电流为 16 A，可用于交流 50 Hz，电压至 500 V 及直流电压至 440 V 的电路中，作电气控制线路的转换之用和作电压 380 V、5.5 kW 及以下的三相电动机的直接控制之用，其技术参数符合国家有关标准和国际 IEC 有关标准。该产品采用一系列新工艺、新材料，性能可靠、功能齐全、体积小、结构合理，能替代目前全部同类型产品，品种有普通型基本式、开启型组合式、防护型组合式。

6. 凸轮开关

凸轮开关（也称凸轮控制器）是一种大型的手动控制器，主要用于在起重设备中直接控制中微型绕线式异步电动机的启动、停止、调速、换向和制动，也适用于有相同要求的其他电力拖动场合，如卷扬机等。

凸轮开关主要由主触点、辅助触点、转轴、凸轮、杠杆、手柄、灭弧罩及定位机构等组成，其操作手柄多数为可左右转动的方向盘式。图 1-35 为凸轮开关的结构原理图。因它的工作原理与主令控制器基本相同，故在此不再重述。由于凸轮开关直接控制电动机主电路工作，所以其触点容量大，并有灭弧装置，因而体积也大，操作时比较费力。目前国内生产的凸轮开关主要有 KT10、KT14 两种型号。

凸轮开关的图形符号及触点通断表示方法如图 1-36 所示。图中“0”表示手柄（手轮）的中间位置，两侧的数字表示手柄操作位置，在该数字上方可用文字表示操作状态（如左和右），短画线表示手操作的挡位数。数字 1～4 表示触点号（或线路号）。各触点在手柄转到不同挡位时的通断状态用黑点“·”表示，有黑点者表示触点闭合，无黑点者表示触点断开。例如，手柄在中间“0”位，触点 1 和 4 处有黑点，表示触点 1 和 4 是闭合的，其余的触点为断开的。凸轮开关的操作位置和触点，根据凸轮开关的具体型号不同其数目也不同。

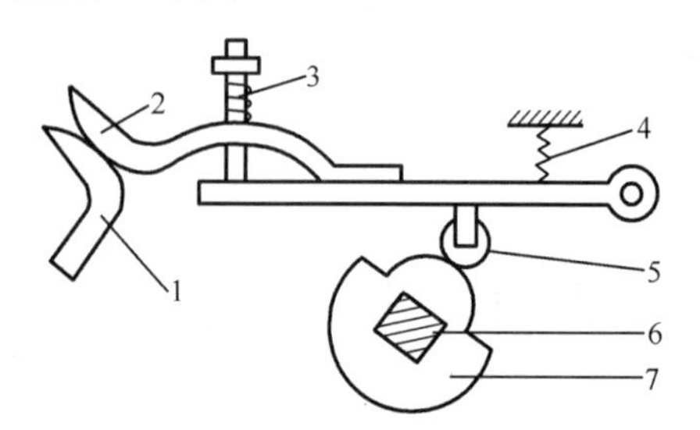

1—静触点；2—动触点；3—触点弹簧；4—弹簧；5—滚子；6—绝缘方轴；7—凸轮

图 1-35　凸轮开关结构原理

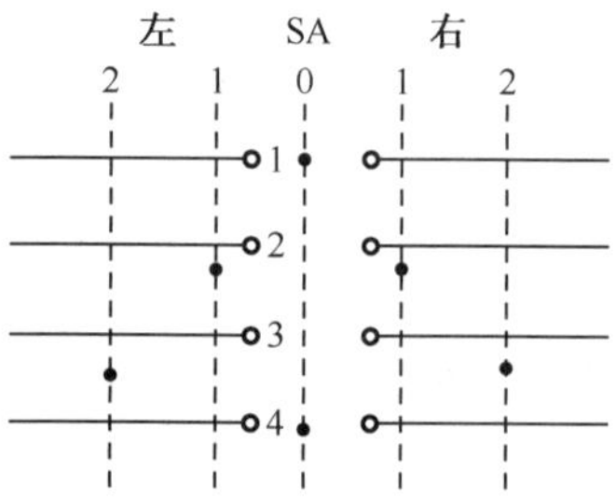

左　SA　右
2　1　0　1　2
1
2
3
4

图 1-36　凸轮开关的图形符号及触点通断表示方法

转换开关、凸轮开关等转换类开关的图形符号及触点在各挡位的通与断表示方式是相同的。它们的文字符号一般用 SA 表示。

1.3.2　接触器

接触器是用来接通或切断电动机或其他负载主电路的一种控制电器。接触器具有强大的执行机构、大容量的主触点及迅速熄灭电弧的能力。当系统发生故障时，能根据故障检测元件所给出的动作信号，迅速、可靠地切断电源，并有低压释放功能。与保护电器组合可构成各种电磁启动器，用于电动机的控制及保护。

接触器的分类有几种不同的方式，如按操作方式分，有电磁接触器、气动接触器和电磁气动接触器等；按灭弧介质分，有空气电磁式接触器、油浸式接触器和真空接触器等；按主触点控制的电流种类分，又有交流接触器、直流接触器、切换电容接触器等。另外，还有建筑用接触器、机械联锁（可逆）接触器和智能型接触器等，建筑用接触器的外形结构与微型断路器类似，可与微型断路器一起安装在标准导轨上。其中应用最广泛的是空气电磁式交流接触器和空气电磁式直流接触器，习惯上简称为交流接触器和直流接触器。

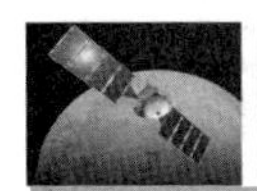

1. 接触器的结构及工作原理

接触器由电磁机构、触点系统、灭弧系统、释放弹簧机构、辅助触点及基座等几部分组成，如图 1-37 所示。接触器的基本工作原理是利用电磁原理通过控制电路的控制和可动衔铁的运动来带动触点控制主电路通断的。交流接触器和直流接触器的结构及工作原理基本相同，但也有不同之处。

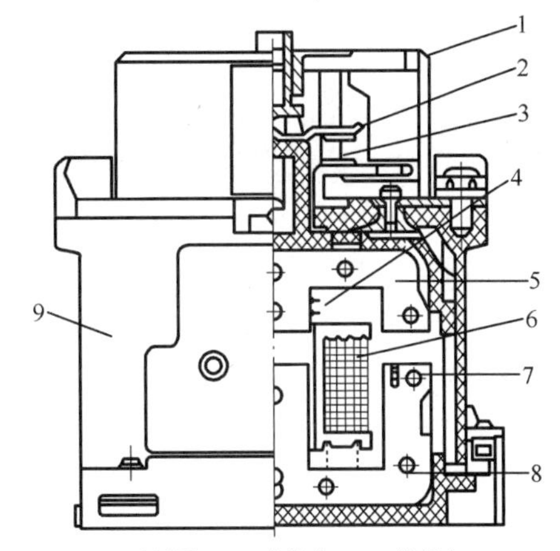

1—灭弧罩；2—动触点；3—静触点；
4—反作用弹簧；5—动铁芯；6—线圈；
7—短路环；8—静铁芯；9—外壳

图 1-37 交流接触器的结构示意

1）电磁机构

电磁机构由线圈、铁芯和衔铁组成。对于交流接触器，为了减小因涡流和磁滞损耗造成的能量损失和温升，铁芯和衔铁用硅钢片叠成；对于直流接触器，由于铁芯中不会产生涡流和磁滞损耗，所以不会发热，铁芯和衔铁用整块电工软钢做成，为使线圈散热良好，通常将线圈绕制成高而薄的圆筒状，不设线圈骨架，使线圈和铁芯直接接触以利于散热。中小容量的交、直流接触器的电磁机构一般都采用直动式电磁机构，大容量的采用绕棱角转动的拍合式电磁铁结构。

2）主触点和灭弧系统

接触器的触点分为两类：主触点和辅助触点。根据触点的容量大小，主触点有桥式触点和指形触点，大容量的主触点采用转动式单断点指形触点。直流接触器和电流 20 A 以上的交流接触器均装有熄弧罩。由于直流电弧比交流电弧难以熄灭，直流接触器常采用磁吹式灭弧装置灭弧，交流接触器常采用多纵缝灭弧装置灭弧。

3）辅助触点

有常开和常闭辅助触点，在结构上它们均为桥式双触点。接触器的辅助触点在控制电路中起联动作用。辅助触点的容量较小，所以不用装灭弧装置，因此它不可以用来分、合主电路。

4）反作用装置

由释放弹簧和触点弹簧组成。

5）支架和底座

用于接触器的固定和安装。

当交流接触器线圈通电后，在铁芯中产生磁通，由此在衔铁气隙处产生吸力，使衔铁产生闭合动作，同时带动主触点闭合，从而接通主电路。另外，衔铁还带动辅助触点动作，使常开触点闭合，常闭触点断开。当线圈断电或电压显著下降时，吸力消失或减弱，衔铁在释放弹簧的作用下打开，主、辅助触点又恢复到原来状态。

2. 接触器的主要特性和参数

接触器主要有如下特性参数。

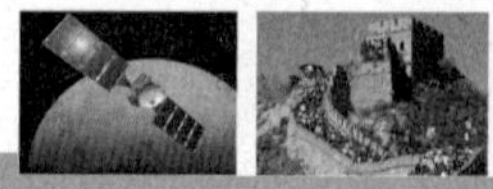

1）额定值和极限值

包括额定工作电压、额定绝缘电压、额定发热电流、额定封闭发热电流（有外壳时的）、额定工作电流或额定功率、额定工作制、额定接通能力、额定分断能力和耐受过载电流能力。其中额定工作电压是指主触点所在电路的额定电压。通常用的电压等级有：

直流接触器：110 V、220 V、440 V、660 V；

交流接触器：127 V、220 V、380 V、500 V、660 V。

额定工作电流是指主触点所在电路的额定电流。通常用的电流等级有：

直流接触器：5 A、10 A、20 A、40 A、60 A、100 A、150 A、250 A、400 A、600 A；

交流接触器：5 A、10 A、20 A、40 A、60 A、100 A、150 A、250 A、400 A、600 A。

耐受过载电流能力是指接触器承受电动机的启动电流和操作过负荷引起的过载电流所造成的热效应的能力。

2）电气控制回路参数

常用的接触器操作控制回路是电气控制回路。电气控制回路有电流种类、额定频率、额定控制电路电压 U_c 和额定控制电源电压 U_S 等几项参数。当需要在控制电路中接入变压器、整流器和电阻器等时，接触器控制电路的输入电压（即控制电源电压 U_S）和其线圈电路电压（即控制电路电压 U_c）可以不同。但在多数情况下，这两个电压是一致的。当控制电路电压与主电路额定工作电压不同时，应采用如下标准数据：

直流：24 V、48 V、110 V、125 V、220 V、250 V；

交流：24 V、36 V、48 V、110 V、127 V、220 V。

具体产品在额定控制电源电压下的控制电路电流由制造厂提供。

3）吸引线圈的额定电压

吸引线圈通常用的电压等级为：

直流线圈：24 V、48 V、110 V、220 V、440 V；

交流线圈：36 V、110 V、127 V、220 V、380 V。

选用时，一般交流负载用交流接触器，直流负载用直流接触器，如果交流负载频繁动作，也可采用直流吸引线圈的接触器。

4）接通和分断能力

这是指主触点在规定条件下能可靠地接通和分断的电流值。在此电流值下，接通时主触点不应该发生熔焊；分断时主触点不应该发生长时间燃弧。不同类型的接触器，它对主触点的接通能力和分断能力的要求也不同，而接触器的类别是根据其对不同控制对象的控制方式规定的。在电力拖动控制系统中，常见的接触器使用类别及其典型用途如表 1-9 所示。接触器的使用类别代号通常标注在产品的铭牌或工作手册中。表 1-9 中要求接触器主触点达到的接通和分断能力为：

（1）AC-1 和 DC-1 类允许接通和分断额定电流；

（2）AC-2、DC-3 和 DC-4 类允许接通和分断 4 倍的额定电流；

（3）AC-3 类允许接通 6 倍的额定电流，分断额定电流；

（4）AC-4 类允许接通和分断 6 倍的额定电流。

表 1-9　常见接触器使用类别及其典型用途

形　　式	触点类别	使用类别	用　　途
交流接触器	接触器主触点	AC-1	无感或低感负载、电阻炉
		AC-2	绕线式感应电动机的启动、分断
		AC-3	鼠笼式感应电动机的启动、运转中分断
		AC-4	鼠笼式感应电动机的启动、反接制动或反向运转、点动
	接触器辅助触点	AC-11	控制交流电磁铁
		AC-14	控制小容量电磁铁负载
		AC-15	控制容量在 72VA 以上的电磁铁负载
直流接触器	接触器主触点	DC-1	无感或低感负载、电阻炉
		DC-3	并励电动机的启动、反接制动或反向运转、点动，电动机在动态中分断
		DC-4	串励电动机的启动、反接制动或反向运转、点动，电动机在动态中分断
	接触器辅助触点	DC-11	控制直流电磁铁
		DC-13	控制直流电磁铁
		DC-14	控制电路中有低价格电阻的直流电磁铁负载

5）额定操作频率

额定操作频率是指接触器每小时的操作次数。交流接触器最高为 600 次/h，而直流接触器最高为 1 200 次/h。操作频率直接影响到接触器的电寿命和灭弧罩的工作条件，对于交流接触器还影响到线圈的温升。

6）机械寿命和电寿命

接触器的机械寿命用其在需要正常维修或更换机械零件前，包括更换触点，所能承受的无载操作循环次数来表示。国产接触器的寿命指标一般以 90%以上产品能达到或超过的无载循环次数（百万次）为准。如果产品未规定机械寿命数据，则认为该接触器的机械寿命为在断续周期工作制下按其相应的最高操作频率操作 8 000 h 的循环次数。操作频率即每小时内可完成的操作循环数（次/h）。接触器的电寿命用不同使用条件下无须修理或更换零件的负载操作次数来表示。

3. 常用的典型交流接触器

1）空气电磁式交流接触器

在接触器中，空气电磁式交流接触器的应用最为广泛，产品系列、品种最多，其结构和工作原理基本相同，但有些产品在功能、性能和技术含量等方面各有独到之处，选用时可根据需要择优选择。典型产品有 CJ20、CJ21、CJ26、CJ29、CJ35、CJ40、NC、B、LC1-D、3TB 和 3TF 系列交流接触器等。其中，CJ20 是国内统一设计的产品，CJ40 系列交流接触器是在 CJ20 系列的基础之上，由上海电器科学研究所组织行业主导厂在 20 世纪 90 年代更新设计的新一代产品；CJ21 是引进德国芬纳尔公司技术生产的；3TB 和 3TF 系列交流接触器是引进德国西门子公司技术生产的（3TF 是在 3TB 的基础上改进设计的产品）；B 系列交流接触器是引进德国 ABB 公司技术生产的；LC1-D 系列交流接触器（国内型号

CJX4）是引进法国 TE 公司技术生产的。此外，还有 CJ12、CJ15、CJ24 等系列大功率、重任务交流接触器，以及国外进口或独资生产的产品品牌等。

2）机械联锁（可逆）交流接触器

机械联锁（可逆）交流接触器实际上是由两个相同规格的交流接触器再加上机械联锁机构和电气联锁机构组成的，如图 1-38 所示。可以保证在任何情况下（如机械振动或错误操作而发出的指令）都不能使两台交流接触器同时吸合，而只能是当一台接触器断开后，另一台接触器才能闭合，能有效地防止电动机正、反转时出现相间短路的可能性。比单在电气控制回路中加接电气联锁电路的应用更安全可靠。机械联锁接触器主要用于电动机的可逆控制、双路电源的自动切换，也可用于需要频繁地进行可逆换接的电气设备上。生产厂通常将机械联锁机构和电气联锁机构以附件的形式提供。

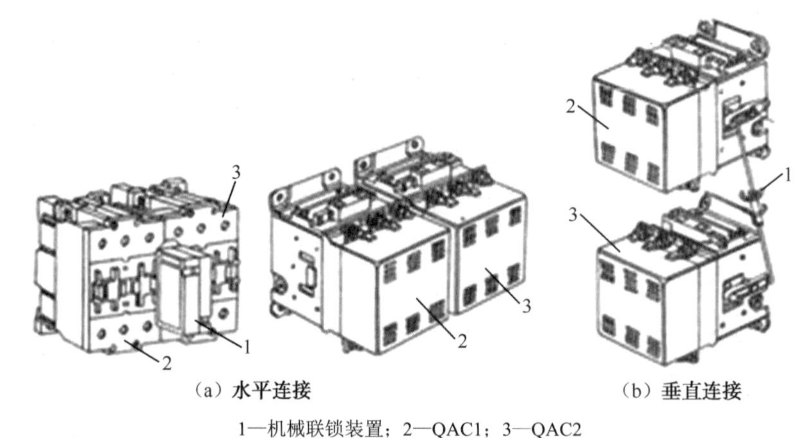

（a）水平连接　　（b）垂直连接

1—机械联锁装置；2—QAC1；3—QAC2

图 1-38　机械联锁交流接触器的典型结构示意

常用的机械联锁（可逆）接触器有 LC2-D 系列（国内型号 CJX4-N）、6C 系列、3TD 系列、B 系列等。3TD 系列可逆交流接触器主要适用于额定电流至 63 A 的交流电动机的启动、停止及正、反转控制。

3）切换电容器接触器

切换电容器接触器专用于低压无功补偿设备中，投入或切除并联电容器组，用以调整用电系统的功率因数。切换电容器接触器带有抑制浪涌装置，能有效地抑制接通电容器组时出现的合闸涌流对电容的冲击和分断时的过电压。其结构设计为正装式，灭弧系统采用封闭式自然灭弧。切换电容器接触器的安装既可采用螺钉安装又可采用标准卡轨安装。常用产品有 CJ16、CJ19、CJ41、CJX4、CJX2A、LC1-D、6C 系列等。

4）真空交流接触器

真空交流接触器以真空为灭弧介质，其主触点密封在真空开关管内。真空开关管（又称真空灭弧室）以真空作为绝缘和灭弧介质，位于真空中的触点一旦分离，触点间将产生由金属蒸气和其他带电粒子组成的真空电弧。真空电弧依靠触点上蒸发出来的金属蒸气来维持，因真空介质具有很高的绝缘强度且介质恢复速度很快，真空电弧的等离子体很快向四周扩散，在第一次过零时真空电弧就能熄灭（燃弧时间一般小于 10 ms）。由于熄弧过程

是在密封的真空容器中完成的，电弧和炽热的气体不会向外界喷溅，所以分断性能稳定可靠，不会污染环境。因此，特别适用于条件恶劣的工作环境中。

常用的真空交流接触器有 CKJ 和 EVS 系列等。CKJ 系列产品是国内自己开发的新产品，均为三极式。其中，CKJ5 为转动式直流电磁系统，采用双线圈结构以降低保持功率，电磁系统控制电源允许在整流桥交流侧操作，采用陶瓷外壳真空管和不锈钢波纹管；CKJ6 则采用直动式交、直流电磁系统，利用交流特性产生起始吸力，而利用直流特性实现保持。EVS 系列重任务真空接触器是引进德国 EAW 公司技术并全部国产化而生产的。EVS 系列重任务真空接触器采用以单极为基础单元的多级多驱动结构，可根据需要组装成 1、2…n 极接触器，以便与相关设备很好地配合。

5）直流接触器

直流接触器应用于直流电力线路中，供远距离接通与分断电路及直流电动机的频繁启动、停止、反转或反接制动控制，CD 系列电磁操作机构合闸线圈或频繁接通和断开起重电磁铁、电磁阀以及离合器的电磁线圈等。

直流接触器在结构上有立体布置和平面布置两种结构，电磁系统多采用绕棱角转动的拍合式结构，主触点采用双断点桥式结构或单断点转动式结构，有的产品是在交流接触器的基础上派生的，因此，直流接触器的工作原理基本上与交流接触器相同。

常用的直流接触器有 CZ18、CZ21、CZ22 和 CZ0 系列等。CZ18 系列直流接触器适用于直流额定电压至 440 V、额定电流为 40～1 600 A 的电力线路中供远距离接通与分断电路之用，也可用于直流电动机的频繁启动、停止、反转或反接制动控制。CZ21、CZ22 系列直流接触器主要用于远距离接通与断开额定电压至 440 V、额定发热电流至 63 A 的直流线路中，并适用于直流电动机的频繁启动、停止、换向及反接制动。CZ0 系列直流接触器主要用于远距离接通和断开额定电压至 220 V、额定发热电流至 100 A 的直流高电感负载。

6）智能接触器

智能接触器的主要特征是装有智能化电磁系统，具有与数据总线及与其他设备之间相互通信的功能，其本身还具有对运行工况自动识别、控制和执行的能力。智能接触器一般由基本系列的电磁接触器及附件构成。附件包括智能控制模块、辅助触点组、机械联锁机构、报警模块、测量显示模块、通信接口模块等。所有智能化功能都集成在一块以微处理器或单片机为核心的控制板上。从外形结构上看，与传统产品不同的是智能接触器在出线端位置增加了一块带中央处理器及测量线圈的机电一体化的线路板。

4．接触器的选用原则

接触器的选用主要是选择类型、主电路参数、控制电路参数和辅助电路参数，以及按电寿命、使用类别和工作制选用，另外需要考虑负载条件的影响。

1）接触器类型的选择

根据接触器所控制的负载性质来确定接触器的极数和电流种类。电流种类由系统主电流种类确定。三相交流系统中一般选用三极交流接触器，当需要同时控制中性线时，则选用四极交流接触器；单相交流和直流系统中则常有两极或三极并联的情况。在一般场合

下，应选用空气电磁式接触器；易燃易爆场合，应选用防爆型及真空接触器等。

2）主电路参数的确定

主电路参数的确定主要是额定工作电压、额定工作电流（或额定控制功率）、额定通断能力和耐受过载电流能力。接触器可以在不同的额定工作电压和额定工作电流下工作。但在任何情况下，接触器的额定电压应大于或等于负载回路额定工作电压；接触器的额定工作电流应大于或等于被控回路的额定电流；接触器的额定通断能力应高于通断时电路中实际可能出现的电流值；接触器的耐受过载电流能力也应高于电路中可能出现的工作过载电流值。

3）控制电路参数和辅助电路参数的确定

接触器的线圈电压应与其所控制电路的电压一致。接触器的控制电路电流种类分交流和直流两种，一般情况下多用交流，当操作频繁时则常选用直流。接触器的辅助触点种类和数量，一般应满足控制线路的要求，根据其控制线路来确定所需的辅助触点种类（常开或常闭）、数量和组合形式，同时应注意辅助触点的通断能力和其他额定参数。当接触器的辅助触点数量和其他额定参数不能满足系统要求时，可增加中间继电器，以扩展触点。

接触器的技术参数及选型如表1-10所示。

1.3.3 继电器

继电器是一种根据某种输入信号的变化，而接通或断开控制电路，实现自动控制和保护电力拖动装置的自动电器。其输入量可以是电流、电压等电量，也可以是温度、时间、速度、压力等非电量，而输出则是触点的动作，或者是电参数的变化。继电器是一种利用各种物理量的变化，将电量或非电量信号转化为电磁力（有触点式）或使输出状态发生阶跃变化（无触点式），从而通过其触点或突变量促使在同一电路或另一电路中动作的一种控制元件。根据转化的物理量的不同，可以构成各种各样的不同功能的继电器，以用于各种控制电路中进行信号传递、放大、转换、联锁等，从而控制主电路和辅助电路中的器件或设备按预定的动作程序进行工作，实现自动控制和保护的目的。继电器的工作特点是具有跳跃式的输入/输出特性，如图1-39所示，输入信号 x 从零开始变化，在达到一定值之前，继电器不动作，输出信号 y 不变，维持 $y=y_{min}$。输入信号 x 达到 x_c 时，电器立即动作，输出信号 y 由 y_{min} 突变到 y_{max}，再进一步加大输入量，输出也不再变化，而保持 $y=y_{max}$。当 x 从某个大于 x_c 的值 x_{max} 开始变小，大于一定值 x_f 时，输出仍保持不变，$y=y_{max}$。当降低到 x_f 时，输出信号 y 骤然降至 y_{min}。继续减小 x 的值，y 也不会再变化，仍为 y_{min}。图中 x_c 称为继电器的动作值，x_f 称为继电器的返回值。由于继电器的触点通常用于控制回路，对其触点容量及转换能力的要求不高，所以继电器一般没有灭弧系统，触点结构也较简单。

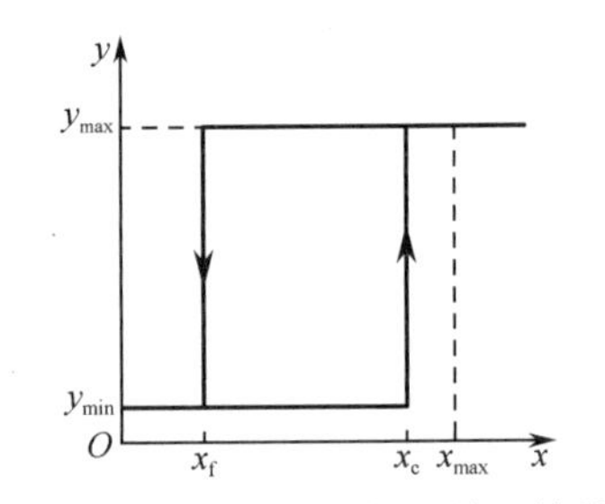

图1-39　继电器的输入/输出特性

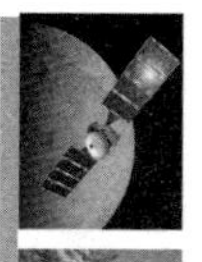

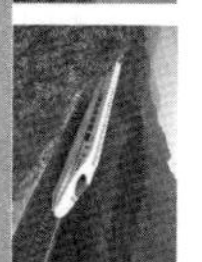
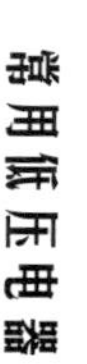

表 1-10　接触器的技术参数及选型

额定工作电流	I_{emax}（AC-3 类，U_e≤440 V）	6 A	9 A	12 A	18 A	25 A	32 A	38 A	40 A	50 A	65 A	80 A	95 A
	I_e（AC-1 类，θ≤60 ℃）	20 A	20 A	25 A	25 A	32 A	40 A	40 A	50 A	60 A	80 A	110 A	110 A
额定工作电压		~690 V											
极数		3	3	3	3	3	3	3	3	3	3	3	3
额定工作功率AC-3类	220/230 V	1.5 kW	2.2 kW	3 kW	4 kW	5.5 kW	7.5 kW	9 kW	11 kW	15 kW	18.5 kW	22 kW	25 kW
	380 V	2.2 kW	4 kW	5.5 kW	7.5 kW	11 kW	15 kW	18.5 kW	18.5 kW	22 kW	30 kW	37 kW	45 kW
	415/440 V	2.2 kW	4 kW	5.5 kW	9 kW	11 kW	15 kW	18.5 kW	22 kW	25/30 kW	37 kW	45 kW	45 kW
	500 V	3 kW	5.5 kW	7.5 kW	10 kW	15 kW	18.5 kW	18.5 kW	22 kW	30 kW	37 kW	55 kW	55 kW
	660/690 V	3 kW	5.5 kW	7.5 kW	10 kW	15 kW	18.5 kW	18.5 kW	30 kW	33 kW	37 kW	45 kW	45 kW
	1 000 V	—	—	—	—	—	—	—	22 kW	30 kW	37 kW	45 kW	45 kW
辅助触点		可正装 1 个辅助触点模块											
适用手动-过载继电器	10 A 等级	0.10～10 A	0.10～10 A	0.10～13 A	0.10～18 A	0.10～32 A	0.10～38 A	0.10～38 A	17～50 A	17～70 A	17～80 A	17～104 A	17～104 A
浪涌抑制模块	RC 电路	●	●	●	●	●	●	●	●	●	●	●	●
接触器型号	~3 极	LC1E06	LC1E09	LC1E12	LC1E18	LC1E25	LC1E32	LC1E38	LC1E40	LC1E50	LC1E65	LC1E80	LC1E95

1. 继电器的分类

常用的继电器按动作原理分类，有电磁式继电器、磁电式继电器、感应式继电器、电动式继电器、温度（热）继电器、光电式继电器、压电式继电器、时间继电器等，其中时间继电器按其延时原理又分为电磁式、电动机式、机械阻尼（气囊）式和电子式等。

按反应激励量的不同，又可分为交流继电器、直流继电器、电压继电器、中间继电器、电流继电器、时间继电器、速度继电器、温度继电器、压力继电器、脉冲继电器等。

按结构特点分，有接触器式继电器、（微型、超小型、小型）继电器、舌簧继电器、电子式继电器、智能继电器、固体继电器、可编程控制继电器等。

按动作功率分，有通用、灵敏和高灵敏继电器等。

按输出触点容量分，有大、中、小和微功率继电器等。

2. 电磁式继电器

电磁式继电器是应用最早，同时也是应用最多的一种继电器，它由电磁机构（包括动、静铁芯，衔铁，线圈）和触点系统等部分组成，如图 1-40 所示。铁芯和铁轭的作用是加强工作气隙内的磁场；衔铁的主要作用是实现电磁能与机械能的转换；极靴的作用是增大工作气隙的磁导；反作用弹簧和簧片是用来提供反力的。线圈通电后，线圈的激磁电流就产生磁场，从而产生电磁吸力吸引衔铁。一旦电磁力大于反力，衔铁就开始运动，并带动与之相连接的动触点向下移动，使动触点与其上面的动断静触点分开，而与其下面的动合静触点吸合。最后，衔铁被吸合在与极靴相接触的最终位置上。若在衔铁处于最终位置时切断线圈的电源，磁场便逐渐消失，衔铁会在反力的作用下脱离极靴，并再次带动动触点脱离动合触点，返回到初始位置处。

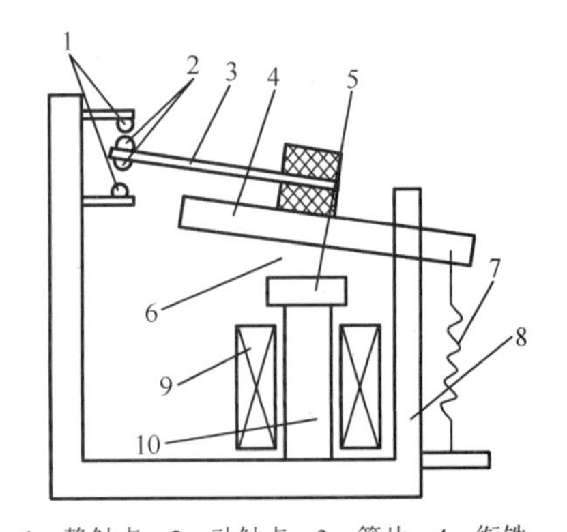

1—静触点；2—动触点；3—簧片；4—衔铁；5—极靴；6—工作气隙；7—反作用弹簧；8—铁轭；9—线圈；10—铁芯

图 1-40 电磁式继电器结构图

电磁式继电器的种类很多，如电压继电器、中间继电器、电流继电器、电磁式时间继电器、接触器式继电器等都属于这一类。接触器式继电器是一种作为控制开关使用的接触器。实际上，各种和接触器的动作原理相同的继电器如中间继电器、电压继电器等都属于接触器式继电器。接触器式继电器在电路中的作用主要是扩展控制触点数量或增加触点容量。因此，电磁式继电器的结构和工作原理与接触器相似，也是由电磁机构（包括动、静铁芯，衔铁，线圈）和触点系统等部分组成的。所不同的是，继电器的触点电流容量较小，触点数量较多，没有专门的灭弧装置，所以体积小、动作灵敏，只能用于控制电路。

1）电磁式电压继电器

电磁式电压继电器触点的动作与线圈的动作电压大小有关，使用时线圈和负载并联，为了不影响负载电路，电压继电器的线圈匝数多、导线细、阻抗大。根据动作电压值的不同，电压继电器有过电压、欠电压继电器。

（1）过电压继电器：过电压继电器线圈在额定电压值时，衔铁不产生吸合动作，只有当线圈的吸合电压高于其额定电压值的 105%～115%时才产生吸合动作。过电压继电器通常用于过电压保护电路中，当电路中出现过高的电压时，过电压继电器就马上动作，从而控制接触器及时分断电气设备的电源，起到保护作用。

（2）欠电压继电器：当电路中的电气设备在额定电压下正常工作时，欠电压继电器的衔铁处于吸合状态；如果电路中出现电压降低，且低到欠电压继电器线圈的释放电压，衔铁打开，触点复位，从而控制接触器及时分断电气设备的电源。通常欠电压继电器的吸合电压值的整定范围是额定电压值的 30%～50%，释放电压值的整定范围是额定电压值的 7%～20%。

2）电磁式电流继电器

电磁式电流继电器触点的动作与线圈的动作电流大小有关，使用时线圈与被测量电路串联，为了不影响负载电路，电流继电器的线圈匝数少、导线粗、阻抗小。按吸合电流大小的不同，有欠电流和过电流继电器。

（1）欠电流继电器：正常工作时，欠电流继电器的衔铁处于吸合状态。当电路的负载电流低于正常工作电流，并低至欠电流继电器的释放电流时，欠电流继电器的衔铁释放，从而可以利用其触点的动作来切断电气设备的电源。当直流电路中出现低电流或零电流故障时，往往会导致严重的后果，因此比较常用的是直流欠电流继电器。其吸合电流为线圈额定电流的 30%～65%，释放电流为额定电流的 10%～20%。

（2）过电流继电器：过电流继电器在电路正常工作时衔铁不吸合，当电流超过一定值时衔铁才吸合，从而带动触点动作。过电流继电器通常用于电力拖动控制系统中，起保护作用。通常，交流过电流继电器的吸合电流整定范围为额定电流的 1.1～4 倍，直流过电流继电器的吸合电流整定范围为额定电流的 0.7～3.5 倍。

3．时间继电器

时间继电器是一种利用电磁原理或机械动作原理实现触点延时接通或断开的电器，主要作为辅助电气元件用于各种电气保护及自动装置中，使被控元件达到所需要的延时，应用十分广泛。

时间继电器的延时方式有两种：一是得电延时，即线圈得电后，触点经延时后才动作；一是失电延时，即线圈得电时，触点瞬时动作，而线圈失电时，触点延时复位。时间继电器的图形、文字符号如表 1-2 所示。

1）直流电磁式时间继电器

直流电磁式时间继电器的铁芯上加有一个阻尼铜套，其结构示意如图 1-41 所示。它是利用电磁感应原理产生延时的。由电磁感应定律可知，在继电器线圈通电、断电过程中，铜套内将感生涡流，以阻碍穿过铜套内的磁通变化，因而对原磁通起到了阻尼作用。当继电器线圈通电时，由于衔铁处于释放位置，气隙大，磁阻大，磁通小，铜套阻尼作用相对也小，因此衔铁吸合时几乎没有延时作用。而当继电器线圈断电时，磁通变化量大，铜套阻尼作用也大，使衔铁释放有明显的延时作用。此种继电器仅用做断电延时，延时时间较短，如 JT 系列最长不超过 5 s，而且准确度较低，一般只用于要求不高的场合，如电动机的延时启动等。

2）空气阻尼式时间继电器

空气阻尼式时间继电器是利用空气阻尼原理获得延时的。它由电磁系统、延时机构和触点三部分组成。其工作方式有通电延时型和断电延时型两种。电磁系统分直流和交流两种。空气阻尼式时间继电器的结构原理如图1-42所示。工作原理如下：

当线圈1通电时，支撑杆3连同胶木块5一同被铁芯2吸引而下移，空气室里的空气受进气孔9处的调节螺钉7的阻碍，在活塞8下降过程中，空气室内造成稀薄空气而使活塞下降缓慢，到达最终位置时，压合微动开关4，使触点闭合。从线圈得电到触点动作，是有一段延时的，此即为时间继电器的延时时间，可以通过调节螺钉改变进气孔气隙以改变延时时间的大小。当线圈失电，活塞在恢复弹簧11的作用下迅速复位，同时空气室内的空气可由出气孔10及时排出。空气阻尼式时间继电器的延时范围可以扩大到数分钟，但整定精度往往较差，只适用于一般场合。国产空气阻尼式时间继电器有JS7和JS7-A系列。

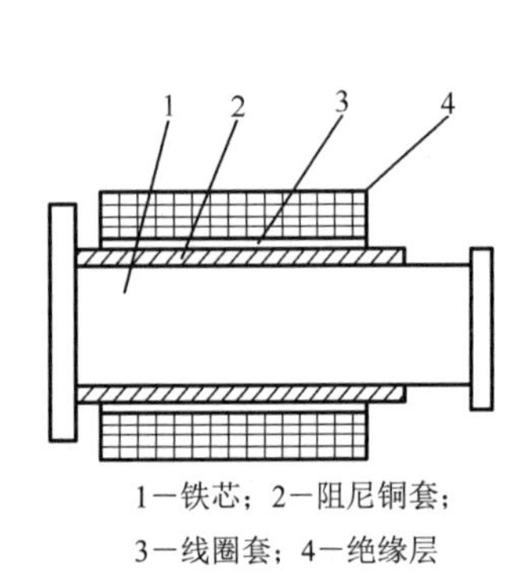

1—铁芯；2—阻尼铜套；
3—线圈套；4—绝缘层

图1-41　带有阻尼铜套的铁芯结构

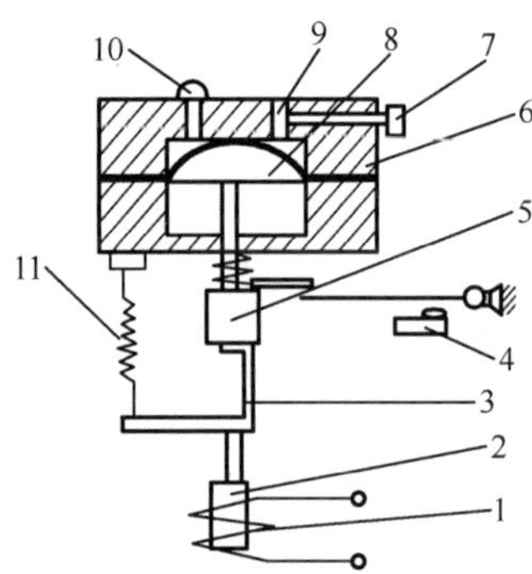

1—线圈；2—铁芯；3—支撑杆；4—微动开关；5—胶木块；6—橡皮膜；
7—调节螺钉；8—活塞；9—进气孔；10—出气孔；11—恢复弹簧

图1-42　空气阻尼式时间继电器的结构原理

3）电动机式时间继电器

同步电动机式时间继电器是由微动同步电动机拖动减速齿轮，获得延时时间的。其主要特点是延时范围宽，可以由几秒到数十小时，重复精度也较高，调节方便，而且有得电延时和失电延时两种类型。缺点是结构复杂，价格较贵。常用的产品有JS10和JS11系列，以及由西门子公司引进的7FR型同步电动机式时间继电器。

图1-43为JSJ系列晶体管时间继电器的工作原理。图中，C1、C2为滤波电容，当电源变压器接上电源时，正、负半波由两个二次绕组分别向电容C3充电，A点电位按指数规律上升。当A点电位高于B点电位时，VT1截止、VT2导通，VT2管的集电极电流流过继电器K的线圈，由其触点输出信号；同时，图中K的常闭触点脱开，切断了充电电路，K的常开触点闭合，使电容放电，为下次再充电做准备。要改变延时时间的大小，可以通过调节电位器RP1来实现，此电路延时范围为0.2～300 s。常用的晶体管时间继电器除JSJ系列外，还有JSZ8、JSZ9系列等。近年来，随着微电子技术的发展，出现了许多采用集成电路、功率电路和单片机等电子元件构成的新型时间继电器，如DHC6多制式单片机控制时间继电器，JSS17、JSS20、JSZ13等系列大规模集成电路数字时间继电器，MT5CR等系列电子式数显时间继电器，JSG1等系列固态时间继电器等。

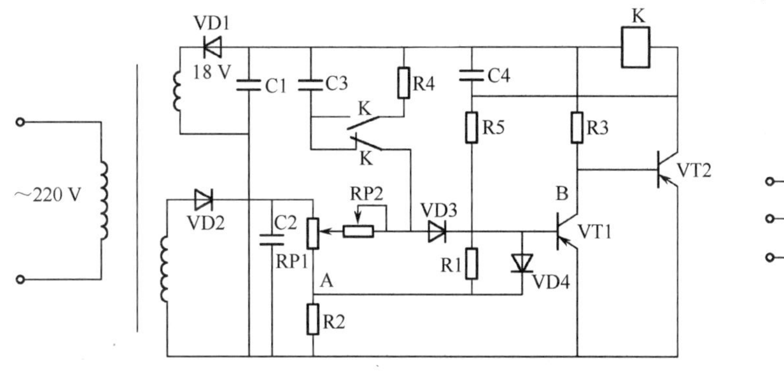

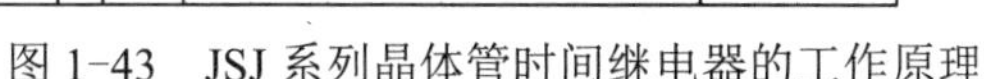
图 1-43　JSJ 系列晶体管时间继电器的工作原理

4）电子式时间继电器

电子式时间继电器具有延时范围广、精度高、体积小、耐冲击和耐振动、调节方便及使用寿命长等优点，因此其发展很快，在时间继电器中已成为主流产品。

图 1-44 为 JSZ8 和 JSZ9 系列电子式时间继电器。这是一种新颖的时间继电器，它采用大规模集成电路，实现了高精度、长延时，且具有体积小、延时精度高、可靠性好、寿命长等特点，产品符合 GB 14048 和 DIN 标准要求，可与国外同类产品互换使用。适合在交流 50/60 Hz、电压至 240 V 或直流电压至 110 V 的控制电路中作为时间控制元件，按预定的时间接通或分断电路。ST3P 系列超级时间继电器是引进日本富士电动机株式会社全套专有技术生产的电子式时间继电器，适用于各种要求高精度、高可靠性自动控制的场合作延时控制之用，产品符合 GB 14048 标准要求。图 1-45 为 ST3P 系列超级时间继电器，其特点如下：

（a）JSZ8 系列　　（b）JSZ9 系列

图 1-44　JSZ 系列电子式时间继电器

图 1-45　ST3P 系列超级时间继电器

采用大规模集成电路，保证了高精度及长延时的特性。规格品种齐全，有通电延时型、瞬动型、间隔延时型、断电延时型、星-三角启动延时型、往复循环延时型等。使用单刻度面板 EK 大型设定旋钮，刻度清晰、设置方便。安装方式为插拔式，备有多种安装插座，可根据需要任意选用。多挡式规格具有四种不同的延时挡，可以由时间继电器前部的转换开关很方便地转换。当需要变换延时挡时，首先取下设定旋钮，接着卸下刻度板（两块），然后参照铭牌上的延时范围示意图拨动转换开关，再按原样装上刻度板与设定旋钮，转换开关位置应与刻度板上开关位置标记相一致。

ST3P 系列时间继电器只要装上 TX2 附件，就能成为面板式安装。先将附件的不锈钢固定簧片分别嵌入框架中，然后将时间继电器从后部插入并用固定簧片扣住，这样就能将时

间继电器很方便地嵌入面板上预开的安装孔内，不需要螺钉固定。从上向下用力按压固定簧片，就能将时间继电器从安装孔内顶出取下。MT5CR 是一种新型的数字式时间继电器，采用键盘输入，设定可靠，由 LCD 显示延时过程，适用于交流 50/60 Hz、电压至 240 V 或直流电压至 48 V 的控制电路中作为时间控制元件，按预定的时间接通或分断电路。图 1-46 为 MT5CR 数字式时间继电器。

4．速度继电器

速度继电器主要用于鼠笼式异步电动机的反接制动控制。它主要由转子、定子和触点三部分组成。转子是一个圆柱形的永久磁铁，定子的结构与鼠笼式异步电动机的转子相似，由硅钢片叠制而成，并装有笼型绕组。

图 1-47 为速度继电器的原理示意。其转轴与被控电动机的轴连接，而定子空套在转子上。当电动机转动时，速度继电器的转子随之转动，定子内的短路导体便切割磁场而感应电动势并产生电流，此电流与旋转的转子磁场相互作用产生转矩，使得定子转动。当转到一定角度时，装在定子轴上的摆锤推动簧片（动触点）动作，使常闭触点分开，常开触点闭合。当电动机转速低于某一值时，定子产生的转矩减小，触点在簧片作用下复位。常用的速度继电器有 JY1 型和 JFZ0 型。一般速度继电器的动作转速为 120 r/min，触点的复位转速在 100 r/min 以下。速度继电器的图形符号及文字符号如图 1-48 所示。

图 1-46　MT5CR 数字式时间继电器

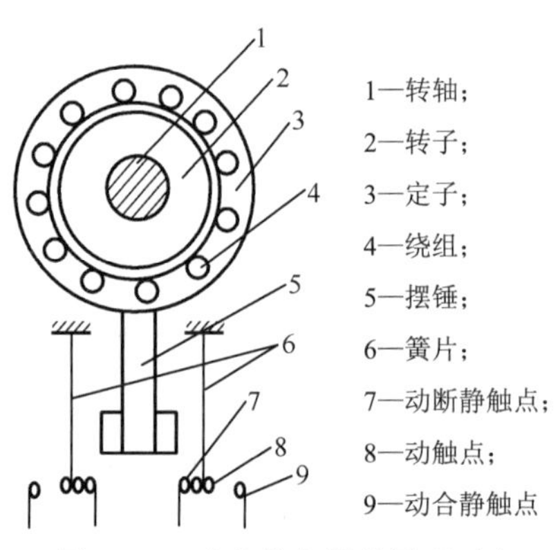

图 1-47　速度继电器的原理示意

5．热继电器

在电力拖动控制系统中，当三相交流电动机出现长时间过载运行，或是长时间单相运行等不正常情况时，将可能导致电动机绕组严重过热甚至烧毁。由电动机的过载特性得知，在不超过允许温升的条件下，电动机可以承受短时间的过载。为了充分发挥电动机的过载能力，保证电动机的正常启动和运转，同时在电动机出现长时间过载时又能自动切断电路，需要一种能随过载程度及过载时间而变动动作时间的电器，来作为过载保护器件。热继电器的动作特性可以满足上述要求，因此热继电器广泛应用于电动机绕组、大功率晶体管等的过热保护电路中。

1）工作原理

热继电器的原理示意如图 1-49 所示。其热元件（双金属片）是由膨胀系数不同的两种金属片压轧而成的，上层称主动层，由膨胀系数高的金属制成；下层称被动层，由膨胀系

数低的金属制成。使用时，将热元件串联在被保护电路中，当负载电流超过允许值时，双金属片被加热，温度升高，双金属片 3 开始逐渐膨胀变形，向下弯曲，按下压动螺钉 1，使得锁扣机构 8 脱开，热继电器常闭触点 5、6 脱开，从而切断控制电路，使主电路断电，起到保护作用。热继电器动作后，一般不能自动复位，需等金属片冷却后，按下复位按钮 7 后才能复位，通过改变压动螺钉 1 的位置，来调节动作电流。常用的热继电器有 JR0、JR1、JR2 和 JR15 系列，JR0 和 JR15 系列在结构上做了改进，采用复合加热方式，还使用了温度补偿元件，提高了动作的准确性。

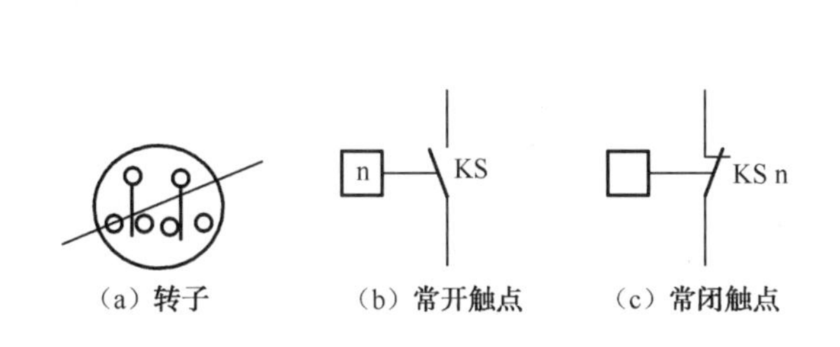

图 1-48　速度继电器的图形符号及文字符号

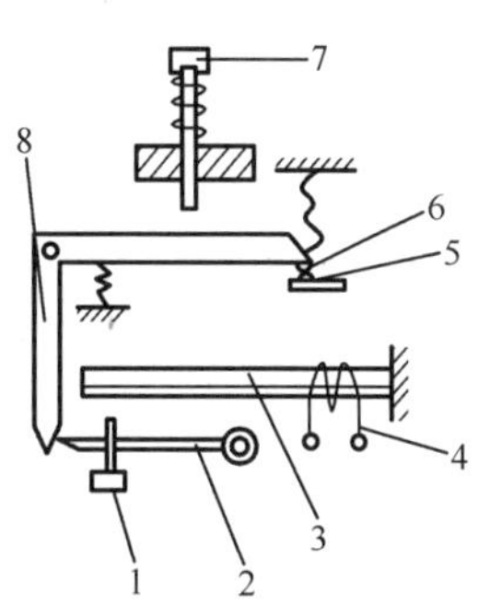

1—压动螺钉；2—扣板；3—双金属片；4—加热线圈；5—静触点；6—动触点；7—复位按钮；8—锁扣机构

图 1-49　热继电器的原理示意

2）带断相保护的热继电器

三相异步电动机在发生一相断电时，另两相电流增大，会造成电动机烧毁。如果用上述热继电器保护的电动机是星形接法，在发生断相时，另两相电流增大，由于相电流与线电流相同，流过电动机绕组的电流和流过热继电器的电流增加比例相同，采用普通的两相或三相热继电器就可以起到保护作用。如果电动机是三角形接法，发生断相时，由于相电流与线电流不相同，流过电动机绕组的电流和流过热继电器的电流增加比例也不一样，继电器是按电动机的额定电流即线电流整定的。电动机绕组内部，电流较大的那一相绕组的故障电流超过额定相电流，有可能使电动机烧毁，而热继电器此时还不能动作。此时，就需要用带断相保护的热继电器差动式断相保护器来进行断相保护了，如图 1-50 所示。其差动式机构由上导板 2、下导板 3 和杠杆 5 组成。图 1-50（a）为通电前机构各部件的位置。图 1-50（b）为正常通电时各部件的位置，此时，三相的双金属片同时受热，向左弯曲，但弯曲的程度不够，所以上、下导板一起向左移动一段距离，不足以使继电器动作。图 1-50（c）是三相均过载时各部件的位置图。三相的双金属片同时都向左弯曲，弯曲程度要大于正常通电

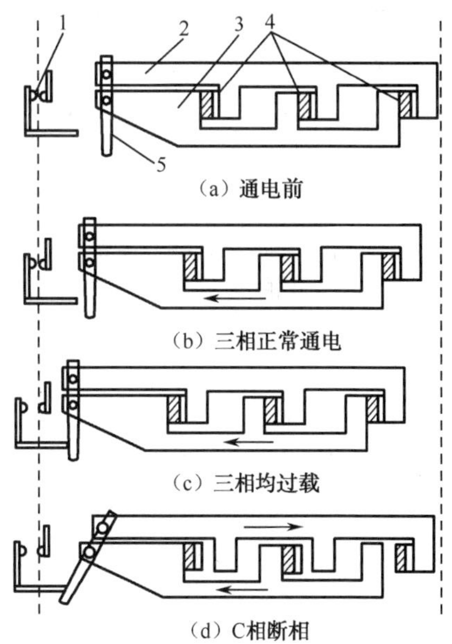

1—常闭触点；2—上导板；3—下导板；4—双金属片；5—杠杆

图 1-50　热继电器差动式断相保护器

时，推动下导板 3 向左移动，通过杠杆 5 碰触常闭触点 1，使其立即脱开。图 1-50（d）是一相（如 C 相）断相时各部件的位置图。此时，C 相双金属片由于断电而逐渐冷却、复位，其端部向右移动，推动上导板 2 向右移动，而另外两相双金属片温度上升，其端部继续向左弯曲，推动下导板 3 向左移动。由于上、下导板互相向反方向移动，使得杠杆 5 向左转动，碰触常闭触点 1，使其立即脱开，从而起到了断相保护的作用。

3）电子式热过载继电器

NRE8-40 电子式热过载继电器是一种应用微控制器的新型节能电器。它利用微控制器检测主电路的电流波形和电流大小，判断电动机是否过载和断相。过载时，微控制器通过计算过载电流倍数决定延时时间的长短，延时时间到时，通过脱扣机构使其常闭触点断开，常开触点闭合。断相时，微控制器缩短延时时间。相对于 40 A 规格的双金属片热继电器可节能 90%，相对于 20 A 规格的双金属片热继电器可节能 95%。适用于交流 50/60 Hz、额定工作电压 690 V 及以下、电流 20～40 A 的电路中，作三相交流电动机过载和断相保护用。其外形如图 1-51 所示。

图 1-51　NRE8-40 电子式热过载继电器

4）热继电器的合理选用

热继电器的选用是否合理，直接影响着过载保护的可靠性。对热继电器的选择与使用不合理将会造成电动机的烧毁事故。在选用时，必须了解被保护电动机的工作环境、启动情况、负载性质、工作制及电动机允许的过载能力。原则是热继电器的安秒特性位于电动机过载特性之下，并尽可能接近。选用时应注意以下几点。

（1）保护长期工作或间断长期工作的电动机时应注意：

① 保证电动机能启动。当电动机的启动电流为其额定电流的 6 倍，且启动时间不超过 6 s 时，可选取热继电器的额定电流低于 6 倍电动机的额定电流；动作时间通常应大于 6 s。

② 选热继电器整定值为其额定电流的 0.95～1.05 倍。

③ 选用带断相保护的热继电器，即型号后面有 D、T 的系列或 3UA 系列。

（2）保护反复短时工作制的电动机时应注意：

此时应注意确定热继电器的操作频率。当电动机启动电流为额定电流的 6 倍、启动时间为 1 s、满载工作、通电持续率为 60%时，热继电器的每小时允许操作数不能超过 40 次。如操作频率过高，可选用带速饱和电流互感器的热继电器，或者不用热继电器保护而选用电流继电器。

（3）保护特殊工作制电动机时应注意：

正反转及频繁通断工作的电动机不宜采用热继电器来保护。理想的方法是用埋入绕组的温度继电器或热敏电阻来保护。

6. 舌簧继电器

舌簧继电器包括干簧继电器、水银湿式舌簧继电器和铁氧体剩磁式舌簧继电器，其中

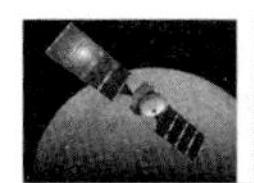

较常用的是干簧继电器。干簧继电器用于电气、电子和自动控制设备中做快速切换电路的转换执行元件，如液位控制等。干簧继电器的触点处于密封的玻璃管内，舌簧片由铁镍合金（坡莫合金）做成，舌簧片的接触部分通常镀以贵金属，如金、铑、钯等，接触良好，具有良好的导电性能。触点密封在充有氮气等惰性气体的玻璃管中而与外界隔绝，因而有效地防止了尘埃的污染，减小了触点的电腐蚀，提高了工作可靠性。干簧继电器的吸合功率小，灵敏度高。一般舌簧继电器吸合与释放时间均在 0.5～2 ms，与电子线路的动作速度相近。

干簧继电器典型应用示例如图 1-52 所示。当磁钢靠近后，玻璃管中两舌簧片的自由端分别被磁化为 N 极与 S 极而相互吸引，从而接通了被控制的电路。当磁钢离开后，舌簧片在本身的弹力作用下分开并复位，控制电路被切断。常用的舌簧继电器有 JAG-2-1 型（舌簧管为ϕ4×36 mm）、微型 JAG-4 型（舌簧管为ϕ3×20 mm）、大型 JAG-5（舌簧管为ϕ8×42 mm 或ϕ8×50 mm）等，其中又分常开（H）、常闭（D）和转换（Z）三种不同的形式。

7. 液位继电器

一些锅炉和水箱需要根据液位的变化来控制，用液位继电器来检测水位的变化，如水泵电动机的启动和停止，这里就可以用液位继电器来完成。图 1-53 为液位继电器的结构示意。浮筒位于被控锅炉内，浮筒的一端有一根磁化的钢棒，在锅炉的外壁装有一对触点，动触点的一端也装有一根磁钢，且端头的磁性与浮筒磁钢端头的磁性相同。当锅炉内的水位降低到极限位置，浮筒下落时，带动其上的磁钢绕 *A* 点向上翘起，由于磁钢的同性相斥的作用，使动触点的磁钢被斥而绕 *B* 点下落，触点 1-1 接通、2-2 断开。反之，当水位上升到上限位置时，浮筒上浮，带动其上的磁钢下落，同样由于相同磁性相斥的作用，使得动触点的磁钢上翘，触点 2-2 接通、1-1 断开。

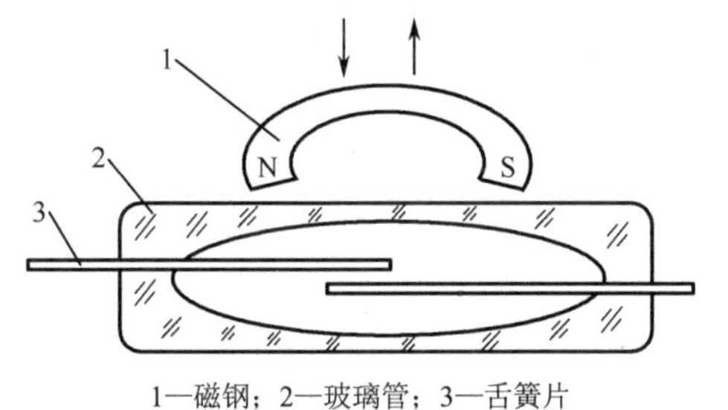

1—磁钢；2—玻璃管；3—舌簧片

图 1-52 干簧继电器应用示例

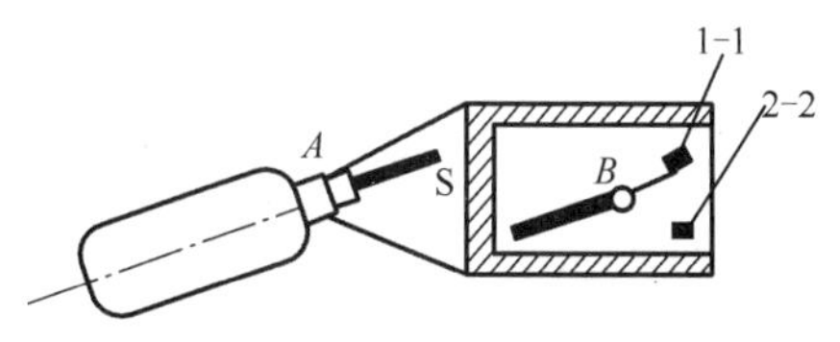

图 1-53 液位继电器的结构示意

1.3.4 控制与保护开关电器

在 20 世纪的 80～90 年代，出现了一种多功能集成化的新型电器，称为控制与保护开关电器，英文缩写为 CPS。根据市场需求和新技术的发展，国内陆续开发了 KB0-B、R、E、T 系列智能化、数字化的产品。通过近些年的发展，CPS 产品逐步完善，形成了多个系列、多个品种规格的各种产品。

从其结构和功能上来说 KB0 系列产品已不再是接触器、断路器或热继电器等单个产品，而是一套控制保护系统。它的出现从根本上解决了传统的采用分立元器件（通常是断路器或熔断器+接触器+过载继电器）由于选择不合理而引起的控制和保护配合不合理的种种

问题，特别是克服了由于采用不同考核标准的电气产品之间组合在一起时，保护特性与控制特性配合不协调的现象，极大地提高了控制与保护系统的运行可靠性和连续运行性能。

1. 基本概念

国家标准 GB 14048.9—2008《低压开关设备和控制设备第 6-2 部分：多功能电器（设备）控制与保护开关电器（设备）（CPS）》中对控制与保护开关电器的定义为：可以手动或以其他方式操作，带或不带就地人力操作装置的开关电器（设备）。CPS 能够接通、承载和分断正常条件下包括规定的运行过载条件下的电流，能够接通在规定时间内承载并分断规定的非正常条件下的电流，如短路电流。CPS 具有过载和短路保护功能，这些功能经协调配合使得 CPS 能够在分断直至其额定运行短路分断能力 I_{CS} 的所有电流后连续运行。CPS 可以由也可以不由单一的电器组成，但总被认为是一个整体（或单元）。协调配合可以是内在固有的，也可以是遵照制造厂的规定经正确选取脱扣器而获得的。标准规定的 CPS 的电气符号如图 1-54 所示。

图 1-54　CPS 的电气符号

2. CPS 的结构

如图 1-55 所示为国内研制开发的 KB0 系列 CPS 产品构成示意。

1）主体

主体结构如图 1-56 所示，主要由壳体、主体面板、电磁传动机构、操动机构、主电路接触组（包括触点系统、短路脱扣器）等部件构成。它具有短路保护、自动控制、就地控制及指示功能。

图 1-55　KB0 系列 CPS 的结构

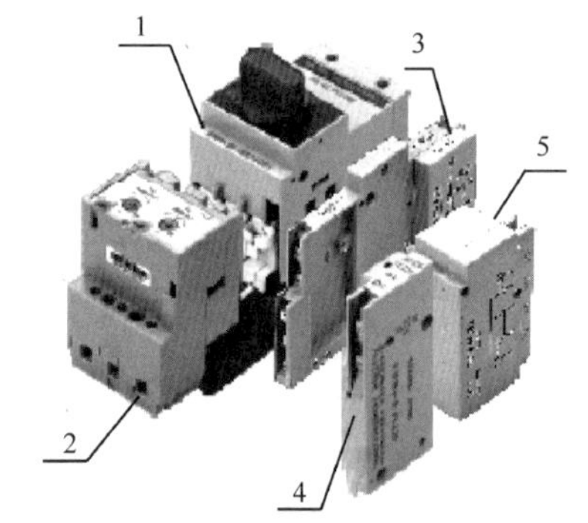

1—主体；2—过载脱扣器；3—辅助触点模块；4—分励脱扣器；5—远距离再扣器

图 1-56　KB0 系列主体结构

（1）主体面板：如图 1-57 所示为基本型 KB0 主体面板的外形。

通断指示器：当 KB0 主电路接通时，该标记呈红色；当 KB0 正常断开时，红色标记不可见。

自动控制位置：KB0 内部的线圈控制触点在闭合位置，此时通过线圈控制电路的通断可实现远程自动控制。

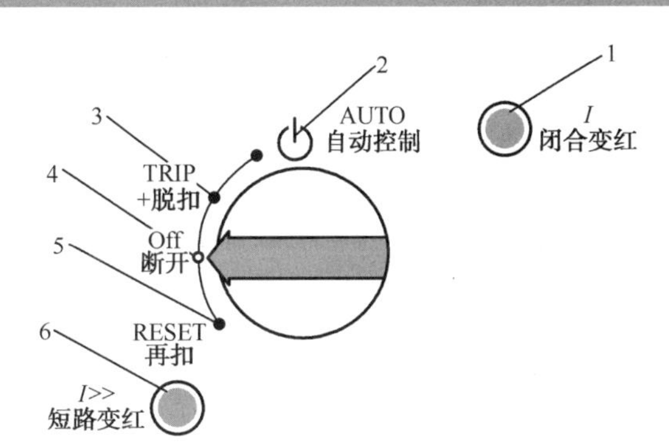

1—通断指示器；
2—自动控制位置；
3—脱扣位置；
4—断开位置；
5—再扣位置；
6—短路故障指示器

图 1-57　主体面板外形示意图

脱扣位置：在接通的电路中，如出现过载、过电流、断相、短路等故障以及远程分励脱扣时，产品内对应的功能模块动作。此时，主触点和线圈控制触点均处于断开状态。

断开位置：线圈控制触点处于断开位置，KB0 主触点保持在断开位置。

再扣位置：操作手柄旋转至该位置处才可以使已经脱扣的 KB0 复位再扣。

短路故障指示器：正常工作时，红色标记不可见；短路脱扣时，该标记呈红色。

（2）电磁传动机构：如图 1-58 所示为 KB0 系列电磁传动机构外形。它主要由线圈、铁芯、控制触点、传动机构及基座组成。用以接收通断操作指令，控制主电路接触组中的主触点的接通或分断主电路。

（3）操动机构：如图 1-59 所示为 KB0 系列操动机构外形图，能接收每极主电路接触组的短路信号和来自热磁脱扣的故障信号，通过控制触点切断线圈回路由电磁操动机构分断主电路。故障排除后，由操作手柄复位。KB0 操动机构的工作状态在主体面板上的符号及指示器位置含义如上所述。

（4）主电路接触组：如图 1-60 所示为 KB0 系列主电路接触组外形。其中装有限流式快速短路脱扣器与高分断能力的灭弧系统，能实现高限流特性（限流系数小于 0.2）的短路保护，其脱扣电流整定值不可调整，仅与框架等级有关，其整定值为（16+20%）I_n（I_n 为框架等级电流）。在负载发生短路时，短路脱扣器快速（2～3 ms）动作，通过拨杆断开主触点，同时带动操作线圈电路使主电路各极全部断开。

图 1-58　KB0 系列电磁传动机构外形

图 1-59　KB0 系列操动机构外形

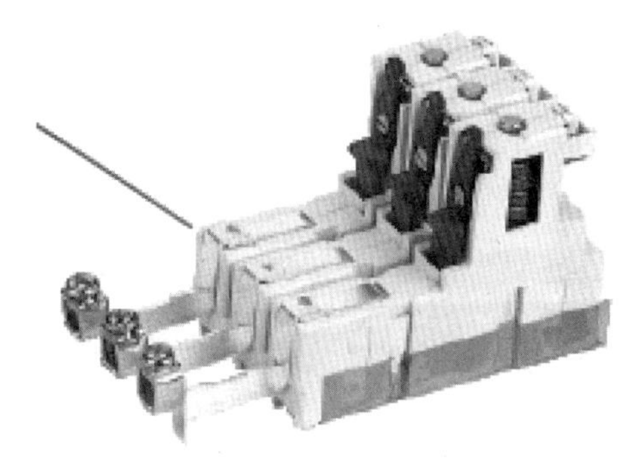

图 1-60　KB0 系列主电路接触组外形

2）热磁脱扣器

如图 1-61 所示为热磁脱扣器的外形和面板。它具有过载和过流保护功能，具有延时、温度补偿、断相和较低过载下良好的保护功能。整定电流值包括热过载反时限脱扣电流、过流定时限电流（均可调）。

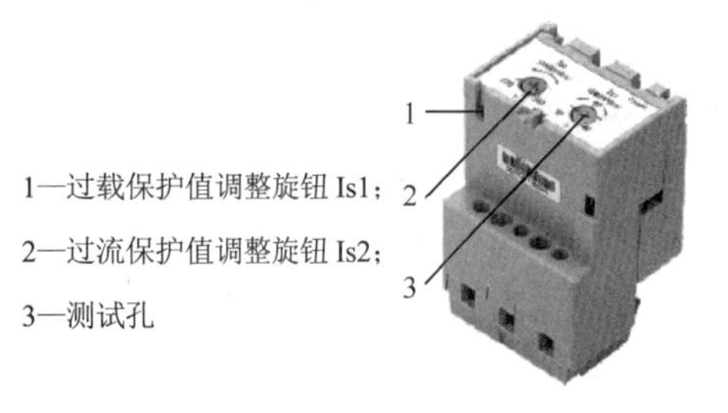

（a）热磁脱扣器外形

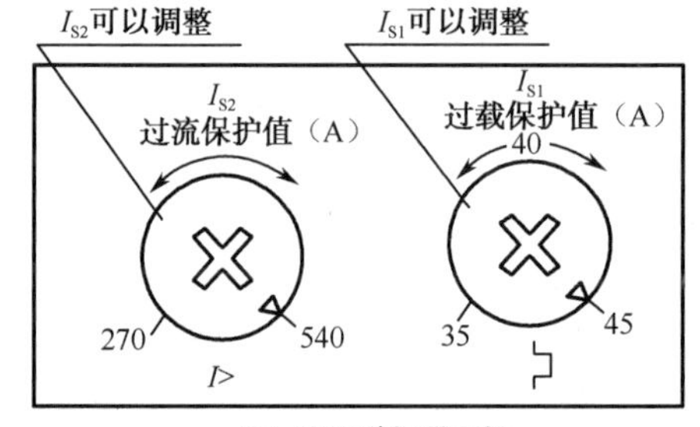

（b）热磁脱扣器面板

图 1-61　KB0 系列热磁脱扣器

按用途可将其分为：电动机保护型和配电保护型、不频繁启动和频繁启动电动机型等。

3）智能控制器

如图 1-62 所示为智能控制器的外形。基于高性能微处理器、嵌入式软件和总线通信技术，可实现电动机负载、配电电路的电流保护、电压保护、设备保护和温度保护，具有通信、维护管理、自诊断功能，且脱扣级别和保护参数均可整定。

4）功能模块

KB0 功能模块主要有辅助触点模块、分励脱扣器和远距离再脱扣器三种。

（1）辅助触点模块：如图 1-63 所示为辅助触点模块的外形。它包括与主电路触点联动的机械无源触点（简称辅助触点）和用于手柄位置指示和故障指示的机械无源信号报警触点（简称信报触点）。辅助触点在电气上是分开的。信报触点可指示操作手柄的 AUTO（接通）位置、主电路过载（过电流或断相）故障和短路故障。

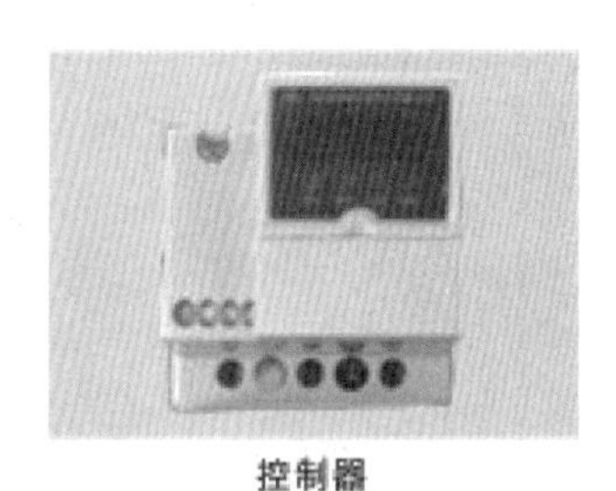

图 1-62　智能控制器的外形

图 1-63　辅助触点模块的外形

（2）分励脱扣器：如图 1-64 所示为分励脱扣器的外形。它可以实现 KB0 远程脱扣和分断电路的功能。

（3）远距离再脱扣器：如图 1-65 所示为远距离再脱扣器的外形。它可以实现 KB0 操动机构远程再扣和复位功能。

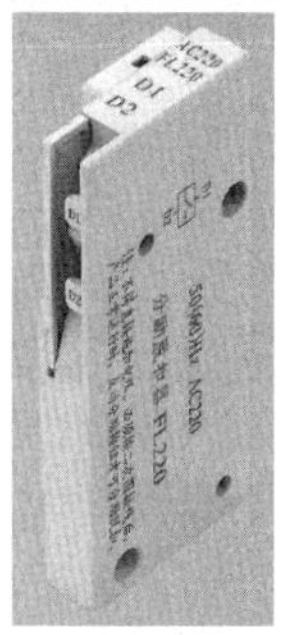

图 1-64　分励脱扣器的外形

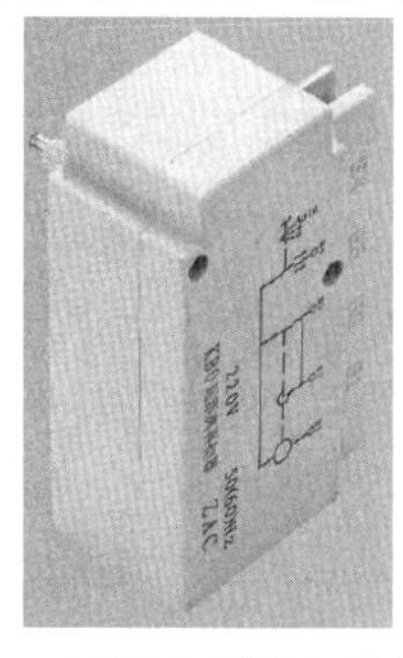

图 1-65　远距离再脱扣器的外形

5）隔离型

KB0 隔离型产品主要应用于配电电路和电动机电路中电源的隔离。它既可以满足主电路隔离的要求，也可以满足控制回路隔离的要求，并可通过操作手柄清楚地显示其状态。

3．CPS 分类

通常按照 CPS 产品的构成及控制对象可分为以下几种。

（1）基本型：主要包括主体、控制器、辅助触点、扩展功能模块与附件等，可以实现对负载的控制与保护。

（2）可逆型：以 CPS 基本型作为主开关，与机械联锁和电气联锁等附件或可逆控制模块组合，构成对电动机可逆电路具有控制和保护作用的 CPS。

（3）双电源自动转换开关电器型：以 CPS 基本型作为主开关，与电压继电器、机械联锁、电气联锁等附件或双电源控制器组合，构成双电源自动转换开关电器（ATSE）。

（4）减压启动器型：以 CPS 基本型作为主开关，与接触器、时间继电器、机械联锁、电气联锁或相应的减压启动模块构成星-三角减压启动器型、自耦减压启动器型、电阻减压启动器型，实现电动机的降压启动控制。

（5）双速（或三速）控制器型：以 CPS 基本型作为主开关，与接触器、电气联锁等附件或双速（或三速）控制模块组合，构成双速（或三速）控制器，适用于双速（或三速）电动机的控制与保护。

（6）带保护控制箱型：以 CPS 基本型作为主开关，安装在标准的保护箱内组成动力终端箱，适用于户外以及远程单独分组的控制与保护。

（7）其他派生型：如消防型、隔离型、插入式板后接线型等。

4．主要技术参数与性能指标

（1）主电路基本参数：包括相应框架的主体额定电流 I_n、约定自由空气发热电流 I_{th}、额定绝缘电压 U_i、额定频率 f、磁（数字化）脱扣器额定工作电流 I_e 及额定工作电压 U_e。

（2）额定工作制：包括 8 h 工作制、不间断工作制、断续周期工作制（或断续工作制）、短时工作制、周期工作制等。

（3）电气间隙、爬电距离和额定冲击耐受电压 U_{imp}。

（4）标准的使用类别：标准的使用类别代号及典型用途如表 1-11 所示。

（5）接通、承载和分断短路电流的能力。CPS 应能承受短路电流所引起的热效应、电动力效应和电场强度效应。KB0 接通、承载和分断短路电流的能力及试验电流值。

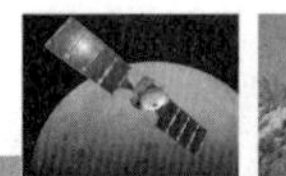

表 1-11　使用类别代号及典型用途

电　路	使用类别	典型用途
主电路	AC-40	配电电路，包括混合的电阻性和由组合电抗器组成的电感性负载
	AC-41	无感或微感负载、电阻炉
	AC-42	滑环型电动机：启动、分断
	AC-43	笼型感应电动机：启动、运转中分断
	AC-44	笼型感应电动机：启动、反接制动或反向运转、点动
	AC-45a	放电灯的通断
	AC-45b	白炽灯的通断
	AC-20A	在空载条件下闭合和断开电路
	AC-21A	通断电阻性负载，包括适当的过载
	DC-20A	在空载条件下闭合和断开电路
	DC-21A	通断电阻性负载，包括适当的过载
辅助电路	AC-15	控制交流电磁铁负载
	DC-13	控制直流电磁铁负载

（6）工频耐压试验值和绝缘电阻最小值。

（7）电寿命。CPS 的电寿命按其相应使用类别下不需维修或更换零件的有载操作循环次数来表示。KB0 对其电寿命的测试规定为：电流从接通电流值降到分断电流值的通电时间为 0.05～0.1 s，且 AC-43 类 CPS 的通电时间应按规定的负载因数和一周期内的等效发热电流不大于约定发热电流的原则选取。

（8）机械寿命。一种形式的 CPS 机械寿命定义为：有 90%的这种形式的电器在需要进行维修或更换机械零件前，所能达到或超过的无载操作循环次数。

5. 常见的 CPS 产品

随着电子技术的不断发展，电子技术被越来越多地应用到产品中，也正是基于这些技术的应用，许多单纯利用电磁技术实现的功能被电子技术替代，大大缩小了产品的体积，如电磁系统的控制、短路保护技术等。国内产品根据市场需求，提供了一些更丰富、实用的功能，如剩余电流保护功能、电压保护功能、消防场合的特殊功能、欠压/失压重启动功能及多种控制形式等。国产 KB0 系列 CPS 有以下几种常见产品。

（1）基本型开关与保护电器 KB0 的外形如图 1-66 所示。

（2）隔离型开关与保护电器 KB0-G 的外形如图 1-67 所示。

（3）消防型开关与保护电器 KB0-F 的外形如图 1-68 所示。

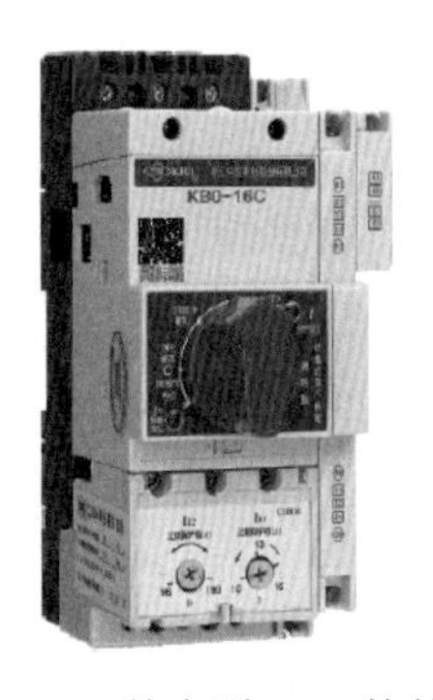

图 1-66　基本型 KB0 的外形

图 1-67　隔离型 KB0-G 的外形

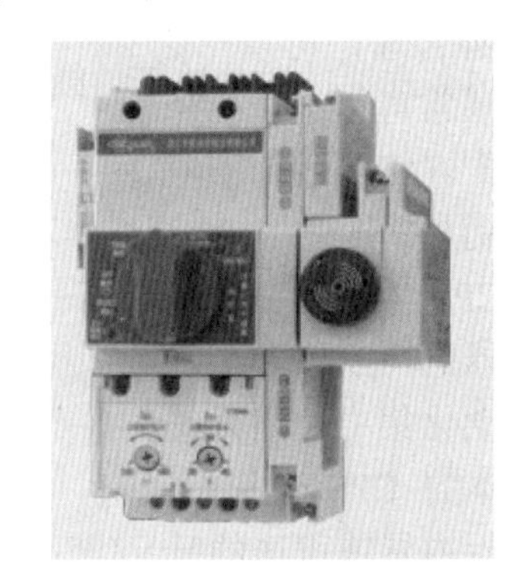

图 1-68　消防型 KB0-F 的外形

（4）双电源自动转换开关电器 KB0S 的外形如图 1-69 所示。

（5）可逆型控制与保护开关电器 KB0N 的外形如图 1-70 所示。

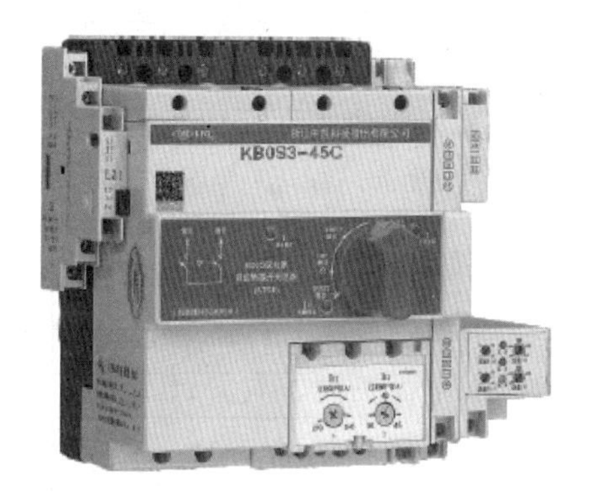

图 1-69　双电源自动转换开关电器 KB0S 的外形

图 1-70　可逆型控制与保护开关电器 KB0N 的外形

（6）双速、三速电动机控制器 KB0D 的外形如图 1-71 所示。

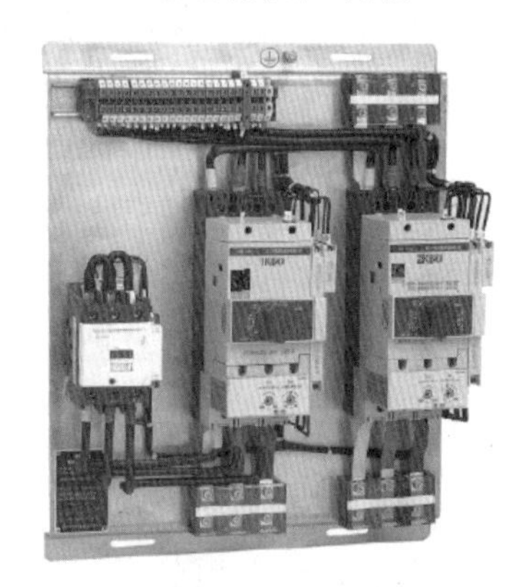

（a）双速电动机控制器 KB0D

（b）三速电动机控制器 KB0D

图 1-71　双速、三速电动机控制器 KB0D 的外形

6．典型用途

CPS 集控制与保护功能于一体，对于断路器（熔断器）+接触器+热继电器+辅助电器，很好地解决了分立元件很难解决的各元件之间特性匹配的问题，使得保护与控制特性配合更完善合理，可以作为分布式电动机的控制与保护、集中布置的配电控制与保护的主开关，通常可用于现代化建筑、冶金、煤矿、钢铁、石化、港口、铁路等领域的电动机控制与保护。特别适合于电动机控制中心（MCC）、要求高分断能力的 MCC、工厂或车间的单机控制与保护，以及智能化电控系统、应用现场总线的配电电控系统等。

CPS 作为低压电控系统的基础电气元件，其应用量大、范围广，特别是基于高性能微处理器的可通信、智能化产品的出现，为电控系统提供了高可靠性的高端产品，特别适用于自动化集中控制系统和基于现场总线的分布式生产线的控制与保护。根据负载参数，选取基本的 CPS 模块，只需将进线端接电源、控制模块接控制电源、出线端接负载即可。通过面板内置或可选的显示操作模块，在现场可编程和设定参数；也可通过通信接口，构成计算机网络系统，远程编程与监控，实现短路保护及符合协调配合的保护、热过载及其他

多种故障保护、电动机状态指示、就地与远程操作等。可按需要选择扩展模块，实现预警、接地（剩余电流）、温度、模拟量控制等功能。

例如，对于生产线传送带的控制，可选择带 AS-i 通信接口的控制器，构成基于现场总线技术的智能化可通信控制系统，可大大提升生产设备的运行和保护性能。在水处理厂的群控或电动机控制中心（MCC），可选择带 Modbus 通信接口的控制器，构成基于现场总线技术的智能化可通信控制系统，实时监控水泵的运行，避免空转或欠载运行。

1.3.5 电动机控制器

智能型电动机控制器是一种集电动机保护、测量、控制和通信于一体的新型多功能智能化保护与测控电器。智能型电动机控制器将热继电器、漏电保护器、欠（过）电压保护继电器、热电阻保护器、时间继电器、变送器、测量互感器的功能融为一体，汇集了分立元器件的优点并克服其缺点，同时融入了现场总线技术。具有模块化的多功能智能化电器，为低压电动机保护与控制系统提供了一种新型的理想解决方案。

智能型电动机控制器由许多功能模块组成，模拟信号输入回路有三相电流信号（有内置、外置互感器）、三相电压信号、漏电信号、热电阻信号等；控制、联锁和状态等用多路数字量输入；输出一般有多路，有电平及继电器触点输出两种。目前常用继电器输出来控制接触器或配合软启动器和变频器，实现多种电动机控制方式，同时继电器可用于报警或故障信号输出；4～20 mA 模拟量输出便于部分 DCS 控制系统的远程测量。输出端口一般有两种：一种端口主要用于人机界面，可实现各种运行参数测量、保护定值设定、故障信息查询、电动机的操作控制等，人机界面有一体化设计，也有独立分体设计的；另一种端口是通信端口，可按多种现场总线协议实现数据传输。

智能型电动机控制器采用现场总线技术，具有强大的电动机控制和保护功能及参数测量与显示功能。控制功能包括直接启动、正反转、双速、星-三角形启动、阀门控制等；保护功能覆盖了过载保护、欠电压保护、堵转保护、三相不平衡与断相保护、漏电保护、电动机热保护等；可测量与显示三相电流、三相电压、有功功率、无功功率、功率因数、电能及报告故障类型、电动机运行维护信息等。

智能型电动机控制器的应用量大、面广，特别适用于自动化集中控制系统和基于现场总线的分布式生产线的控制与保护。典型产品有西门子公司的 3UF5 系列、GE 公司的 MM2 和我国研制的 ST500 等。

智能型电动机控制器应根据电动机的功率参数、控制模式及相关要求选取，一般采用塑壳断路器+智能型电动机控制器+接触器的组合方案实现电动机回路的控制与保护，塑壳断路器出线通过智能型电动机控制器再连接到接触器，接触器的出线端接电动机负载。通过人机界面，在现场可编程与设定参数，也可通过通信接口构成计算机网络系统，远程编程与监控，实现保护、测量、就地与远程操作控制等。

1.3.6 软启动器

软启动器是一种集电动机软启动、软停车、轻载时节能和多种保护功能于一体的新颖电动机控制装置（Soft Starter），见图 1-72。软启动器有电子式、液态式和磁控式等类型，广泛应用的是电子式。电子式软启动器采用三对反并联晶闸管作为调压器，将其串入电源

和电动机定子之间，它由电子控制电路调节加到晶闸管上的触发脉冲角度，以此来控制加到电动机定子绕组上的电压，使电压能按某一规律逐渐上升到全电压，通过适当地设置控制参数，使电动机在启动过程中的启动转矩、启动电流与负载要求得到较好的匹配。

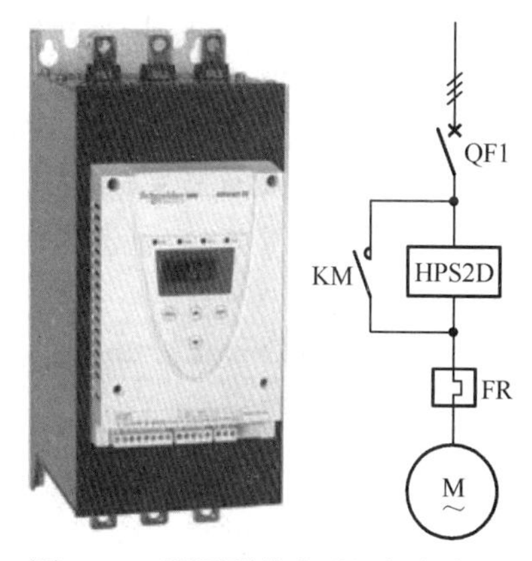

图 1-72　通用型软启动器与电路图

软启动器一般是在电动机启动时串入，启动结束时，用一个接触器将其短接，使其在电动机正常工作时并无电流经过，以降低晶闸管的热损耗，延长软启动器的使用寿命，提高其工作效率，又使电网避免了谐波污染。

软启动器启动时电压沿斜坡上升，升至全压的时间可设定在 0.5～60 s。软启动器也有软停止功能，其可调节的斜坡时间在 0.5～240 s。

使用软启动器可解决水泵电动机启动与停止时管道内的水压波动问题；可解决风机启动时传动皮带打滑及轴承应力过大的问题；可减少压缩机、离心机、搅动机等设备在启动时齿轮箱及传动皮带的应力问题。

随着电力电子技术的快速发展以及传动控制对自动化要求的不断提高，采用晶闸管为主要器件、单片机（CPU）为控制核心的智能型软启动器，已在各行各业得到越来越多的应用。由于软启动器性能优良、体积小、质量轻，具有智能控制及多种保护功能，而且各项启动参数可根据不同负载进行调整，其负载适应性很强。因此，电子式软启动器逐步取代落后的 Y/△、自耦减压和磁控式等传统的减压启动设备将成为必然。

1.3.7　变频器

变频技术是应交流电动机无级调速的需要而诞生的。20 世纪 60 年代以后，电力电子器件经历了 SCR（晶闸管）、GTO（门极可关断晶闸管）、BJT（双极型功率晶体管）、MOSFET（金属氧化物场效应管）、SIT（静电感应晶体管）、SITH（静电感应晶闸管）、MGT（MOS 控制晶体管）、MCT（MOS 控制晶闸管）、IGBT（绝缘栅双极型晶体管）、HVIGBT（耐高压绝缘栅双极型晶闸管）的发展过程，器件的更新促进了电力电子变换技术的不断发展。20 世纪 70 年代开始，脉宽调制变压变频（PWM—VVVF）调速研究引起了人们的高度重视。20 世纪 80 年代，作为变频技术核心的 PWM 模式优化问题引起了人们的浓厚兴趣，并得出诸多优化模式，其中以鞍形波 PWM 模式效果最佳。20 世纪 80 年代后半期开始，美、日、德、英等发达国家的 VVVF 变频器已投入市场并获得了广泛应用。

变频器的分类方法有多种，按照主电路的工作方式分类，可以分为电压型变频器和电流型变频器；按照开关方式分类，可以分为 PAM 控制变频器、PWM 控制变频器和高载频 PWM 控制变频器；按照工作原理分类，可以分为 *U*/*f* 控制变频器、转差频率控制变频器和矢量控制变频器等；按照用途分类，可以分为通用变频器、高性能专用变频器、高频变频器、单相变频器和三相变频器等。

变频器是把工频电源（50 Hz 或 60 Hz）变换成各种频率的交流电源，以实现电动机的变速运行的设备，其中控制电路完成对主电路的控制，整流电路将交流电变换成直流电，

直流中间电路对整流电路的输出进行平滑滤波，逆变电路将直流电再逆变成交流电。对于如矢量控制变频器这种需要大量运算的变频器来说，有时还需要一个进行转矩计算的 CPU 以及一些相应的电路。

变频器已在电梯控制、恒压水泵等设备中得到了广泛的应用，今后将会代替软启动器，用于三相交流电动机的降压变频启动。

知识梳理与总结

本章较详细地介绍了常用低压电器的结构、工作原理、图形符号、技术参数及各自的用途等。

开关保护类电器主要用于电源的隔离和电路的短路、过载、漏电、欠压等保护。

控制类电器主要用于接通和切断电路，以实现各种控制要求。

思考练习题 1

1．简述常用低压电器的种类。

2．断路器的作用有哪些？

3．漏电保护器的作用是什么？

4．一个励磁线圈额定电压为 AC 380V 的交流接触器，接到 AC 220V 的控制电路中可能会发生什么问题？

5．一个励磁线圈额定电压为 AC 220V 的交流接触器，接到 AC 380V 的控制电路中可能会发生什么问题？

6．两台电动机是否可以用一个热继电器实现过载保护？为什么？

7．什么是时间继电器？它有何用途？

8．选择熔断器应注意哪些因素？

第2章 电气控制的典型环节与规律

教学导航

教	知识重点	1．熟知电气控制电路基本控制规律； 2．掌握基本的联锁方式； 3．掌握常见的电动机启动方法、制动方法、调速方法； 4．掌握常见的电动机启动、制动、调速控制电路的分析方法
	知识难点	说明各控制电路的工作原理
	推荐教学方式	以案例分析法为主，联系实际工程，根据案例分析和讲解，与学生形成互动，更好地掌握电气控制的工作原理
	建议学时	22学时
学	推荐学习方法	以案例分析和小组讨论的学习方式为主。结合本章内容，通过自我对照、观察总结，体会电气控制电路的基本控制规律，为今后电气控制设计打下良好的基础
	必须掌握的理论知识	1．电气控制电路的基本控制规律； 2．基本的联锁方式； 3．常见的电动机启动方法、制动方法、调速方法； 4．常见的电动机启动、制动、调速控制电路的分析方法
	必须掌握的技能	1．按图选择元器件； 2．按图连接电路； 3．通电实验； 4．简单故障的判断与处理

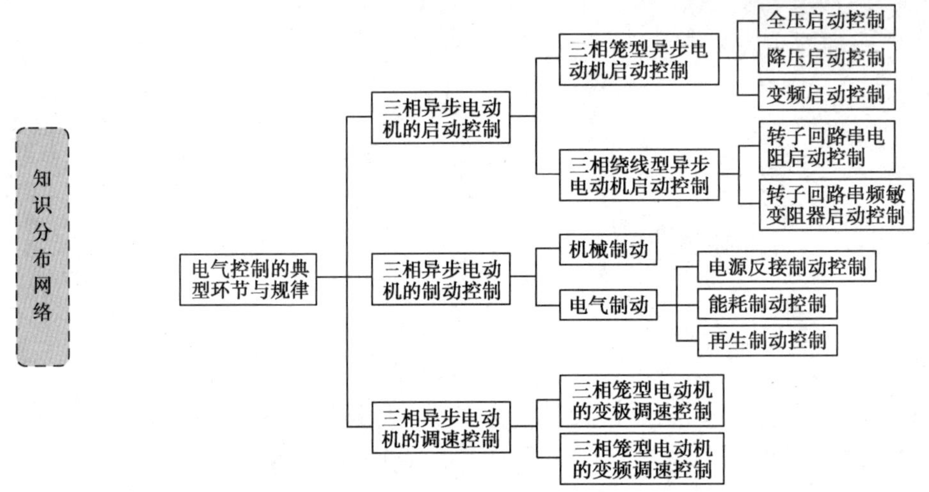

章节导读

电气控制电路基本控制规律有点动控制、单向直接启动控制、正反转控制、限位和自动往返控制、顺序控制、多地控制。基本的联锁方式有自锁和互锁。

电动机的运行是指电动机由启动到制动的过程，包括启动、调速和制动三个环节。启动方法有直接启动和降压启动。小容量笼型异步电动机可直接启动。大容量笼型异步电动机降压启动方法有星形-三角形、定子串自耦变压器、定子串电阻（电抗）、延边三角形等。绕线型异步电动机降压启动方法有转子串电阻、转子串频敏变阻器等。直流电动机启动方法有降低电枢端电压和增大电枢电路电阻等。

制动方法有机械制动和电气制动。机械制动方法有电磁抱闸等。电气制动方法有能耗制动、反接制动、回馈制动三种。

异步电动机调速方法有变转差率调速、变极调速和变频调速三种。

三相笼型异步电动机广泛应用于建筑工程设备，如塔式起重机、给排水系统、锅炉房控制、电梯等，无论哪一种设备工作，都由电动机的启动、制动、调速三种工作状态的良好配合完成。

电动机启动是指异步电动机在接通电源后，从静止状态到稳定运行状态的过渡过程。异步电动机启动过程的主要问题是启动电流大（为额定电流的 4～7 倍）、启动转矩较小。有效解决措施是限制启动瞬间的启动电流，尽可能提高启动转矩，加快启动过程。启动方法有直接启动和降压启动两大类。下面对笼型异步电动机和绕线转子异步电动机常用的几种启动方法进行讨论。

2.1 三相笼型异步电动机全压启动控制

电动机在额定电压下启动称为直接启动，又称全压启动。这种方法的优点是操作简单、启动设备投资低、维修费用少；不足之处是启动电流大，启动转矩小，会引起电网电压下降，影响电动机自身的启动和其他设备的运行。电动机全压启动应满足 GB 50055—2011《通用用电设备配电设计规范》的要求。

2.1.1　点动控制

点动控制是指需要电动机做短时断续工作时，只要按下按钮电动机就转动，松开按钮电动机就停止动作的控制方式。生产机械在进行试车和调整时通常要求点动控制，如起重机吊取物体的精确定位，工厂中使用的电动葫芦和机床快速移动装置，龙门刨床横梁的上、下移动，摇臂钻床立柱的夹紧与放松，大车运行的操作控制，豆浆机打磨豆浆等，都需要单向点动控制。

1．电路组成

点动控制电路由电源开关 QS、熔断器 FU、按钮 SB、接触器 KM 和电动机 M 组成，点动按钮直接与接触器的线圈串联即可，如图 2-1 所示。

2．控制原理

准备工作：合上开关 QS，三相电源引入控制电路。

启动控制：按下启动按钮 SB，接触器 KM 线圈得电，接触器吸合，KM 常开主触点闭合，电动机 M 启动运行。

停止控制：松开按钮 SB，接触器 KM 线圈失电，接触器释放，其常开主触点断开，电动机 M 断电停转。

3．控制特点

按下 SB，电动机转动；松开 SB，电动机停止转动，即点一下 SB，电动机转动一下，故称之为点动控制。

点动控制是用按钮、接触器来控制电动机运转的最简单的正转控制线路，电动机的运行时间由按钮按下的时间决定。

4．单方向连续运行控制

单方向连续运行控制电路如图 2-2 所示。

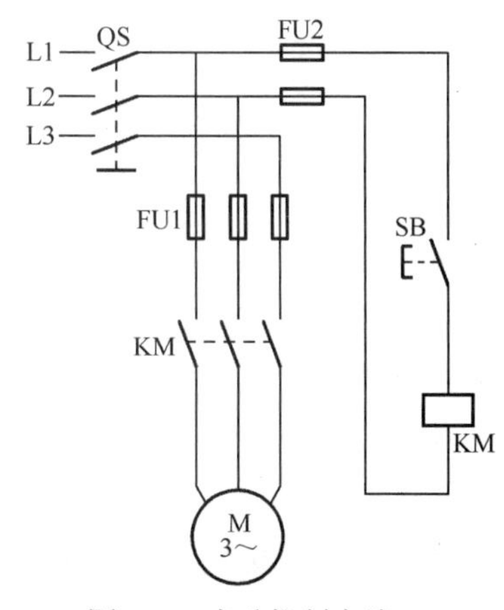

图 2-1　点动控制电路

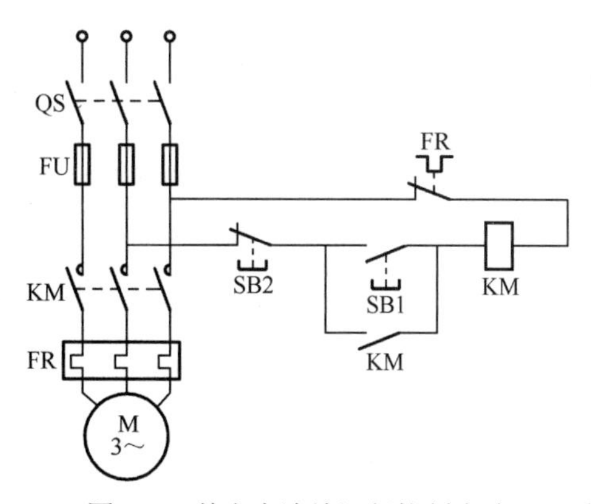

图 2-2　单方向连续运行控制电路

准备工作：接通三相电源开关 QS。

启动控制：按下启动按钮 SB1→接触器 KM 线圈得电，KM 主触点闭合，电动机 M 通

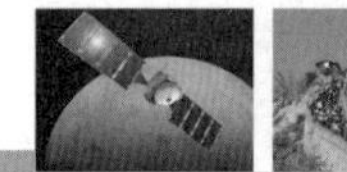

电运转。与此同时，KM 常开联锁触点闭合。松开启动按钮 SB1，SB1 复位，KM 线圈由其常开联锁触点持续供电，保证电动机连续运转，实现连续运转控制。

停止控制：按下停止按钮 SB2→接触器 KM 线圈失电→KM 主触点断开→电动机 M 断电停转。与此同时，KM 常开联锁触点断开。松开停止按钮 SB2，SB2 复位，为下一次启动做好准备。

在上述电路中，依靠接触器自身的常开联锁触点保持线圈通电的联锁方式称为自锁。

2.1.2 电气控制系统的保护环节

电动机在运行过程中，除按生产机械的工艺要求完成各种正常运转外，还必须在线路出现短路、过载、欠压、失压等现象时，能自动切断电源停止转动，以防止和避免电气设备和机械设备的损坏事故，保证操作人员的人身安全。常用的电动机保护有短路保护、过载保护、欠压保护、失压保护等。

1. 短路保护

当电动机绕组和导线的绝缘损坏，或者控制电器及线路损坏发生故障时，线路将出现短路现象，产生很大的短路电流，使电动机、电器、导线等电气设备严重损坏。因此，在发生短路故障时，保护电器必须立即动作，迅速将电源切断。

常用的短路保护电器有熔断器和自动空气断路器。熔断器的熔体与被保护的电路串联，当电路正常工作时，熔断器的熔体不起作用，相当于一根导线，其上面的压降很小，可忽略不计。当电路短路时，很大的短路电流流过熔体，使熔体立即熔断，切断电动机电源，电动机停转。同样，若电路中接入自动空气断路器，当出现短路时，自动空气断路器会立即动作，切断电源使电动机停转。

图 2-2 所示的单方向连续运行控制电路中，QS 后串联了三只熔断器 FU，分别在主电路和控制电路中起短路保护作用。电路发生短路故障时，熔体熔断，电动机停转。

2. 过载保护

当电动机负载过大，启动操作频繁或缺相运行时，会使电动机的工作电流长时间超过其额定电流，电动机绕组过热，温升超过其允许值，导致电动机的绝缘材料变脆，寿命缩短，严重时会使电动机损坏。因此，当电动机过载时，保护电器应立即动作切断电源，使电动机停转，避免电动机在过载下运行。

常用的过载保护电器为热继电器。当电动机的工作电流小于等于额定电流时，热继电器不动作，电动机正常工作；当电动机短时过载或过载电流较小时，热继电器不动作，或经过较长时间才动作；当电动机过载电流较大时，串接在主电路中的热元件会在较短时间内发热弯曲，使串接在控制电路中的常闭触点断开，先后切断控制电路和主电路的电源，使电动机停转。

图 2-2 所示的单方向连续运行控制电路中，热继电器的热元件 FR 串接在主电路中，起过载保护作用。过载时，热继电器发热元件发热，其常闭触点断开，使接触器 KM 线圈断电，串联在电动机回路中的 KM 的主触点断开，电动机停转。同时，KM 辅助触点也断开，解除自锁。故障排除后，按下 FR 的复位按钮，使 FR 的常闭触点复位（闭合），即可重新启动电动机。

3．欠压保护

当电网电压降低时，电动机便在欠压下运行。由于电动机负载没有改变，所以欠压下电动机的转速下降，定子绕组中的电流增加。因为电流增加的幅度尚不足以使熔断器和热继电器动作，所以这两种电器起不到保护作用。如不采取保护措施，时间一长将会使电动机过热损坏。另外，欠压将引起一些电器释放，使电路不能正常工作，也可能导致人身伤害和设备损坏事故。因此，应避免电动机欠压运行。

实现欠压保护的电器有接触器和电磁式电压继电器。在机床电气控制线路中，只有少数线路专门装设了电磁式电压继电器起欠压保护作用；而大多数控制线路，由于接触器已兼有欠压保护功能，所以不必再加设欠压保护电器。一般当电网电压降低到额定电压的85%以下时，接触器（电压继电器）线圈产生的电磁吸力减小到复位弹簧的拉力，动铁芯被释放，其主触点和自锁触点同时断开，切断主电路和控制电路电源，使电动机停转。

图 2-2 所示的单方向连续运行控制电路中，交流接触器的线圈 KM 在电路中起失压（欠压）保护作用。当电源断电或电压严重下降时，接触器 KM 线圈的电磁吸力不足，衔铁释放，使主、辅触点自行断开，在切断电源的同时，也解除了自锁，电动机停止运转。

4．失压保护（零压保护）

生产机械在工作时，由于某种原因发生电网突然停电，这时电源电压下降为零，电动机停转，生产机械的运动部件随之停止转动。在一般情况下，操作人员不可能及时拉开电源开关，如不采取措施，当电源恢复正常时，电动机会自行启动运转，很可能造成人身伤害和设备损坏事故，并引起电网过电流和瞬间网络电压下降。因此，必须采取失压保护措施。

在电气控制线路中，起失压保护作用的电器有接触器和中间继电器。当电网停电时，接触器和中间继电器线圈中的电流消失，电磁吸力减小为零，动铁芯释放，触点复位，切断了主电路和控制电路电源。当电网恢复供电时，若不重新按下启动按钮，则电动机就不会自行启动，实现了失压保护。

2.1.3　既能连续运行又能点动运行的控制

在生产实践过程中，机床设备正常工作需要电动机连续运行（也称为长动），而试车和调整刀具与工件的相对位置时，又要求点动运行。为此生产加工工艺要求控制电路既能实现连续运行又能实现点动控制。其主电路与单方向连续运行控制电路相同，如图 2-2 所示；控制电路如图 2-3 所示。

图 2-3（a）采用按钮开关控制，其控制原理如下：

点动运行控制：按下点动运行控制按钮 SB3→SB3 常闭触点先分断（切断 KM 联锁触点电路）→SB3 常开触点后闭合（KM 联锁触点闭合）→KM 线圈得电→KM 主触点闭合→电动机 M 启动运转；松开按钮 SB3→SB3 常开触点先恢复分断→KM 线圈失电→KM 主触点断开（KM 联锁触点断开）后 SB3 常闭触点恢复闭合→电动机 M 停止运转，实现点动运行控制。

连续运行控制：按下连续运行控制按钮 SB2→KM 线圈得电并自锁→KM 主触点闭合→电动机 M 启动运转；松开按钮 SB2，由已经闭合的 KM 常开联锁触点向 KM 线圈维持供电，实现连续运行控制。

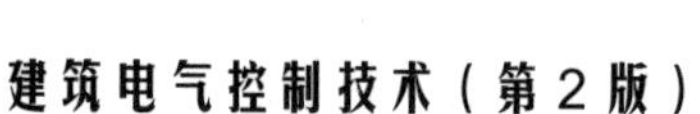

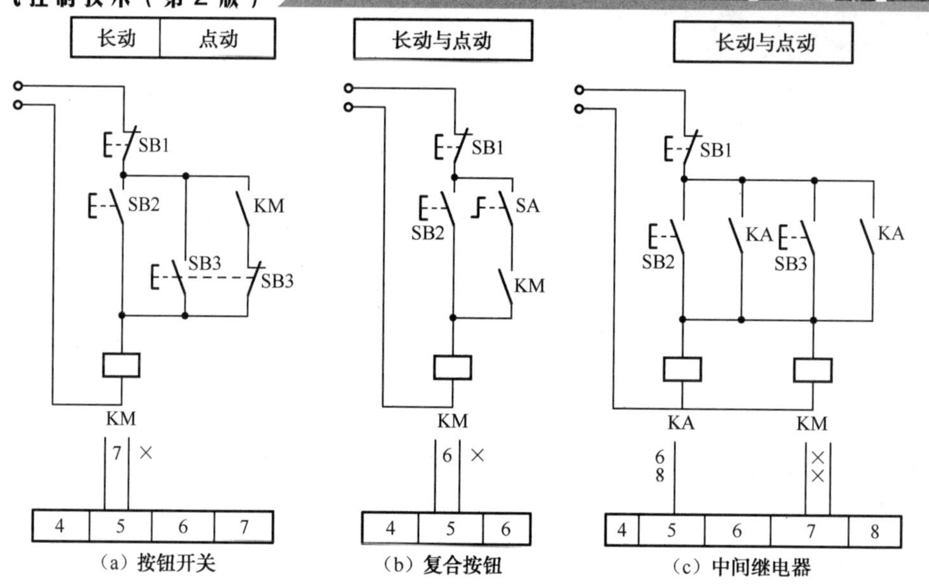

(a) 按钮开关　(b) 复合按钮　(c) 中间继电器

图 2-3　点动与连续运行复合控制电路

停止控制：按下停止按钮 SB1→KM 线圈失电→KM 主触点断开→电动机 M 停止运转。

该控制电路线路简单，断开自锁实现点动运行，接通自锁实现连续运行，但动作不够可靠。图 2-3（b）、（c）分别采用复合按钮控制、中间继电器控制，其工作原理请读者自行分析。

2.1.4　多地控制

多地控制是指能在两地或多地控制同一台电动机的控制方式。例如，各楼层出现火灾，各相应位置均应能控制消防泵的启动、停止。多地控制用多组启动按钮和停机按钮来实现。这些按钮接线的原则是：所有启动按钮并联，所有停机按钮串联，分别装置在不同的地方，就能进行多地操作。

图 2-4 为两地控制电路，可分别在甲、乙两地控制同一台电动机。其中，SB1、SB3 为安装在甲地的启动按钮和停止按钮，SB2、SB4 为安装在乙地的启动按钮和停止按钮。

准备工作：接通三相电源开关 QS。

启动控制：按下启动按钮 SB1（或 SB2）→接触器 KM 线圈得电，KM 主触点闭合，电动机 M 通电运转；与此同时，KM 常开联锁触点闭合，形成自持；松开启动按钮 SB1（或 SB2），SB1（或 SB2）复位，KM 线圈由其常开联锁触点 KM 持续供电，保证电动机连续运转。

停止控制：按下停止按钮 SB3（或 SB4）→接触器 KM 线圈失电→KM 主触点断开→电动机 M 断电停转；与此同时，KM 常开联锁触点断开；松开停止按钮 SB3（或 SB4），SB3（或 SB4）复位，为下一次启动做好准备。

2.1.5　正、反转控制

正、反转控制线路是指采用某一方式使电动机实现正、反转调换的控制。电梯的上升与下降、开门与关门，起重机的上升与下降，生产机械需要前进、后退、上升、下降

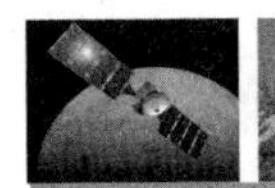

等，都要求拖动生产机械的电动机能够改变旋转方向，也就是对电动机要实现正、反转控制。改变电动机三相电源相线之间的任意两根，可改变电动机电源相序，也即改变电动机的旋转方向，如图 2-5 所示。接触器 KM1 主触点闭合，电动机正转；则当 KM2 主触点闭合时，由于电源 L1、L3 向电动机供电相序交换，电动机反转，实现电动机的正、反转控制。

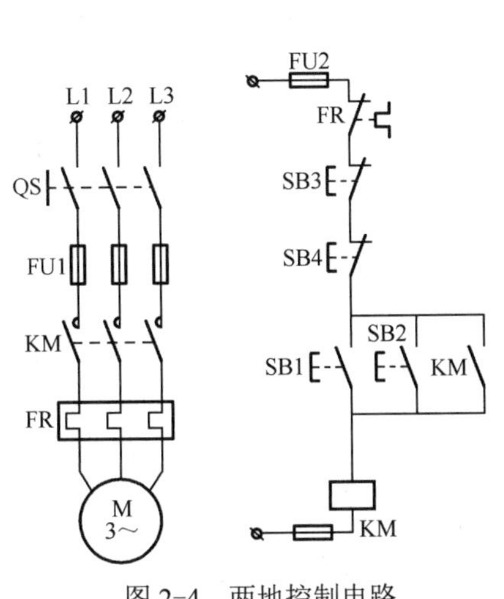

图 2-4　两地控制电路

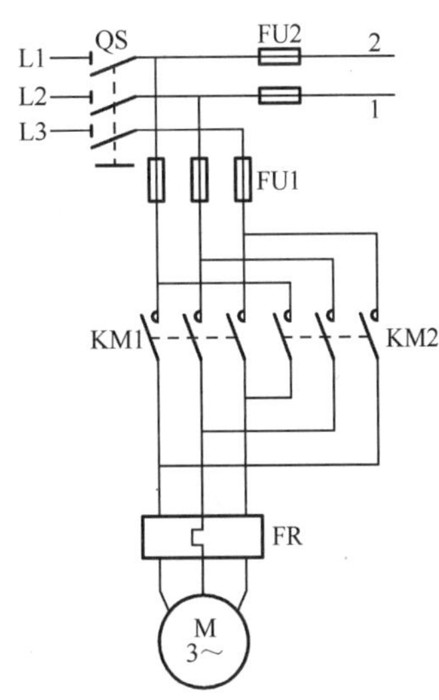

图 2-5　正、反转控制主电路

实现三相异步电动机正、反转控制常用的控制线路有无联锁、电气联锁、机械联锁、复合联锁等多种，现分别介绍如下。

1. 无联锁正、反转控制

无联锁的正、反转控制电路如图 2-6 所示，正转控制情况如下。

启动控制：按下启动按钮 SB1，接触器 KM1 线圈得电并自持，KM1 主触点闭合，电动机 M 正转。

停止控制：按下停止按钮 SB3，接触器 KM1 线圈失电，KM1 主触点断开，电动机停转。KM1 常开联锁触点断开。松开停止按钮 SB3，为下一次正转做好准备。

同理，按下启动按钮 SB2，可实现电动机反转控制。

若同时按下 SB1 和 SB2，或电动机正（反）转时按下反（正）转启动按钮，则 KM1 和 KM2 线圈同时得电，正、反转交流接触器主触点可能同时吸合，导致电源相间短路。显然，该电路的保护功能不够完善。

可见，正、反转控制最基本的要求是正、反转交流接触器线圈不能同时带电，正、反转交流接触器主触点不能同时吸合，否则会发生电源相间短路。

2. 电气联锁正、反转控制

带电气联锁正、反转控制电路如图 2-7 所示。

按下正转启动按钮 SB1，接触器 KM1 线圈得电并自持，其主触点闭合，电动机正转。KM1 常闭触点断开，保证反转接触器 KM2 线圈不可能得电。按下停止按钮 SB3，KM1 线圈失电，电动机停转。KM1 常闭触点闭合，为 KM2 得电做好准备。

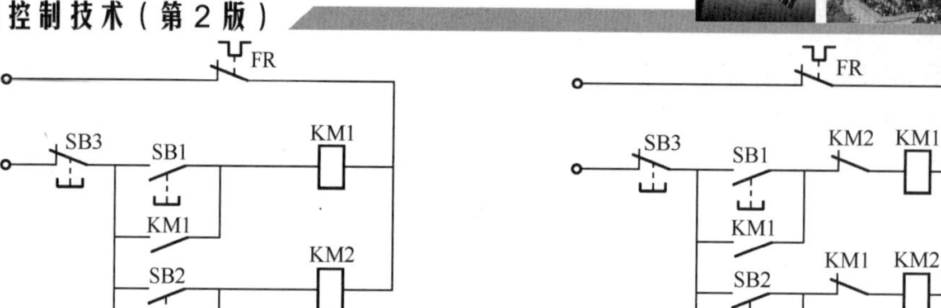

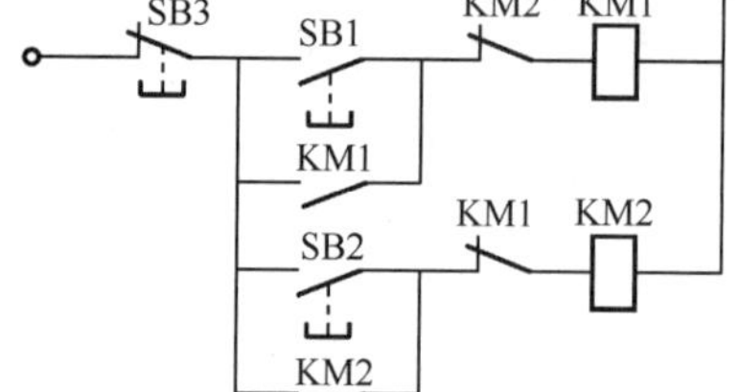

图 2-6　无联锁正、反转控制电路　　　　图 2-7　电气联锁正、反转控制电路

同理，可实现反转控制。

该电路把接触器 KM1 和 KM2 的常闭联锁触点分别串入对方的线圈控制电路中，从电气上保证了两个接触器线圈不能同时得电。这种把接触器常闭联锁触点分别串入对方控制电路的联锁方式称为互锁。

注意：电动机从正转变为反转时，必须先按下停止按钮后，才能按反转启动按钮，否则由于接触器的联锁作用，不能实现反转。

3．按钮联锁正、反转控制

若采用复式按钮，把正转按钮 SB1 和反转按钮 SB2 分别串入对方的线圈控制电路，即可从机械上保证两个接触器线圈不能同时通电。这种由机械按钮实现的互锁，又叫按钮互锁。按钮联锁与电气联锁控制原理基本一样，区别在于电气联锁是采用接触器自身的常闭辅助触点来联锁接触器的主触点使电动机工作，而按钮联锁是采用按钮自身的常闭触点来联锁接触器的主触点使电动机工作，二者的操作步骤和动作过程相似。按钮联锁正、反转控制电路如图 2-8 所示，工作原理请读者自行分析。

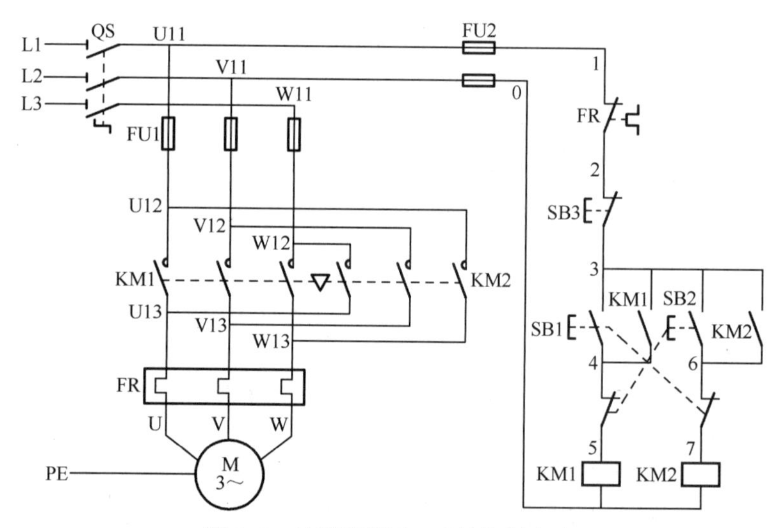

图 2-8　按钮联锁正、反转控制电路

4．复合联锁的正、反转控制

为提高电路的可靠性和操作的便利性，正、反转控制常采用复合联锁结构，即同时具有电气联锁和机械联锁的控制电路，如图 2-9 所示。该电路串接在正转接触器 KM1 线圈回路中有两个常闭触点：一是反转接触器 KM2 常闭触点，二是反转按钮 SB2 常闭触点。前者是电气互锁，后者是机械互锁。

要使电动机正转，可按下正转按钮 SB1，使 KM1 线圈得电并自持，KM1 主触点闭合，电动机 M 正转。串接在 KM2 线圈电路的 KM1 和 SB1 常闭联锁触点断开，分别通过电气联锁和机械联锁保证 KM2 线圈不得电。

松开正转按钮 SB1，SB1 常开触点断开，KM1 线圈由其自身常开联锁触点自持供电，保证电动机连续正转；SB1 常闭触点闭合，为反转控制做好准备。

按下反转按钮 SB2，串接在 KM1 线圈电路中的 SB2 常闭触点断开，KM1 线圈失电，KM1 主触点断开，电动机停转；KM1 常开联锁触点断开，保证 KM1 线圈不会恢复通电。同时，KM1 常闭联锁触点闭合，KM2 线圈经 SB1 常闭触点、KM1 常闭联锁触点得电，电动机反转。

松开反转按钮 SB2，SB2 常闭触点闭合，为正转控制做好准备。

该电路可不用停止，实现正、反转的直接换向，适用于小功率电动机直接换向循环控制。对于大功率电动机，为了防止运转过程中突然转向产生的大电流对电动机机械部分造成的冲击，必须先停车再转向。

2.1.6　行程限位控制

行程控制是指根据控制对象运动部件的位置或行程进行控制。许多场合需要电动机在一定的范围内自动往复循环运动，并进行限位保护，如电梯在指定楼层、最高层、最低层停止；防火卷帘门在预定位置停止；起重机在指定位置停止；龙门刨床工作台前进与后退等。这类控制通常由行程开关发出信号指令。自动往返控制电路如图 2-10 所示。

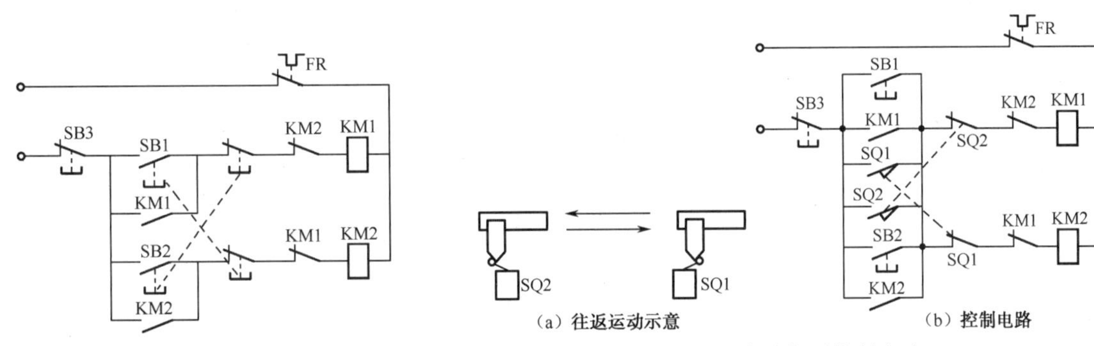

图 2-9　复合联锁正、反转控制电路　　　图 2-10　自动往返控制电路

按下正向启动按钮 SB1，接触器 KM1 线圈得电动作，电动机正转，带动工作台向左运动。工作台运动到 SQ2 位置时，挡块压下 SQ2，KM1 线圈失电释放，KM1 常闭联锁触点闭合，使 KM2 线圈得电吸合，电动机反转，工作台向右运动。工作台运动到 SQ1 位置时，挡块压下 SQ1，KM2 断电释放，KM1 通电吸合，电动机正转，工作台向左运动，如此循环。

需要停止时，按下 SB3，KM1 和 KM2 线圈同时断电释放，电动机停转。

限位保护请读者自行分析。

2.1.7　顺序控制

许多场合需要多台电动机顺序启停，如中央空调冷水机组工作时，要求先启动润滑油泵，再启动压缩机电动机；龙门刨床先启动导轨润滑油泵，再移动工作台：铣床先旋转主

轴，再移动工作台；皮带运输机按一定顺序启停各电动机等，这就需要按要求顺序控制电动机的启动、停止。

1. 通过主电路实现顺序控制

通过主电路实现顺序控制的电路如图 2-11 所示，电动机 M1 和 M2 分别通过接触器 KM1 和 KM2 控制，KM2 的主触点接在 KM1 主触点的下面。按下 SB1，接触器 KM1 线圈得电并自锁，M1 启动。按下 SB2，KM2 吸合并自锁，M2 启动。按下 SB3，KM1、KM2 断电，M1、M2 同时停转。

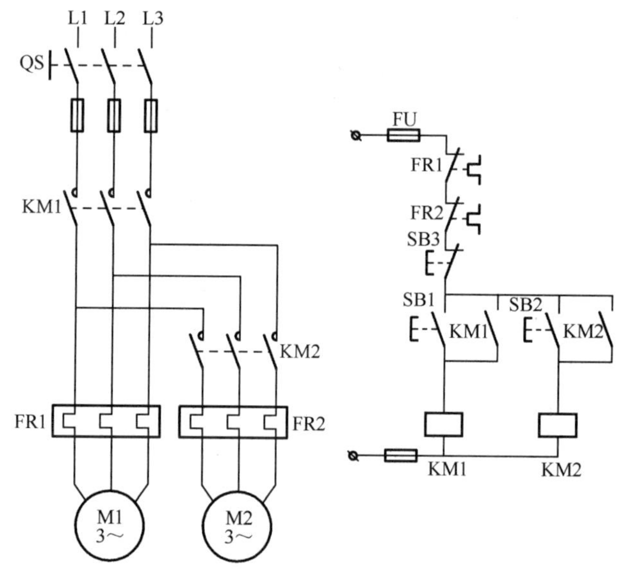

图 2-11　通过主电路实现顺序控制的电路

2. 通过控制电路实现顺序控制

通过控制电路实现顺序控制的电路有很多，图 2-12 列出其中的几种。

图 2-12（b）控制电路：KM2 线圈接在 KM1 自锁触点后面，保证 M1 启动后 M2 才启动。SB3 控制两台电动机同时停止。

图 2-12（c）控制电路：KM2 线圈回路串接 KM1 常开触点，保证 M1 启动后 M2 才启动。停止按钮 SB3 控制两台电动机同时停止，停止按钮 SB4 控制 M2 单独停止。

图 2-12（d）控制电路：在图 2-12（b）SB3 按钮两端并联了 KM2 常开触点，保证 M1 启动后 M2 才启动，M2 停止后 M1 才停止，即 M1、M2 是顺序启动，逆序停止。

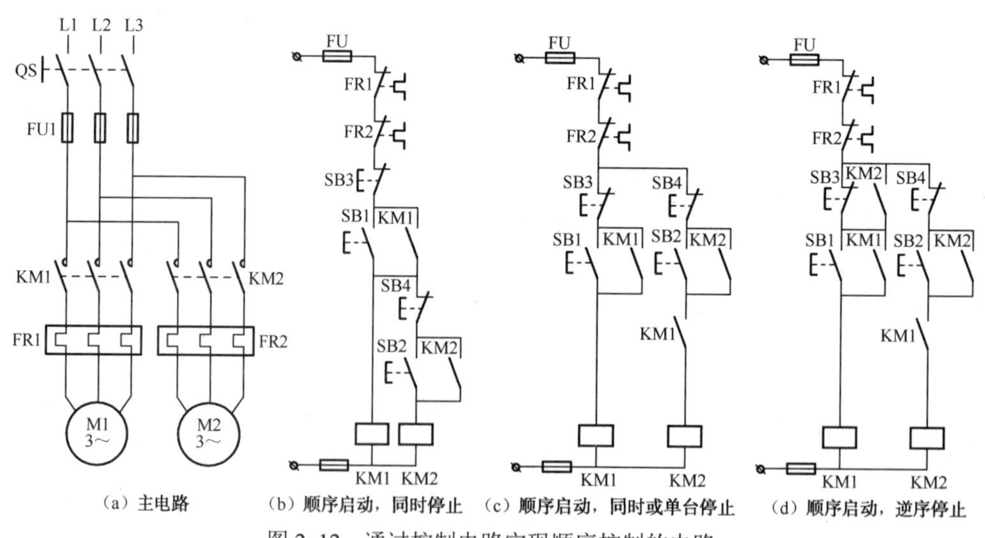

（a）主电路　（b）顺序启动，同时停止　（c）顺序启动，同时或单台停止　（d）顺序启动，逆序停止

图 2-12　通过控制电路实现顺序控制的电路

2.2　三相笼型异步电动机降压启动控制

电动机借助启动设备将电源电压适当降低后加在定子绕组上启动，待电动机转速升高到接近稳定时，再使电压恢复到额定值，转入正常运行，称为降压启动，也称减压启动。这种方法的优点是启动电流小以及对电网的不良影响小，不足之处是启动转矩小，启动时间长。这种启动方法适用于不符合全压启动条件的电动机的启动，或由于其他原因不允许直接启动的情况。常用方法有星-三角形降压启动、延边三角形降压启动、定子串电阻或电抗器降压启动、定子串自耦变压器降压启动等。

2.2.1　星-三角形降压启动控制

星-三角形降压启动即：将正常运行时定子绕组为三角形接法的电动机，启动时将定子绕组连接成星形，启动结束后，再将绕组切换成三角形，如图 2-13 所示。电动机启动时，接成星形，加在每相定子绕组上的启动电压只有三角形接法直接启动时的 $1/\sqrt{3}$，启动电流为直接采用三角形接法时的 1/3，启动转矩也只有三角形接法直接启动时的 1/3。所以这种降压启动方法，只适用于轻载或空载下启动。

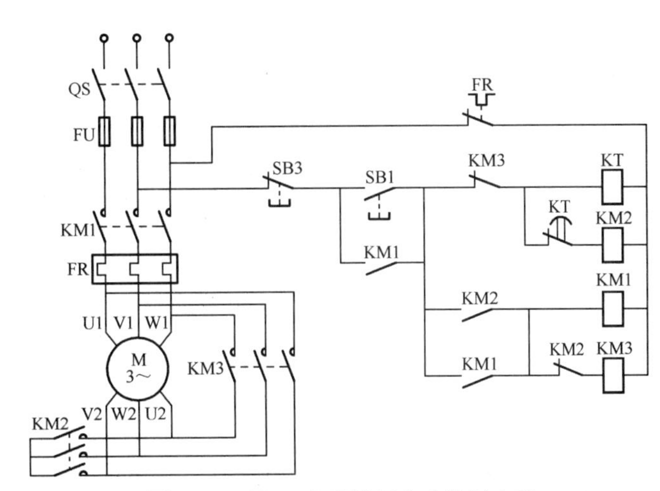

图 2-13　星-三角形降压启动控制电路

星-三角形降压启动的最大优点是设备简单，价格低，因而获得较广泛的应用。缺点是只用于正常运行时为三角形接法的电动机，降压比固定，有时不能满足启动要求。

按下启动按钮 SB1，时间继电器 KT 和接触器 KM2 线圈同时得电，电器吸合。KM2 常开主触点闭合，定子绕组连接成星形。KM2 常开联锁触点闭合，接触器 KM1 线圈得电并自持。KM1 常开主触点闭合，定子接入电源，电动机星形启动。

经一定延时，KT 常闭触点断开，KM2 线圈失电，接触器释放。KM1 常开主触点闭合，KM3 线圈得电，接触器吸合。KM3 常开主触点闭合，将定子绕组接成三角形，使电动机在额定电压下正常运行。

按下停止按钮 SB3，接触器 KM1、KM2、KM3 线圈同时失电释放，电动机停止转动。

与按钮 SB1 串联的 KM3 的常闭辅助触点的作用是：当电动机正常运行时，该常闭触点断开，切断了 KT、KM2 的通路，即使误按 SB1，KT 和 KM2 也不会通电，以免影响电路正常运行。

2.2.2　延边三角形降压启动控制

在星-三角形降压启动方法中，启动时电动机三相定子绕组接成星形，减小了启动电

流，但启动转矩只有直接启动的 1/3，不能用于负载较重的场合。若在启动时将电动机三相定子绕组一部分接成星形，另一部分接成三角形；启动后全部切换成三角形，这就是延边三角形降压启动，如图 2-14 所示。

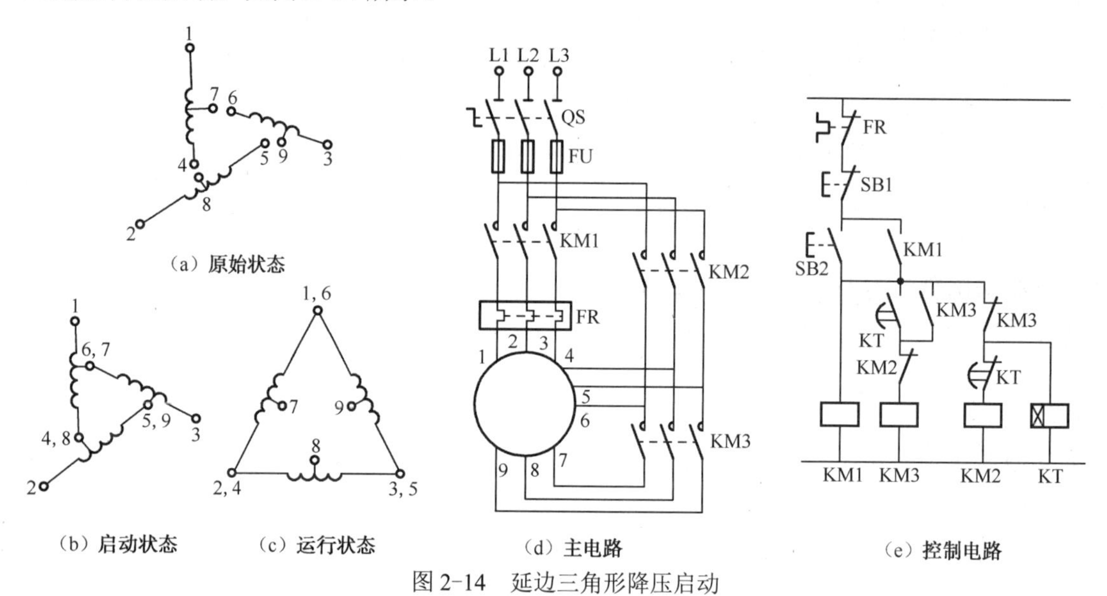

图 2-14　延边三角形降压启动

图 2-14 中，KM1 为主电路接触器，KM2 为三角形连接接触器，KM3 为延边三角形连接接触器，KT 为启动时间继电器。KM1、KM3 通电时，电动机接成延边三角形，待启动电流达到一定数值时，KM3 释放，KM2 通电，电动机接成三角形正常运转。接触器的换接时间由时间继电器 KT 自动实现。

延边三角形降压启动将星形接法启动电流小和三角形接法启动转矩大的优点结合起来，既可以减小启动电流，又使启动转矩不致降低过多。

2.2.3　电阻（或电抗器）降压自动启动控制

定子绕组串电阻降压自动启动是指利用电阻来降低加在电动机定子绕组上的启动电压，待电动机启动后，再切除电阻，使电动机在全压下正常运行。定子串电阻降压启动只适用于空载和轻载启动。由于采用电阻降压启动时损耗较大，它一般用于低电压电动机启动中。定子绕组串电阻降压自动启动控制电路如图 2-15 所示。

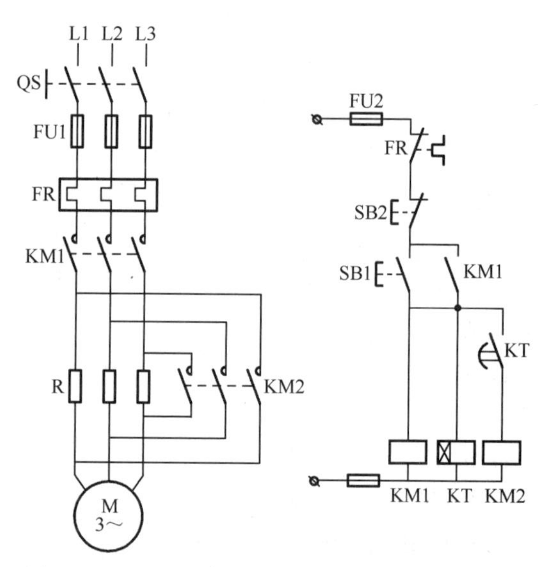

图 2-15　定子绕组串电阻降压自动启动控制电路

合上电源开关 QS，按下启动按钮 SB1，KM1 线圈得电并自持，定子绕组串入启动电阻 R 降压启动。同时，时间继电器 KT 线圈得电，经一定时间延时后，KT

常开联锁触点闭合，KM2 线圈得电，KM2 主触点闭合，切除启动电阻，电动机启动完成，电动机恢复全压，正常运行。采用定子串电阻降压启动，虽然降低了启动电流，但也大大减小了启动转矩。调节电阻 R 值的大小，可以将启动电流限制在允许的范围内。

定子绕组串电抗器降压自动启动控制电路及原理与定子绕组串电阻相似，请读者自行绘制、分析。

2.2.4　自耦变压器降压启动控制

自耦变压器降压启动是指利用自耦变压器来降低加在电动机定子绕组上的启动电压，待电动机启动后，再切除自耦变压器，使电动机在全压下正常运行。适用于电动机容量较大，正常运行时接成星形，带一定负载的笼型异步电动机。图 2-16 为依靠接触器和时间继电器实现自动控制的自耦变压器降压启动控制电路。

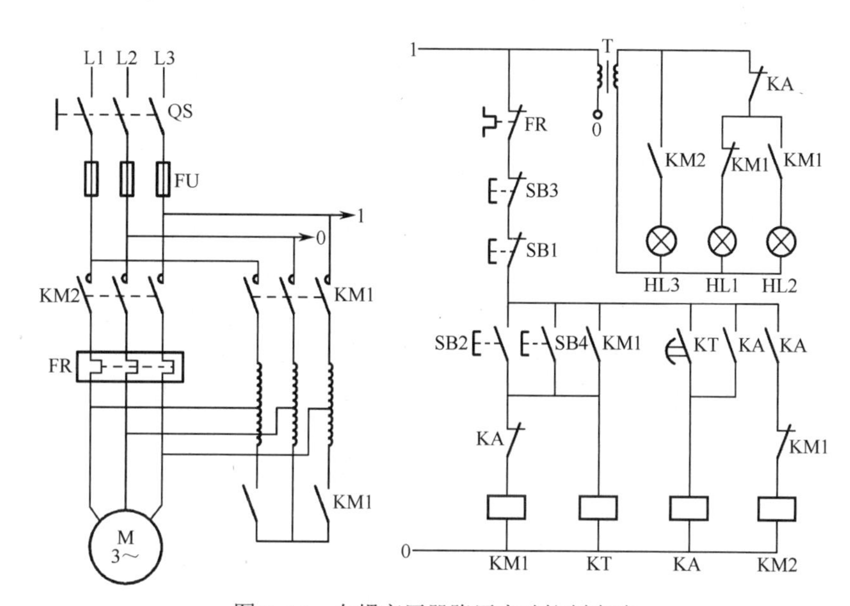

图 2-16　自耦变压器降压启动控制电路

1. 电路组成

该电路由接触器 KM1、KM2，时间继电器 KT，中间继电器 KA，信号灯 HL1、HL2、HL3，启动按钮 SB2、SB4，停止按钮 SB1、SB3 等组成。按钮 SB3 和 SB4 安装在自动补偿器箱外部，以便实现远程控制。

2. 控制原理

准备工作：合上 QS，若供电电源正常，信号灯 HL1 亮。

启动控制：按下启动按钮 SB2，接触器 KM1、时间继电器 KT 线圈得电。接触器动作，其一，KM1 常开主触点闭合，电动机带自耦变压器降压启动；其二，KM1 线圈回路的 KM1 常开联锁触点闭合，形成自持；其三，KM2 线圈回路的 KM1 常闭联锁触点断开，形成互锁；其四，信号灯回路的 KM1 常闭联锁触点断开，HL1 熄灭；其五，信号灯回路的 KM1 常开联锁触点闭合，信号灯 HL2 亮。经一定时间延时后，电动机接近额定转速，时间继电器 KT 常开联锁触点闭合，中间继电器 KA 线圈得电并自持。中间继电器 KA 常闭联锁触点断开，KM1 线圈失电释放，KM1 接触器常开主触点断开，切除自耦变压器，电动机启动完毕；信号灯 HL1、HL2 灭。KM2 线圈得电并自持，主触点闭合，电动机全压运行，常开联锁触点闭合，信号灯 HL3 亮。

停止控制：SB1为停止按钮。

3. 自耦变压器

自耦变压器的二次侧上备有几个不同的电压抽头，以供用户选择电压。例如，QJ 型有三个抽头，其输出电压分别是电源电压的 55%、64%、73%，相应的电压比分别为 1.82、1.56、1.37；QJ3 型有三个抽头，其输出电压分别是电源电压的 40%、60%、80%。用户可根据负载情况选用合适的变压器抽头，以获得需要的启动电压和启动转矩。

自耦变压器的体积大、质量大，价格较高，维修麻烦，且不允许频繁移动。自耦变压器的容量一般等于电动机的容量；每小时内允许连续启动的次数和每次启动的时间，在产品说明书上都有明确的规定，选配时应注意。

2.2.5 软启动控制

三相异步电动机的软启动是区别于传统降压启动方式的一种新型启动方式。该启动方式能使三相异步电动机的输入电压从0 V或较低电压开始，按照预先设置的升压方式逐步上升，直到其全压供电正常运行为止。软启动器是晶闸管等电子元器件组成的控制装置，其工作原理是：利用改变晶闸管的导通角来改变其输出电压或电流，使其输出电压或电流从零逐步增大到额定值，从而有效地控制三相异步电动机的启动过程，实现三相异步电动机的软启动。软启动主电路示意如图2-17所示。

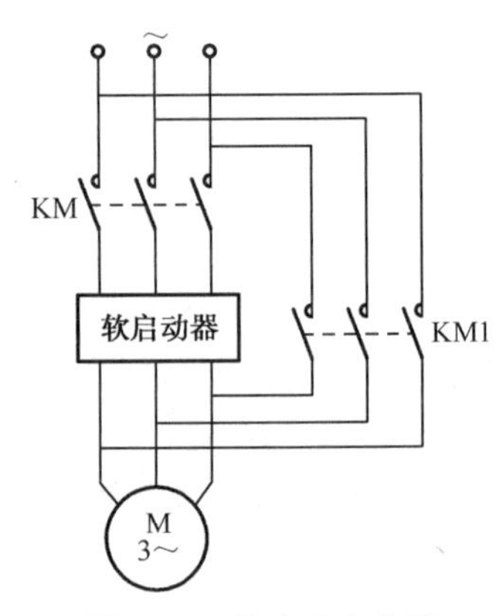

图2-17　软启动主电路

由图 2-17 可知，该电路与普通三相异步电动机的主电路相比，增加了一个软启动器。三相异步电动机启动时，接触器 KM 的主触点闭合，将三相电源加到软启动器上，再经软启动器调节后送到三相异步电动机定子绕组，使其实现软启动。当三相异步电动机启动完成后，接触器 KM1 主触点闭合，由其为三相异步电动机提供电流而正常运行，与此同时，接触器 KM 的主触点分断，使软启动器停止工作，既延长了软启动器的寿命，又避免了软启动器所产生的高次谐波对三相异步电动机的影响。同时，还延长了接触器的寿命。

软启动器不仅能用于三相异步电动机的启动控制，而且可用于三相异步电动机的软停止控制，以减小停机过程中所产生的振动。

三相异步电动机的软启动方式与常用的降压启动方式相比，具有如下的优点：

（1）使三相异步电动机平滑加速无冲击电流。由于软启动器的电流是通过晶闸管导通角的改变而逐渐增大的，使得三相异步电动机的启动电流也是从零开始逐渐升到其额定值的。因此，对三相异步电动机和机械传动装置等的损害可降到最低程度。

（2）由于软启动器中引入了电流闭环控制，使得三相异步电动机在启动过程中保持恒流，保证其能平稳启动。

（3）可根据负载情况及电网继电保护特性，自由地将三相异步电动机的启动电流无级地调节到最佳。

（4）通过调节软启动器的输出电压（即三相异步电动机的端电压），改变三相异步电动

机驱动不同负载时的功率因数。轻载时，提高其功率因数，达到降耗节能的目的；重载时，确保其正常运行。另外，若把软启动器与可编程控制器 PLC 结合在一起使用，可省去停止和启动按钮，用 PLC 完成停止和启动控制。

软启动特别适用于各种泵类或风机负载需要软启动的场合。

2.3　三相笼型异步电动机变频启动控制

随着电力电子技术的发展，近年来出现了采用变频技术的启动方法。启动时，转子绕组通入励磁电流，定子由变频电源供电，其电压的频率由零缓慢增加。在启动时，电源频率调到很低，三相合成旋转磁场转速也很低，利用电动机的同步电磁转矩牵引着转子缓慢加速，逐渐升高定子电源电压的频率。直到转速达到额定同步转速后，将定子投入电网，切除变频电源。

变频调速具有其他启动无法比拟的优越性。图 2-18（a）为变频启动控制电路，图 2-18（b）为 JP5E7000 型普传变频器键盘示意图；表 2-1 为普传变频器频率设定模式和运行控制模式参数。不同变频器的启动电路略有区别，现以图 2-18 所示电路为例，说明变频启动工作原理。

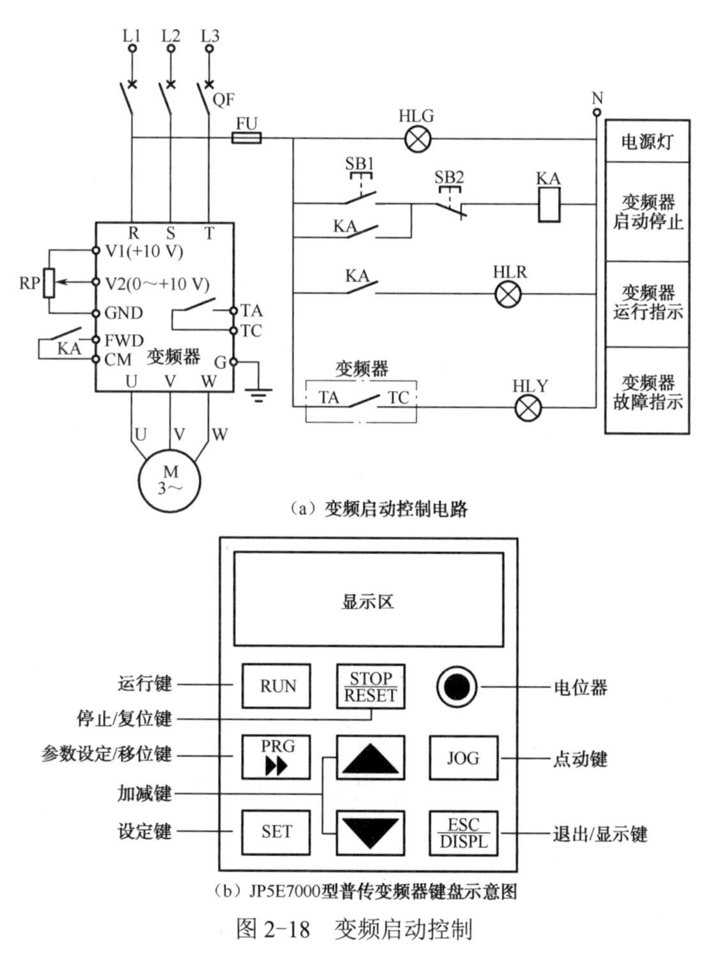

（a）变频启动控制电路

（b）JP5E7000型普传变频器键盘示意图

图 2-18　变频启动控制

1. 变频器参数设定

通过变频器键盘，按表 2-1 设置变频器参数，可控制电动机的启动方式、频率调节范围及运行模式。常见控制方式有：

1）F04 设为“8”，F05 设为“0”

此设置为变频器键盘控制方式。按图 2-18（b）变频器键盘上的“RUN”键，变频器启动；调节键盘上的电位器，可调整变频器的输出频率；按键盘上的“STOP/RESET”键，变频器停止运行。

2）F04 设为“1”，F05 设为“3”

此设置为变频器成套装置按钮控制方式。按变频启动成套装置柜门或面板上的启动、停止按钮，可控制变频器的启动、停止；调节图 2-18（a）中与外接端子 V1、V2、GND 连接的电位器 RP，或柜门（面板）上的电位器，可调整变频器的输出频率；按变频器键盘上的“STOP/RESET”键，变频器停止运行。

表 2-1　普传变频器频率设定模式和运行控制模式参数

参数码	参数定义	设定值	设 置 效 果
F04	频率设定模式	0	硬盘或 RS-485 设定频率
		1	由外接端子 V2 设定频率
		2	由外接端子 I2 设定频率
		3	V2+I2 设定频率
		4	上升/下降控制方式 1
		5	程序运行
		6	摆频运行
		7	PID 调节方式
		8	键盘电位器给定
		9	V2 正、反转给定
		10	键盘电位器正、反转给定
		11	V2 比例联动微调
		12	I2 比例联动微调
		13	上升/下降控制方式 2
F05	运行控制模式	0	键盘+RS-485/CAN
		1	键盘+端子台+RS-485/CAN
		2	RS-485/CAN
		3	端子台控制
		4	比例联动控制

2. 控制原理

1）电路连接

按图 2-18（a）连接电路即可。

2）启动控制

按图 2-18（a）中的启动按钮 SB1，中间继电器 KA 线圈得电并自持，继电器吸合，其常开触点闭合，接通变频器 FWD-CM 端，变频器启动，带动电动机 M 变频启动。

3）停止控制

按图 2-18（a）中的停止按钮 SB2，中间继电器 KA 线圈失电，继电器释放，其常开触点断开，变频器 FWD-CM 端子断开，变频器停止工作。

3. 输出频率调节

以下方法可调节变频器的输出频率，进而调节电动机的转速。

方法 1：调节键盘上的电位器；

方法 2：调节图 2-18（a）中与外接端子 V1、V2、GND 连接的电位器 RP；

方法 3：调节柜门（面板）上的电位器；

方法 4：调节连接在 V2、GND 端子上的 0～+10 V 电压。

2.4　三相笼型电动机的制动控制

电动机脱离电源后会在惯性作用下继续旋转，经一定时间才能完全停转。而有些生产机械要求快速停车、准确定位，如电梯、吊车等，这就要求对电动机采取有效措施进行制动。制动指电动机脱离电源后强迫停车，方法有机械制动和电气制动。机械制动是在电动机断电后利用机械装置对其转轴施加相反的力矩（制动力矩）来进行制动，方法有电磁抱闸等。电气制动是使电动机停车时产生一个与转子旋转方向相反的电磁力矩（制动力矩）来进行制动，交、直流电动机的制动都有反接制动、能耗制动、回馈制动三种方法。

2.4.1　机械制动控制

运用最广泛的机械制动是电磁抱闸，如图 2-19 所示。电磁抱闸由制动电磁铁和闸瓦制动器组成，闸轮与电动机的转轴相连，调整弹簧的作用力，可改变闸瓦对闸轮制动力矩的大小。断电制动型电磁抱闸在电磁线圈断电时，利用闸瓦与闸轮间的摩擦力对电动机制动；电磁铁线圈得电时，松开闸瓦，电动机可以自由转动。若电网突然断电或电路发生故障，闸瓦立即抱紧闸轮，对电动机制动，避免发生事故。这种制动在起重机上被广泛采用。机械制动控制电路如图 2-20 所示。

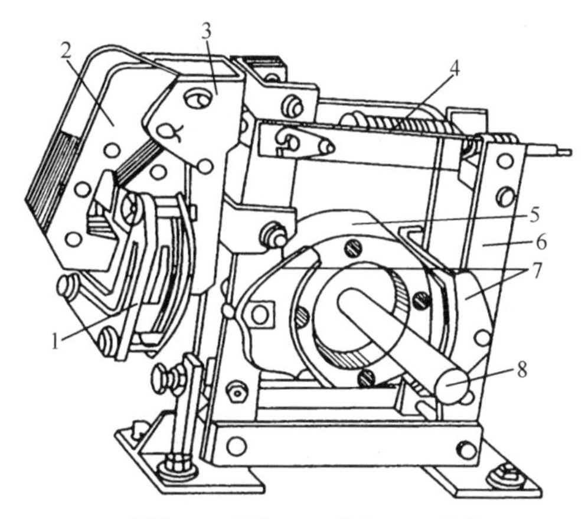

1—线圈；2—衔铁；3—铁芯；4—弹簧；5—闸轮；6—杠杆；7—闸瓦；8—轴

图 2-19　电磁抱闸结构

按下停止按钮 SB1，接触器 KM 线圈失电，主触点断开，电动机失电；电磁抱闸线圈失电，衔铁释放，弹簧反作用力使闸瓦抱紧闸轮，闸瓦与闸轮间强大的摩擦力使电动机立即停转。

2.4.2　反接制动控制

反接制动是在切断电动机电源后，立即通上与原相序相反的三相交流电源，产生反向电磁力矩，使电动机迅速制动。这种制动方式必须在电动机转速接近零时切除电源，以防电动机继续反向旋转造成事故。该方法制动迅速，制动冲击和能量消耗大，常用于不经常启动和制动的大容量电动机。

1．单向反接制动

图 2-21 为单向反接制动控制电路。图中，KS 为速度继电器，用于检测电动机转速，其转子与电动机轴相连，当电动机正常转动时，常开触点闭合；当电动机转速接近零时，其常开触点断开，切断接触器线圈电路。

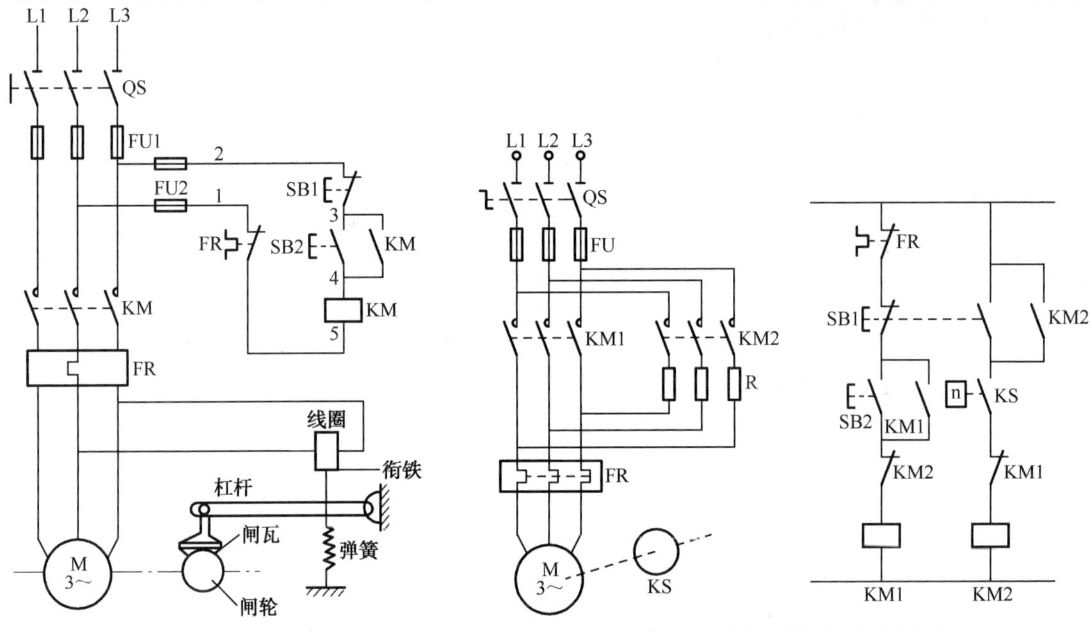

图 2-20　机械制动控制电路

图 2-21　单向反接制动控制电路

电动机正常运行时，KM1 得电吸合，速度继电器 KS 动作，常开触点闭合，常闭触点断开，为反接制动做好准备。

按下停止复合按钮 SB1，KM1 线圈失电，电动机定子绕组脱离三相电源，电动机在惯性作用下保持高速旋转，速度继电器 KS 仍保持常开触点闭合、常闭触点断开状态。将 SB1 按到底时，使 SB1 常开触点闭合，KM2 线圈得电并自锁，电动机定子接反序电源、串制动电阻 R 进行反接制动，电动机转速迅速下降。当电动机转速接近 100 r/min 时，KS 复位，KM2 线圈失电，电动机断电，反接制动结束。

2．可逆运行反接制动

可逆运行反接制动控制电路如图 2-22 所示。电动机正转运行时，KM1 得电吸合，正转速度继电器 KS-1 动作常开触点闭合、常闭触点断开，为反接制动做好准备。按下停止按钮 SB1，KM1 线圈失电，KM2 线圈得电，定子绕组得到反序电源，电动机进入正向反接制动状态，电动机转速下降到接近零时，KS-1 释放，常闭触点和常开触点复位，KM2 失电，正转反接制动结束。同理，可实现正向反接制动。

该线路的缺点是主电路没有限流电阻，冲击电流大。

2.4.3　能耗制动控制

能耗制动是在切断电动机电源时，给定子绕组加一直流电源，形成大小、方向均不变的恒定磁场，该磁场可产生一个与电动机旋转方向相反的电磁转矩，达到制动的目的，又称动力制动。能耗制动的制动力矩与转速成正比：转速越高，制动力矩越大；转速降低，制动力矩下降；当转速为零时，制动力矩消失。优点是制动准确、平稳、能量消耗小，但低速制动效果差，需要整流设备，故常用于要求制动平稳、准确和启动频繁的较大容量的电动机。

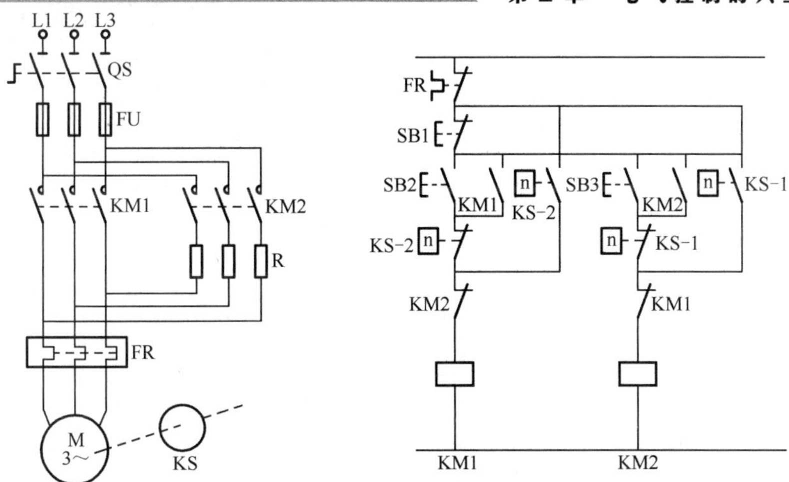

图 2-22　可逆运行反接制动控制电路

1．时间原则控制能耗制动

图 2-23 为时间原则控制的能耗制动控制电路。能耗制动直流电源由四个二极管组成单相桥式整流电路通过接触器 KM2 引入，交流电源与直流电源的切换由 KM1 和 KM2 来完成，制动时间由时间继电器 KT 决定。

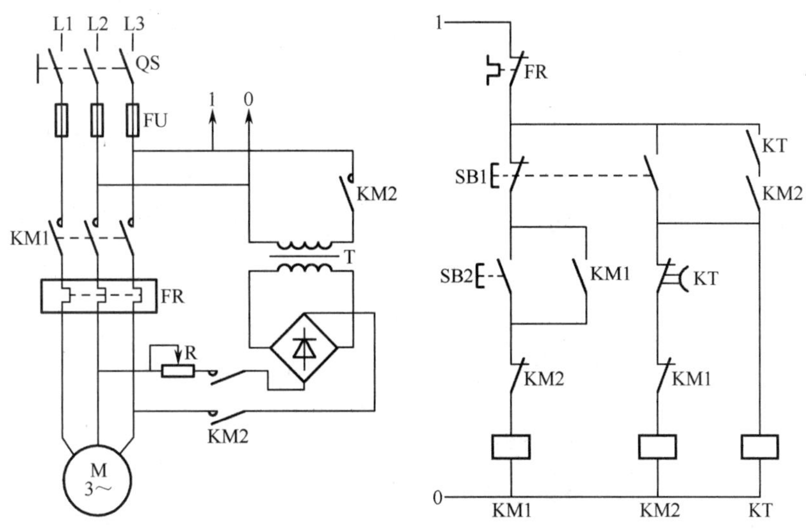

图 2-23　时间原则控制的能耗制动控制电路

按下 SB2，KM1 线圈得电并自持，电动机启动、运行。KM1 动断触点断开，进行互锁。

按下复合按钮 SB1，SB1 常闭触点切断 KM1 线圈电路和电动机电源，SB1 常开联锁触点使 KM2、KT 线圈得电并自持，KM2 主触点闭合，接入直流电源，进行能耗制动，转速接近零时，时间继电器 KT 常闭联锁触点断开，KM2、KT 线圈失电，制动过程结束。

该电路中，KT 动合瞬动触点与 KM2 自锁触点串联，防止因时间继电器线圈断线或其他故障，KT 的延时动断触点打不开，致使 KM2 线圈长期得电，造成电动机定子长期通入直流电源。

2．速度原则控制能耗制动

图2-24为速度原则控制能耗制动控制电路，工作原理请读者自行分析。

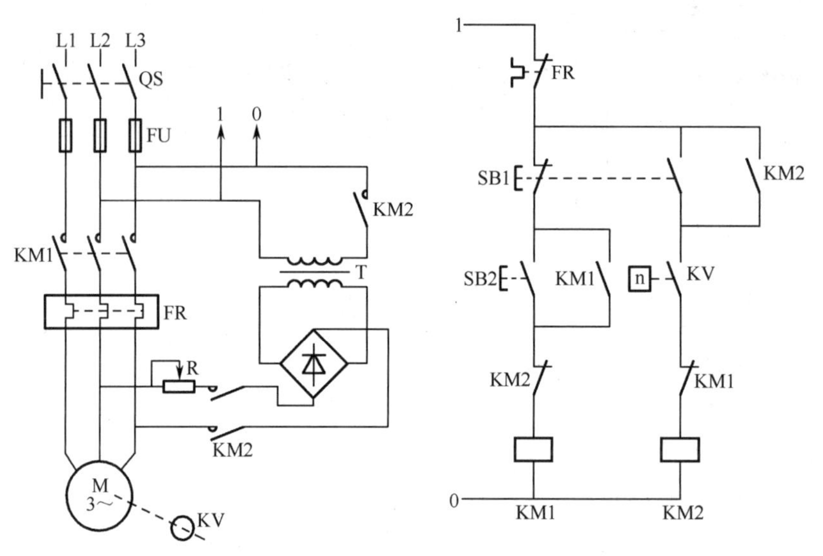

图2-24　速度原则控制能耗制动控制电路

2.5　三相笼型异步电动机的调速控制

在工业生产中，为了获得最高的生产率，保证产品加工质量，常要求生产机械能在不同的转速下工作。采用电气调速可大大简化机械变速机构。交流调速的基本方法有多种，但它们都是来源于交流电动机的转速公式 $n=60f_1(1-s)/n_p=n_0(1-s)$，由此可知，异步电动机的基本调速方法有如下三种：

- 变转差率调速
  - 串电阻调速——绕线式异步电动机
  - 调压调速
  - 串级调速——绕线式异步电动机
  - 电磁转差离合器调速
- 变极对数调速——笼型转子
- 变频调速
  - 交-交变频调速
  - 交-直-交变频调速

在交流调速的各个发展阶段，根据当时的技术条件，出现了各种交流调速方法。本节主要讨论三相笼型异步电动机的变极调速和变频调速。

2.5.1　变极调速控制

变极调速控制是指在电源频率恒定的条件下，通过改变电动机的磁极对数来调节电动机转速的方法。变极调速的电动机往往被称为多极电动机，一般有双速、三速、四速之分。双速电动机定子装有一套绕组，三速、四速电动机则装有两套绕组，现以常用的单绕组变极电动机为例说明其调速原理。

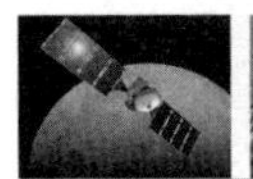

图 2-25 所示为装有一套定子绕组的单绕组变极电动机。将 A 相绕组分成线圈 A1X1 和 A2X2，若 A1X1 和 A2X2 串联，如图 2-25（a）所示，则 p=2；若 A1X1 和 A2X2 反并联（头尾相连），如图 2-25（b）所示，则 p=1。由 $n_0=\frac{60f_1}{p}$ 可知，当极对数 p 减小一半时，旋转磁场的同步转速 n_0 提高一倍，转子转速 n 也近似提高一倍，该方法通过改变极对数达到调速的目的。

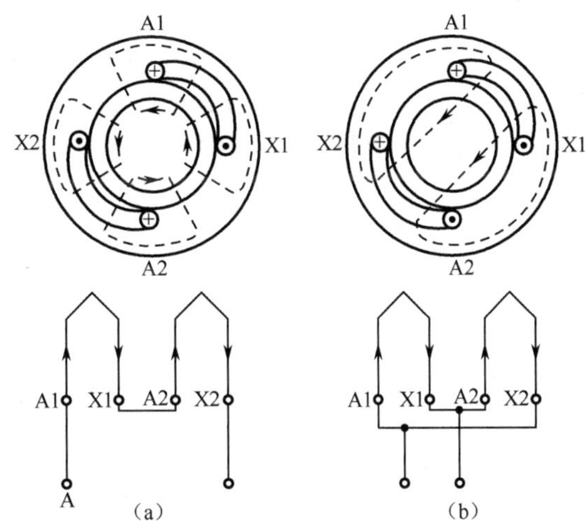

图 2-25　单绕组变极电动机定子绕组和极对数

单绕组变极可以使定子绕组磁动势极对数成倍数关系改变，从而获得倍极比（如 2/4 极、4/8 极）的双速电动机，也可以获得非倍极比（如 4/6 极、6/8 极）的双速电动机，还可以获得极数比为 2/4/8 和 4/6/8 的三速电动机。

多极电动机定子绕组的接线方式很多，常见的是三角形/双星接法，即△/YY，如图 2-26（a）所示。由定子绕组展开图可知：只要改变一相绕组中一半元件的电流方向，即可改变磁极对数，当 T1、T2、T3 外接三相交流电源，而 T4、T5、T6 对外断开时，电动机的定子绕组接法为三角形，极对数为 2P；当 T4、T5、T6 外接三相交流电源，而 T1、T2、T3 连接在一起时，电动机定子绕组的接法为 YY，极对数为 P，从而实现调速，其控制电路图如图 2-26（b）所示。

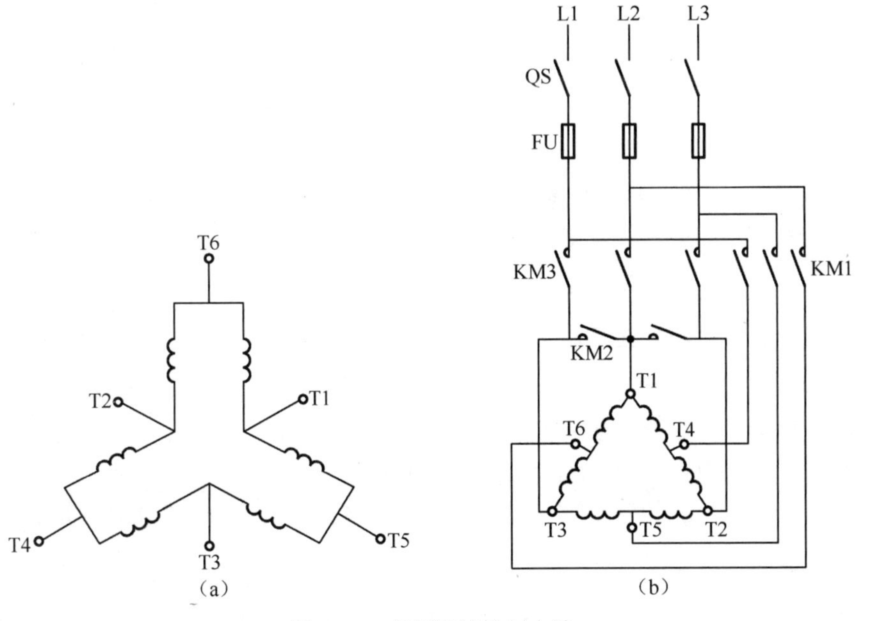

图 2-26　变极调速控制电路

闭合刀开关 QS，当 KM3 闭合而 KM1、KM2 断开时，电动机定子绕组为△接法，电动机低速启动。当 KM3 断开，而 KM2、KM1 闭合时，电动机的定子绕组接成 YY，电动机高速运行。△/YY 接法的调速方式适用于恒功率负载。

△/YY 接法的特点是：具有较硬的机械特性，稳定性良好；无转差损耗，效率高；接线简单、控制方便、价格低；有级调速，级差较大，不能获得平滑调速；可以与调压调速、电磁转差离合器配合使用，获得较高效率的平滑调速特性。本方法适用于不需要无级调速的生产机械，如升降机、起重设备、风机、水泵、金属切削机床等。

变极调速的优点是设备简单，操作方便，机械特性较硬，效率高，既适用于恒转矩调速，又适用于恒功率调速；不足之处一是成本高、体积大和质量大，二是极对数必须是整数，三是有级调速，四是只能用于笼型异步电动机。

2.5.2　变频调速控制

通过改变定子供电频率来调节交流电动机的转速并能满足一定的转矩要求的调速方式，称为交流电动机的变频调速。由 $n_0=\dfrac{60f_1}{p}$ 可知，当转差率 s 变化不大时，异步电动机的转速 n 基本上与电源频率 f 成正比。连续调节电源频率，就可以平滑地改变电动机的转速。该方法调速范围广、平滑性好、效率最高，具有优良的静态和动态特性，是应用最广泛的一种高性能的交流调速方法。变频调速使交流调速技术飞速发展，目前已遍及国民经济各部门的传动领域，如恒压供水、电气牵引、起重装卸、数控机床、冶金机械、矿井提升机械等领域。恒压供水是指在供水管道网中用水量发生变化时，出水口的压力保持不变的供水方式，现以图 2-27 所示变频调速恒压供水控制电路为例说明变频调速控制原理。

1．变速泵启动

转换开关 SA 置“自动”位，合 QF1、QF2，控制器 KGS 闭合，时间继电器 KT1 线圈得电，经一定时间延时后，KM1 线圈得电，变速泵电动机 M1 变频启动运行供水。

2．用水量较小时，变速泵工作

当系统用水量增加时，水压下降，控制器 KGS 使变频器 VVVF 的输出频率 f 增加，变速泵电动机加速运转，以实现需水量与供水量的匹配；同理，当系统用水量减少时，水压上升，控制器 KGS 使变频器 VVVF 的输出频率下降，变速泵电动机减速运转。

3．用水量较大时，两台泵同时运行

变速泵启动后，若用水量增加，变频器 VVVF 的输出频率 f 调到最大值仍无法满足用水量要求时，控制器 KGS 的触点接通 2 号泵控制回路中的 2-11 与 2-17 线，时间继电器 KT2 线圈得电，经一定时间延时后，时间继电器 KT4 线圈得电吸合，经一定时间延时后接通 2-11 与 2-17 线，KM2 线圈得电，定速泵电动机 M2 启动运转以提高供水量。

4．用水量减小，定速泵停止

当系统用水量减小到一定值时，控制器 KGS 触点断开，使时间继电器 KT2、KT4 失电释放，时间继电器 KT4 延时断开后，KM2 失电，定速泵电动机 M2 停止。

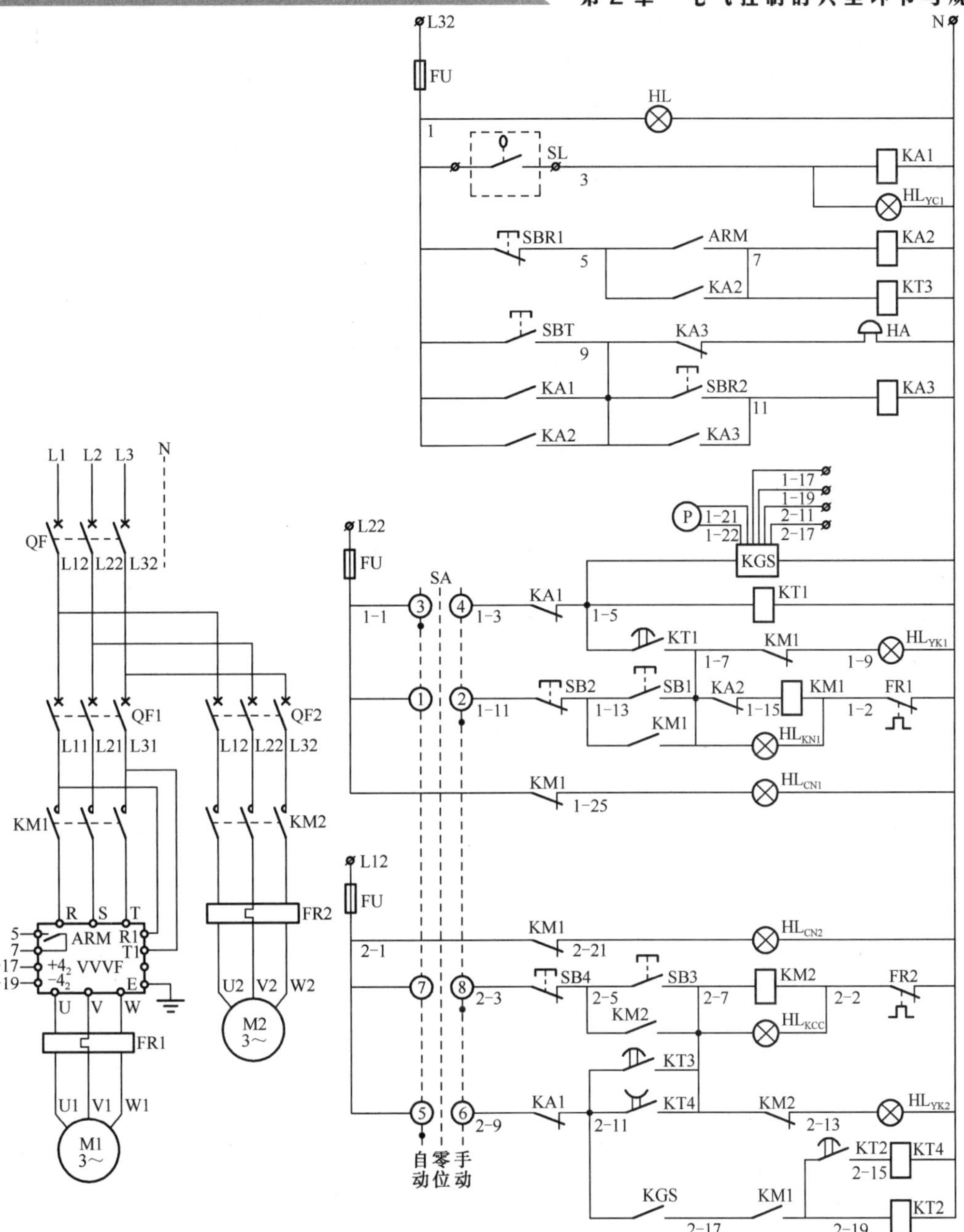

图2-27　变频调速恒压供水控制电路

2.6　三相绕线型异步电动机的启动控制

对于笼型异步电动机，无论采用哪一种降压启动方法来减小启动电流，电动机的启动转矩都随着减小。所以，对某些重载下启动的生产机械（如起重机、皮带运输机等）不仅要限制启动电流，而且还要求有足够大的启动转矩，在这种情况下就基本上排除了采用笼型异步电动机的可能性，而采用启动性能较好的绕线式异步电动机。

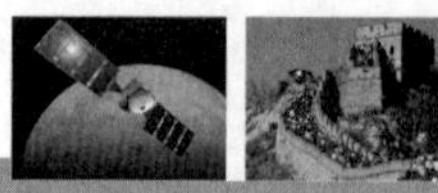

三相交流绕线式异步电动机的转子中绕有三相绕组，通过滑环可以串入外加电阻（或电抗），从而减小启动电流，同时也可以增加转子功率因数和启动转矩。绕线转子异步电动机常用的启动方法有转子回路串接电阻启动、转子回路串频敏变阻器启动。

2.6.1 转子回路串电阻启动控制

1．按钮操作控制

图 2-28 为转子绕组串电阻启动由按钮操作的控制电路。

合上电源开关 QS，按下 SB1，KM 得电吸合并自锁，电动机串全部电阻启动。经一定时间后，按下 SB2，KM1 得电吸合并自锁，KM1 主触点闭合切除第一级电阻 R1，电动机转速继续升高。经一定时间后，按下 SB3，KM2 得电吸合并自锁，KM2 主触点闭合切除第二级电阻 R2，电动机转速继续升高。当电动机转速接近额定转速时，按下 SB4，KM3 得电吸合并自锁，KM3 主触点闭合切除全部电阻，启动结束，电动机在额定转速下正常运行。

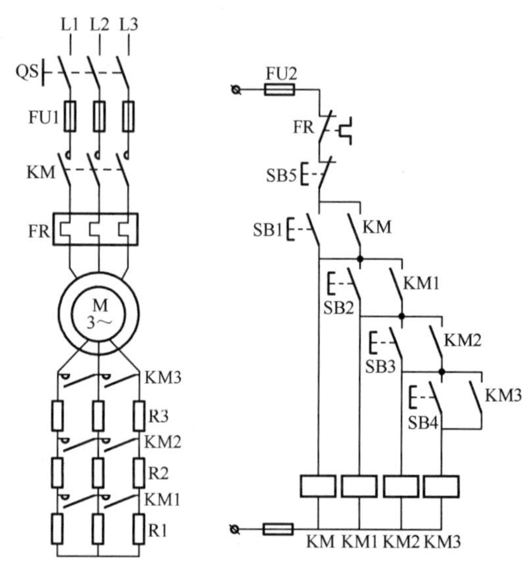

图 2-28 转子绕组串电阻启动由按钮操作的控制电路

2．电流原则控制

图 2-29 为转子绕组串电阻启动按电流原则的控制电路。

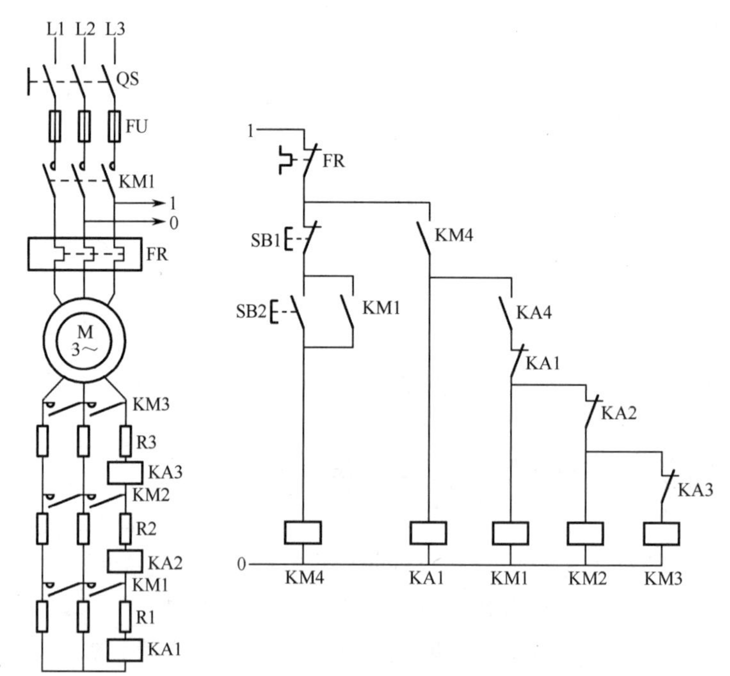

图 2-29 转子绕组串电阻启动按电流原则的控制电路

KA1、KA2、KA3 为电流继电器，其线圈串联于转子回路中，且吸合电流一致，释放电流 KA1 最大，KA2 次之，KA3 最小。启动瞬间，转子转速为零，转子电流最大，三个电流继电器同时全部吸合。随着转子转速的逐渐提高，转子电流逐渐减小，KA1、KA2、KA3 依次动作，逐级切除启动电阻。

3. 时间原则控制

图 2-30 为转子绕组串电阻启动按时间原则的控制电路。

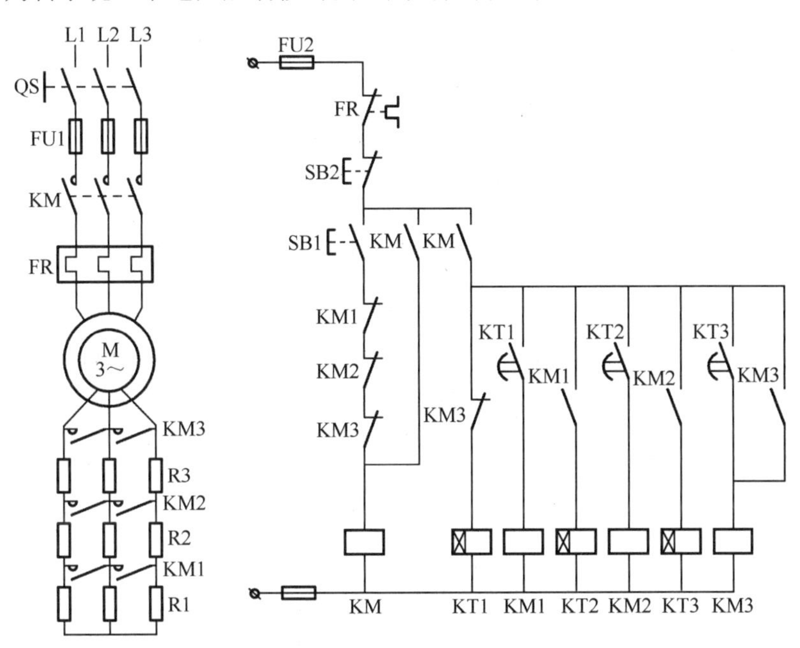

图 2-30　转子绕组串电阻启动按时间原则的控制电路

时间继电器 KT1、KT2、KT3 分别控制接触器 KM1、KM2、KM3 按顺序依次吸合，自动切除转子绕组中的三级启动电阻。与启动按钮 SB1 串接的 KM1、KM2、KM3 三个常闭触点的作用是保证电动机转子绕组接入全部启动电阻才能启动，任何一个接触器因熔焊或机械故障而没有释放时，电动机均不能启动。

绕线式异步电动机转子回路串接电阻启动使用电器多，控制电路复杂，启动电阻发热消耗能量，启动过程中逐段切除电阻，电流和转矩变化较大，对生产机械冲击较大。

2.6.2　转子回路串频敏变阻器启动控制

频敏变阻器是静止的、无触点的电磁元件，具有结构简单、启动平滑、运行可靠、成本低廉、维护方便等优点。它由几块 30～50 mm 厚的铸铁板或钢板叠成三柱式铁芯和装在铁芯上并接成星形的三个线圈组成，相当于一个电抗器，其阻值随交变电流的频率而变化，故称为频敏变阻器，串接于电动机转子回路，其结构和启动线路如图 2-31 所示。电动机启动时，其阻值随电动机转速升高而自动下降，启动过程平滑，正好满足了绕线转子异步电动机启动的要求。

绕线式异步电动机转子串频敏变阻器启动控制电路如图 2-32 所示。

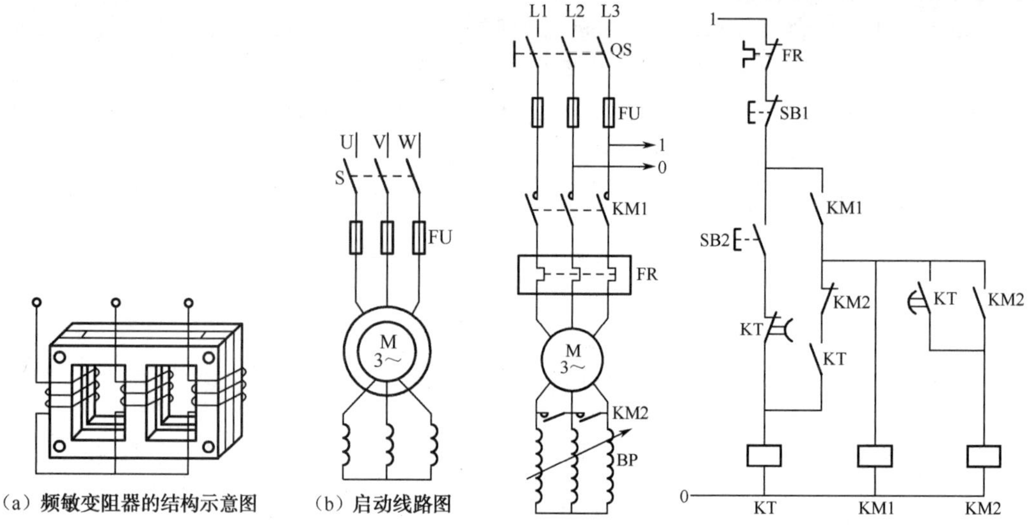

图 2-31　频敏变阻器结构和启动线路　　图 2-32　绕线式异步电动机转子串频敏变阻器启动控制电路

图 2-33 为绕线式异步电动机正、反转转子串频敏变阻器启动控制电路。图中，KM1 和 KM2 为正、反转接触器，SA 为转换开关，“自动（A）”和“手动（M）”两个位置分别可以实现自动或手动切除频敏变阻器。时间继电器 KT 的延时量决定启动时间的长短。SB4 为手动控制按钮。HL1 为电源指示灯，HL2 为正转指示灯，HL3 为反转指示灯，HL4 为正常运转（短接频敏变阻器）指示灯。

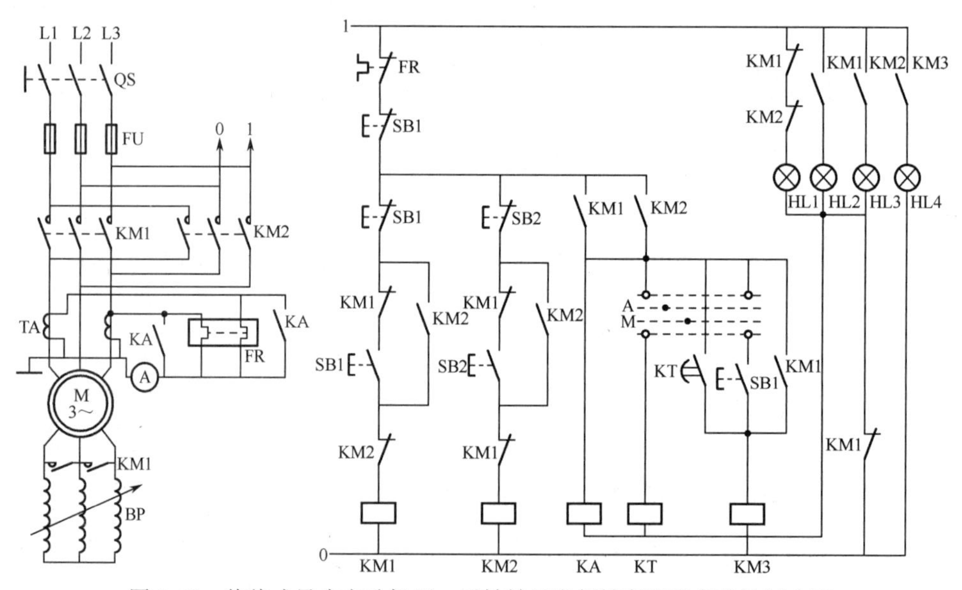

图 2-33　绕线式异步电动机正、反转转子串频敏变阻器启动控制电路

知识梳理与总结

电气控制电路基本控制规律有点动控制、单向直接启动控制、正反转控制、限位和自动往返控制、顺序控制、多地控制。基本的联锁方式有自锁和互锁。

电动机的运行是指电动机由启动到制动的过程，包括启动、调速和制动三个环节。

启动方法有直接启动和降压启动。10 kW 及以下笼型异步电动机可直接启动。大容量笼型异步电动机降压启动方法有星-三角形、定子串自耦变压器、定子串电阻（电抗）、延边三角形等。绕线型异步电动机降压启动方法有转子串电阻、转子串频敏变阻器等。直流电动机启动方法有降低电枢端电压和增大电枢电路电阻。

制动方法有机械制动和电气制动。机械制动方法有电磁抱闸等。电气制动方法有能耗制动、反接制动、回馈制动三种。

异步电动机调速方法有变转差率调速、变极调速和变频调速三种。

思考练习题 2

1．电动机点动控制和连续运转控制的关键环节是什么？

2．什么是互锁控制？实现电动机正、反转互锁控制的方法有哪两种？它们的操作方式有何不同？

3．多地控制的启动按钮和停止按钮如何连接？画出可以在两地对同一台三相异步电动机进行启动、停止及正反转控制的电路，说明电路工作原理。

4．电动机常用保护环节有哪些？各用什么电器来保护？

5．电动机的启动方法有哪两种？

6．什么是直接启动？适用于什么电动机？

7．什么是降压启动？笼型异步电动机和绕线型异步电动机各有哪几种降压启动方式？

8．直流电动机启动方法有哪几种？

9．电动机的制动方法有哪两种？

10．什么是机械制动？运用最广泛的机械制动是什么？

11．什么是电气启动？电气制动有哪几种方法？各有什么特点？分别适用于什么电动机？

12．分析图 2-34 所示各电路，问会出现什么现象？如何改正？

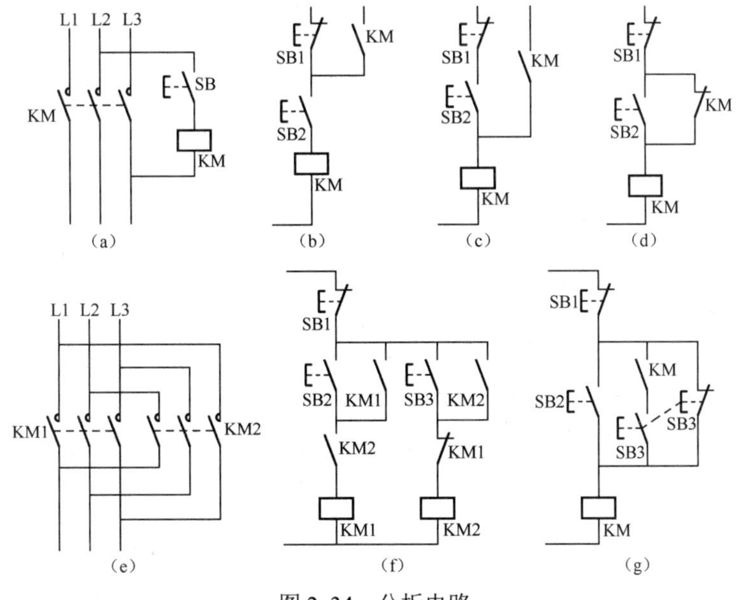

图 2-34　分析电路

13．画出第二台电动机启动 3 s 后第一台电动机启动，第二台电动机停止 5 s 后第一台电动机停止的控制电路，说明电路工作原理。

14．按下列要求分别设计控制线路：

（1）电动机 M1 启动后 M2 才能启动，并能单独停车；

（2）电动机 M1 启动后，M2 延时一定时间后自行启动；

（3）电动机 M1 启动后 M2 才能启动，停止时，M2 停止后 M1 才能停止。

第3章 给排水设备的控制

教学导航

教	知识重点	1．熟知常用水位控制器的原理； 2．掌握典型生活水泵控制电路图的分析方法； 3．掌握典型消防水泵控制电路图的分析方法
	知识难点	消防水泵控制电路图的分析方法
	推荐教学方式	以实例分析为主，分解复杂电路为若干个子电路，引导学生在电路分析中建立逻辑思维的方式
	建议学时	12 学时
学	推荐学习方法	以分析、探究和小组讨论的学习方式为主。结合本章内容，通过自主学习、分析和总结，逐步建立起分析水泵控制电路的能力，为今后分析更为复杂的水泵控制电路及设计水泵控制电路打下基础
	必须掌握的理论知识	1．常用水位控制器的原理； 2．各类水泵的控制要求和运行方式
	必须掌握的技能	典型水泵控制电路图的分析方法

知识分布网络

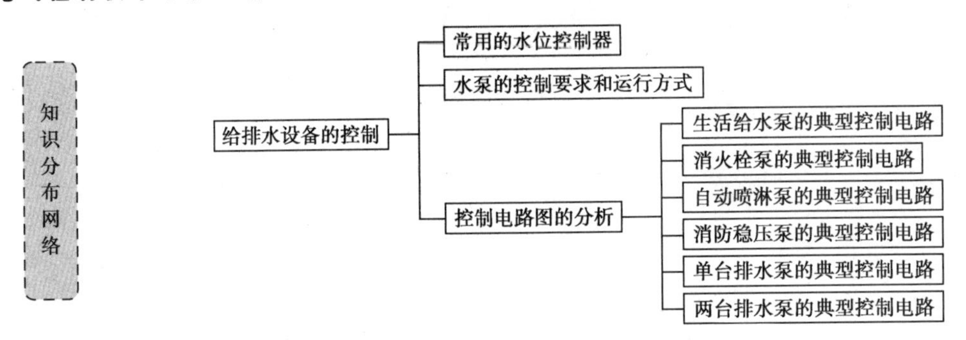

章节导读

在建筑物内，给水与排水系统是保证建筑功能最基本的系统之一，其中使用的常见水泵有生活给水泵、消火栓泵、喷淋泵、消防稳压泵、排水泵等。在现代建筑里，对这些水泵控制的基本要求是自动控制、正确动作。要对一个水泵控制电路图进行分析，必须先了解水泵的作用和运行方式。另外，为了实现自动控制的目的，还需采集液位、压力等信号，为此，应熟悉这些常见的物理量信号控制器件。

对水泵控制电路图进行正确的分析是水泵运行、管理、检修、维护必不可少的技能，也为水泵控制电路的设计和创新改进打下良好的基础。

3.1 生活供水设备的控制

3.1.1 常用的水位控制器

为实现对水泵的自动控制以及监测水池、水箱内的液位高度，经常用到水位控制器。水位控制器也称为液位信号器、水位开关，它是随液面高度变化而改变其触点通断状态的开关，按其结构和原理分，常见的有干簧管水位控制器、浮球磁性开关、电极式水位控制器、压力式水位控制器和超声波液位控制器等。

1. 干簧管水位控制器

干簧管水位控制器由中空的导杆、嵌有永磁环的浮标和接线盒等组成。导杆和浮标由非导磁材料制作，如不锈钢、塑料等。在导杆内部的不同高度上装有若干个干簧管，干簧管接点通过引线经导杆内孔连接至接线盒内端子上。干簧管水位控制器原理如图 3-1 所示，磁性浮标套在导杆上，跟随液面上升或下降，当其移动到水位上限或下限位置时，对应位置的干簧管 SL1、SL2 受磁力作用而动作，发出接点开（关）转换信号。导杆上还设有上下限位环，用以限制浮标上

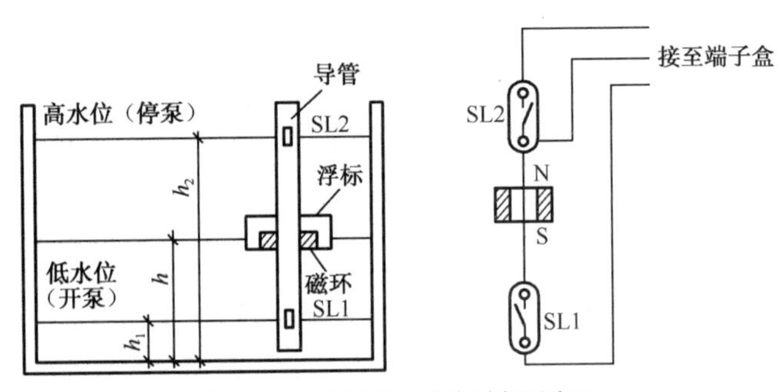

图 3-1　干簧管水位控制器原理

下浮动范围，从而获得不同的液位控制高度。

在导杆上套多个磁环浮标并对应设置多个干簧管，则可获得多水位控制、报警等组合应用，图 3-2 为 4 个浮标的干簧管水位控制器。

2. 浮球磁性开关

图 3-3 为浮球磁性开关结构示意，主要由浮球、外接电缆和密封在浮球内的开关装置组成，浮球用工程塑料或不锈钢等非导磁性材料制成。开关装置由干簧管、磁环和动锤构成，磁环的安装位置偏离干簧管中心，其厚度小于一根簧片的长度，所以磁环产生的磁场几乎全部从单根簧片上通过，磁力线被短路，两根簧片之间无吸力，干簧触点处于断开状态。当动锤靠近磁环时，可视为磁环厚度增加，两簧片被磁化为相反的极性而相互吸引，使其触点闭合。

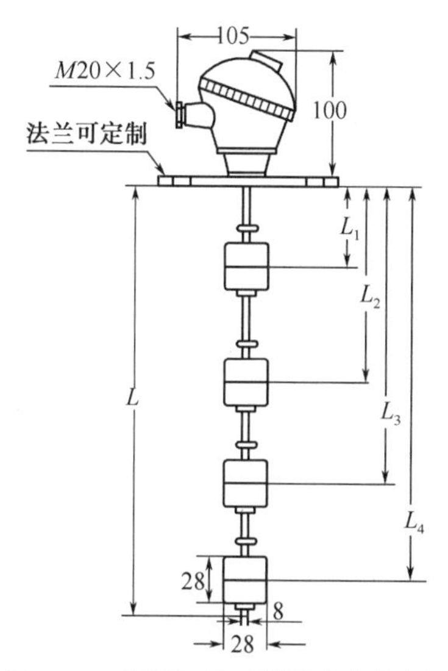

图 3-2　4 个浮标的干簧管水位控制器

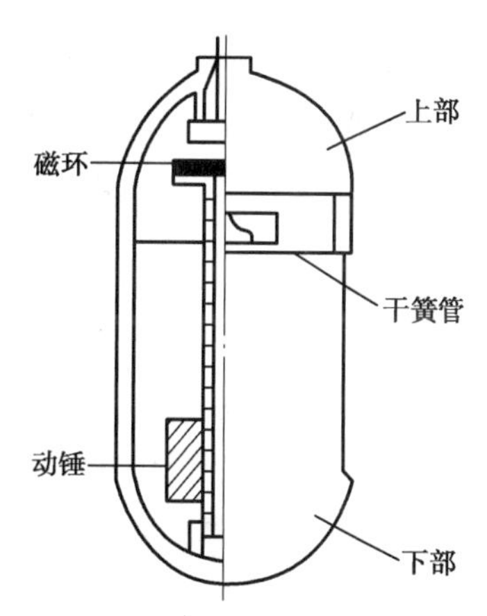

图 3-3　浮球磁性开关结构示意

浮球磁性开关安装示意如图 3-4 所示。当液位在下限时，浮球正置（如图 3-3 所示位置），动锤依靠自重位于浮球下部，因此干簧管触点处于断开状态。

在液位开始上升时，由于动锤在下部，浮球重心在下基本保持正置状态不变，当液位接近上限时由于浮球被支点和导线拉住，浮球因液位持续上升而开始逐渐倾斜，当液位越过浮球水平测量位置时，浮球内动锤因自重下滑，浮球重心在上部而迅速翻转成倒置，同时，干簧管触点吸合，发出液位上限信号。

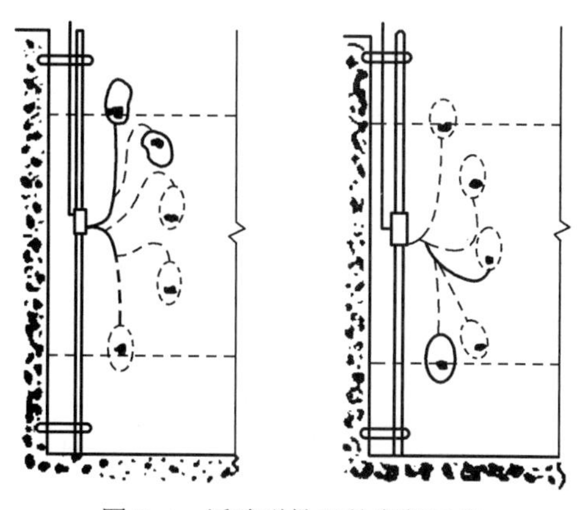

图 3-4　浮球磁性开关安装示意

在液位下降过程中，浮球在上部液位时，基本保持倒置状态不变。当液位接近下限时由于浮球被支点和导线拉住，浮球因液位持续下降而开始逐渐向正置方向倾斜，当液位越过浮球水平测量位置时，浮球内动锤因自重又

迅速向下部滑动，使浮球翻转成正置，同时干簧管触点断开。

调节支点的位置和导线的长度就可以调节液位的控制范围。同样，采用多个浮球开关分别设置在不同的液位上，可各自给出液位信号，从而对多个液位进行控制和监视。

3．电极式水位控制器

电极式水位控制器由液位检测电极和控制器两部分组成，属于电阻式测量仪表，利用水的导电性，当水接触电极时产生电阻突变来测量水位。图 3-5 所示为三电极式水位控制器原理。当水位低于 DJ2 以下时，DJ2 和 DJ3 之间不导电，三极管 VT2 截止，VT1 饱和导通，灵敏继电器 KE 吸合，其触点使线柱 2-3 发出低水位信号。当水位上升使 DJ2 和 DJ3 导通时，因线柱 5-7 不通，VT2 继续截止，VT1 继续导通；当水位上升到使 DJ1、DJ2 和 DJ3 均导通时，线柱 5-7 接通，VT2 饱和导通，VT1 截止，KE 释放，发出高水位信号。

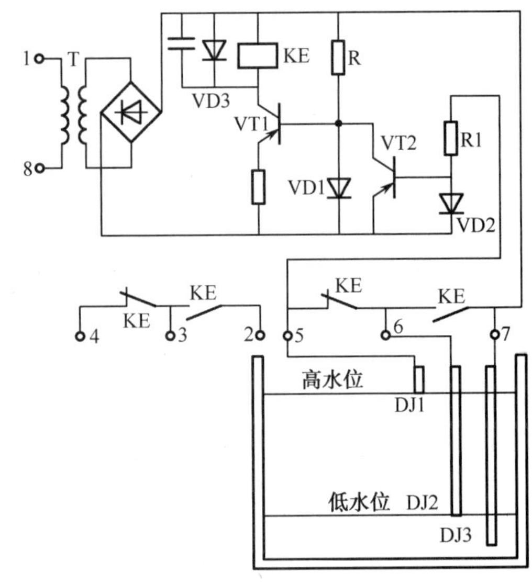

图 3-5　三电极式水位控制器原理图

电极式水位控制器分一体型和分体型两种安装形式。一体型是将控制器的电路板装入液位检测电极的接线盒内，组成一体结构；分体型是控制器与检测电极分开安装，有控制箱内轨道安装和控制盘面板安装两种形式。根据工艺要求不同，液位检测电极可为一根、两根、三根和四根，以实现不同的功能。在给排水系统中，三根电极最常用，可以实现自动控制给水和排水；四根电极则是在高、低水位控制的基础上增加了上限报警或下限报警功能，防止水位超高溢流或过低空泵运行。

4．压力式水位控制器

水箱、水池的液位也可以通过电接点压力表来检测，水位高时压力也高，水位低时压力也低。电接点压力表示意如 3-6 所示，既可作为压力控制又可作为就地检测之用。它由弹簧管、传动放大机构、刻度盘指针和电触点装置等构成。当被测介质进入弹簧管时，弹簧产生位移，经传动机构放大后，使指针绕固定轴发生转动，转动的角度与弹簧管中的压力成正比，并在刻度上指示出来，同时带动电触点指针动作。在低水位时，指针与下限整定值触点接通，发出低水位信号；在高水位时，指针与上限整定值触点接通；在水位处于高低水位整定值之间时，指针与上下限触点均不接通。如将电接点压力表安装在供水管网中，可以通过反应管网供水压力而发出开泵和停泵信号。

5．超声波液位控制器

在水位控制的实际应用中，有时不仅要求控制器件就地发出信号，还要求水位能远距离地实时显示和控制。例如，在消防控制中心，希望实时显示消防水箱、水池的液位。这类应用常通过非接触式的水位控制器来实现，超声波液位控制器就是典型的一种，如图 3-7 所示。

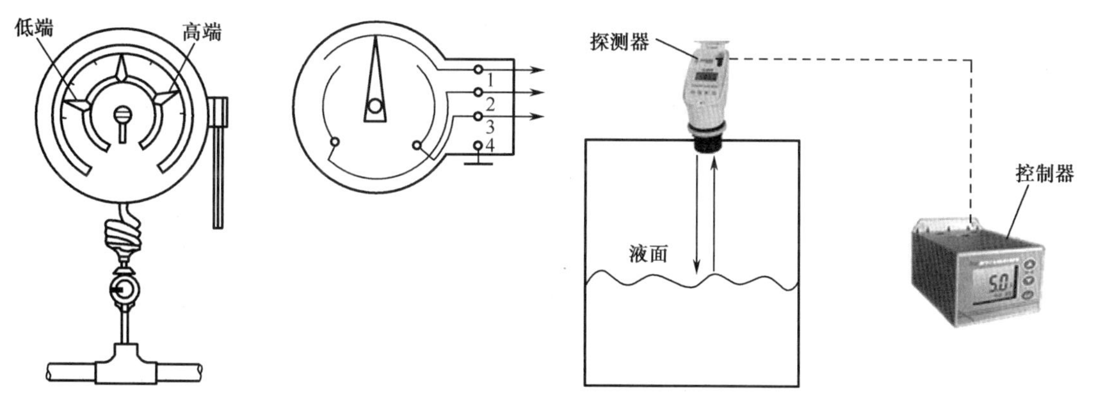

图 3-6　电接点压力表示意　　图 3-7　超声波液位控制器的工作原理示意

超声波液位控制器由探测器和控制器组成。探测器在微处理器的控制下，发射高频超声波脉冲并接收液面反射回来的超声波，控制器接收探测器信号，根据超声波在空气中的传播时间来计算出探测器与被测物之间的距离。控制器 LCD 液晶面板可实时显示液位高度，并可通过继电器输出高、低液位和报警液位等信号。超声波液位控制器有应用范围广、工作稳定可靠、测量精度高等诸多优点，但价格较高。

3.1.2　生活水泵的运行与控制方式

当市政直接供水压力不能满足使用要求时，需在生活给水系统中设置加压水泵。在工业与民用建筑中的加压给水系统，有设高位水箱方式、气压给水方式和变频调速恒压供水方式等。

1. 设高位水箱方式水泵的运行与控制

图 3-8 所示为设高位水箱的生活给水系统示意，给水系统依靠高位水箱内水的重力作用保证供水压力在正常范围内，在水池和高位水箱中均安装有液位控制器。两台水泵为一用一备或自动轮换运行。当高位水箱中液位降低至设定水位时，液位控制器发出启泵信号至水泵控制柜，水泵启动向水箱补水，当水箱中液位升高至设定水位时，液位控制器发出停泵信号至水泵控制柜，水泵停止运行。水池内安装液位控制器用于监测其液位，当液位过低时水泵停止运行，以避免水泵空转。

2. 气压给水方式水泵的运行与控制

气压给水设备是局部升压设备，如图 3-9 所示，由水泵将水压入密闭的钢质气压罐内，靠气压罐内被压缩的空气产生的压力来保证正常供水压力。随着水量的消耗，罐内压力逐渐降低，当压力下降到设定的最小工作压力时，电接点压力表向控制箱发出启泵信号，水泵启动向管网和气压罐内补水。当罐内压力上升到设定的最大工作压力时，电接点压力表将发出停泵信号，水泵停止工作，如此往复循环。作为水源的水池内安装液位控制器，用于监测其液位，当液位过低时水泵停止运行，以避免水泵空转。

气压罐内的空气与水直接接触，在运行过程中，空气由于损失和溶解于水而减少，当罐内空气不足时，经呼吸阀自动吸入补充空气。

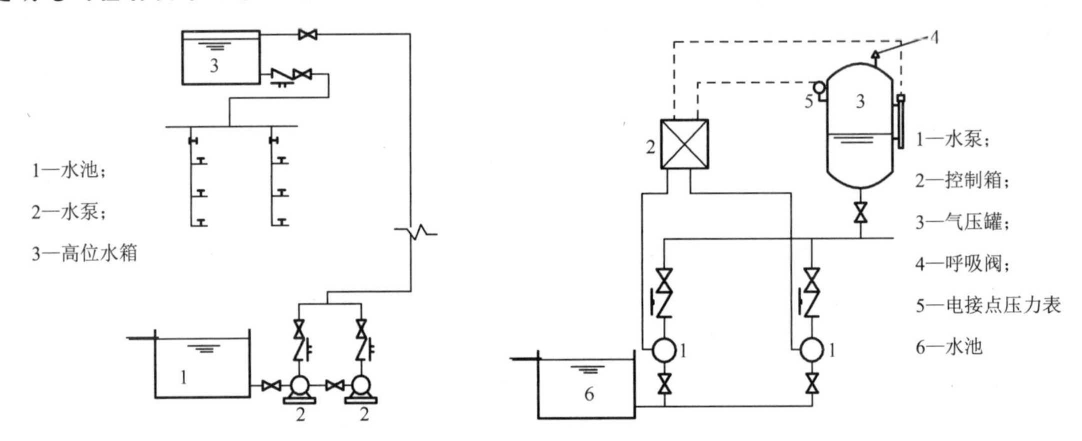

图 3-8　设高位水箱的生活给水系统　　　　图 3-9　气压给水的生活给水系统

3．变频调速恒压供水水泵的运行与控制

变频调速恒压供水设备由水泵机组、管路系统、膨胀罐（根据需要设置）、压力变送器、控制柜等组成。图 3-10（a）为某变频调速恒压供水设备实物图，其系统原理如图 3-10（b）所示。

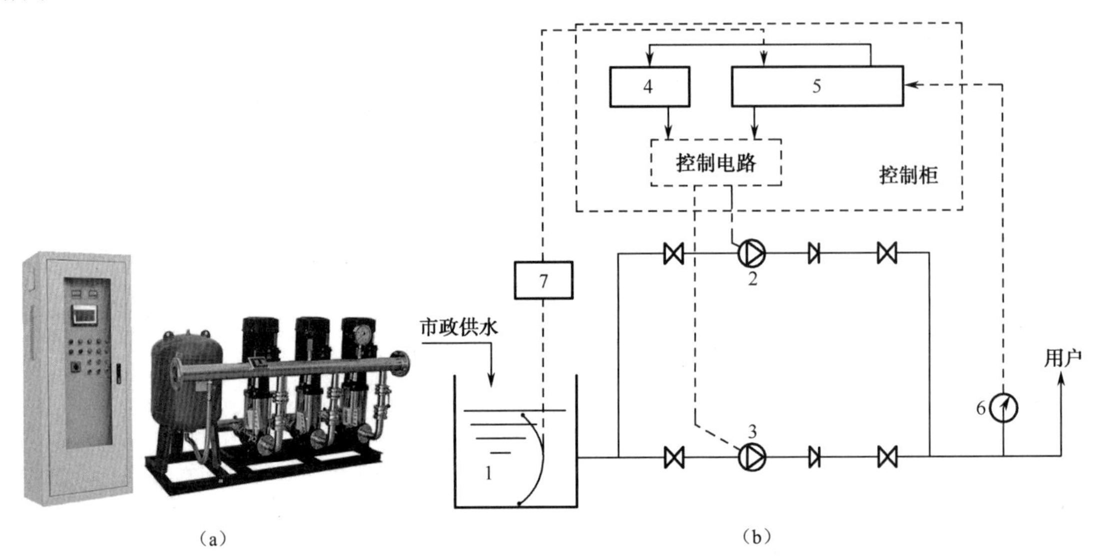

1—水源；2—主用泵；3—备用泵；4—变频器；5—PLC；6—压力变送器；7—液位信号器

图 3-10　变频调速恒压供水设备实物图及系统原理图

控制柜内设置可编程控制器（PLC）、变频器及控制电路，与管路系统上设置的压力传送器组成了闭环供水控制系统，是供水系统控制的核心器件。系统正常工作时，供水管路上的压力变送器对供水压力进行实时采样，并将压力信号反馈至 PLC。PLC 将管网压力与设定的目标压力值进行比较和运算，给出频率调节信号和水泵启、停信号送至变频器，变频器据此调节水泵电动机电源的频率，以调节水泵的转速，自动控制水泵的供水量，使供水量与不断变化的用水量相互匹配，从而实现变量恒压供水的目的。同样，水池内需安装液位控制器，当液位过低时水泵停止运行。

3.1.3　生活水泵的典型控制电路

不同的建筑对供水的要求不同，系统中水泵的数量和运行方式也不同，有单台、一用一备、多用一备等方式。为了避免多台水泵中的某一台长期不工作而锈蚀卡死，有多台水泵时可采用自动轮换的控制方式。根据电源和供电线路情况，水泵的启动方式可为全压启动或降压启动。针对水泵不同的运行方式和启动方式有不同的控制电路，下面介绍一些典型的生活水泵控制电路。

1. 两台生活水泵一用一备全压启动控制

两台生活水泵一用一备全压启动控制电路如图 3-11 和图 3-12 所示。图中，X*n*:*m* 为接线端子编号，如 X1:3 表示 1 号端子排的 3 号端子，后文中均相同，不再赘述。

1）手动控制

选择开关 SAC 置于“手动”位置，其 1-2、3-4 触点与控制电源接通，其余各对触点均悬空断开。以控制 1#水泵为例，按下启动按钮 SF1，QAC1 线圈得电，其常开辅助触点闭合形成自保持，QAC1 主触点闭合，1#水泵启动，运行指示灯 PGG1 亮。同时，KA1 得电，其触点动作，停泵指示灯 PGR1 灭。若按下 SF1 而 QAC1 未动作，则启泵失败，QAC1 各触点保持原态，PGR1 和 PGY1 保持点亮，指示故障。在 1#水泵运行过程中按下停泵按钮 SS1，QAC1 线圈失电，其主触点释放，水泵停止运行，同时，KA1 各触点复位，停泵指示灯亮。

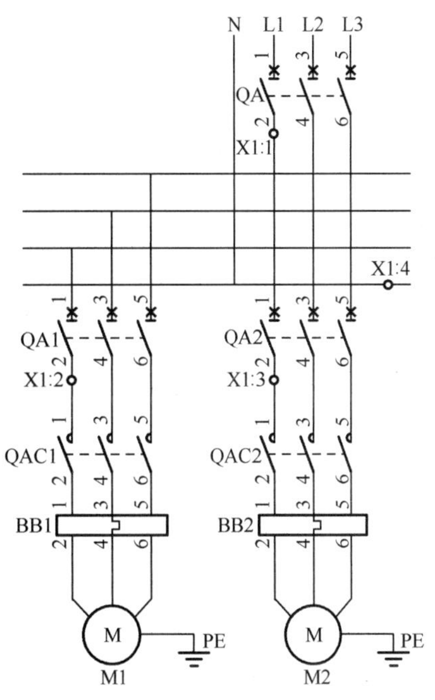

图 3-11　两台水泵全压启动主电路

2）自动控制

以 2#水泵主用、1#水泵备用为例，SAC 置于“用 2#备 1#”位置，其 11-12、13-14 触点与电路接通，其余各对触点均悬空断开。

当高位水箱内液位下降到设定低水位时，液位控制器的常开触点 BL2 闭合，中间继电器 KA4 得电并自保持。在 2#水泵控制回路中，触点 KA4 闭合使主接触器 QAC2 通电，QAC2 主触点闭合，2#水泵启动，运行指示灯 PGG2 亮。同时，KA2 得电，其触点动作，停泵指示灯 PGR2 灭。在 1#水泵控制回路中，QAC2 的常闭辅助触点也同时断开，因此，时间继电器 KF1 不能得电，1#水泵将不会随后启动。

当高位水箱内液位上升到设定高水位时，液位控制器的常闭触点 BL1 断开，KA4 线圈失电释放，其在 2#水泵控制回路中的常开触点复位断开，使主接触器 QAC2 失电，2#水泵停止运行。同时，KA2 失电，其常闭触点复位，停泵指示灯 PGR2 亮。

若高位水箱内液位控制器的常开触点 BL2 闭合经中间继电器 KA4 发出启泵指令而

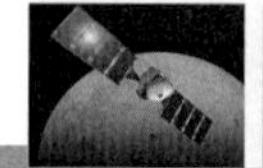

QAC2 拒绝动作，KA2 将保持原状态，使 PGY2 点亮指示故障。另一方面，在 1#水泵控制回路中的 QAC2 常闭辅助触点将保持闭合，时间继电器 KF1 得电，经短暂延时，其常开触点闭合，使 1#水泵作为备用水泵投入运行。

3）BAS 控制

在设有建筑物设备监控系统（BAS）时，生活水泵宜纳入 BAS 的监控范围。BAS 直接数字控制器（DDC）提供控制触点 K，由于 DDC 的触点容量小、耐压等级不高，需经 24 V 中间继电器 KA6 发出启、停泵指令。KA6 与 KA4 的常开触点在水泵控制回路中相互并联，起着相同的作用。泵的状态通过 KA1、KA2 的常开触点经 DDC 返回至 BAS 控制室，选择开关的位置则以其自身触点 9-10、15-16 作为返回信号。

4）水池过低液位控制

上述控制过程均未考虑出现水池液位过低的情况。当作为水源的水池液位过低时，水泵已不能从中吸水，为了避免空转，应停泵并报警。图 3-12 中，水池液位控制器 BL3 在水位过低时将闭合，PGY3 亮给出灯光指示，同时，KA3 得电，其常开触点闭合，使电铃 PB 通电并发出声音报警，告知水池液位已过低。

5）水泵的故障保护与报警

在两台水泵的启动回路中，主接触器前分别串接热继电器 BB1 和 BB2 的常闭触点，热继电器通常采用缺相保护型。在水泵运行中，若出现缺相、过负荷等故障，热继电器动作，直接断开主接触器线圈，使水泵停止运行以免损坏。若两台水泵均出现故障，则 QAC1、QAC2 均不动作，它们在第 7 回路的常闭辅助触点同时保持闭合，电铃 PB 接通电源发出故障报警声响。

6）解除音响及试铃

检修人员在电铃报警后到达现场，可按下音响解除按钮 SR，中间继电器 KA5 得电并通过常开触点闭锁，其在故障报警回路中的常闭触点动作，电铃电源被断开而停响。

水泵控制柜初次投用或检修后，按下试铃按钮 ST 接通电铃电源，电铃应发出报警声响，松开按钮后它将自动复位断开电铃电源，电铃应停响，以此检验声音报警回路是否完好。

2．两台生活水泵一用一备电动机控制器控制

随着 PLC 在机电控制领域的普及应用，国内外许多厂家开发出了各类功能强大的电动机控制器（EMC），图 3-13 为 YDM4 型智能电动机控制器实物，控制器本体安装于控制柜内，显示操作盘安装在控制柜面板上。这类控制器融合了网络通信技术和分布式智能技术，集全面的电动机智能保护、综合电量测量、现场和远方启停操作控制、运行状态监控、故障记录及网络通信于一体，可方便地进行参数设定。通过 RS-485 接口支持多种通信协议，能与多种微机工控组态软件实现网络通信。应用 EMC 可大大简化传统的继电器逻辑控制回路，提高控制回路的可靠性，降低二次回路接线安装和维护的成本，是未来电动机控制的发展方向。

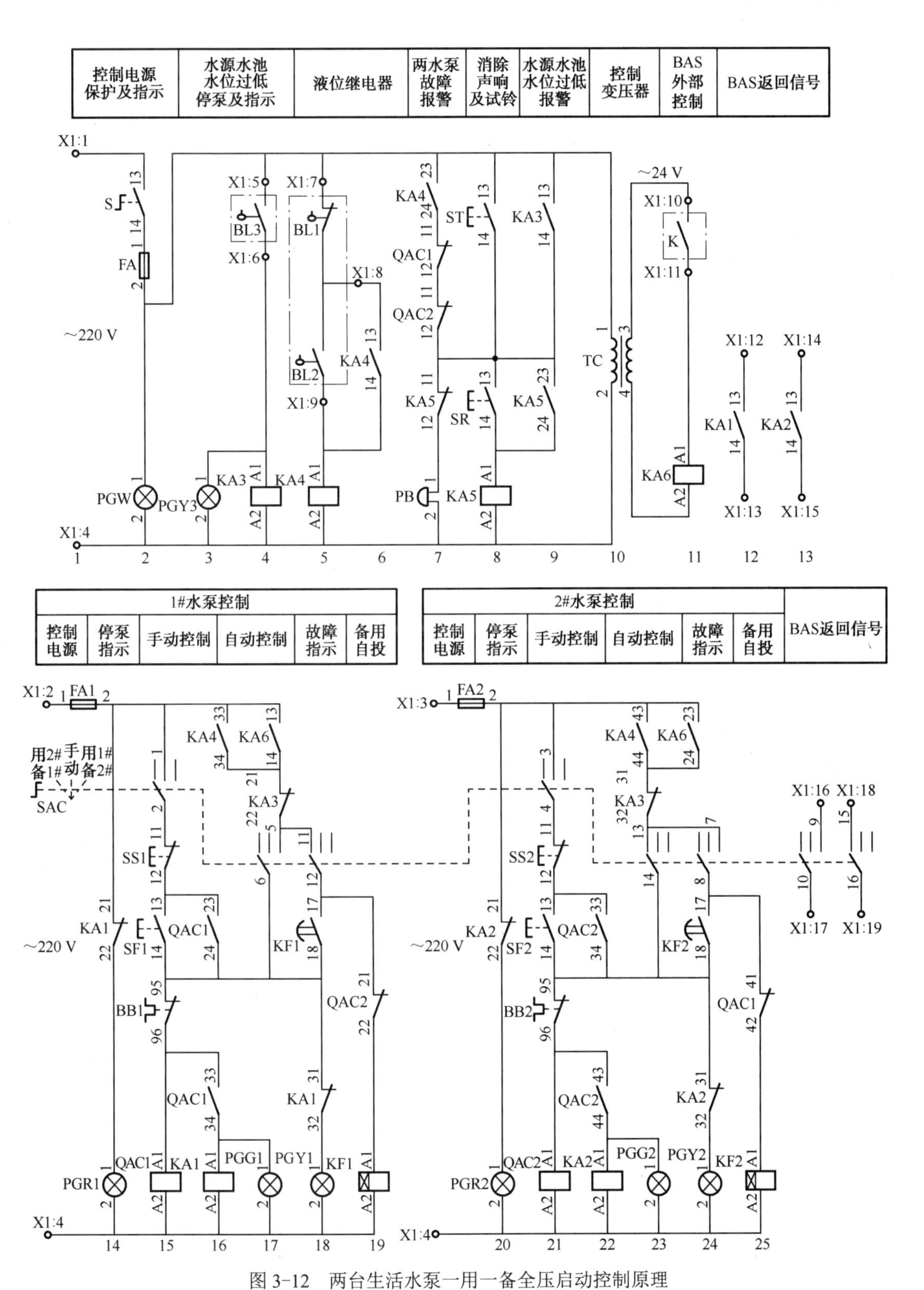

图 3-12　两台生活水泵一用一备全压启动控制原理

图 3-14 为用于两台电动机的电动机控制器端子功能图，框内为内部电路。框内触点符号为内部继电器常开输出触点，框外触点符号为外部无源输入触点。两台生活水泵一用一备电动机控制器控制电路如图 3-15 和图 3-16 所示。在两台电动机各自的主电路中，需安装电动机控制器配套提供的高精度采样传感器 RUS1 和 RUS2，其输出作为 EMC 的采样电压输入。EMC 的工作电源由～220 V/15（9）V 控制变压器提供。控制回路设置选择开关，有三个控制位置，手动、零位和自动，当置于零位时，水泵被禁止操作。

图 3-13　YDM4 型智能电动机控制器

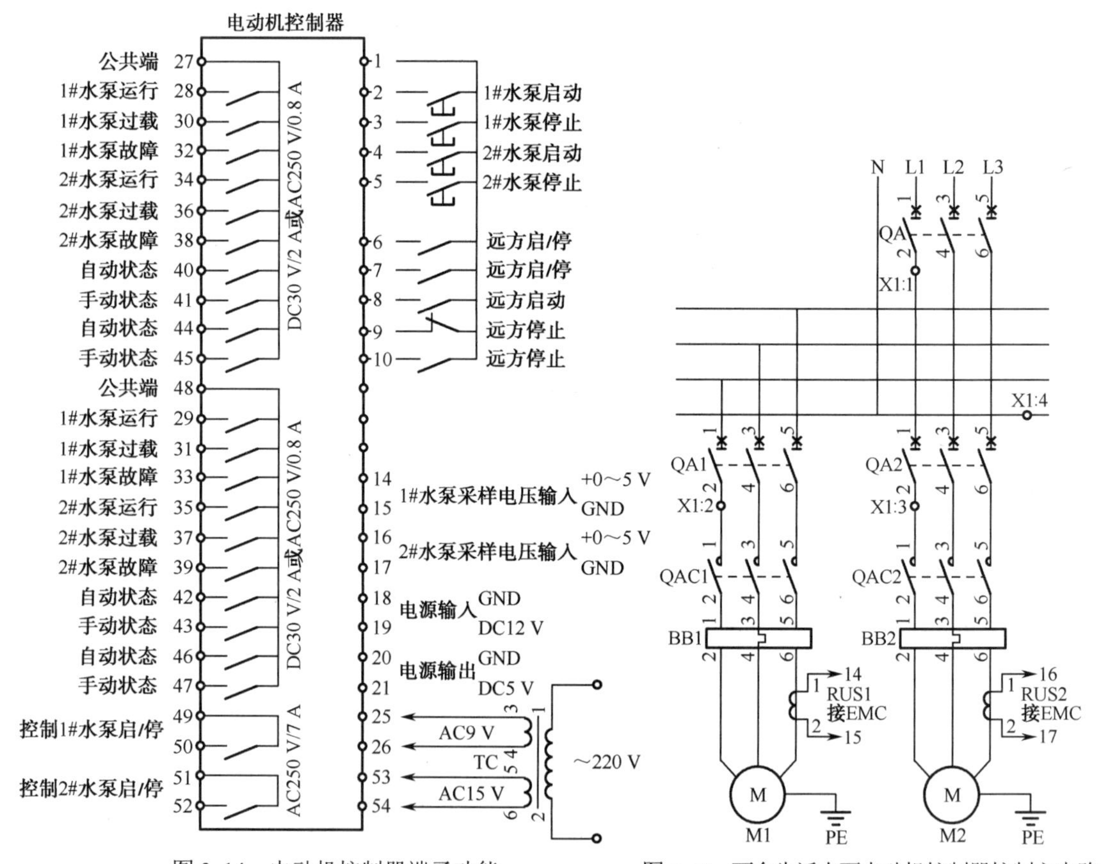

图 3-14　电动机控制器端子功能　　图 3-15　两台生活水泵电动机控制器控制主电路

1）手动控制

选择开关 SAC 置于“手动”位置，其 1-2、5-6 触点与控制电源接通，其余各对触点均悬空断开。此时，可通过启动按钮 SF1、SF2 和停止按钮 SS1、SS2 对水泵进行手动控制。

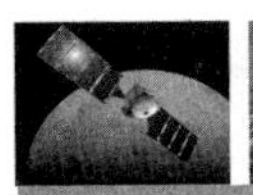

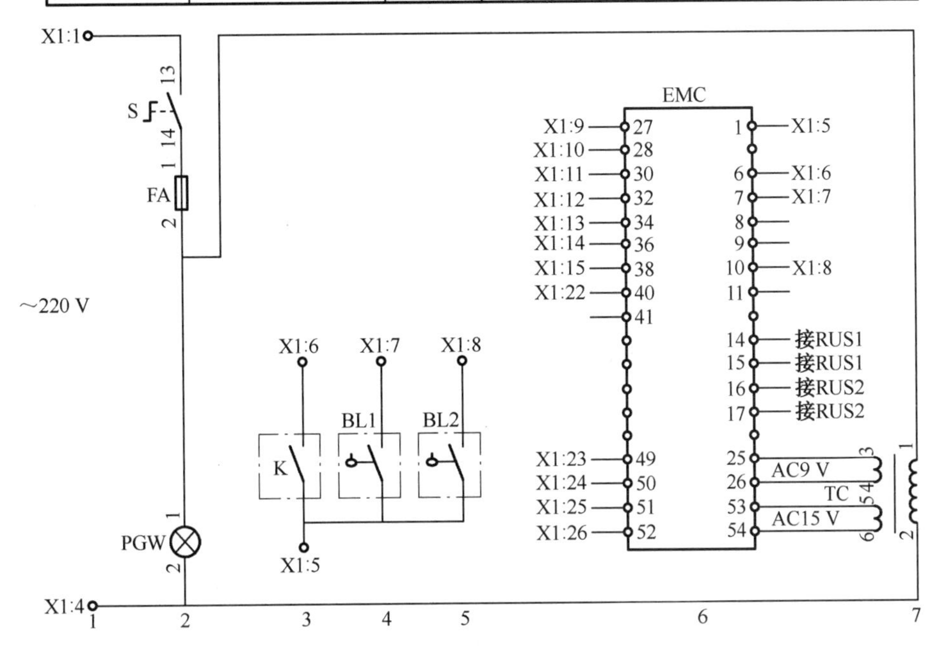

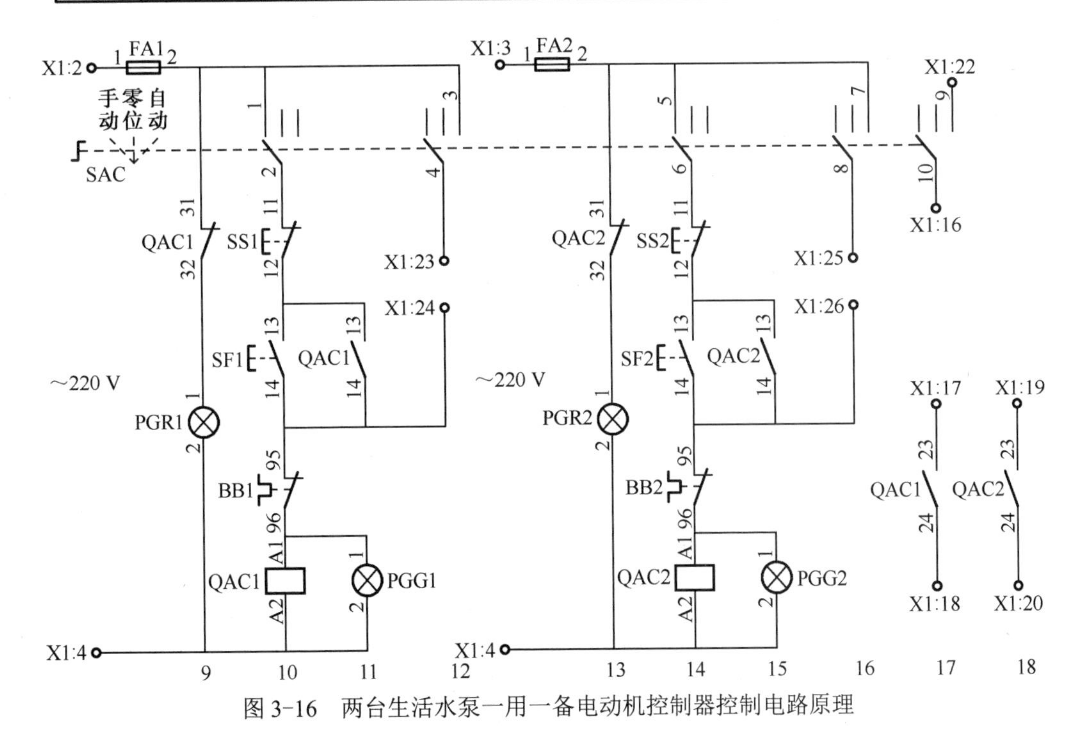

图 3-16　两台生活水泵一用一备电动机控制器控制电路原理

2）自动控制

选择开关 SAC 置于“自动”位置，其 3-4、7-8 触点与控制电源接通，1-2、5-6 触点悬空断开，此时，两台电动机就由 EMC 设定的程序自动控制了。两台水泵的主用、备用状态由 EMC 设定并可改变，现设 1#水泵为主用，2#水泵为备用。

当高位水箱内液位下降至设定低水位时，液位控制器的 BL1 常开触点闭合，此启泵信号接至 EMC 的第 7 号输入端子（远方启/停），EMC 接收启泵指令，内部继电器闭合经 49-50 号端子输出，接通 X1:23 和 X1:24 端子，QAC1 得电，于是 1#水泵启动，1#水泵运行指示灯亮，停泵指示灯灭。

当高位水箱内液位上升至设定高水位时，在传统继电器逻辑控制回路中，需由液位信号器给出停泵信号。在采用 EMC 控制时，可不需此停泵信号。因为水泵选定后其流量也确定了，水箱内高、低水位间的容积也是一定的，可方便地计算出水泵一次运行需要的时间，EMC 内部的时钟电路可方便地设定此时间，从而精确控制水泵在规定时刻停泵。当然，在有些应用场合无法确定运行时间时，则需要有停泵信号，将其接至 EMC 的“远方停止”端子即可。

若 EMC 接到启泵指令而 1#水泵并未启动（即未检测到 RUS1 有采样信号输出），它将立即启动备用水泵投入程序，内部继电器闭合经 51-52 号端子输出，接通 X1:25 和 X1:26 端子，QAC2 得电，2#水泵备用投入运行。

3）BAS 控制

BAS 控制触点 K 接至 EMC 的第 6 号输入端子（远方启/停），EMC 将根据触点 K 的闭合、断开来启动或停止水泵。EMC 的 27-40 号端子输出水泵的运行状态，作为 BAS 返回信号。

4）水池液位过低时的控制

水池液位控制器常开触点 BL2 接至 EMC 的第 10 号远方停止端子，在水位过低时 BL2 闭合，EMC 内部继电器触点 49-50、51-52 断开，水泵停止运行。

5）水泵的故障保护与报警

热继电器 BB1 和 BB2 起缺相、过负荷故障保护作用。MEC 通过采样传感器实时采集电动机运行电量参数，与给定的电流值做比较运算，从而判断电动机是否过负荷，并在过负荷时做出停泵响应。通常，可将 EMC 的过负荷整定值设定得比热继电器整定值要高一点，作为热继电器的后备保护。运行中热继电器动作跳闸或是控制回路故障，都表现为启泵信号存在而水泵未动作（即采样传感器无输出），EMC 可据此判断为故障并在显示盘上显示故障信息，蜂鸣器发出故障报警声响。

3. 两台生活水泵自动轮换控制

两台生活水泵自动轮换控制主电路同图 3-11，控制电路原理如图 3-17 所示。控制回路设置选择开关，有三个控制位置，手动、零位和自动，当置于零位时，水泵被禁止操作。该电路的手动控制、水池液位过低控制和水泵的故障保护与报警工作过程，与两台水泵一用一备全压启动控制电路相同，下面仅分析其自动轮换工作原理。将选择开关 SAC 置于“自动”位置，其 3-4、7-8 触点与控制电源接通，1-2、5-6 触点悬空断开。

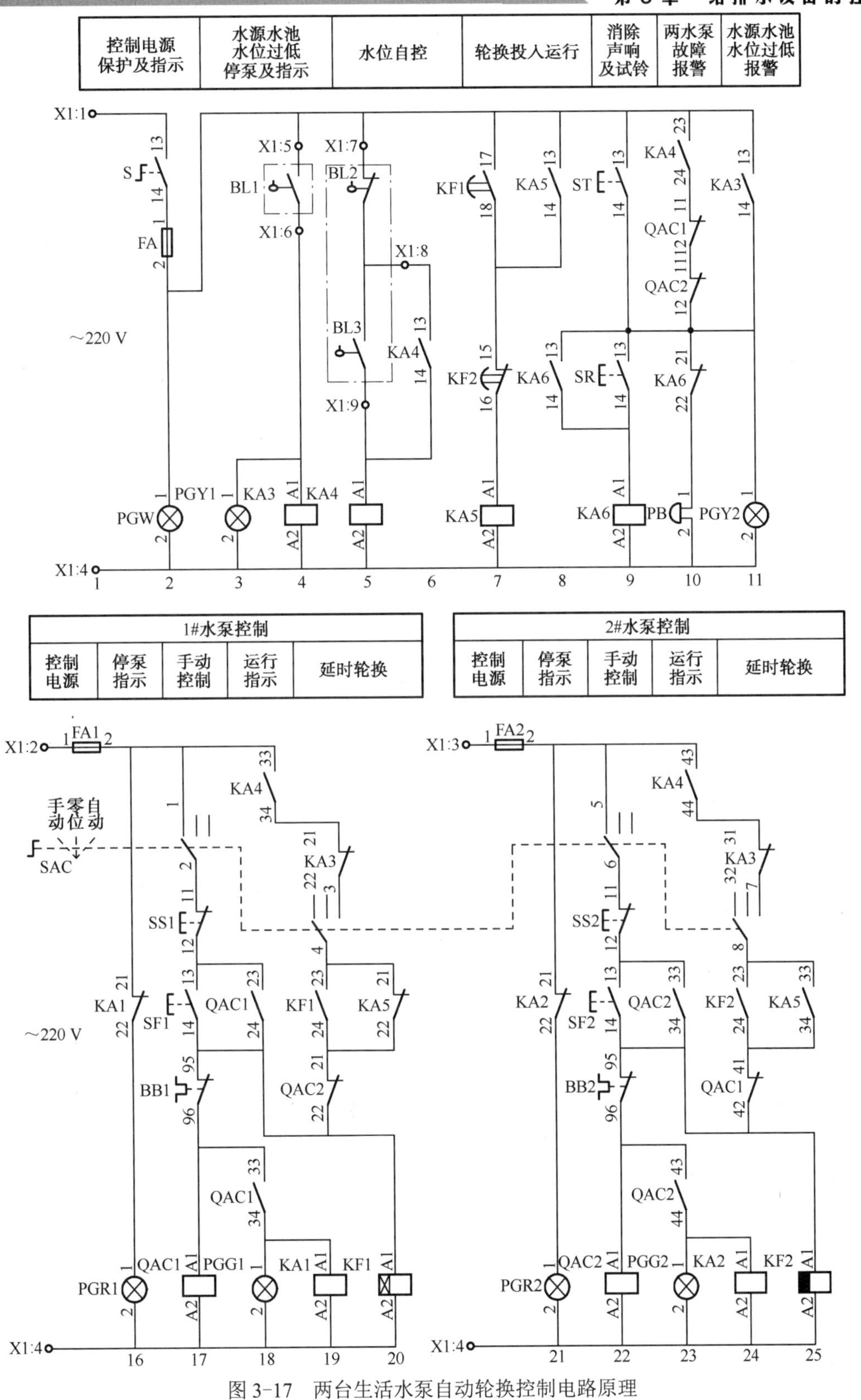

图3-17　两台生活水泵自动轮换控制电路原理

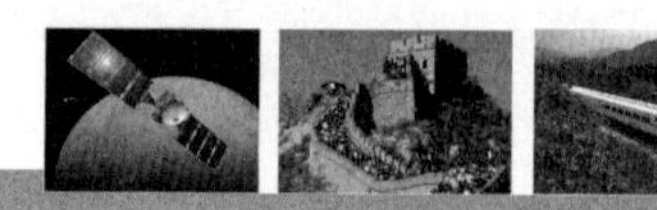

1）初次投入

当高位水箱内液位下降到设定低水位时，液位控制器的常开触点 BL2 闭合，中间继电器 KA4 得电并自保持。在 1#水泵控制回路中，触点 KA4 闭合使主接触器 QAC1 通电，QAC1 主触点闭合，1#水泵启动，运行指示灯 PGG1 亮。同时，KA1 得电，其触点动作，停泵指示灯 PGR1 灭。

在 2#水泵延时轮换控制回路中，QAC1 的常闭辅助触点断开，2#水泵将不会被同时启动。同理，在 1#水泵的延时轮换控制回路中，串接了 QAC2 的常闭辅助触点，保证当 2#水泵启动时 1#水泵不会被同时启动。由此形成电气联锁，保证同一时刻只能投入一台水泵。

在 1#水泵投入运行的同时，时间继电器 KF1 得电，通过其常开触点形成自保持，经短暂延时后，其在第 7 回路中的延时动合触点闭合，KA5 得电并自保持，在第 20 回路中的 KA5 常闭触点断开，但此时 KF1 自保持闭合，1#水泵继续运行。

当高位水箱内液位上升到设定高水位时，液位控制器的常闭触点 BL1 断开，KA4 线圈失电释放，其在 1#水泵控制回路中的常开触点断开使主接触器 QAC1 失电，1#水泵停止运行，指示灯 PGR1 亮。同时，KF1 失电复位，而 KA5 因自保持而继续通电，在第 25 回路中的 KA5 常开触点保持闭合，为再次投入时优先启动 2#水泵做好了准备。

2）再次投入

当高位水箱内液位再次下降到设定低水位时，中间继电器 KA4 得电并自保持。由于在第 20 回路中的 KA5 常闭触点处在断开状态，1#水泵不被启动，而第 25 回路中的 KA5 常开触点处在闭合状态，2#水泵被启动，指示灯 PGG2 亮、PGR1 灭。

在 2#水泵投入运行的同时，时间继电器 KF2 得电，通过其常开触点形成自保持，经短暂延时后，其在第 7 回路中的延时动断触点断开，KA5 失电释放，在第 25 回路中的 KA5 常开触点复原，但此时 KF2 自保持闭合，2#水泵继续运行。

当高位水箱内液位再次上升到设定高水位时，液位控制器的常闭触点 BL1 断开，KA4 线圈失电释放，QAC2 失电，2#水泵停止运行，指示灯 PGR2 亮。同时，KF2 失电复位。至此，各控制元件均复位，恢复至初次投入前的状态，为新一轮的投入做好了准备。如此自动轮换，值得一提的是，本控制电路是具有两台水泵互为备用功能的。例如，在 1#水泵启动或运行过程中产生故障，QAC1 将复位，其在 2#水泵控制回路中的常闭触点复位闭合，QAC2 得电，使 2#水泵备用投入运行。

4. 两台生活水泵一用一备星-三角形降压启动控制

两台生活水泵一用一备星-三角形（Y/△）降压启动控制电路如图 3-18～图 3-20 所示。两台水泵的控制回路均单独设置选择开关，可分别选择自己的工作状态。

1）手动控制

以控制 1#水泵为例。选择开关 SAC1 置于“手动”位置，其 11-12 触点与控制电源接通，其余各对触点均悬空断开。按下启动按钮 SF1，QAC3 线圈得电，其主触点闭合使电动机定子绕组接成 Y 形，其常开辅助触点闭合，启动指示灯 PG1 亮。同时，QAC1 得电且通过常开触点形成自保持，于是，电动机接通电源开始启动，停泵指示灯 PGR1 灭。由于定子绕组为 Y 形连接，故每相绕组上所加电压只为全压时的$1/\sqrt{3}$。同时，时间继电器 KF1 得电。

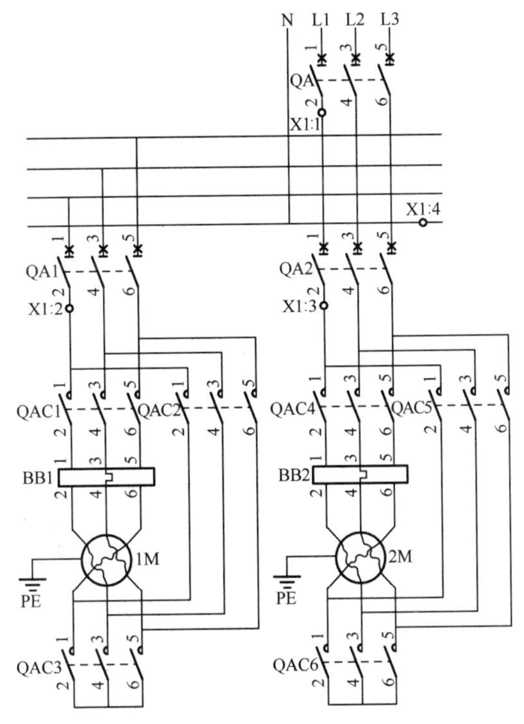

图3-18 两台水泵星-三角形降压启动主电路

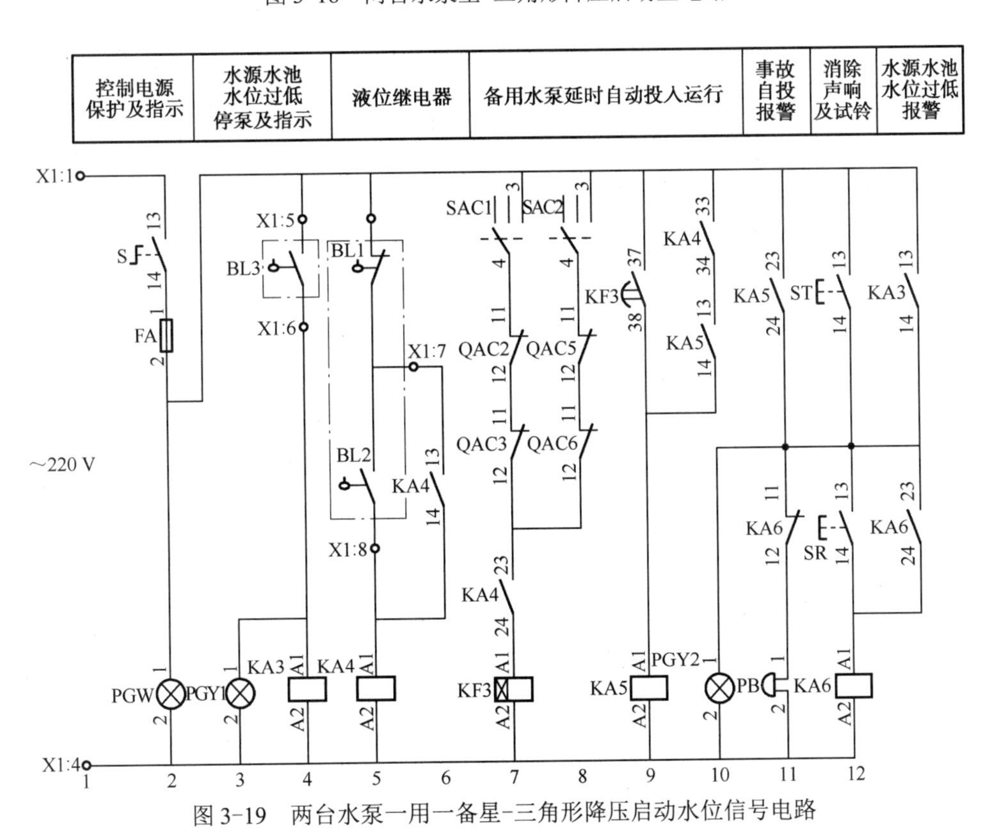

图3-19 两台水泵一用一备星-三角形降压启动水位信号电路

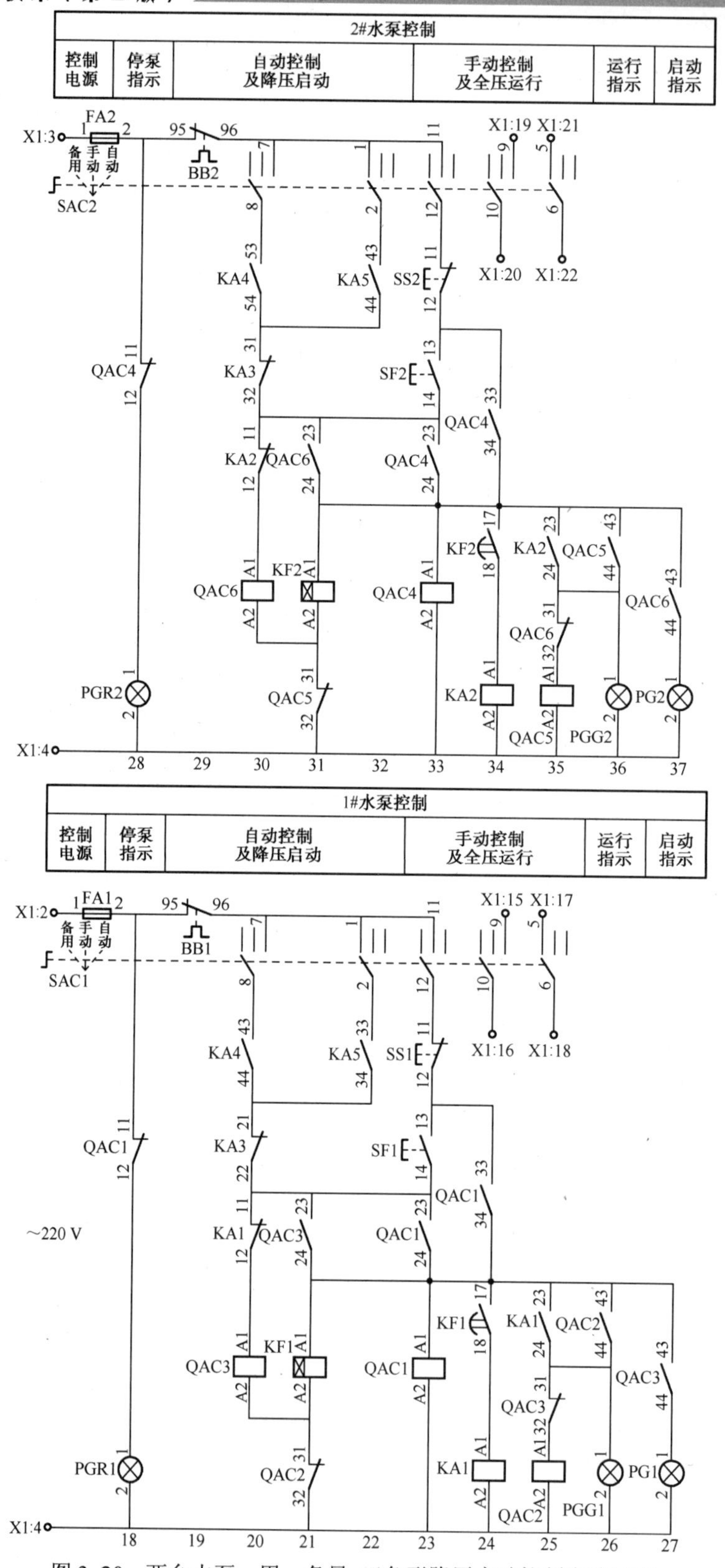

图 3-20　两台水泵一用一备星-三角形降压启动控制电路原理

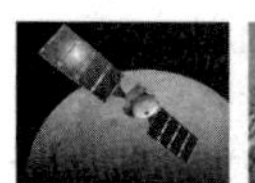

开始计时，延时结束时 KF1 动合触点闭合，KA1 得电，在第 20 回路中的 KA1 常闭触点断开，QAC3 失电释放，电动机退出 Y 形启动过程，PG1 灯灭。同时，在第 25 回路中的 KA1 常开触点闭合，QAC2 得电并与其常开触点成自保持，电动机定子绕组被转换连接成△形，水泵开始全压运行，运行指示灯 PGG1 亮。在 1#水泵运行过程中按下停泵按钮 SS1，QAC1 线圈失电释放，水泵停止运行，停泵指示灯 PGR1 亮。

2）一用一备自动控制

以 1#水泵自动、2#水泵备用为例。SAC1 置于“自动”位置，其 3-4、7-8 触点与控制电源接通，其余各对触点均悬空断开。SAC2 置于“备用”位置，其 1-2 触点与控制电源接通，其余各对触点均悬空断开。

当高位水箱内液位下降到设定低水位时，液位控制器的常开触点 BL2 闭合，中间继电器 KA4 得电并自保持。在第 20 控制回路中的触点 KA4 闭合使接触器 QAC3 线圈得电，后续动作过程与手动控制相同。

当高位水箱内液位上升到设定高水位时，液位控制器的常闭触点 BL1 断开，KA4 线圈失电释放，接触器 QAC1 失电，1#水泵停止运行，停泵指示灯 PGR1 亮。

若 1#水泵运行过程中热继电器动作跳闸或是控制回路故障导致启动失败，最终结果都表现为启泵信号存在而 QAC2 和 QAC3 未动作。因此，在第 7 控制回路中，若 KA4 闭合而 QAC2 和 QAC3 的常闭触点保持原状态，将使时间继电器 KF3 得电，经短暂延时，其在第 9 回路中的延时动合触点闭合，KA5 得电并与其常开触点闭锁，在第 32 回路中的 KA5 常开触点闭合，于是，2#水泵作为备用开始降压启动，另一方面，电铃 PB 通电并发出报警声响，指示灯 PGY2 亮，发出故障自投声光报警，提示工作人员对故障水泵进行检修。

本电路的水池液位过低保护、水泵故障的保护与报警、解除报警声响及试铃等功能与两台水泵一用一备全压启动控制电路相似，读者可自行分析。

5．两台生活水泵一用一备软启动控制

前述的 Y/△降压启动方式是笼型电动机传统的降压启动方式之一，另外还有自耦变压器降压启动等，这些启动方式都属于有级减压启动，存在启动过程中出现二次冲击电流、体积大、不节能等缺点。在需要降压启动且希望获得优良的启动特性的应用场合，可采用软启动器。

软启动器集电动机软启动、软停车和多种保护功能于一体，图 3-21 为某软启动器的实物图。软启动器采用三相反并联晶闸管作为调压器，将其接入电源和电动机定子之间，其基本原理就如同三相全控桥式整流电路，启动电动机时，使晶闸管的输出电压逐渐增加，电动机逐渐加速，直到晶闸管全导通，电动机工作在额定电压的机械特性上。因此，软启动可实现电动机的平滑启动，降低启动电流，获得优良的启动特性。待电动机达到额定转速时，启动过程结束，软启动器自动用旁路接触器取代已完成任务的晶闸管。软停车过程与软启动过程正好相反，晶闸管的导通角将逐渐减小，输出电压逐渐降为零，使电动机转速平滑地下降直至停止，避免了自由停车引起的机械冲击。

两台生活水泵一用一备软启动控制电路如图 3-22～图 3-24 所示。图中 QAS 为软启动器，其中 S1-S2、S21-S22 端子为可编程延时输出端，为常开或常闭触点无源输出，动作时间可由面板操作设定；S3-S4、S23-S24 为旁路输出端，为常开触点无源输出；S5-S6、S25-S26

为软启动输入端，接收外部指令，软启动器进入软启动/软停车工作程序。软启动器尚有其他功能的输入、输出端子，未被本电路使用故未示出。需要指出的是，不同厂家的软启动器，端子功能及与外部电路连接方法不尽相同，实际使用时应注意区分。

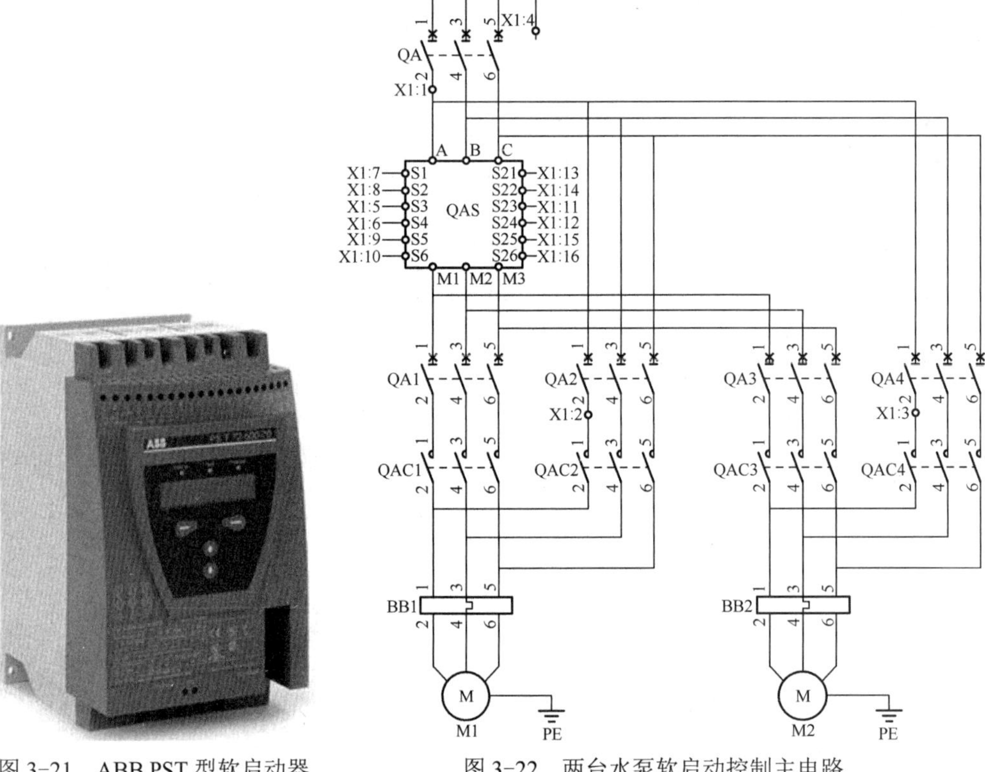

图 3-21　ABB PST 型软启动器　　　图 3-22　两台水泵软启动控制主电路

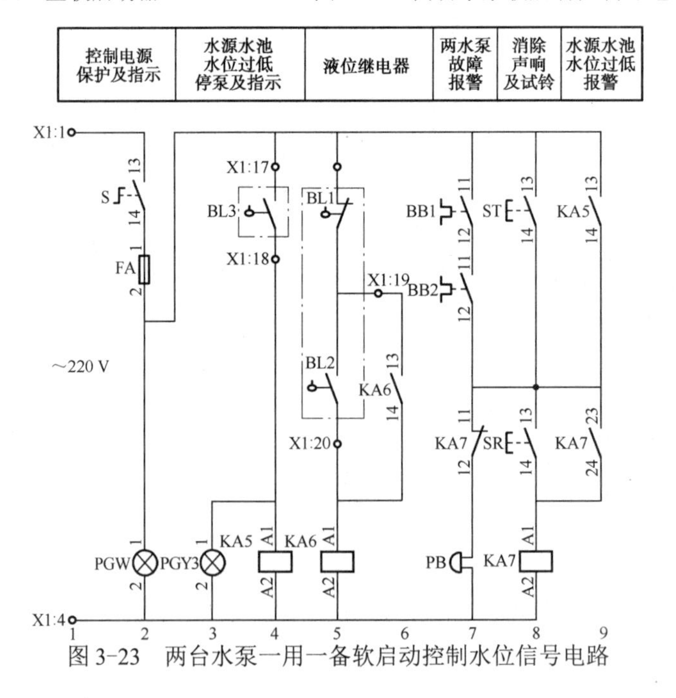

图 3-23　两台水泵一用一备软启动控制水位信号电路

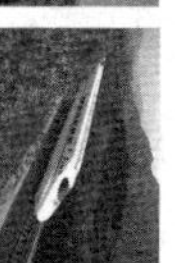

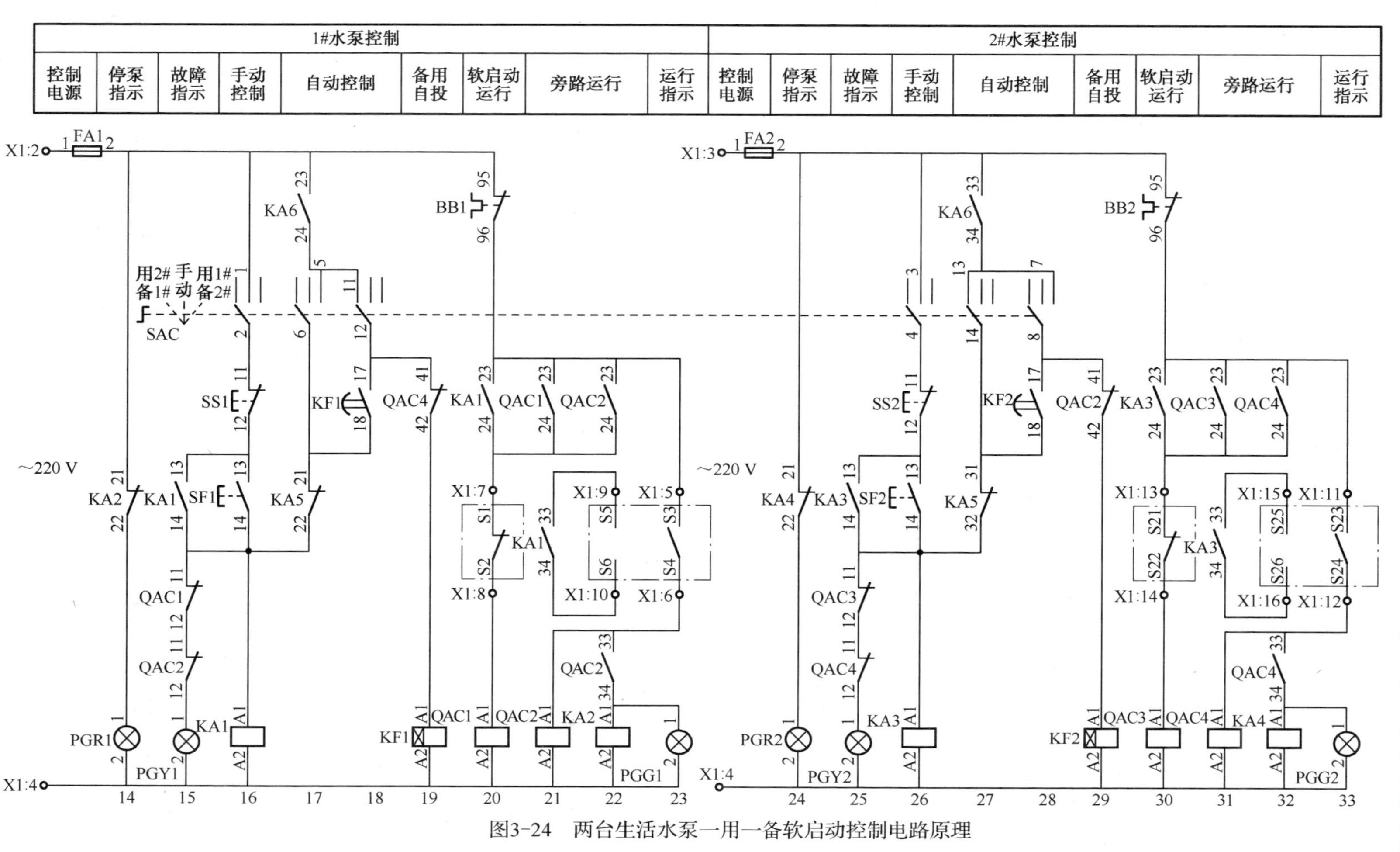

图3-24　两台生活水泵一用一备软启动控制电路原理

1）手动控制

以控制 1#水泵为例。选择开关 SAC 置于“手动”位置，其 1-2、3-4 触点与控制电源接通，其余各对触点均悬空断开。

按下启动按钮 SF1，中间继电器 KA1 得电且闭锁，其在第 20 回路和第 21 回路中的常开触点闭合，于是，QAC1 得电并闭锁，水泵与软启动器接通，软启动器接收 KA1 指令，开始以规定的特性对水泵做软启动。待电动机转速上升到额定值时，软启动器的延时输出触点 S1-S2 断开，QAC1 失电释放，软启动器的旁路输出触点 S3-S4 紧随其后闭合，QAC2 得电，于是软启动器被切出主电路，电动机改由旁路接触器 QAC2 供电全压运行，运行指示灯 PGG1 亮。同时，KA2 得电，其在第 14 回路的常开触点断开，停泵指示灯 PGR1 灭。若运行过程中热继电器 BB1 动作跳闸，或因控制回路故障水泵启动失败，则 QAC1、QAC2 将复位或不动作，在第 15 回路中的故障指示灯 PGY1 亮。

按下停止按钮 SS1，中间继电器 KA1 失电释放，软启动器 S5 S6 接收指令，进入软停车程序。软启动器的延时输出触点 S1-S2 将被复位而闭合，此时 QAC2 尚未复位，于是 QAC1 得电且自保持，电动机被重新接至软启动器，接着，软启动器将旁路输出触点 S3-S4 断开，QAC2 失电释放，解除旁路，水泵在软启动器控制下实现软停车。同时 KA2 失电，运行指示灯 PGG1 灭，停泵指示灯 PGR1 亮。

2）自动控制

以 1#水泵主用、2#水泵备用为例，SAC 置于“用 1#备 2#”位置，其 5-6、7-8 触点与电路接通，其余各对触点均悬空断开。

当高位水箱内液位下降到设定低水位时，液位控制器的常开触点 BL2 闭合，中间继电器 KA6 得电并自保持。在 1#水泵控制回路中，触点 KA6 闭合使中间继电器 KA1 得电且闭锁，后续动作过程与手动启泵过程相同。

需要说明的是，KA6 得电后，同时使第 29 回路中的时间继电器 KF2 得电开始计时，为备用自动投入运行做准备，而 KF2 的延时动作整定时间要比软启动完成时间长（KF1 也是如此），当旁路接触器 QAC2 动作时，将使尚在计时过程中的 KF2 失电，这样，第 28 回路中的 KF2 动合触点不会动作，避免了 2#水泵的错误投入。如果启动过程中 QAC2 因故障不动作，则 KF2 将随后完成延时而动作，KA3 得电，于是 2#水泵作为备用水泵软启动投入运行。同理，若运行过程中 1#水泵故障时热继电器 BB1 动作跳闸，则 QAC1、QAC2 被复位，2#水泵也将备用自动投入运行，同时第 15 回路中的故障指示灯 PGY1 亮。

当高位水箱内液位上升到设定高水位时，液位控制器的常闭触点 BL1 断开，KA6 线圈失电释放，KA1 复位，后续动作过程与手动停泵过程相同。

上述各电路均以设高位水箱的供水系统为例，其实，对采用气压给水方式的供水系统水泵来说，其运行与控制原理和前述电路是一致的。气压罐内的压力信号，其本质是反映罐内气液界面的高低。在控制电路中，只要以气压罐上、下限压力信号替代高位水箱上、下限液位信号即可。

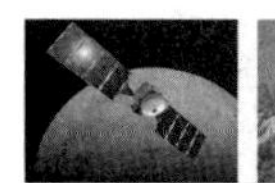

6. 生活水泵变频调速恒压供水控制

变频调速恒压供水系统中水泵的数量可以是单台或多台，这里以两台水泵为例说明其电路工作原理。图 3-25 为两台生活水泵一用一备变频调速恒压供水主电路图，图中 VVVF 为变频器，与其连接的水泵 M1 为主用变速水泵，M2 为备用定速水泵。

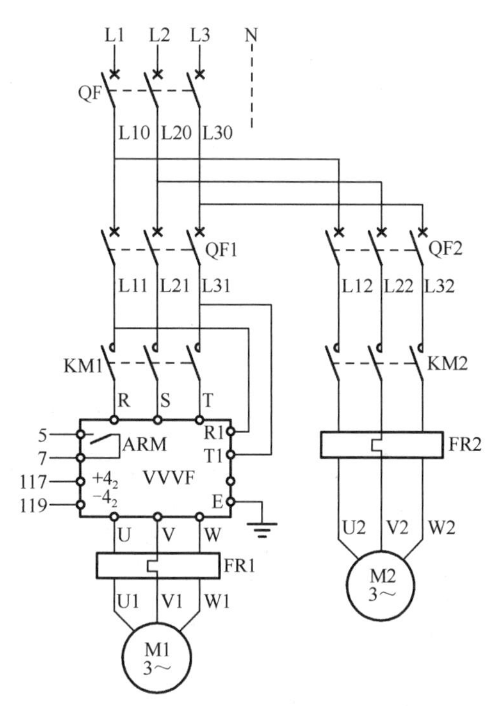

图 3-25 变频调速恒压供水生活水泵主电路

控制电路原理如图 3-26 所示，其中 KGS 为可编程控制器，管网压力变送器信号经 121、123 端子接入。选择开关 SA 有三个工作位置，置于“零位”时，水泵被禁止操作；置于“手动”时，允许在控制柜面板上通过启、停按钮操作水泵；置于“自动”时，水泵根据压力变送器反馈的信号，自动恒压供水，此时，选择开关触点③-④、⑤-⑥闭合，其余断开。下面分析其自动状态下的工作原理。

用水量较小时的控制过程如下。

1）正常工作状态

合上电源开关 QF1、QF2，KGS 和时间继电器 KT1 通电，经延时后，KT1 的延时动合触点闭合，接触器 KM1 线圈得电，其主触点闭合，变速水泵 M1 启动，在 KGS 和 VVVF 的控制下做恒压供水运行。

2）变速水泵故障状态

工作过程中，若变速水泵 M1 出现故障，VVVF 的报警触点 ARM 动作闭合，使中间继电器 KA2 线圈通电并自保持，KA2 常开触点闭合，警铃 HA 发声报警，同时，时间继电器 KT3 通电，经延时 KT3 延时动合触点闭合，使接触器 KM2 得电，于是定速水泵 M2 全压启动，代替故障水泵 M1 投入工作。

用水量大时的控制过程：

在运行过程中，若用水量增大，变速水泵 M1 随之增速，但若变速水泵达到了转速上限却仍然无法满足用水量要求，控制器 KGS 使 2 号水泵控制回路中的 211、217 触点闭合，时间继电器 KT2 得电，经延时后，其触点闭合使时间继电器 KT4 得电，KT4 触点闭合使 KM2 线圈得电，于是定速水泵 M2 启动投入运行，以提高总供水量。

当用水量减小到一定值时，KGS 的 211、217 触点将复位释放，KT2、KT4 失电，KT4 触点经延时后断开，KM2 失电，定速水泵停止运行，变速水泵 M1 继续运行恒压供水。

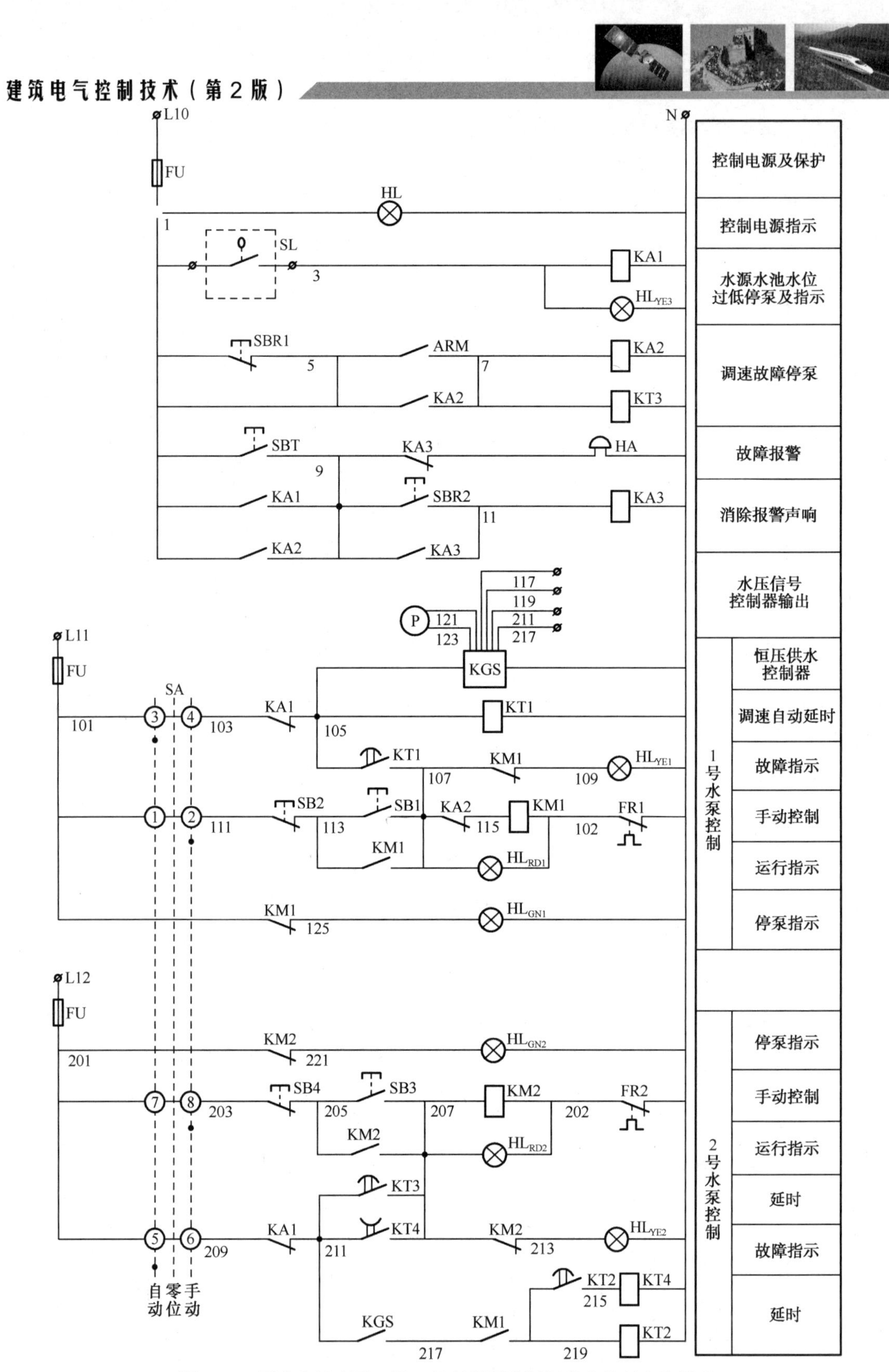

图3-26　两台生活水泵一用一备变频调速恒压供水控制电路原理

3.2　消防供水设备的控制

建筑物内常见消防供水系统设置的加压水泵有消火栓泵、自动喷淋泵和消防稳压泵等，每一系统的水泵通常设置两台，互为备用以提高可靠性（大型建筑也有多用一备的配置形式）。这些消防水泵都有严格的控制可靠性的要求，也都受消防联动控制系统的控制，只是自动控制时的启动信号不同而已。

3.2.1　消火栓泵的典型控制电路

图 3-27 为消火栓泵控制系统连接示意图。根据我国现行国家规范的要求，民用建筑以及水箱不能满足最不利点消火栓水压要求时，每个消火栓处应设置直接启动消火栓泵的按钮（下称消火栓按钮）。消火栓按钮的动合触点平时由面板玻璃片压住而闭合，玻璃片被击破时触点复位，向控制柜发出启泵信号。消火栓按钮的动作信号以及水池、水箱的液位信号均经火灾自动报警系统的信号输入模块送至火灾自动报警与联动控制器，进行显示和报警，

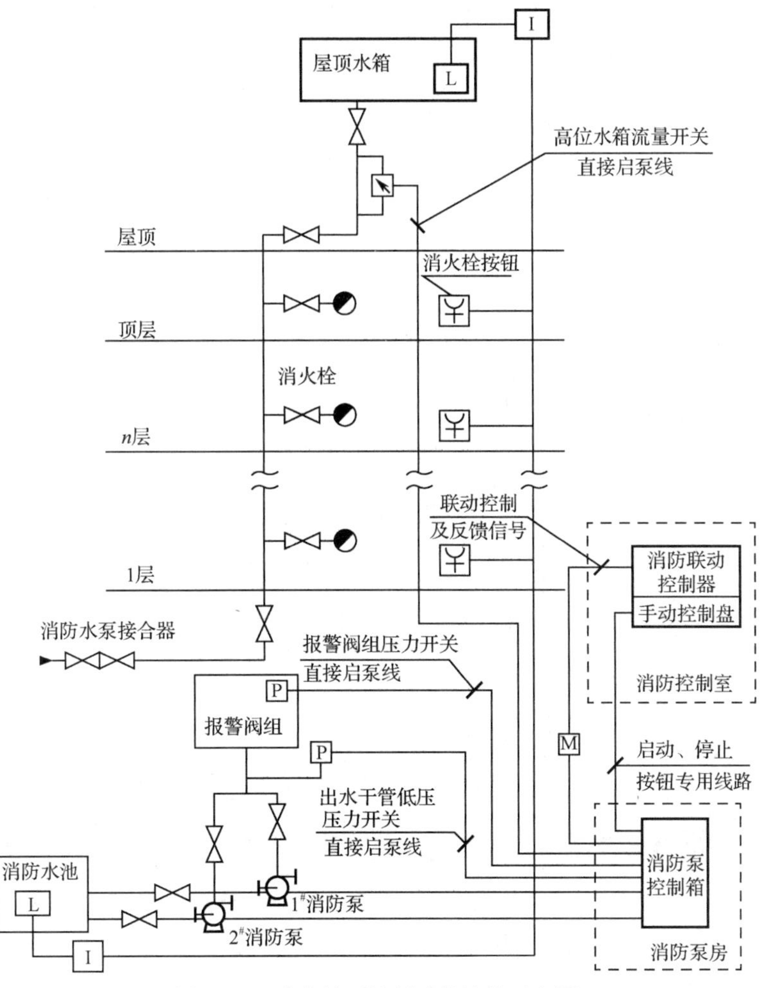

图 3-27　消火栓泵控制系统连接示意图

并由报警与联动控制器按其设定的联动程序发出联动指令，经控制模块发出启泵信号。另一方面，当采用总线联动控制模块时，需从消防联动控制盘增设手动直接控制线路至控制柜，使水泵可由联动控制盘的手动按钮控制，保证了当总线报警及联动系统故障时水泵还能被应急启动。

1. 消火栓泵一用一备全压启动控制

两台消火栓泵一用一备全压启动控制电路如图 3-28 和图 3-29 所示。在主电路图中，ATSE 为双电源转换开关。在控制原理图中，SE1～SE*n* 为消火栓按钮的动合触点，PGL1～PGL*n* 为消火栓按钮上的启泵指示灯。无源常开触点 K 为消防联动控制信号，由联动控制模块提供。SF 为位于消防联动控制盘上的具有自锁功能的手动控制按钮。TC 为～220/24V 控制变压器，其作用为向消火栓按钮指示灯提供安全电压保障消火栓使用人员的安全，并实现消防控制模块与强电系统的隔离。

1）就地手动控制

选择开关 SAC 置于“手动”位置，其 1-2、3-4 触点与控制电源接通，其余各对触点均悬空断开。以控制 1#消火栓泵为例，按下启动按钮 SF1，QAC1 线圈得电，其常开辅助触点闭合形成自保持，QAC1 主触点闭合，1#消火栓泵启动，运行指示灯 PGG1 亮。同时，KA1 得电，其触点动作，停泵指示灯 PGR1 灭。若按下 SF1 而 QAC1 未动作，则启泵失败，QAC1 各触点保持原态，PGR1 和 PGY1 保持点亮，指示故障。在 1#消火栓泵运行过程中按下停泵按钮 SS1，QAC1 线圈失电，其主触点释放，水泵停止运行，同时，KA1 各触点复位，停泵指示灯亮。

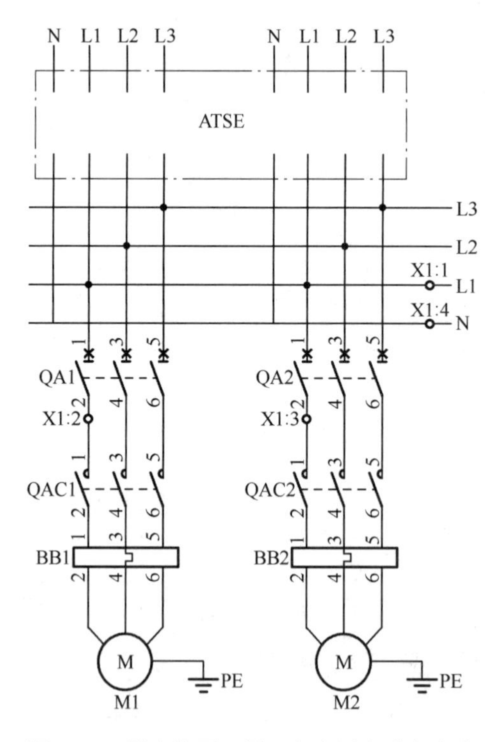

图 3-28　消火栓泵一用一备全压启动主电路

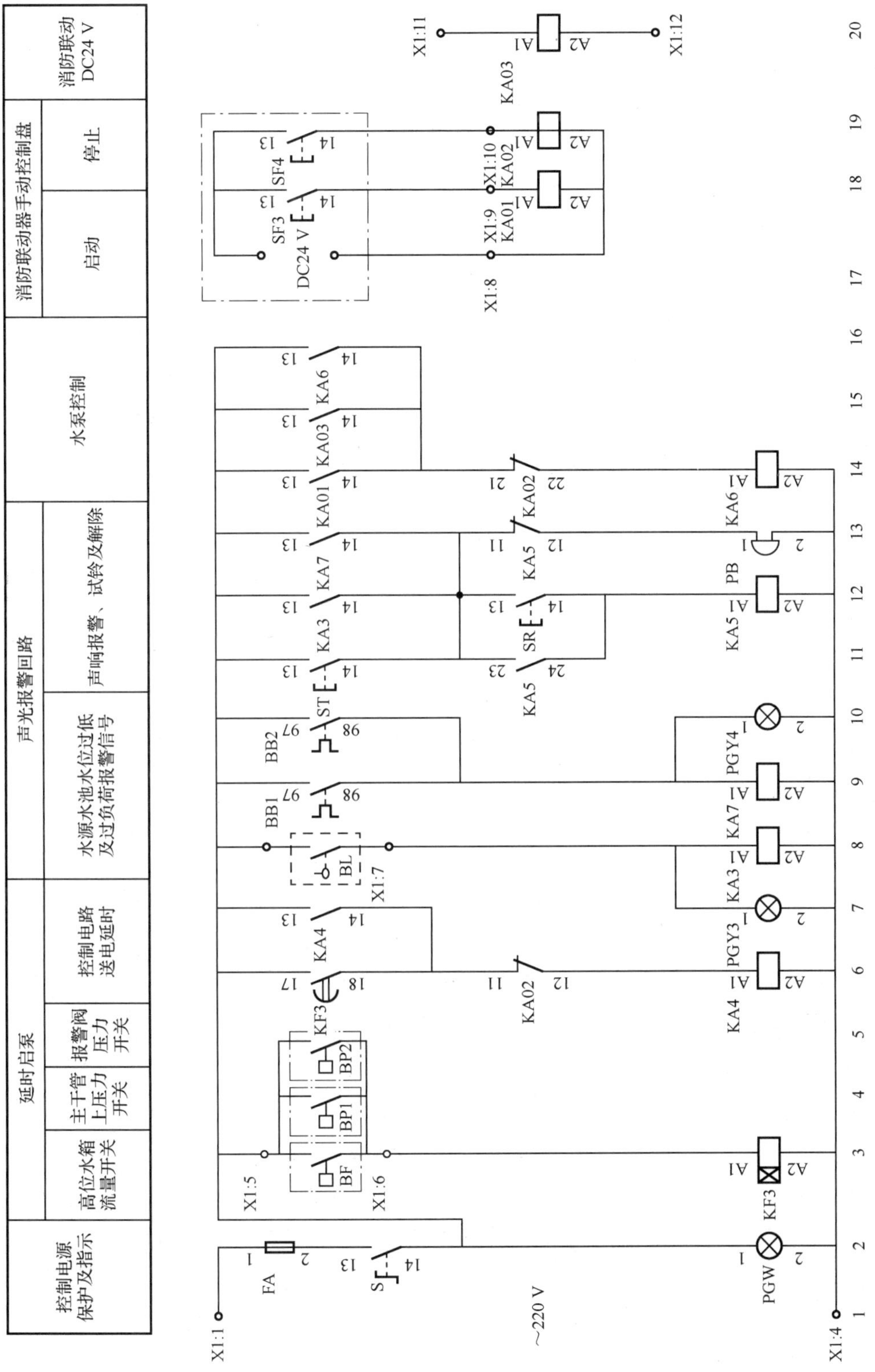

控制电源保护及指示	延时启泵				声光报警回路		水泵控制	消防联动器手动控制盘		消防联动 DC24 V
	高位水箱流量开关	主干管上压力开关	报警阀压力开关	控制电路送电延时	水源水池水位过低及过负荷报警信号	声响报警、试铃及解除		启动	停止	

X1:1　FA　1　2　S　13　14　~220 V　X1:5　X1:6　BF　BP1　BP2　KF3　17　18　KA4　13　14　KA02　11　12　BL　X1:7　BB1　97　98　BB2　97　98　ST　KA3　KA7　KA01　KA03　KA6　13　14　KA5　23　24　SR　13　14　KA5　11　12　KA02　21　22

DC24 V　SF3　13　14　SF4　13　14　X1:8　X1:9　KA01　X1:10　KA02　A1　A2　KA03　A1　A2　X1:11　X1:12

PGW　1　2　KF3　A1　A2　KA4　A1　A2　PGY3　1　2　KA3　A1　A2　KA7　A1　A2　PGY4　1　2　KA5　A1　A2　PB　1　2　KA6　A1　A2　X1:4

1　2　3　4　5　6　7　8　9　10　11　12　13　14　15　16　17　18　19　20

图 3-29　消火栓泵一用一备全压启动控制原理

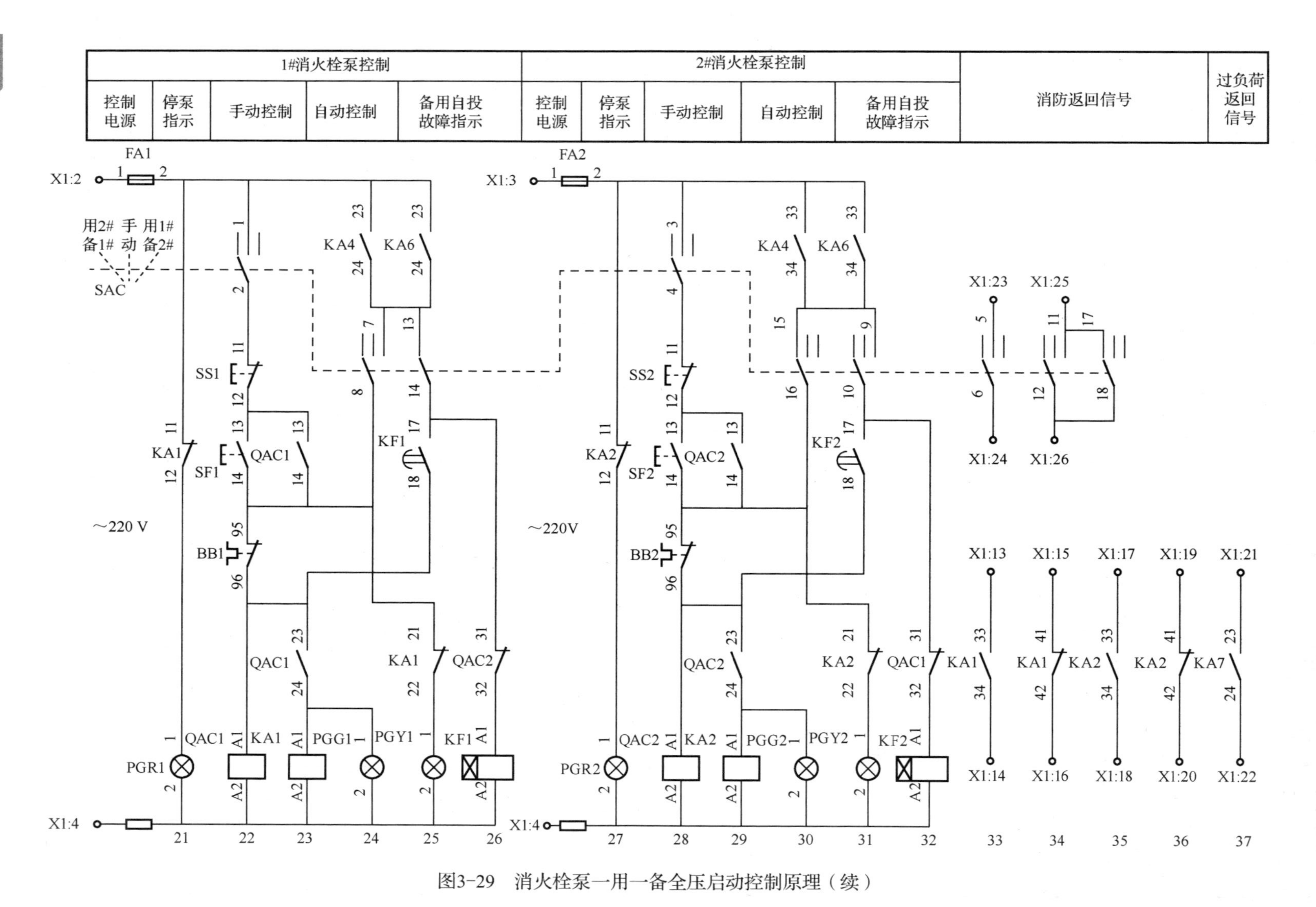

图3-29 消火栓泵一用一备全压启动控制原理（续）

2）消火栓按钮控制启泵

以 1#消火栓泵主用、2#消火栓泵备用为例，SAC 置于“用 1#备 2#”位置，其 5-6、7-8 触点与电路接通，其余各对触点均悬空断开。平时，消火栓按钮的动合触点由面板玻璃片压住而全部闭合，中间继电器 KA4-1 和 KA4-2 持续通电，其常闭触点保持在断开位置。当发生火灾时，消火栓按钮的玻璃片被击破，其触点复位使 KA4-1 和 KA4-2 失电，于是，KA4-1 和 KA4-2 的常闭触点复位，第 9 回路中的时间继电器 KF3 得电，延时时间到，第 12 回路中 KF3 的常开触点闭合使 KA5 得电且闭锁，在第 22 回路中，KA5 常开触点闭合使 QAC1 得电，于是 1#消火栓泵启动。

消防联动控制启泵联动控制模块动作，其触点 K 闭合使中间继电器 KA7 得电，控制过程与消火栓按钮启泵过程相同。

3）备用自投

仍以 1#消火栓泵主用、2#消火栓泵备用为例，若 1#消火栓泵控制回路故障导致启动失败或是运行过程中热继电器 BB1 动作跳闸，则 QAC1 失电，其各触点复位，在第 32 回路中，时间继电器 KF2 得电，延时时间到，第 30 回路中 KF2 的常开触点闭合使 QAC2 得电，于是 2#消火栓泵作为备用水泵投入运行。需要注意的是，KF2 是绕过了热继电器 BB2 而直接接至 QAC2 线圈的，因此，2#消火栓泵在运行过程中若出现过负荷故障，BB2 动作将只作用于报警回路而不会使水泵驱动电源跳闸。

4）消防应急控制启泵

按下消防联动控制盘上的应急启泵按钮 SF，接触器 QAC1 或 QAC2 直接得电而启动消火栓泵。在 SF 与接触器之间，不允许接入任何中间元件。可见，消防应急控制与选择开关的位置、水泵是否处于过负荷状态、消火栓按钮以及消防联动控制信号无关，因而具有最优先的启动控制权。

本控制电路的信号指示及故障声光报警回路，请读者自行分析。

2. 消火栓泵一用一备全压启动变频巡检控制

消防水泵通常只在发生火灾时才会被投入使用，为了防止在泵房潮湿的环境下水泵内部泵轴和叶轮出现锈蚀、锈死现象或是消防设备电控系统因长时间无人试验而出现动作不正常，可增加巡检控制装置，定期使水泵加电运转一下，以保持水泵的机械性能和电气性能始终处于良好状态。巡检时，消防水泵逐台启动，做短时运行，每台泵每次运行时间不少于 2 min，巡检过程中发现故障则发出声光报警。

图 3-30 为消火栓泵一用一备全压启动变频巡检控制主电路图。由图可见，在一用一备全压启动控制柜旁增加了一台变频巡检柜，其中 TA 为变频器。一用一备全压启动控制原理与图 3-29 基本相同，只是增加了若干引向巡检柜的信号触点，如图 3-31 所示。下面介绍变频巡检控制原理，图 3-32 为变频巡检柜控制原理图。变频巡检柜中装设有电动机控制器 EMC，在两台电动机各自的巡检主电路中，安装与 EMC 配套的采样传感器 RUS1 和 RUS2，EMC 端子功能及采样传感器的作用请见 3.1.3 节。

1）手动巡检

以巡检 1#消火栓泵为例。按下启动按钮 SF3，经端子 X2:15、X1:34 连接，EMC 得到

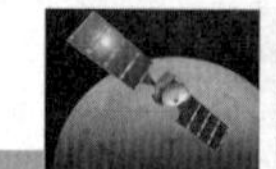

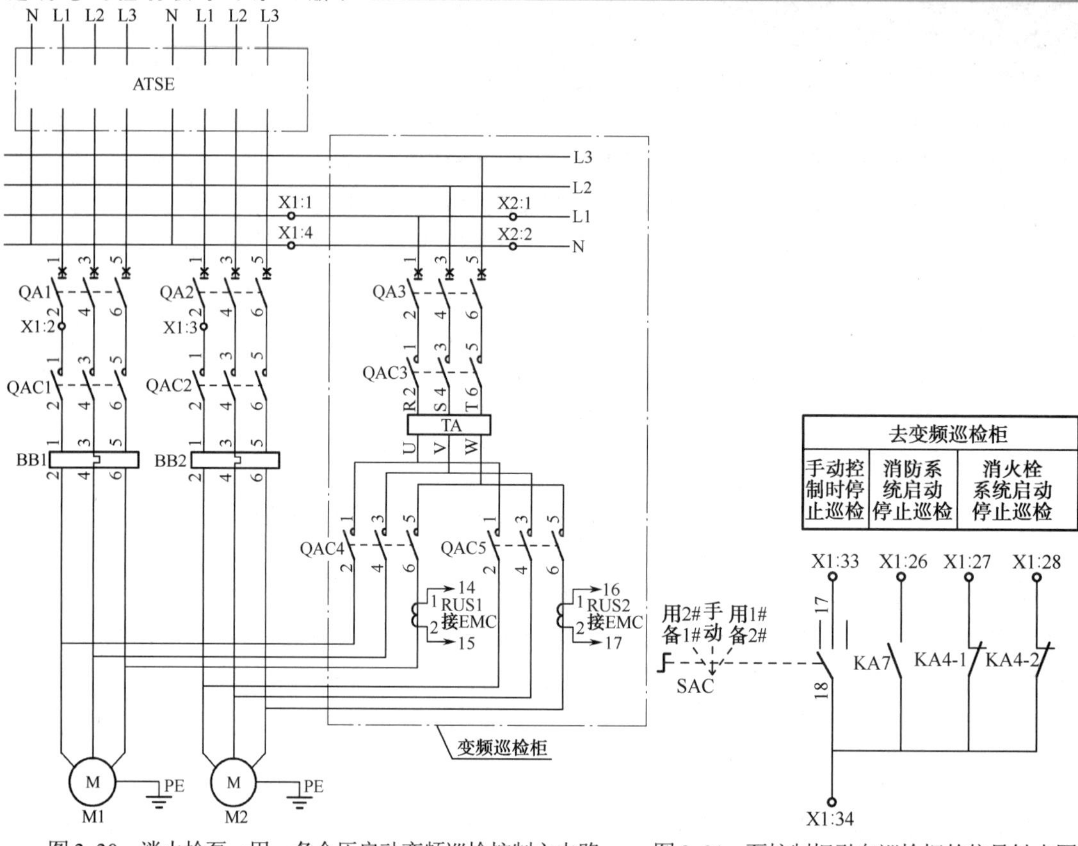

图3-30　消火栓泵一用一备全压启动变频巡检控制主电路

图3-31　泵控制柜引向巡检柜的信号触点图

控制电源保护及指示	1#消火栓泵手动巡检	2#消火栓泵手动巡检	变频器故障	电机控制器（自动巡检控制器）及自动巡检消防返回信号	控制变压器	巡检主电路电源	1#消火栓泵巡检及运行指示	2#消火栓泵巡检及运行指示	变频器控制电源

X2:1
S2
FA3
~220 V
PGW2
X2:2
X2:16 X2:18
SS3 SS4
X2:15 X2:17 X2:19
SF3 SF4 TA
X2:28(X1:34)
EMC
X2:3—27　1—X1:34
X2:4—28　2—X2:15
X2:5—30　3—X2:16
X2:6—32　4—X2:17
X2:7—34　5—X2:18
X2:8—36　6—X1:33
X2:9—38　7—X1:26
X2:10—40　8—X1:27
41　9—X1:28
10—X2:19
14—接RUS1
15—接RUS1
16—接RUS2
17—接RUS2
X2:21—47　25
X2:22—48　26　AC9 V
X2:23—49　53　TC2
X2:24—50　54　AC15 V
X2:25—51
X2:26—52
X2:21 X2:23 X2:25
X2:22 X2:24 X2:26
QAC3 QAC4 PGG3 QAC5 PGG4
QAC3
TA
1 2 3 4 5 6 7 8 9 10 11 12 13

图3-32　变频巡检柜控制原理

1#消火栓泵启动指令，其状态触点（47-48）闭合，经端子 X2:21、X2:22 连接，使 QAC3 线圈得电，QAC3 触点闭合，接通变频器电源。同时，EMC 的 1#消火栓泵控制触点（49-50）闭合，经端子 X2:23、X2:24 连接，使 QAC4 线圈得电，于是 1#消火栓泵在变频器的控制下启动，1#消火栓泵巡检指示灯 PGG3 亮。用于巡检控制的变频器，其输出设定为较低的频率，使水泵以低于 300 r/min 的速度运转。由于此时转速低，达不到泵的出水转速，因此这种低频巡检方式不会给供水管网增压。

按下停止按钮 SS3，经端子 X2:16、X1:34 连接，EMC 得到 1#消火栓泵停止指令，其状态触点（47-48）复位断开，经端子 X2:21、X2:22 连接，使 QAC3 线圈失电，使巡检主电路停电，水泵停止运行。同时，EMC 的 1#消火栓泵控制触点（49-50）复位断开，经端子 X2:23、X2:24 连接，使 QAC4 线圈失电，控制电路还原至启动前状态。

2）自动巡检

EMC 上电后，立即默认进入自动巡检状态，它首先调用计时子程序，内部时钟计时至设定的巡检周期时，启动巡检子程序，其相关的状态触点及水泵控制触点按规定次序动作或复位，逐一驱动消火栓泵做短时低速运行。每次巡检完毕，进入新一轮周期的计时。如此自动巡检。

3）巡检的自动退出

在巡检过程中，若消火栓泵控制柜被置于“手动”控制状态，或遇消防联动信号，消火栓泵控制柜将向巡检柜发送停止巡检信号，如图 3-31 所示。EMC 的“远方停止”控制端接收到上述信号，立即自动退出巡检。同理，若巡检中遇变频器故障，故障信号触点 TA 闭合向 EMC 发出停止巡检信号，巡检程序亦自动中断。

3.2.2　自动喷淋泵的典型控制电路

根据系统构成及使用环境和技术要求不同，自动喷淋灭火系统有湿式喷水灭火系统、干式喷水灭火系统、预作用喷水灭火系统、泡沫雨淋系统等多种形式，其中，湿式喷水灭火系统简称湿式系统，是当前应用最广泛的一种闭式自动喷淋灭火系统。下面以湿式系统为例说明自动喷淋泵的控制与运行要求。

湿式喷水灭火系统采用湿式报警阀，报警阀的前后管道内均充满压力水，系统由喷头、管道、水流指示器、信号阀、水源、高位水箱、湿式报警阀组、喷淋泵及其控制柜等组成，如图 3-33 所示。发生火灾时，喷头在高温烟气作用下开启并喷水，相应管路上的水流指示器动作，湿式报警阀上腔压力下降，高位水箱提供的压力水使报警阀开启并通过报警阀进入喷淋管道和延迟器，延迟器内腔充满水后，水力警铃被击响，同时，报警阀组上压力开关动作，向喷淋泵控制柜发出启泵信号。水流指示器的动作信号、信号阀的状态信号以及水池、水箱的液位信号均经火灾自动报警系统的信号输入模块送至火灾自动报警与联动控制器，进行显示和报警。喷淋泵的启动信号亦可由火灾自动报警系统给出，比如，发生火灾时某区域的探测器报警而同一区域的水流指示器又动作时，火灾报警与联动控制器将按设定的联动程序自动向喷淋泵控制模块发出启泵指令。当采用总线联动控制模块时，与消火栓泵的控制相同，尚需从消防联动控制盘增设手动直接控制线路至控制柜，使喷淋泵可由联动控制盘的手动按钮直接控制。

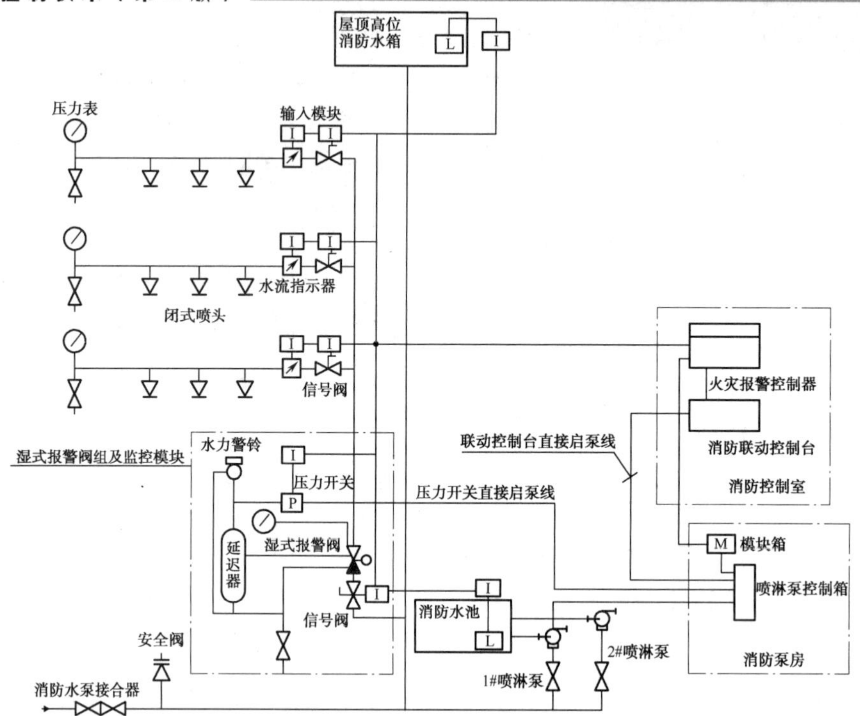

图 3-33　自动喷淋泵控制系统连接示意

两台喷淋泵一用一备全压启动控制主电路如图 3-28 所示，控制原理如图 3-34 和图 3-35 所示。在控制原理图中，BP 为湿式报警阀压力开关动合触点，无源常开触点 K 为

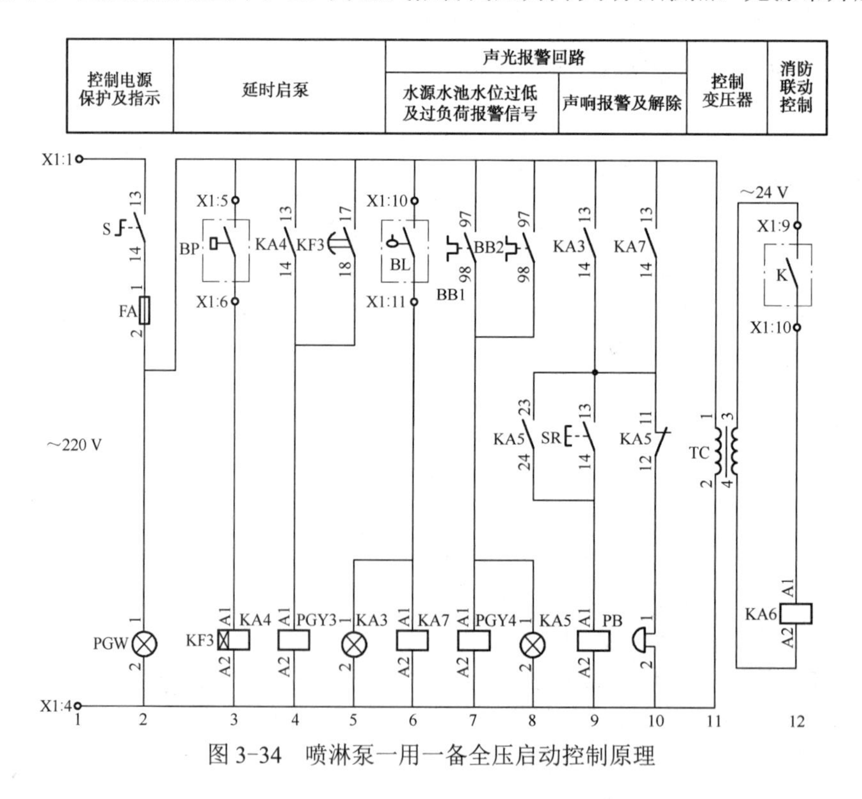

图 3-34　喷淋泵一用一备全压启动控制原理

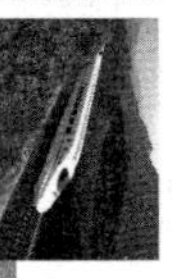

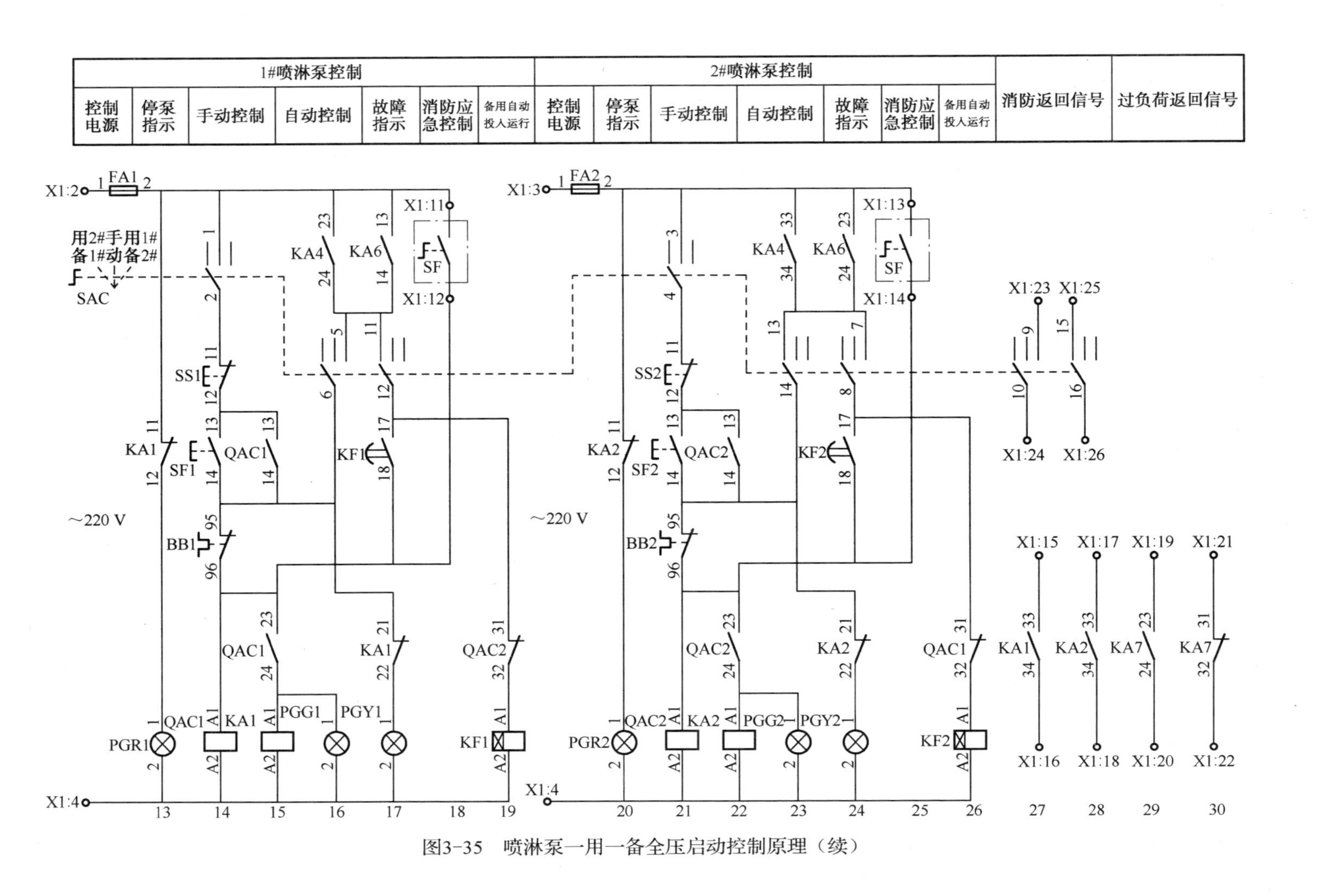

图3-35　喷淋泵一用一备全压启动控制原理（续）

消防联动控制信号，由联动控制模块提供。SF 为位于消防联动控制盘上的具有自锁功能的手动控制按钮。TC 为～220/24 V 控制变压器，实现消防控制模块与强电系统的隔离。与前述消火栓泵一用一备全压启动控制电路相比，不难发现两者的手动控制原理以及声光报警回路原理完全相同，在此不再分析。下面以 1#喷淋泵主用、2#喷淋泵备用为例，介绍其自动启动控制原理。

SAC 置于“用 1#备 2#”位置，其 5-6、7-8 触点与电路接通，其余各对触点均悬空断开。当压力开关 BP 动作时，其在第 3 回路中的动合触点闭合，时间继电器 KF3 线圈得电，延时时间到，第 5 回路中 KF3 的常开触点闭合使 KA4 得电且闭锁，在第 16 回路中，KA4 常开触点闭合使 QAC1 得电，于是 1#喷淋泵启动，QAC1 的常开辅助触点闭合，运行指示灯 PGG1 亮。同时，KA1 得电，其在第 17 回路的常闭触点动作断开，停泵指示灯 PGR1 灭。

若 1#喷淋泵控制回路故障导致启动失败或是运行过程中热继电器 BB1 动作跳闸，则 QAC1 失电，其各触点复位，在第 26 回路中，时间继电器 KF2 得电，延时时间到，第 24 回路中 KF2 的常开触点闭合使 QAC2 得电，于是 2#喷淋泵作为备用水泵投入运行。因 KF2 绕过热继电器 BB2 直接接至 QAC2 线圈，2#喷淋泵在运行过程中若出现过负荷故障，BB2 动作将只作用于报警回路而不会使水泵跳闸。

喷淋泵可由消防联动控制自动启泵，也可由消防应急控制手动启泵，读者可参照消火栓泵的控制原理自行分析。

3.2.3 消防稳压泵的典型控制电路

消防稳压泵是指能使消防给水系统在准工作状态的压力保持在设计工作压力范围内的一种专用水泵。消防给水稳压系统由稳压罐、稳压管路、双限值电接点压力表、稳压泵及其控制柜等组成，如图 3-36 所示。稳压罐中装有压缩空气和水，系统平时的压力由稳压罐提供，保证消火栓或喷头随时可以取得符合压力要求的消防用水。当消防给水管网压力降低至下限时，电接点压力表动作向稳压泵控制柜发出启泵信号，稳压泵自动开启，向稳压罐内补水，罐内空气被再次压缩，管网压力提升，直至压力上限，电接点压力表再次动作向稳压泵控制柜发出停泵信号，稳压泵自动停止运行。如此循环以保持系统的压力处于正常范围内。

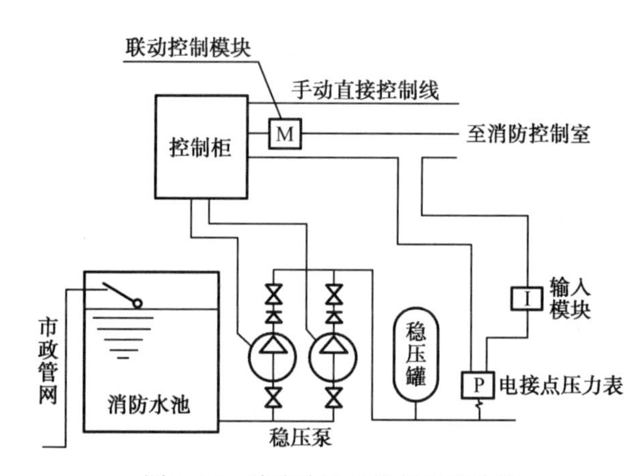

图 3-36　消防稳压泵控制系统连接

消防稳压泵的功率不大，一般采用全压启动方式。两台稳压泵一用一备控制主电路如图 3-28 所示，控制原理如图 3-37 和图 3-38 所示。BP1 和 BP2 分别为电接点压力表的上限和下限动作常开触点，其余外部控制触点功能同 3.2.1 节消火栓泵典型控制电路中所述。本控制电路的手动控制原理、消防联动及应急控制原理、备用泵自投原理及声

光报警信号回路原理均与消火栓泵典型控制电路中相同，不再赘述，下面仅就其自动运行原理做一简单叙述。

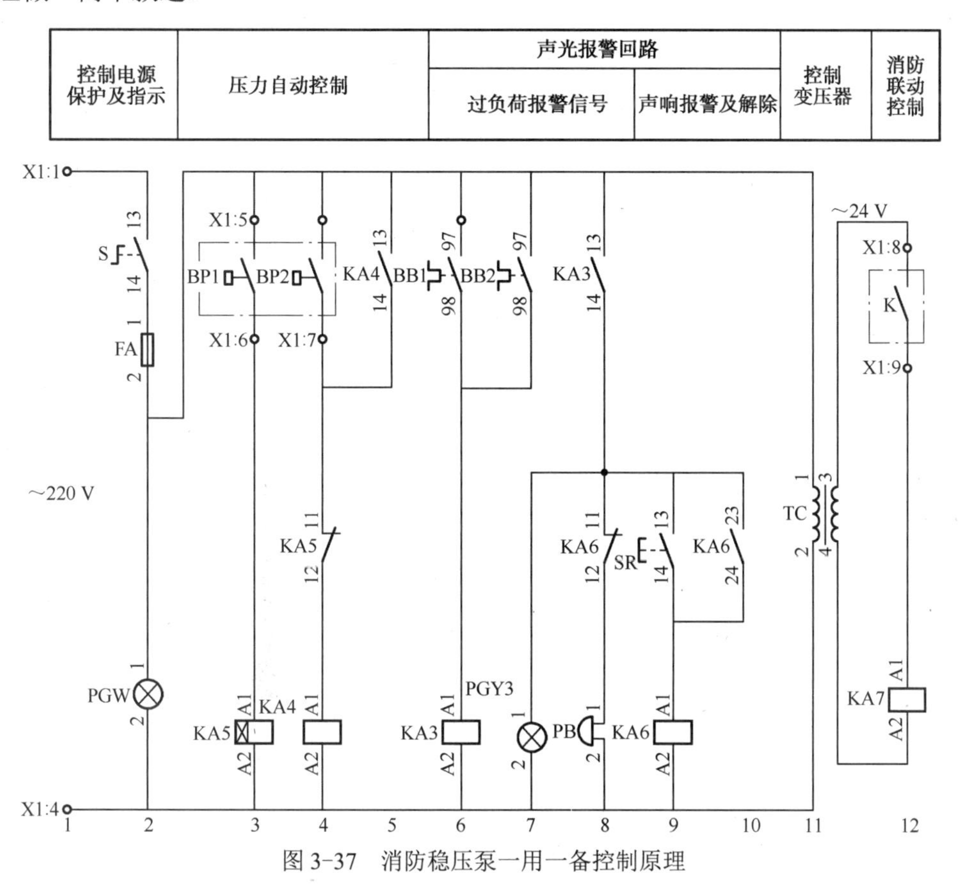

图 3-37　消防稳压泵一用一备控制原理

在 SAC 置于“一用一备”状态下，当管网压力降低至下限时，电接点压力表常开触点 BP2 动作，中间继电器 KA4 得电并闭锁，KA4 常开触点闭合，主用稳压泵接触器得电，主用稳压泵投入运行。待压力上升至上限时，电接点压力表常开触点 BP1 动作，中间继电器 KA5 得电，KA5 常闭触点打开，KA4 失电，KA4 常开触点复位，使运行中的稳压泵接触器断电，水泵停止。

3.3　排水设备的控制

建筑物内使用的排水泵最常见的为各类集水井中安装的潜水排污泵（下称潜污泵），用以手动或自动地排除积水。当设有水池时，可在水池内安装水下排水泵，当需要对水池进行清洁或检修时，排空水池。这些排水泵的功率不大，一般采用全压启动方式。水池排水泵可采用手动控制方式，而潜污泵应同时具有手动和自动控制功能，为此，集水井中需安装液位信号器，目前广泛使用的是浮球式水位控制器。在设有 BA 系统的建筑中，潜污泵宜纳入 BA 系统的监控范围内。

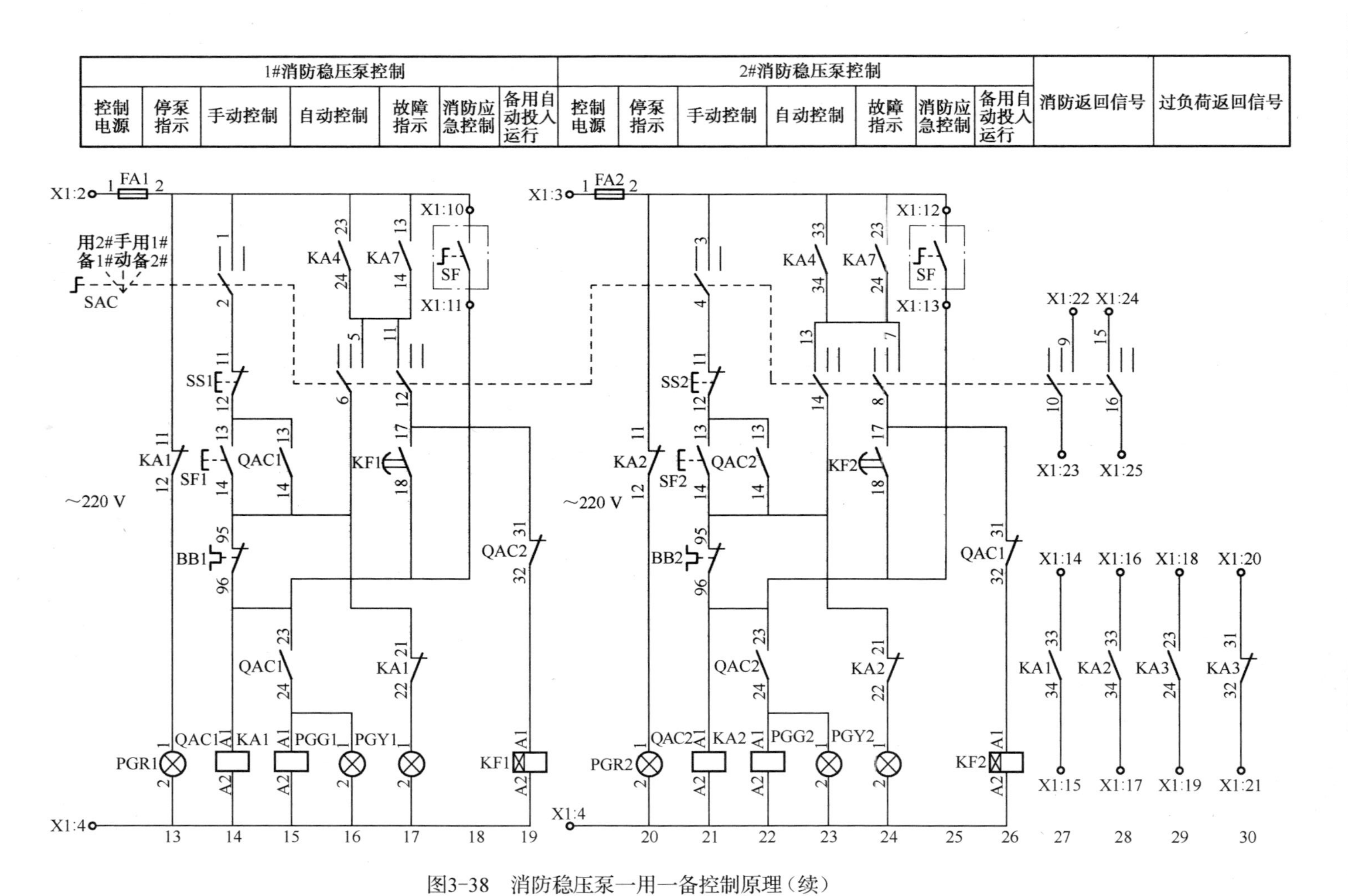

图3-38 消防稳压泵一用一备控制原理（续）

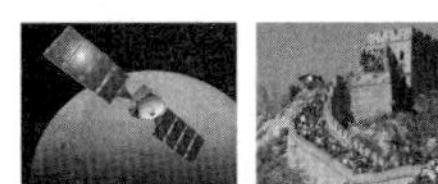

3.3.1　单台排水泵的典型控制电路

1. 单台排水泵手动控制

图 3-39 为单台排水泵手动控制电路图，SF1 和 SS1 为控制箱上的就地操作按钮，SF2 和 SS2 为远方操作按钮。按下启动按钮 SF1 或 SF2，接触器 QAC1 线圈得电，并通过其在第 3 回路上的常开辅助触点形成闭锁，水泵通电投入运行，运行指示灯 PGG 亮，停泵指示灯 PGR 灭。按下停止按钮 SS1 或 SS2，QAC1 线圈失电，水泵停止，QAC1 辅助各触点复位，指示灯 PGR 亮，PGG 灭。

本电路适用于排水泵不需自动启、停控制的场合。若无远方操作控制需要时，将第 4 回路元件去除即可。

2. 单台排水泵水位自动控制

图 3-40 为单台排水泵水位自动控制电路图，BL1 和 BL2 为集水井内液位信号器的触点，当液位升高至设定的启泵液位时，常开触点 BL2 闭合。随着积水被排出，液位回落至停泵液位时，常闭触点 BL1 打开。本电路图的具体控制原理请读者自己分析。

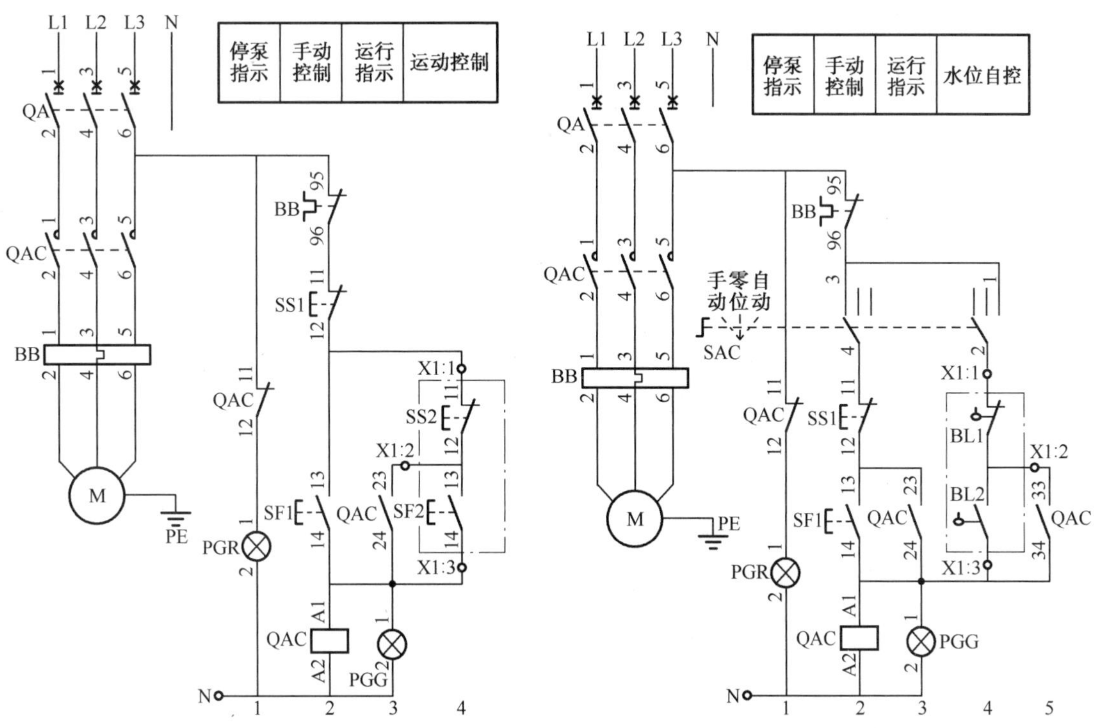

图 3-39　单台排水泵手动控制电路　　图 3-40　单台排水泵水位自动控制电路

3.3.2　两台排水泵的典型控制电路

在大多数的建筑物内，潜污泵是较为重要的排水设备，通常在集水井内设置一用一备的两台水泵以提高可靠性。为了避免两台水泵的其中一台长期不动作而锈蚀卡死，两台潜污泵通常采用自动轮换的控制方式。

两台潜污泵主电路如图 3-41 所示，其自动轮换控制电路原理如图 3-42 所示，BL1～BL3 为集水井内液位信号器的触点。控制回路设置选择开关，有“手动、零位和自动”三个控制位置，当置于“零位”时，水泵被禁止操作。

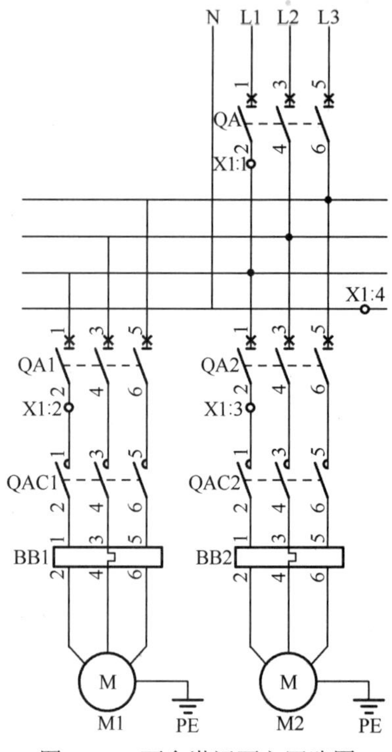

图 3-41　两台潜污泵主回路图

1. 手动控制

选择开关 SAC 置于“手动”位置，其 1-2、5-6 触点与控制电源接通，其余各对触点均悬空断开。以控制 1#潜污泵为例，按下启动按钮 SF1，QAC1 线圈得电并闭锁，其主触点闭合，1#潜污泵启动运行，QAC1 常开辅助触点闭合，运行指示灯 PGG1 亮。同时，KA1 得电，其常闭辅助触点打开，停泵指示灯 PGR1 灭。在 1#潜污泵运行过程中按下停泵按钮 SS1，QAC1 线圈失电，其主触点释放，水泵停止运行，同时，KA1 各触点复位，停泵指示灯亮。

2. 自动控制

选择开关 SAC 置于“自动”位置，其 3-4、7-8 触点与控制电源接通。

1）初次投入

当集水井水位升高至启泵液位时，液位控制器的常开触点 BL2 闭合，第 4 回路的中间继电器 KA3 得电并自保持。KA3 在第 16 回路的常开触点闭合使主接触器 QAC1 通电，QAC1 主触点闭合，1#潜污泵启动，运行指示灯 PGG1 亮，停泵指示灯 PGR1 灭。

在第 22 回路中，QAC1 的常闭辅助触点断开，2#潜污泵将不会被同时启动。同理，在 1#潜污泵的延时轮换控制回路中，串接了 QAC2 的常闭辅助触点，由此形成电气联锁，保证同一时刻只能投入一台水泵。

在 1#潜污泵投入运行的同时，时间继电器 KF1 得电，通过其瞬动常开触点形成自保持，经短暂延时后，其在第 7 回路中的延时动合触点闭合，KA5 得电并自保持，在第 18 回路中的 KA5 常闭触点断开，但此时 KF1 自保持闭合，1#潜污泵继续运行。

当集水井水位回落到停泵液位时，液位控制器的常闭触点 BL1 断开，KA3 线圈失电释放，其在第 16 回路上的常开触点复位使主接触器 QAC1 失电，1#潜污泵停止运行，停泵指示灯 PGR1 亮。同时，KF1 也失电复位，但第 7 回路的 KA5 因自保持而继续通电，于是，第 18 回路的 KA5 常闭触点打开，第 23 回路中的 KA5 常开触点保持闭合，为再次投入时优先启动 2#潜污泵做好了准备。

2）再次投入

当集水井水位再次升高至启泵液位时，中间继电器 KA4 得电并自保持。由于第 18 回路中的 KA5 常闭触点处在断开状态，1#潜污泵不被启动，而第 23 回路中的 KA5 常开触点处在闭合状态，2#潜污泵被启动，指示灯 PGG2 亮，PGR1 灭。

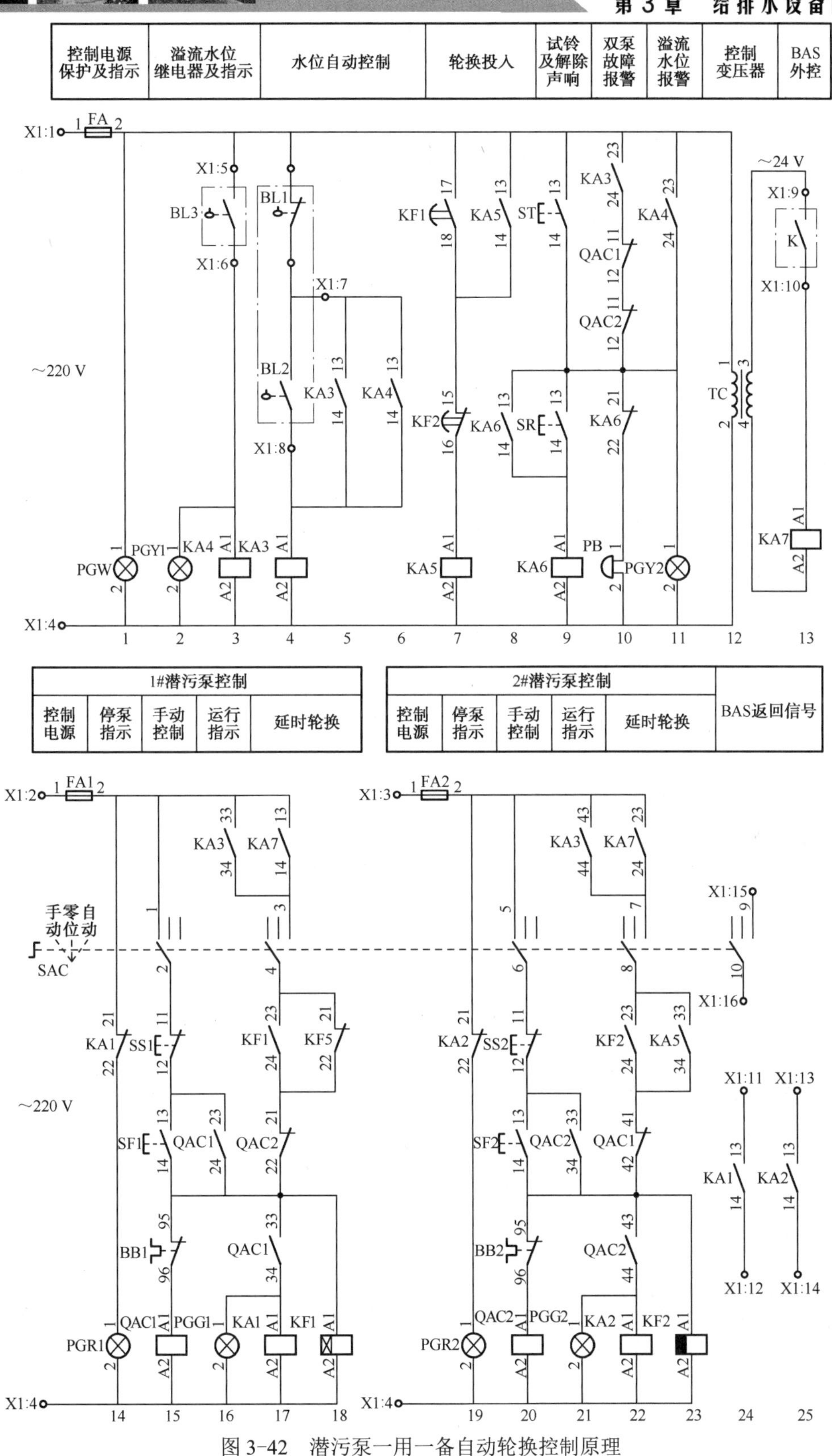

图3-42　潜污泵一用一备自动轮换控制原理

在 2#潜污泵投入运行的同时，时间继电器 KF2 得电，通过其瞬动常开触点形成自保持，经短暂延时后，其在第 7 回路中的延时动断触点断开，KA5 失电释放，在第 25 回路中的 KA5 常开触点复原，但此时 KF2 自保持闭合，2#潜污泵继续运行。

当集水井水位再次回落到停泵液位时，液位控制器的常闭触点 BL1 断开，KA3 线圈失电释放，QAC2 失电，2#潜污泵停止运行，停泵指示灯 PGR2 亮。同时，KF2 失电复位。至此，各控制元件均复位，恢复至初次投入前的状态，为新一轮的投入运行做好了准备。如此自动轮换。

3）备用自投

以再次投入为例，若启动过程中 QAC2 不动作，或者 2#潜污泵运行过程中故障跳闸，则 QAC2 在第 17 回路中的常闭辅助触点复位闭合，时间继电器 KF1 得电，其瞬动常开触点闭合，QAC1 得电，于是 1#潜污泵作为备用水泵投入运行。

3．BAS 控制

BAS 的直接数字控制器（DDC）的外控触点 K 经 24V 中间继电器 KA7 发出启、停泵指令。KA7 动作后，后续动作过程与 KA3 动作相同。水泵的状态通过 KA1、KA2 的常开触点经 DDC 返回至 BAS 控制室，选择开关的位置则以其自身触点 9-10 作为返回信号。

4．水泵的故障保护与报警

在两台水泵的启动回路中，主接触器前分别串接热继电器 BB1 和 BB2 的常闭触点，热继电器通常采用缺相保护型。在水泵运行中，若出现缺相、过负荷等故障时，热继电器动作于跳闸，水泵停止运行。若两台水泵均出现故障，则 QAC1、QAC2 均不动作，它们在第 10 回路的常闭辅助触点同时保持闭合，于是，报警灯 PGY2 亮，电铃 PB 接通电源发出故障报警声响。

5．溢流水位报警

在实际使用中，可能出现水量过大而水泵不能及时排除积水的情况，此时，集水井内水位将越过启泵液位而继续升高至溢流水位，在第 3 回路上，液位信号器的常开触点 BL3 闭合，中间继电器 KA4 得电，同时溢流水位报警灯 PGY1 亮。同时，KA4 在第 11 回路的常开触点闭合，报警灯 PGY2 亮，电铃 PB 发报警声响。

6．解除报警声响及试铃

检修人员在电铃报警后到达现场，可按下报警声响解除按钮 SR，中间继电器 KA6 得电并通过常开触点闭锁，其在故障报警回路中的常闭触点动作，电铃电源被断开而停响。

水泵控制柜初次投用或检修后，按下试铃按钮 ST 接通电铃电源，电铃应响起，松开按钮后它将自动复位断开电铃电源，电铃应停响，以此检验声响报警回路是否完好。

知识梳理与总结

本章主要介绍了生活供水设备、消防供水设备、排水设备的控制。

生活供水设备的控制：常用的水位控制器、生活水泵的运行与控制方式、生活水泵的

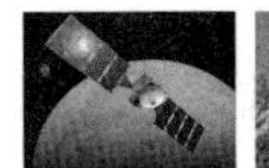

典型控制电路。

消防供水设备的控制：消火栓泵的典型控制电路、自动喷淋泵的典型控制电路、消防稳压泵的典型控制电路。

排水设备的控制：单台排水泵的典型控制电路、两台排水泵的典型控制电路。

思考练习题 3

1. 试说明干簧管水位控制器的工作原理。
2. 生活水泵的运行与控制方式有哪些？
3. 简述生活水泵变频调速恒压供水控制电路的原理。
4. 简述消火栓泵一用一备全压启动控制电路的原理。
5. 简述自动喷淋泵一用一备全压启动控制电路的原理。
6. 简述消防稳压泵典型控制电路的原理。
7. 简述两台排水泵一用一备自动轮换控制电路的原理。

第4章 通风排烟设备的控制

教学导航

教	知识重点	1．了解常用的通风排烟设备； 2．掌握普通风机的控制电路图的分析方法； 3．掌握消防排烟风机的控制电路图的分析方法
	知识难点	消防兼平时两用双速风机控制电路图的分析方法
	推荐教学方式	以实例分析为主，分解复杂电路为若干个子电路，引导学生在电路分析中建立逻辑思维的方式
	建议学时	8 学时
学	推荐学习方法	以分析、探究和小组讨论的学习方式为主。结合本章内容，通过自主学习、分析和总结，逐步建立起分析普通风机和消防排烟风机控制电路的能力，为今后分析更为复杂的控制电路图打下基础
	必须掌握的理论知识	1．主要的通风排烟设备； 2．各类风机的控制要求和运行方式
	必须掌握的技能	典型风机控制电路图的分析方法

知识分布网络

- 通风排烟设备的控制
  - 常用的通风排烟设备
  - 风机的控制要求和运行方式
  - 控制电路图的分析
    - 普通风机的典型控制电路
    - 排烟风机的典型控制电路
    - 消防兼平时两用双速风机的典型控制电路

章节导读

通风与排烟系统在建筑物内起着给人们提供新鲜、安全的空气环境的重要作用，尤其是防烟与排烟系统，更是在火灾时保障人们生命安全的关键设施之一。在这些系统中，风机是发挥通风与防排烟作用的基础。对风机控制电路进行分析，必须先了解风机的作用和运行方式，还要了解与风机控制密切相关的防火阀、送风口、排烟阀等设备的工作原理。

对风机控制电路进行正确的分析是风机运行、管理、检修、维护必不可少的技能，也为风机控制电路的设计和创新改进打下良好的基础。

4.1　常用的通风排烟设备

通风排烟设备的种类按作用，可分为非消防通风设备和专用于消防的防排烟设备。通风与防排烟系统的形式有自然通风与自然排烟、机械通风与机械排烟、机械加压送风等。

4.1.1　非消防通风设备

在建筑物内，无自然通风条件而有散热、换气等需要的设备机房、地下室等场所，均需安装机械通风系统；在人防掩蔽所工程内，也需要设置专用的通风系统，根据外部环境情况采取相应的通风方式，以保证掩体内人员的安全；在设有中央空调系统的建筑物内，常设置新风系统以向室内补入新鲜空气；另外，有些车间因工艺需要，也需设置通风换气设备。上述这些通风系统均是平时使用的，其中的风机称为普通风机。

4.1.2　防排烟设备

火灾时产生的有毒烟气是火场致人死亡的首要因素，据统计死于火灾的人中有20%～70%的人是由于吸入烟气而死的。烟气也遮挡视线，使人员疏散变得困难。因此，当自然排烟不能满足要求时，建筑物内应按国家规范要求设置防排烟系统，以尽可能减少人员伤亡。图 4-1 为防排烟系统电气控制连接示意图，图中 JY 为加压风机，PY 为排烟风机。

排烟系统由排烟口（阀）、风管、防火阀、排烟井道、排烟风机及其控制箱等组成，将火灾产生的烟或流入的烟排出。在某些区域，由于无通向室外的开口或虽有开口但开口面积不够大，当排烟风机运行向外排烟时，将在该区域形成负压，产生“憋气”现象而使排烟风量急剧下降，在这些区域则需设置补风机从室外补入足量空气。

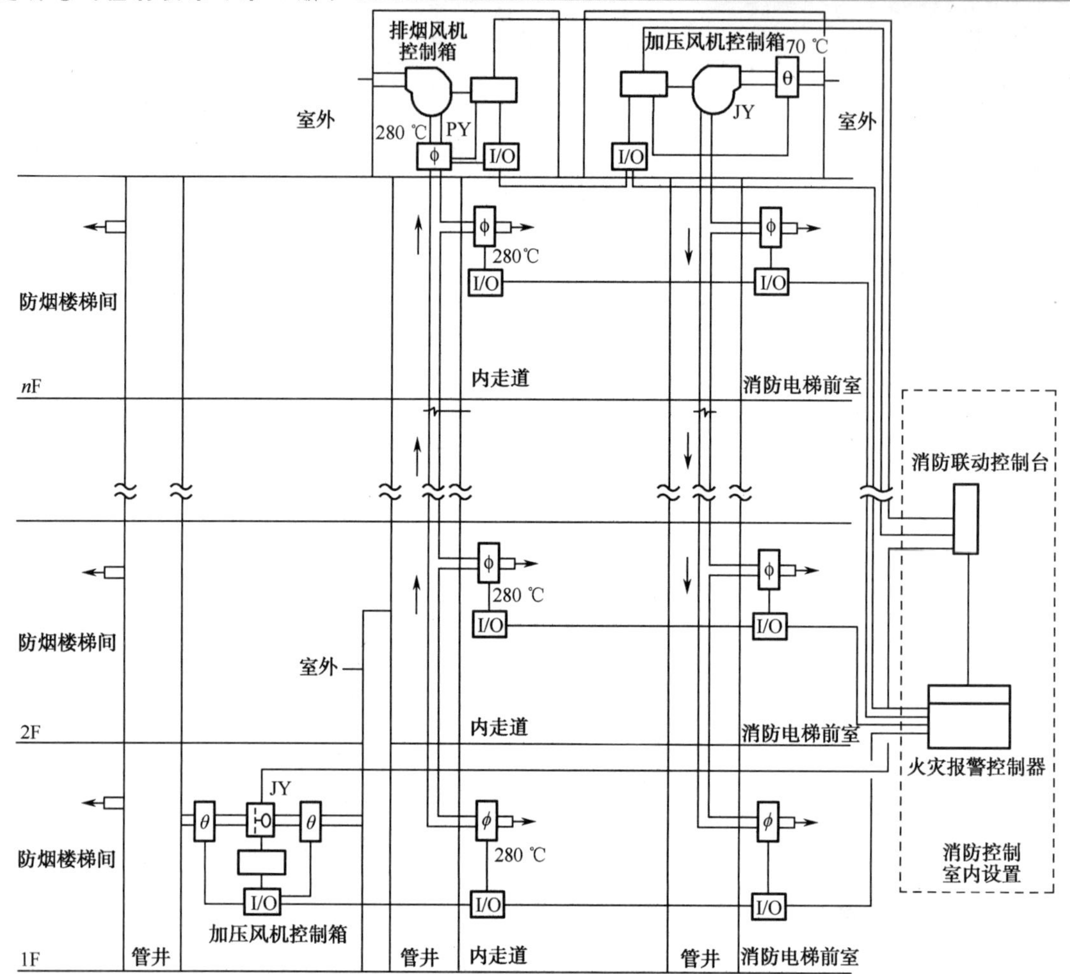

图 4-1　防排烟系统电气控制连接示意

防烟系统主要是对非火灾区域，特别是楼梯间、前室等疏散通道和封闭避难场所等，采用机械加压送风，使该区域的空气压力高于火灾区域的空气压力，阻止烟气的侵入以确保建筑物内人员的顺利疏散、安全避难和为消防人员创造有利的扑救条件。防烟系统主要由送风井道、防火阀、送风口、加压风机及其控制箱等组成。

4.1.3　通风排烟系统的配套设备

1．防火阀

防火阀是指在一定时间内能满足耐火稳定性和耐火完整性要求，用于通风、空调管道上或者安装在排烟系统管道上，起阻火隔烟作用的活动式封闭装置。按照安装位置及动作温度不同可分为 70 ℃防火阀和 280 ℃防火阀两种，示例实物如图 4-2 所示。防火阀安装在通风、空调系统的送、回风管上，平时处于开启状态，火灾时当管道内气体温度达到 70 ℃时关闭，在一定时间内能满足耐火稳定性和耐火完整性要求。280 ℃防火阀安装在排烟系统管道上，其组成、形状和工作原理与 70 ℃防火阀相似，只是其动作关闭的温度为 280 ℃。

当防火阀关闭时，其上安装的微动开关动作并发出信号，经火灾自动报警系统信号模块将防火阀关闭信号返回至消防控制室。

2．送风口

送风口是防烟加压系统的出风口。送风口有两种形式：一种是安装于防烟楼梯间内的自垂百叶风口，当风道送风时依靠气流压力百叶自动飘起出风，这类风口与风机的控制无关；另一种是安装于各类防烟前室的电动多叶送风口，也称送风阀，它内部安装有 DC 24 V 电磁阀，可由消防控制系统联动打开，或由操作手柄手动打开，其外形及电路如图 4-3 所示。当送风口打开时，其上安装的微动开关动作并发出信号，经火灾自动报警系统模块将其动作信号返回至消防控制室。

图 4-2　防火阀

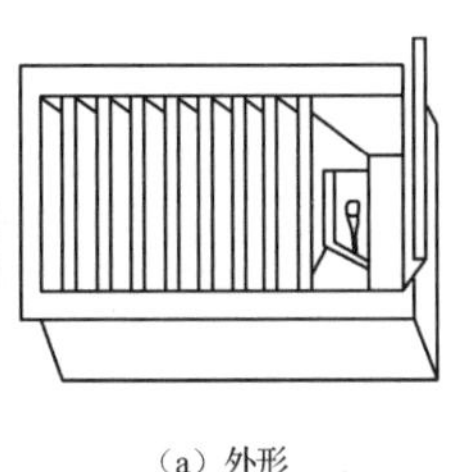

（a）外形

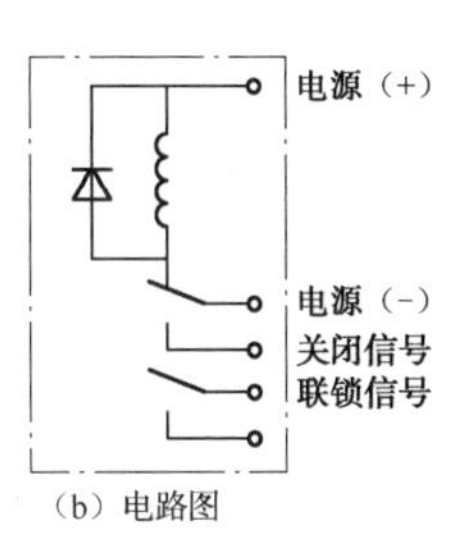

（b）电路图

图 4-3　送风口、排烟口

3．排烟口

排烟口是排烟系统高温烟气的吸入口，也称排烟阀。其外形、电路及工作原理与送风口相同。

4．挡烟垂壁

挡烟垂壁是具有挡烟功能的构配件，如顶板下具有足够高度的梁，利用其蓄烟的能力以形成防烟分区，提高排烟口的吸烟效果。在有些场所，当无符合要求的梁等自然构件可利用时，则需设置活动挡烟垂壁，如图 4-4 所示。活动挡烟垂壁平时由 DC 24 V 电磁锁锁定，消防时由消防控制系统联动控制开锁降落，同时应能就地手动控制。当活动挡烟垂壁动作垂下时，其上安装的微动开关动作并发出信号，经火灾自动报警系统模块将其动作信号返回至消防控制室。

5．电动排烟窗

电动排烟窗主要由窗体、开窗机构和控制箱组成，开启后可达到通风排烟的目的，示例实物如图 4-5 所示。当发生火灾时，控制箱接收消防控制系统的联动信号，启动开窗机构上的电动机，驱动开窗连杆等执行机构，从而打开窗户。排烟窗控制箱上常设有手动紧急开窗按钮，作为消防控制的后备控制手段。排烟窗控制箱需由可靠的 220 V 消防电源供电。当排烟窗电动机启动后，控制箱将发出排烟窗开启信号，通过火灾自动报警系统模块将信号返回至消防控制室。

4.2 普通风机的控制

图 4-6 为两地控制的普通风机控制原理及主电路图。SF 和 SS 分别为控制箱上现地控制启、停按钮。SF′ 和 SS′ 分别为远方控制启、停按钮，通常设在值班室。值班室内设置钥匙式开关 S，用于禁止启动风机，防止在现地随意启动风机，便于值班人员的管理。PGG′ 为与 SF′ 和 SS′ 安装在一起的远方指示灯，当风机运行时点亮。在设有 BAS 的建筑物内，普通风机宜纳入 BAS 的监控范围。将选择开关 SAC 置于“自动”位置，BAS 即可通过 DDC 对风机进行控制，并接收风机状态和过负荷返回信号。KH 为防火阀信号触点，当防火阀熔断时，KH 常闭触点打开，联锁停止风机。当没有防火阀时，可将电路图中 KH 两侧端子短接。

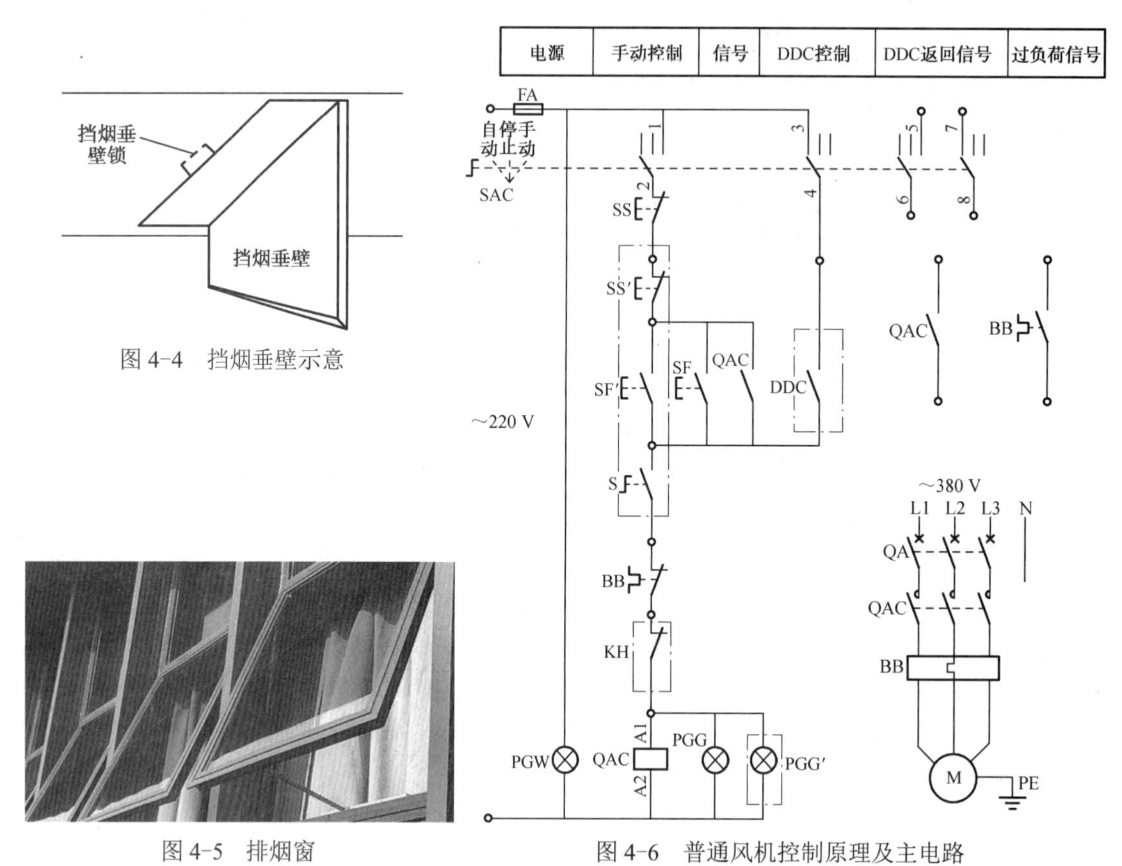

图 4-4　挡烟垂壁示意

图 4-5　排烟窗

图 4-6　普通风机控制原理及主电路

4.3 消防排烟风机的控制

1. 排烟（加压送风）风机控制

排烟（加压送风）风机控制电路的主电路与普通风机的相同，其控制原理如图 4-7 所示。无源常开触点 K 为消防联动控制信号，由消防系统的联动控制模块提供。SF 为位于消

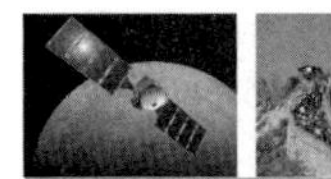

防联动控制盘上的钥匙式手动控制按钮。TC 为 AC 220/24 V 控制变压器，实现消防控制模块与强电系统的隔离。

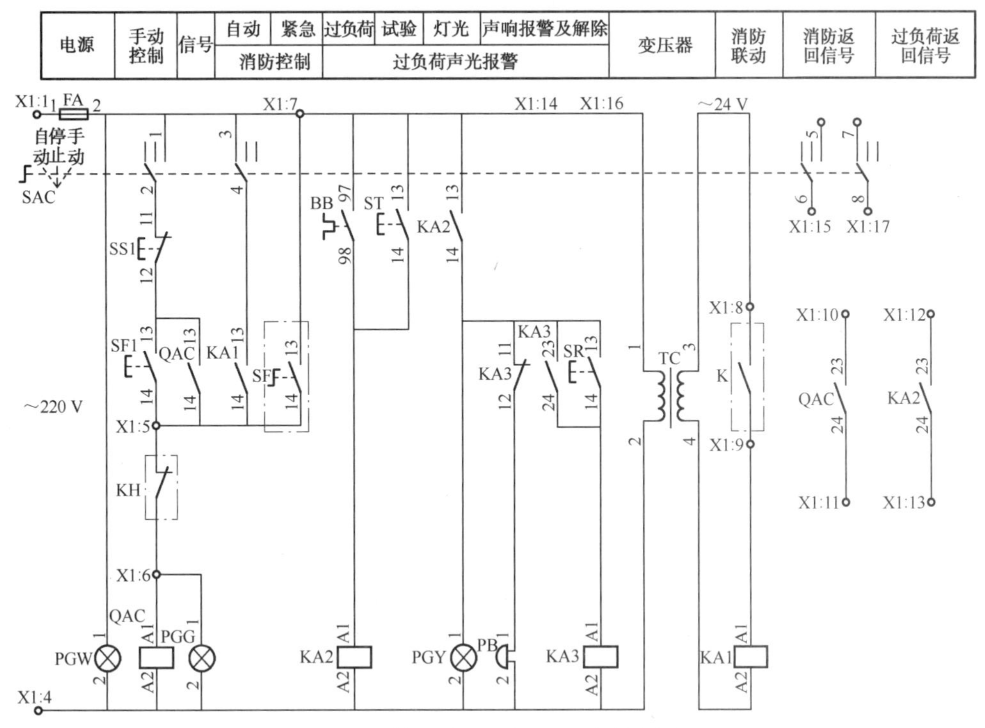

图 4-7　排烟（加压送风）风机控制原理

选择开关 SAC 置于“手动”位置，其 1-2 触点与控制电源接通，5-6 触点闭合向消防控制系统返回 SAC 的位置状态，其余各对触点均悬空断开。按下启动按钮 SF1，QAC1 线圈得电并通过自身常开辅助触点闭锁，风机启动，运行指示灯 PGG 亮。运行过程中按下停止按钮 SS1，QAC1 线圈失电，风机停止，运行指示灯 PGG 灭。

SAC 置于“自动”位置，其 3-4 触点与控制电源接通，7-8 触点闭合向消防控制系统返回 SAC 的位置状态，其余各对触点均悬空断开。火灾时，消防联动控制模块触点 K 闭合，中间继电器 KA1 线圈通电，KA1 常开触点闭合，QAC1 线圈得电，风机启动运转。当发生火灾而风机未能自动启动时，不论选择开关 SAC 处于何种位置，按下 SF，QAC1 线圈均得电，紧急启动风机。KH 为防火阀信号触点，当防火阀熔断时，KH 常闭触点打开，联锁停止风机。

在风机运行过程中，若因过负荷而热继电器 BB 动作，则中间继电器 KA2 得电，KA2 常开触点闭合，指示灯 PGY 亮且电铃 PB 接通电源，发出过负荷故障声光报警。可见，与普通风机不同，防排烟风机过负荷时仅作用于信号回路而非作用于跳闸。按下按钮 SR，KA3 得电，可解除报警声响。试铃按钮 ST 用于检验声响报警回路是否完好。

2. 消防兼平时两用双速风机控制

在某些场所，如地下汽车库内，消防排烟风机可兼做平时通风机。平时，风机做低速通风运行，消防时，风机自动转为高速排烟运行。消防兼平时两用双速风机主电路如图 4-8

所示，其控制原理如图 4-9 所示。在本电路中，消防联动信号由控制模块提供 DC 24 V 电源连续信号给 24 V 中间继电器 KA1，经 KA1 触点发出启动指令。

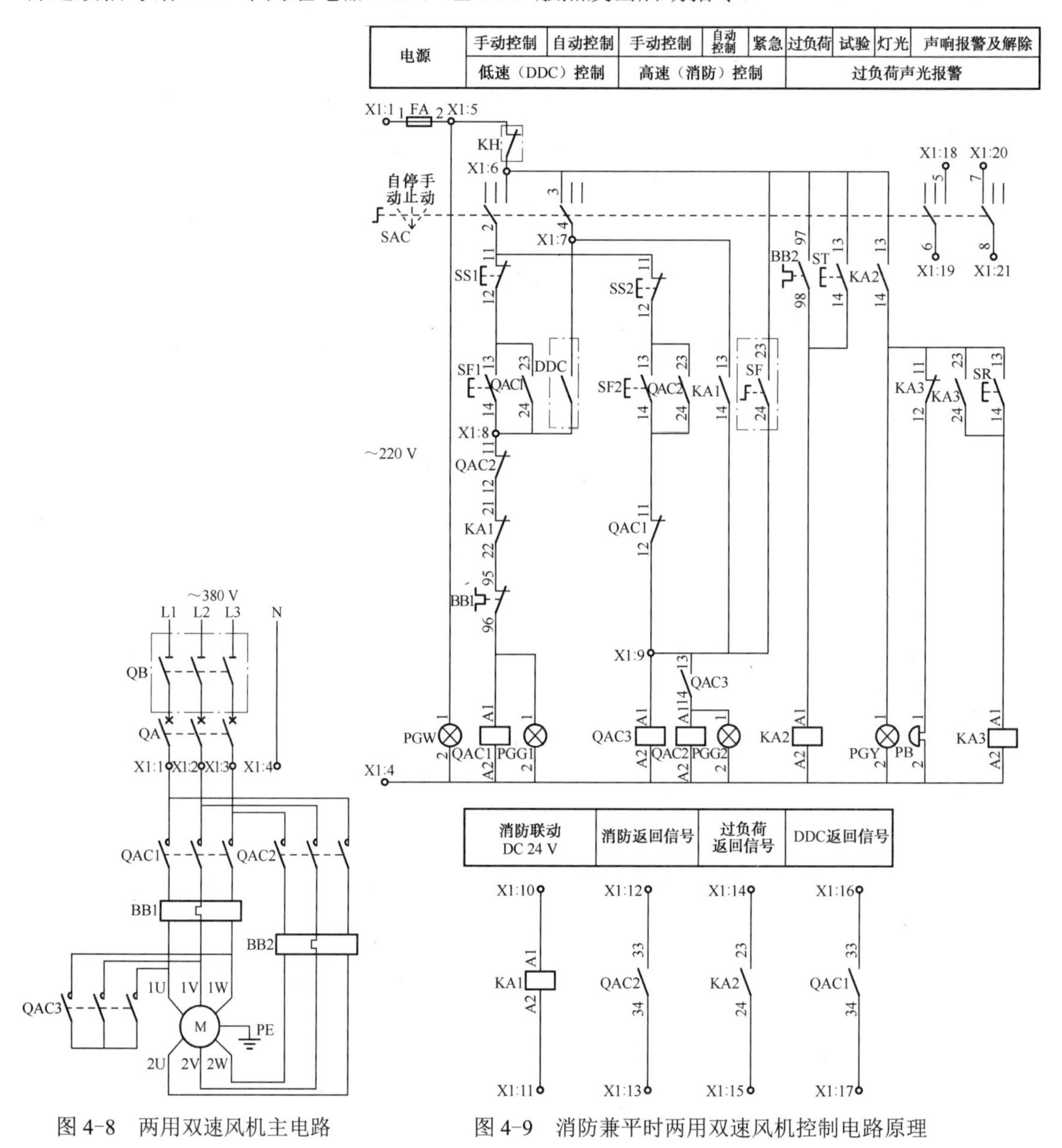

图 4-8　两用双速风机主电路

图 4-9　消防兼平时两用双速风机控制电路原理

选择开关 SAC 置于“手动”位置，其 1-2 触点与控制电源接通，5-6 触点闭合向消防控制系统返回 SAC 的位置状态，其余各对触点均悬空断开。按下启动按钮 SF1，QAC1 线圈得电并通过自身常开辅助触点闭锁，双速电动机绕组接为△形，风机启动做低速运行，低速运行指示灯 PGG1 亮，按下停止按钮 SS1，QAC1 线圈失电，风机停止，运行指示灯 PGG1 灭。

SAC 置于“自动”位置，其 3-4 触点与控制电源接通，7-8 触点闭合向消防控制系统返回 SAC 的位置状态，其余各对触点均悬空断开。此时，风机可由 DDC 控制自动启、停。

若发生火灾，则 KA1 触点动作，QAC1 线圈失电复位，QAC3 线圈得电，QAC2 线圈紧接着得电并通过常开辅助触点闭锁，于是，双速电动机绕组被转接为 YY 形，风机启动做高速运行，高速运行指示灯 PGG2 亮。

不难发现，电路具有互锁功能，即低速控制回路中串联有 QAC2 接触器的常闭触点，而高速控制回路中串联有 QAC1 接触器的常闭触点，以保证风机只能在一种工况下运行。

本电路的防火阀熔断联锁停止风机原理、消防应急控制原理以及故障声光报警回路原理均与前述排烟风机控制电路相似，唯一不同的是在低速通风工况下发生过负荷时，热继电器 BB1 的动作是跳闸。

知识梳理与总结

本章主要介绍了常用的通风与排烟系统设备，主要包括：普通风机、排烟风机、加压风机、防火阀、送风口、排烟口、挡烟垂壁、电动排烟窗。

本章还详细地介绍和分析了普通风机的控制电路和消防排烟风机的控制电路。

思考练习题 4

1. 常用的通风排烟设备有哪些？
2. 普通风机的控制有何要求？
3. 消防排烟风机的控制有何要求？
4. 消防兼平时两用双速风机一般在何种情况下使用？其控制系统有何要求？

第5章 空调与制冷设备的控制

教学导航

<table>
<tr><td rowspan="4">教</td><td>知识重点</td><td>1．掌握空调系统常用的调节装置；
2．分析空调系统的电气控制实例；
3．了解制冷系统的电气控制实例</td></tr>
<tr><td>知识难点</td><td>各种空调系统的电气控制实例分析</td></tr>
<tr><td>推荐教学方式</td><td>以案例分析法为主，联系实际工程，根据案例分析和讲解，与学生形成互动，更好地掌握空调系统电气控制原理</td></tr>
<tr><td>建议学时</td><td>12 学时</td></tr>
<tr><td rowspan="3">学</td><td>推荐学习方法</td><td>以案例分析和小组讨论的学习方式为主。结合本章内容，通过课前预习、课后复习，掌握空调系统的组成及特点，并学会分析空调系统的应用实例电路图</td></tr>
<tr><td>必须掌握的理论知识</td><td>1．空调系统的分类和常用调节装置；
2．电气控制设计的基本要求</td></tr>
<tr><td>必须掌握的技能</td><td>1．懂得空调系统的组成及特点；
2．识读空调系统应用实例电路图的能力</td></tr>
</table>

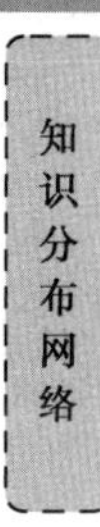

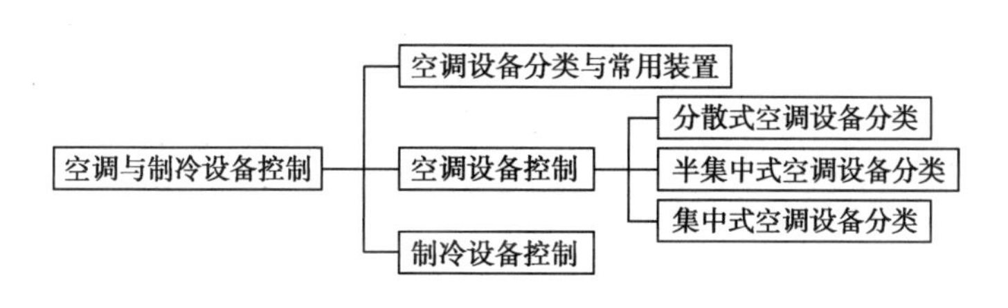

章节导读

空气调节是一门维持室内良好热环境的技术。良好的热环境是指能满足实际需要的室内空气温度、相对湿度、流动速度、洁净度等。空气调节（简称空调）系统的任务就是根据使用对象的具体要求，使上述参数部分或全部达到规定的指标。空气调节离不开冷、热源，因此，制冷装置是空调系统中的主要设备。

空气调节是一门专门的学科，有着极为丰富的专业内容。由于篇幅所限，本章仅以部分实例来介绍空调与制冷系统电气控制的基本内容和系统分析。

5.1　空调设备的分类

5.1.1　空调系统的分类与常用装置

空调系统的分类方法并不完全统一，这里仅介绍按空气处理设备的设置情况进行分类。

1. 集中式系统

集中式系统是将空气处理设备（过滤、冷却、加热、加湿设备和风机等）集中设置在空调机房内，将空气处理后，由风管送入各房间的系统。这种空调系统应设置集中控制室，其工作原理示意如图 5-1 所示，被广泛应用于需要空调的写字楼、车间、科研所、影剧院、火车站、百货大楼等不需要单独调节的公共建筑中。

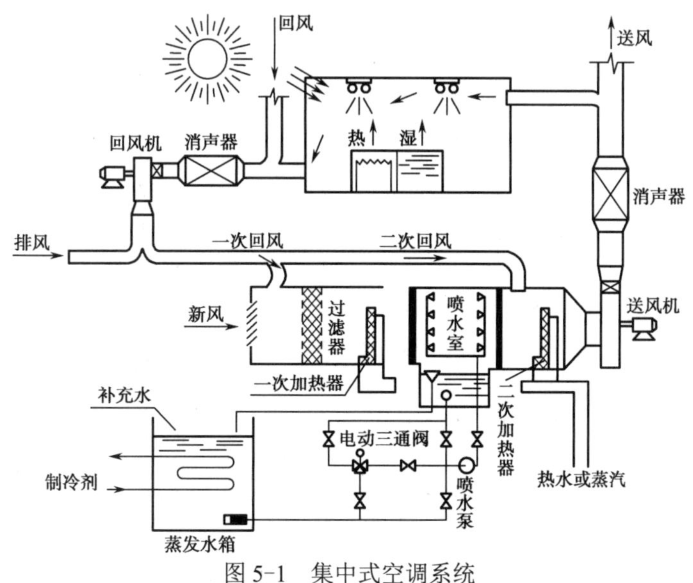

图 5-1　集中式空调系统

2．分散式系统

分散式系统（也称局部系统）将整体组装的空调器（带冷冻机的空调机组、热泵机组等）直接放在空调房间内或放在空调房间附近，每个机组只供一个或几个房间，广泛应用于医院、宾馆等需要局部调节空气的房间及民用住宅。

3．半集中式系统

半集中式系统是集中处理部分或全部风量，然后送往各房间（或各区），在各房间（或各区）再进行处理的系统，广泛应用于医院、宾馆等大范围需要空调，但又需要局部调节的建筑中。

在高层建筑工程中，常将集中式系统和半集中式系统统称为中央空调系统。根据建筑物的用途、规模和使用特点，中央空调可以是单一的集中式系统或单一的风机盘管加新风系统；或既有集中式系统，又有风机盘管加新风系统。

5.1.2　空调系统常用的调节装置

空调系统的运行需要进行自动控制和调节时，一般由自动调节装置实现。自动调节装置由敏感元件、调节器、执行调节机构等组成。但各种器件的种类很多，本节仅介绍与电气控制实例有联系的几种。

1．敏感元件

用来检测被调节参数大小并输出信号的部件叫作敏感元件，也称为检测元件、传感器或一次仪表。敏感元件装在被调房间内，它可以把感受到的房间温度（或相对湿度等）信号经导线输送给调节器，由调节器与给定信号比较发出是否调节的指令，该指令由执行调节机构执行，达到房间温度、湿度等能够进行自动调节的目的。

1）电接点水银温度计（干球温度计）

电接点水银温度计有两种类型：固定接点式，其接点温度值是固定的，结构简单；可调接点式，其接点位置可通过给定机构在表的量限内调整。可调接点式水银温度计外形见图 5-2，它和一般水银温度计的不同之处在于毛细管上部有扁形玻璃管，玻璃管内装一根丝杆，丝杆顶端固定着一块扁铁，丝杆上装有一个扁形螺母，螺母上焊有一根细钨丝通到毛细管里，温度计顶端装有永久磁铁调节帽，有两根导线从顶端引出，一根导线与水银相连，另一根导线与钨丝相连。它的刻度分上下两段，上段用于调整给定值，由扁形螺母指示；下段为水银柱的实际读数。进行调整时，可转动调节帽，则固定扁铁被吸引而旋转，丝杆也随着转动，扁形螺母因为受到扁形玻璃管的约束不能转动，只能沿着丝杆上下移动。扁形螺母在上段刻度指示的位置即是所需整定的温度值，此时钨丝下端在毛细管中的位置刚好与扁形螺母指示的位置对应。当温包受热时，水银柱上升，与钨丝接触后，即电接点接通。

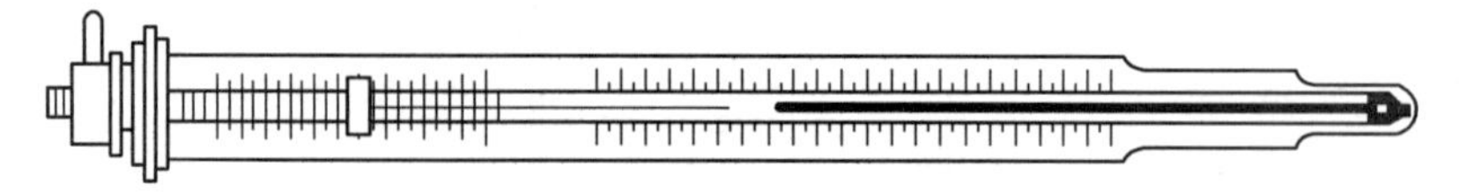

图 5-2　可调接点式水银温度计

电接点若通过稍大电流，不仅水银柱本身发热影响到测温、调温的准确性，而且在接点断开时所产生的电弧将烧坏水银柱面和玻璃管内壁。因此，为了降低水银柱的电流负荷，将其电接点接在晶体三极管的基极回路，利用晶体三极管的电流放大作用来解决上述问题。

2）湿球温度计

将电接点水银温度计的温包包上细纱布，纱布的末端浸在水里，由于毛细管的作用，纱布将水吸上来，使温包周围经常处于湿润状态，此种温度计称为湿球温度计。

当使用干、湿球温度计同时去检测空调房间的空气状态时，在两温度计的指示值稳定以后，同时读出干球温度计和湿球温度计的读数。由于湿球上水分蒸发吸收热量，湿球表面空气层的温度下降，因此，湿球温度一般总是低于干球温度。干球温度与湿球温度之差叫作干、湿球温度差，它的大小与被测空气的相对湿度有关，空气越干燥，其温度差就越大。若处于饱和空气中，则干、湿球温度差等于零。所以，在某一温度下，干、湿球温度差也就对应了被检测房间的相对湿度。

3）热敏电阻

半导体热敏电阻是由某些金属（如镁、镍、铜、钴等）氧化物的混合物烧结而成的。它具有很高的负电阻温度系数，即当温度升高时，其阻值急剧减小。其优点是温度系数比铂、铜等电阻大 10～15 倍。一个热敏电阻元件的阻值也比较大，达数千欧姆，故可产生较强的信号。

热敏电阻具有体积小、热惯性小、坚固等优点，例如 RC-4 型热敏电阻性能比较稳定，被广泛应用于室温的测定。

4）湿敏电阻

湿敏电阻从机理上可分为两类：第一类是随着吸湿、放湿的过程，其本身的离子发生变化而使其阻值发生变化，属于这类的有吸湿性盐（如氯化锂）、半导体等；第二类是依靠吸附在物质表面的水分子改变其表面的能量状态，从而使内部电子的传导状态发生变化，最终也反映在电阻阻值变化上，属于这一类的有镍铁以及高分子化合物等。

氯化锂湿敏电阻是目前应用较多的一种高灵敏度的感湿元件，具有很强的吸湿性能，而且吸湿后的导电性与空气湿度之间存在着一定的函数关系。

湿敏电阻可制成柱状的和梳状（板状）的，如图 5-3 所示。柱状湿敏电阻是利用两根直径 0.1 mm 的铂丝平行绕在玻璃骨架上形成的。梳状湿敏电阻是用印制电路板制成两个梳状电路，将吸湿剂氯化锂均匀地混合在水溶性黏合剂中，组成感湿物质，并把它均匀地涂敷在柱状（或梳状）电极体的骨架（或基板）上，做成一个氯化锂湿敏电阻测头。将测头置于被测空气中，当空气的相对湿度发生变化时，柱状电极体上的平行铂丝（或梳状电极）间氯化锂电阻随之发生改变。用测量电阻的调节器测出其变化值就可以反映其湿度值。

2. 执行调节机构

接收调节器输出信号后动作并控制风门或阀门的部件称为执行机构，如接触器、电动阀门的电动机等部件；而对管道上的阀门、风道上的风门等称为调节机构。执行机构与调节机构组装在一起，成为一个设备，这种设备称为执行调节机构，如电磁阀、电动阀等。

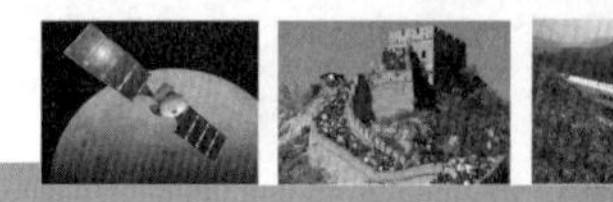

1）电动执行机构

电动执行机构接收调节器送来的信号，去改变调节机构的位置。电动执行机构不但可实现远距离操纵，还可以利用反馈电位器实现比例调节和位置（开度）指示。

电动执行机构的型号有许多种，但其结构大同小异。现仅以SM型为例进行介绍，它由电容式单相异步电动机、减速箱、终端开关和反馈电位器组成。电路见图5-4，图中1、2、3接反馈电位器，将1、2、3接点再接到调节器的输入端，可以实现按比例调节规律调节。如采用双位调节，则可不用此电位器。4、5、6与调节器的输出触点相接，当4、5两端点间加220 V交流电时，电动机正转；当5、6两端点间加220 V交流电时，电动机反转。电动机转动后，由减速箱减速并带动调节机构（如电动风门、电动调节阀等），另外还能带动反馈电位器中间臂移动，将调节机构移动的角度用阻值反馈回去。同时，在减速箱的输出轴上装有两个凸轮用来操纵终端开关（位置可调），限制输出轴转动的角度。即在达到要求的转角时，凸轮拨动终端开关，使电动机自动停下来，这样，既可保护电动机，又可以在风门转动的范围内，任意确定风门的终端位置。

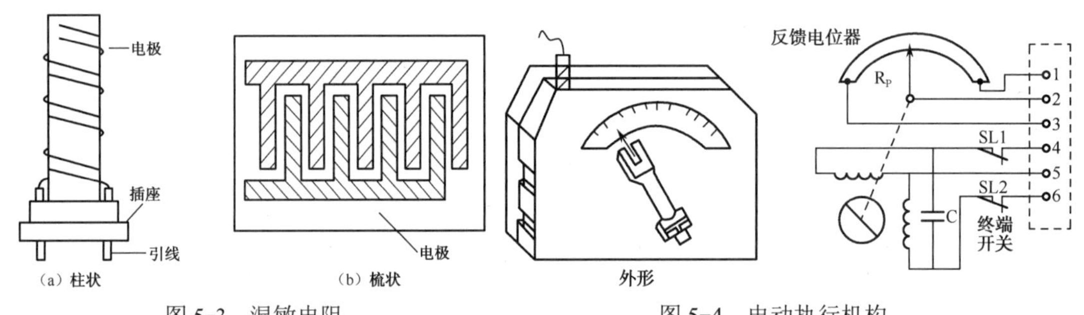

图5-3　湿敏电阻　　　　图5-4　电动执行机构

2）电动调节阀

电动调节阀分为电动两通阀和电动三通阀两种，三通阀结构见图5-5。与电动执行机构的不同之处是本身具有阀门部分，相同点是都有电容式单相异步电动机、减速器和终端开关等。

当接通电源后，电动机通过减速机构、传动机构将电动机的转动变成阀芯的直线运动，随着电动机转向的改变，使阀门向开启或关闭方向运动。当阀芯处于全开或全闭位置时，通过终端开关自动切断执行电动机的电源，同时接通指示灯以显示阀门的终端位置。若和上述电动执行机构组合，可以实现按比例调节规律调节。

电动调节阀也有只能实现全开和全关两种状态的电动两通阀或电动三通阀，当阀芯全部打开时，电动机为堵转运行，是应用特制的磁滞电动机拖动的，其堵转电流为工作电流。当电动机断电时，利用弹簧的反弹力而旋转关闭，此类电动调节阀只能实现按双位调节规律调节。

3）电磁阀

电磁阀分为两通阀、三通阀和四通阀，电磁两通阀应用得最广泛，结构见图5-6。其工作原理是利用电磁线圈通电产生的电磁吸力将阀芯提起，而当电磁线圈断电时，阀芯在其本身的自重作用下自行关闭。因此，电磁两通阀只能垂直安装。电磁阀与多数电动调节阀的不同点是，它的阀门只有全开和全关两种状态，没有中间状态，只能实现按双位调节规律调节。一般应用在制冷系统和蒸汽加湿系统。电磁导阀与其他主阀组合，也可实现比例调节。

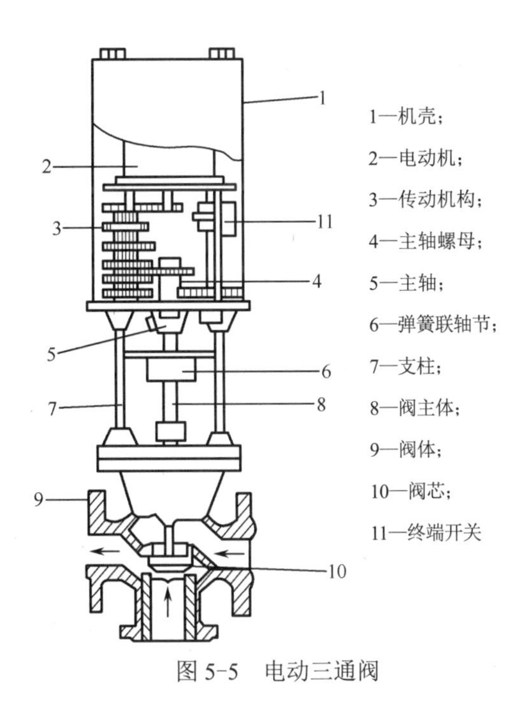

图 5-5　电动三通阀

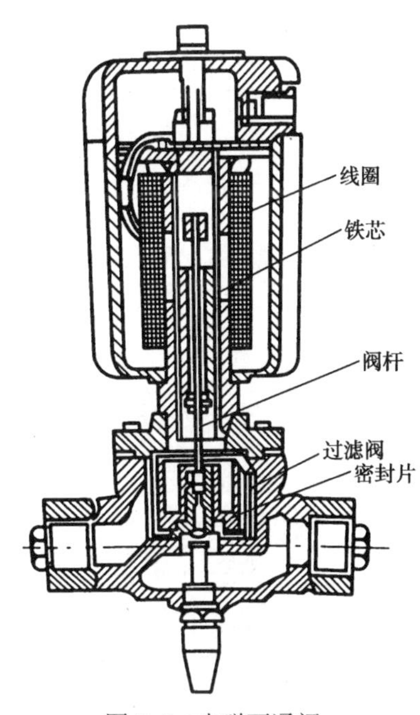

图 5-6　电磁两通阀

3. 调节器

接收敏感元件的输出信号并与给定值比较，然后将测出的偏差变为输出信号，指挥执行调节机构，对调节对象起调节作用，并保持调节参数不变或在给定范围内变化的这种装置称为调节器、二次仪表或调节仪表。

1）SY 型调节器

SY 型调节器由两组电子电路和继电器组成，由同一电源变压器供电，其电路见图 5-7。上部为第一组，电接点水银温度计接在 1、2 两点上。当被测温度等于或超过给定温度时，敏感元件的电接点水银温度计接通 1、2 两点，V1 处于饱和导通状态，使集电极电位提高，故 V2 管处于截止状态，微型灵敏继电器 KE1 释放（不吸合）；而当温度低于给定值时，1、2 两点处于断开状态，V1 管处于截止状态，V2 管基极电位较低，V2 管工作在导通状态，继电器 KE1 吸合，利用继电器 KE1 的触点去控制执行调节机构（电动阀或电磁阀），就可实现温度的自动调节。实际上就是一个将只能通过小电流的电接点水银温度计触点放大，转换成一个稍大点的电流触点调节器，此调节器只能实现双位调节。

图中下面部分为第二组，8、9 两点接电接点湿球温度计，其工作原理与上面相同。两组配合，可在恒温恒湿机组中实现恒温恒湿的控制。

2）RS 型室温调节器

RS 型室温调节器可用于控制风机盘管等空调末端装置，按双位调节规律控制恒温。调节器电路见图 5-8。由晶体三极管 V1 构成测量放大电路，V2、V3 组成典型的双稳态触发电路，通过继电器 KE 的触点转换而实现输出。实际上就是一个将电阻阻值变化转换成触点输出的调节器。

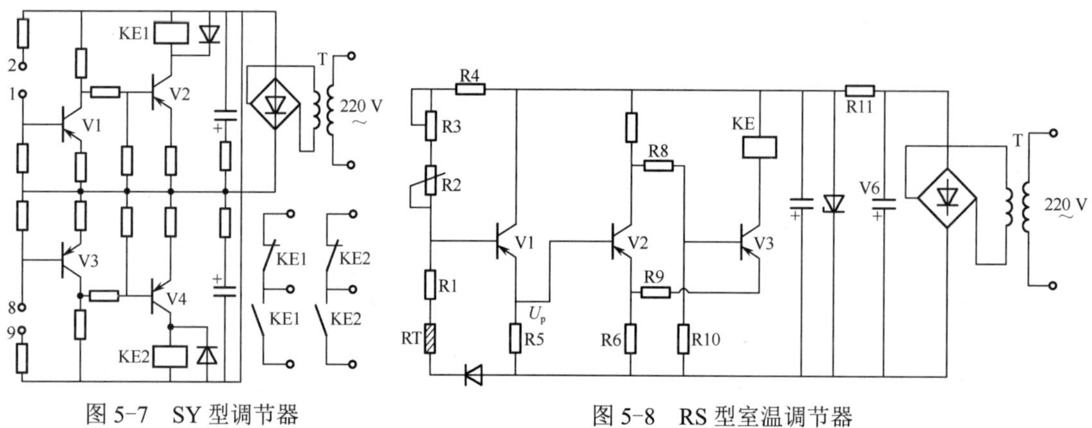

图 5-7　SY 型调节器　　　　图 5-8　RS 型室温调节器

（1）测量放大电路

敏感元件是热敏电阻 R_T，它与电阻 R1、R2、R3、R4 组成 V1 的分压式偏置电路。当室温变化时，R_T 阻值就发生变化，因而可改变 V1 基极电位，进而使 V1 发射极电位 U_p 发生变化，U_p 用来控制下面的双稳态触发器。R2 是改变温度给定值的电位器，改变其阻值可使调节器的动作温度改变。R3 是安装时的调校电阻。

当 R_T 处的温度降低时，R_T 阻值增加，V1 管基极电流 I_{b1} 增加，使 V1 管发射极电流增加，则电阻 R5 电压降增加，发射极电位 U_p 降低。反之，当 R_T 处的温度增加时，R_T 阻值减小，V1 基极电流减小，发射极电流也减小，使 U_p 上升。

（2）双稳态触发电路

V2 管的集电极电位通过 R8、R10 分压支路耦合到 V3 管的基极，而 V3 管的发射极经 R9 和公用发射极电阻 R6 耦合到 V2 管的发射极。由于采用这种耦合方式，该电路被称为发射极耦合的双稳态触发器。

触发电路由两级放大器组成，放大系数大于 1，R6 具有正反馈作用。电路具有两个稳定状态，即 V2 截止、V3 饱和导通；或者 V2 饱和导通、V3 截止。由于反馈回路有一定的放大系数，所以此电路有强烈的正反馈特性，使它能够在一定条件下，从一个稳定状态转换到另一个稳定状态，并通过继电器 KE 吸合与释放，将信号传递出去。

当 R_T 处的温度降低时，R_T 阻值增加，与给定温度电阻值比较，使 U_p 降低，V2 饱和导通、V3 截止，继电器 KE 释放，发出温度低于给定温度的信号。

当 R_T 处的温度增加时，R_T 阻值减小，与给定温度电阻值比较，使 U_p 上升，当 U_p 上升到一定值时，V2 截止、V3 饱和导通，继电器 KE 吸合，发出温度高于给定温度的信号。

3）P 系列调节器

P 系列调节器是专为空调系统设计的比例调节器。它与电动调节阀配套使用，在取得位置反馈时，可构成连续比例调节，也可不采用位置反馈而直接控制接触器或电磁阀等，实现三位式输出。

该系列调节器有若干种型号，适用于不同要求的场合。如 P-4A 是温度调节器，P-4B 是温差调节器，可作为相对湿度调节；P-5A 是带温度补偿的调节器。P 系列各型调节器除测量电桥稍有不同外，其他大体相同，故下面仅对图 5-9 所示的 P-4A 型调节器电路进行分析。

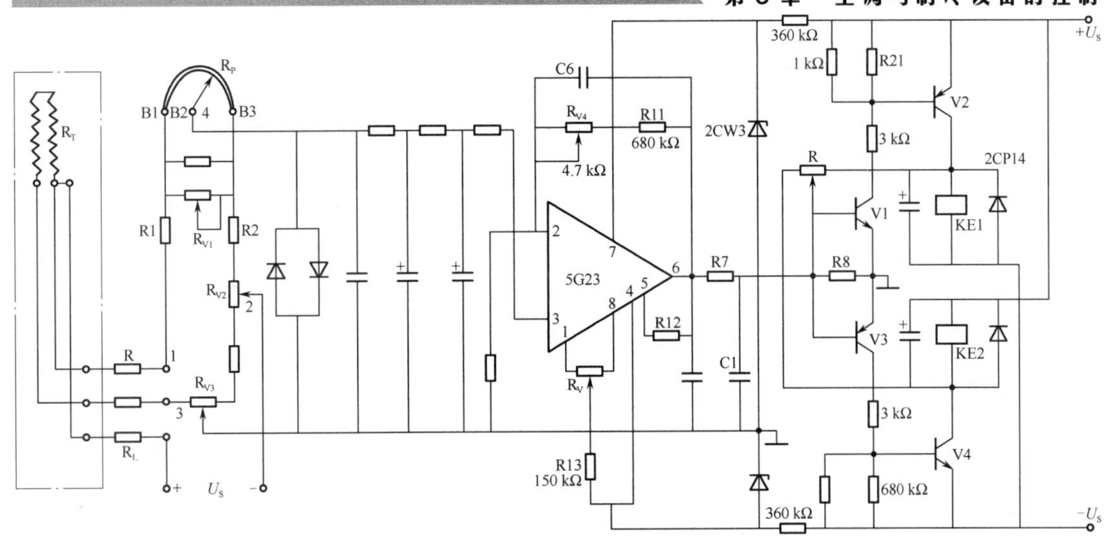

图 5-9 P-4A 调节器电路

（1）直流测量电桥

电桥 1、2 两点的电源是由整流器供给的直流电，电桥的作用是：

① 通过电位器 R_{V3} 调节温度给定值，由于采用了同时改变两相邻臂电阻的方法，所以可减小因滑动点接触电阻的不稳定对给定值带来的误差，R_{V3} 安装在仪表板上，其上刻有给定的温度，比如 12～32 ℃量限，可在 12～32 ℃任意给定。

② 通过电阻 R_T（敏感元件）与给定电阻的阻值相比较测量偏差信号（约 200 μV/0.07 ℃）。这是由于当不能满足相对臂乘积相等的条件，使电桥成为不平衡工作状态时，就会输出一个偏差信号。此信号由电桥 3、4 两点输出，再经阻容滤波滤去交流干扰信号后送入运算放大电路放大。电阻 R_T 采用三线接法使连接线路的电阻属于电桥的两个臂，以消除线路电阻随温度变化而造成的测量误差。

③ 位置反馈信号是由 R_P 实现的，而反馈量的大小可由电位器 R_{V1} 来调整。R_P 与执行机构联动，因此两者位置相对应，当电桥不平衡时，执行机构动作，对被测量的温度进行调节，同时带动 R_P，使电桥处于新的平衡状态，执行机构的电动机就停止转动，不至于调节过度。

④ R_{V2} 是安装时的调校电位器。

（2）运算放大电路

运算放大电路采用集成电路，该放大电路利用 R11 和 R_{V4} 构成负反馈式比例放大器，放大倍数虽然降低了，但却增加了调节器的稳定性，同时通过改变放大倍数可以改变调节器的灵敏度，电容 C6 反馈到输入端，最大限度地降低了干扰。电位器 R_V 为放大器的校零电位器。

（3）输出电路

输出电路由晶体三极管 V1、V2、V3、V4 组成，它将直流放大器输出渐变的电压信号转变为一个跳变的电压信号，使两个灵敏继电器 KE1、KE2 工作在开关状态。其工作过程是前级输出电压加在 R8 上，其电压极性和数值大小由直流放大器的输出，即温度偏差的方向和大小来决定。当 R8 上的电压具有一定的极性并具有一定数值时，就会使 V1 或 V3 处于导通状态。

例如，当被测温度低于给定值时，R8 上的电压使 V1 的基极和发射极处于正向导通状态，V1 管导通，通过电阻 R21 使 V2 基极电位下降，V2 管也处于导通状态，此时灵敏继电器 KE1 吸合，并通过其触点 KE1 使电动执行机构向某一方向转动进行调节，使温度上升。

当被测温度高于给定值时，R8 上的电压使 V3 管处于导通状态，V3 管发射极与集电极间的电压降减小，使 V4 管处于导通状态，灵敏继电器 KE2 吸合，并通过其触点 KE2 使电动执行机构向与前述相反的方向转动，以进行相应的调节，使温度下降。KE1 和 KE2 两个继电器可组合成三位式输出。

在实际工程中，有许多不同类型的调节器得到应用，虽然电子电路组成不同（多数为集成电路），但其功能基本相同，此处就不过多举例。

5.2 集中式空调设备的控制

集中式空调系统的电气控制分为系列化设备和非系列化设备两种，本节仅以某单位的非系列化的集中式空调的电气控制作为实例，了解其运行工况及分析方法。

5.2.1 集中式空调系统电气控制的特点

该系统能自动地调节温、湿度和自动地进行季节工况的自动转换，做到全年自动化。开机时，只需按一下风机启动按钮，整个空调系统就能自动投入正常运行（包括各设备之间的程序控制、调节和季节的转换）；停机时，只要按一下空调风机停止按钮，就可以按一定程序停机。

空调系统的自动控制原理示意见图 5-10。系统在室内放有两个敏感元件，其一是温度敏感元件 RT（室内型镍电阻）；其二是相对湿度敏感元件 RH 和 RT 组成的温差发送器。

1. 温度自动控制

RT 接至 P-4A 型调节器上，此调节器根据实际温度与给定值的偏差，对执行机构按比例规律进行控制。在夏季是通过控制一、二次回风风门来维持恒温（当一次风门关小时，二次风门开大，既防止风门振动，又加快调节速度）。在冬季是通过控制二次加热器（表面式蒸汽加热器）的电动两通阀开度实现恒温。

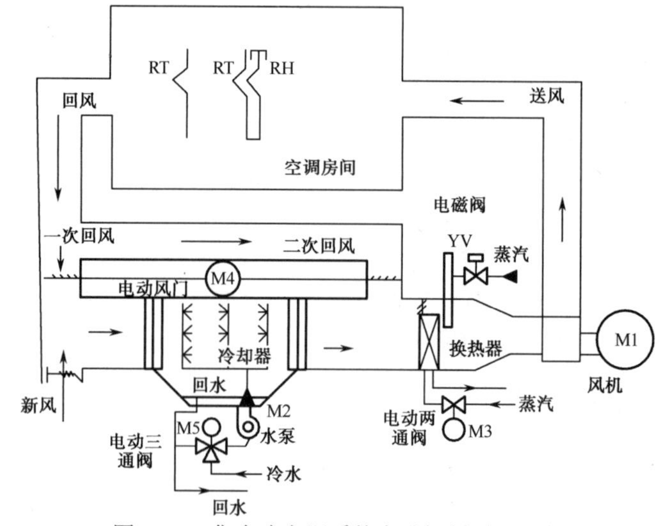

图 5-10　集中式空调系统自动控制原理示意

2．温度控制的季节转换

夏转冬：当按室温信号将二次风门开足时，还不能使空气温度达到给定值，则利用风门电动执行机构的终端开关的极限位置动作送出一个信号，使中间继电器动作，以实现工况转换。但为了避免干扰信号使转换频繁，转换时均通过时间继电器延时。如果在整定的时间内恢复了原工作制（终端开关复原），该转换继电器还未动作，则不进行转换。

冬转夏：由冬季转入夏季是利用加热器的电动两通阀关严时的终端开关送出一个信号，经延时后自动转换。

3．相对湿度控制

相对湿度控制是通过 RH 和 RT 组成的温差发送器，反映房间内相对湿度的变化，将此信号送至冬、夏共用的 P-4B 型温差调节器。此调节器根据实际情况按比例规律控制执行调节机构。在夏季，是利用控制喷淋水的（或者控制表面式冷却器的冷冻水）温度实现降温的，若相对湿度较高，需冷却减湿，通过调节电动三通阀而改变冷冻水与循环水的比例，使空气在进行冷却减湿的过程中满足相对湿度的要求（温度用二次风门再调节）。

冬季是利用表面式蒸汽加热器加热升温的，相对湿度较低，需采用喷蒸汽加湿。系统是按双位规律控制，通过高温电磁阀控制蒸汽加湿器达到湿度控制。

4．湿度控制的季节转换

夏转冬：当相对湿度较低时，利用电动三通阀的冷水端全关足时送出一电信号，经延时后，使转换继电器动作，以使系统转入到冬季工况。

冬转夏：当相对湿度较高时，利用 P-4B 型调节器的上限电接点送出一电信号，经延时后，进行转换。

5.2.2　集中式空调系统的电气控制分析

1．风机、水泵电动机的控制

空调系统的电气控制电路如图 5-11 所示。在运行前进行必要的检查后，合上电源开关 QS，并将其他选择开关置于自动位置。

风机的启动：风机电动机 M1 是利用自耦变压器降压启动的。按下风机启动按钮 SB1 或 SB2，接触器 KM1 得电吸合，其主触点闭台，将自耦变压器三相绕组的零点接到一起，同时辅助触点 KM1 的 1-2 触点闭合，自锁；KM1 的 5-6 触点断开，互锁。KM1 的 3-4 触点闭合又使接触器 KM2 得电吸合，其主触点闭合，使自耦变压器接通电源，风机电动机 M1 接自耦变压器降压启动。同时，时间继电器 KT1 也得电吸合，其触点 KT1 的 1-2 触点延时闭合，使中间继电器 KA1 得电吸合。中间继电器触点 KA1 的 1-2 触点闭合，自锁；KA1 的 3-4 触点断开，使 KM1 失电，KM2、KT1 也失电，风机电动机 M1 切除自耦变压器。KM1 的 5-6 触点闭合又使接触器 KM3 得电吸合，其主触点闭合，风机电动机 M1 全压运行。同时接触器的辅助触点 KM3 的 1-2 触点闭合，使中间继电器 KA2 得电吸合。中间继电器触点 KA2 的 1-2 触点闭合，为水泵电动机 M2 自动启动做准备；KA2 的 3-4 触点断开；L32 无电，KM2 的 5-6 触点闭合，SA1 在运行位置时，L31 有电，为自动调节电路送电。

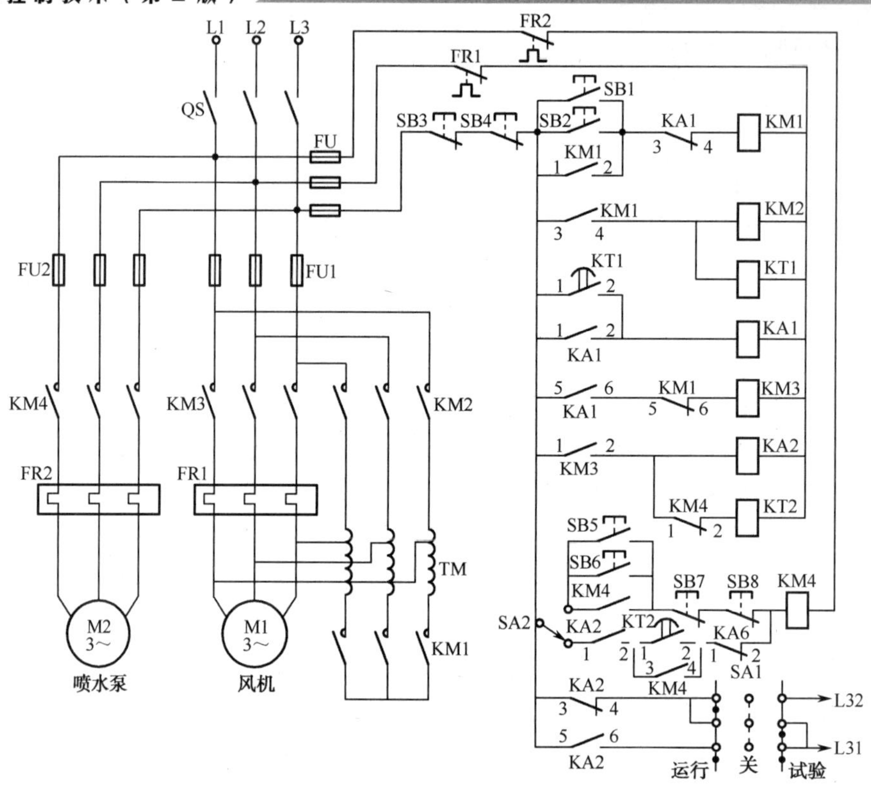

图 5-11　集中式空调系统的电气控制电路

水泵的启动：喷水泵电动机 M2 是直接启动的，当风机正常运行时，在夏季需冷冻水的情况下，中间继电器 KA6 的 1-2 触点处于闭合状态。当 KA2 得电时，KT2 也得电吸合，KT2 的 1-2 触点延时闭合，接触器 KM4 经 KA2 的 1-2 触点、KT2 的 1-2 触点、KA6 的 1-2 触点得电吸合，其主触点闭合使水泵电动机 M2 直接启动，对冷冻水进行加压。同时辅助触点 KM4 的 1-2 触点断开，使 KT2 失电；KM4 的 3-4 触点闭合，自锁；KM4 的 5-6 触点为按钮启动用自锁触点。

转换开关 SA1 转到试验位置时，若不启动风机与水泵，也可通过中间继电器 KA2 的 3-4 触点为自动调节电路送电，在既节省能量又降低噪声的情况下，对自动调节电路进行调试。在正常运行时，SA1 应转到运行位置。

空调系统需要停止运行时，可通过停止按钮 SB3 或 SB4 使风机及系统停止运行，并通过 KA2 的 3-4 触点为 L32 送电，整个空调系统处于自动回零状态。

2．温度自动调节及季节自动转换

温度自动调节及季节自动转换电路图见图 5-12。敏感元件 RT 接在 P-4A 调节器端子板 XT1、XT2、XT3 上，P-4A 调节器上另外三个端子 XT4、XT5、XT6 接二次风门电动执行机构电动机 M4 的位置反馈电位器 R_{M4} 和电动两通阀 M3 的位置反馈电位器 R_{M3} 上。KE1、KE2 触点为 P-4A 调节器中继电器的对应触点。

1）夏季温度调节

将转换开关 SA3 置于自动位置。若正处于夏季，二次风门一般不处于开足状态。时间

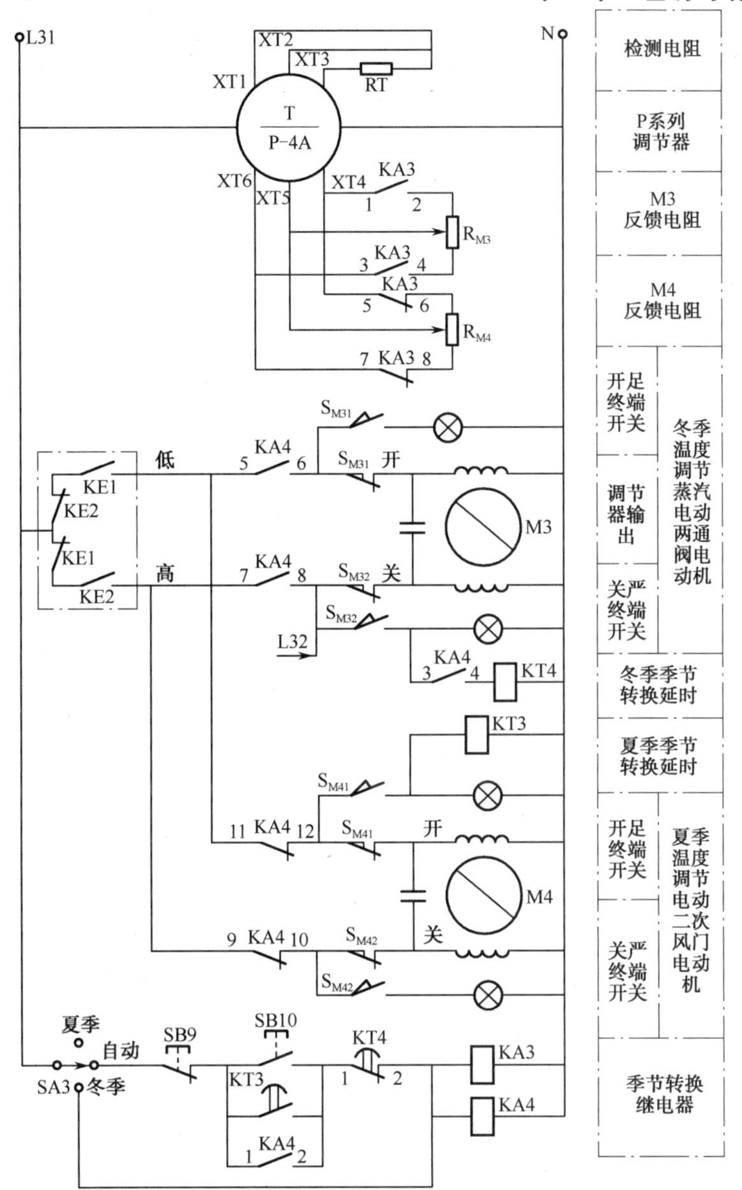

图 5-12　温度自动调节及季节自动转换电路

继电器 KT3 线圈不会得电，中间继电器 KA3、KA4 线圈也不会得电。这时，一、二次风门的执行机构电动机 M4 通过 KA4 的 9-10 触点和 11-12 常闭触点处于受控状态。通过敏感元件 RT 检测室温，传递给 P-4A 调节器进行一、二次风门开度的自动调节。

例如，当实际温度低于给定值而有负偏差时，经 RT 检测并与给定电阻值比较，使调节器中的继电器 KE1 吸合，其常开触点闭合，发出一个用以开大二次风门和关小一次风门的信号。M4 经 KE1 常开触点和 KA4 的 11-12 常闭触点接通电源而转动，将二次风门开大，一次风门关小。利用二次回风量的增加来提高被冷却后的新风温度，使室温上升到接近于给定值。同时，利用电动执行机构的反馈电阻 R_{M4} 与温度检测电阻的变化相比较，成比例地调节一、二次风门开度。当 R_{M4}、RT 与给定电阻值平衡时，P-4A 中的继电器 KE1 失

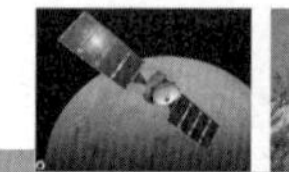

电，一、二次风门调节停止。如室温高于给定值，P-4A 中的继电器 KE2 将吸合，发出一个用以关小二次风门的信号，M4 经 KE2 常开触点和 KA4 的 9-10 触点得到反相序电源，使二次风门成比例地关小。

2）夏季转冬季工况

随着室外气温的降低，空调系统的热负荷也相应地增加，当二次风门开足，仍不能满足要求时，通过二次风门开足，压下 M4 的终端开关 S_{M41}，使时间继电器 KT3 线圈通电吸合，其触点 KT3 的 1-2 触点延时（4 min）闭合，使中间继电器 KA3、KA4 得电吸合，其触点 KA4 的 9-10 触点、KA4 的 11-12 触点断开，使一、二次风门不受控；KA3 的 5-6 和 7-8 触点断开，切除 R_{M4}；KA3 的 1-2 触点、KA3 的 3-4 触点闭合，将 R_{M3} 接入 P-4A 回路；KA4 的 5-6 和 7-8 触点闭合，使蒸汽加热器电动两通阀电动机 M3 受控；KA4 的 1-2 触点闭合，自锁。系统由夏季工况自动转入冬季工况。

3）冬季温度控制

冬季温度控制仍通过敏感元件 RT 检测 P-4A 调节器中的 KE1 或 KE2 触点的通断，使电动两通阀电动机 M3 正转或反转，使电动两通阀开大或关小，并利用反馈电位器 R_{M3} 按比例规律调整蒸汽量的大小。

例如，当实际温度低于给定值而有负偏差时，经 RT 检测并与给定电阻值比较，使调节器中的继电器 KE1 吸合，其常开触点闭合，发出一个开大电动两通阀的信号。M3 经 KE1 常开触点和 KA4 的 5-6 触点接通电源而转动，将电动两通阀开大，使表面式蒸汽加热器的蒸汽量加大，使室温上升到接近于给定值。同时，利用电动执行机构的反馈电阻 R_{M3} 与温度检测电阻的变化相比较，成比例地调节电动两通阀的开度。当 R_{M3}、RT 与给定电阻值平衡时，P-4A 中的继电器 KE1 失电，电动两通阀的调节停止。如室温高于给定值，P-4A 中的继电器 KE2 将吸合，发出一个用以关小电动两通阀开度的信号。

4）冬季转夏季工况

随着室外气温升高，蒸汽电动两通阀逐渐关小。当关严时，通过终端开关 S_{M32} 送出一个信号，使时间继电器 KT4 线圈通电，其触点 KT4 的 1-2 触点延时（1～1.5 h）断开，KA3、KA4 线圈失电，此时一、二次风门受控，蒸汽两通阀不受控，由冬季转到夏季工况。

从上述分析可知，工况的转换是通过中间继电器 KA3、KA4 实现的。当系统开机时，不管实际季节如何，系统均处于夏季工况（KA3、KA4 经延时后才通电）。如当时正是冬季，可通过 SB10 按钮强迫转入冬季工况。

3．温度控制环节及季节的自动转换

相对湿度检测的敏感元件是由 RT 和 RH 组成温差发送器，该温差发送器接在 P-4B 调节器 XT1、XT2、XT3 端子上，通过 P-4B 调节器中的继电器 KE3、KE4 触点（为了与 P-4A 调节器区别，将 P 系列调节器中的继电器 KE1、KE2 编为 KE3、KE4）的通断，在夏季，通过控制冷冻水温度的电动三通阀电动机 M5，并引入位置反馈 R_{M5} 电位器，构成比例调节；在冬季则通过控制喷蒸汽用的电磁阀或电动两通阀实现。控制电磁阀只能构成双位调节，控制线路简单，控制效果不如控制电动两通阀好。湿度自动调节及季节转换电路图见图 5-13。

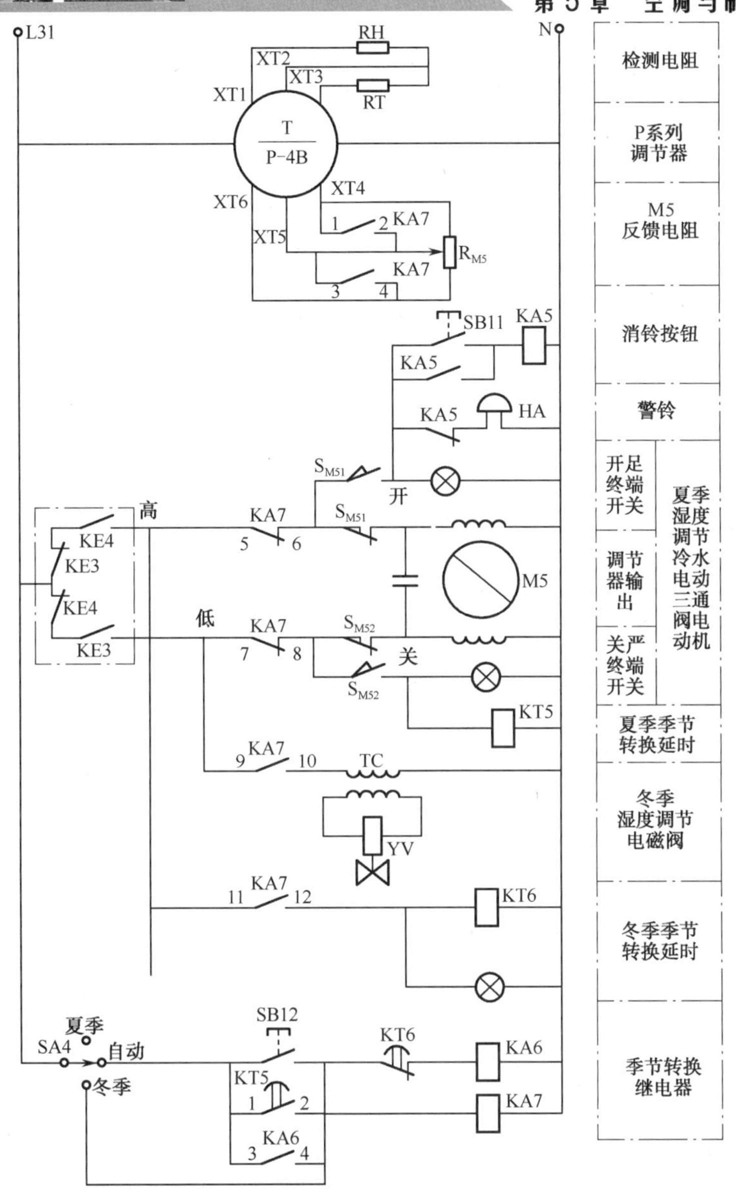

图 5-13　湿度自动调节及季节转换电路图

1）夏季相对湿度的控制

夏季相对湿度控制是通过电动三通阀来改变冷水与循环水的比例，实现增冷减湿的。如果室内的相对湿度较高时，由敏感元件发送一个温差信号，通过 P-4B 调节器放大，使继电器 KE4 吸合，让控制三通阀的电动机 M5 得电，将电动三通阀的冷水端开大，循环水关小。表面式冷却器中的冷冻水温度降低，进行冷却减湿，接入反馈电阻 R_{M5}，实现比例调节。如果室内的相对湿度较低时，通过敏感元件检测和 P-4B 中继电器 KE3 吸合，将电动三通阀的冷水端关小，循环水开大，冷冻水温度相对提高，相对湿度也提高。

2）夏季转冬季工况

当室外气温变冷，相对湿度也较低时，自动调节系统会使表面式冷却器的电动三通阀

的冷水端关严。利用电动三通阀关严时 M5 终端开关 S_{M52} 的动作，使时间继电器 KT5 得电吸合，KT5 的 1-2 触点延时（4 min）闭合，中间继电器 KA6、KA7 线圈得电，KA6 的 1-2 触点断开，KM4 失电，水泵电动机 M2 停止运行；KA6 的 3-4 触点闭合，自锁；KA6 的 5-6 触点断开，向制冷装置发出不需冷源的信号，KA7 的 1-2 触点、KA7 的 3-4 触点闭合，切除 R_{M5}；KA7 的 5-6 触点、KA7 的 7-8 触点断开，使电动三通阀电动机 M5 不受控；KA7 的 9-10 触点闭合，喷蒸汽加湿用的电磁阀受控；KA7 的 11-12 触点闭合，时间继电器 KT6 受控，进入冬季工况。

3）冬季相对湿度的控制

在冬季，加湿与不加湿的工作是由调节器 P-4B 中的继电器 KE3 触点实现的。当室内相对湿度较低时，调节器 KE3 线圈得电，其常开触点闭合，降压变压器 TC 通电（220/36 V），使高温电磁阀 YV 通电，打开阀门喷射蒸汽进行加湿。此为双位调节，湿度上升后，调节器 KE3 失电，其触点恢复，停止加湿。

4）冬季转夏季工况

随着室外空气的温度升高，新风与一次回风混合的空气的相对湿度也较高，不加湿也出现高湿信号，调节器中的继电器 KE4 线圈得电吸合，使时间继电器 KT6 线圈得电，KT6 的 1-2 触点经延时（1.5 h）断开，使中间继电器 KA6、KA7 失电，证明长期存在高湿信号，应使自动调节系统转到夏季工况。如果在延时时间内，KT6 的 1-2 触点未断开，而 KE4 触点又恢复了，说明高湿信号消除，则不能转入夏季工况。

通过上述分析可知，相对湿度控制工况的转换是通过中间继电器 KA6、KA7 实现的。当系统开机时，不论是什么季节，系统将工作在夏季工况，经延时后才转到冬季工况。按下 SB12 按钮，可强迫系统快速转入冬季工况。

系统除保证自动运行外，还备有手动控制，需要时可通过手动开关或按钮实现手动控制。另外，系统还有若干指示、报警、需冷、需热信号指示和温度遥测等，电路较为简单，此处从略不叙。

5.3 制冷设备的控制

在空调工程中常用两种冷源，一种为天然冷源，一种为人工冷源。人工制冷的方法很多，目前广泛使用的是利用液体在低压下汽化时需吸收热量这一特性来制冷的。属于这种类型的制冷装置有压缩式制冷、溴化锂吸收式制冷和蒸汽喷射制冷等。这里主要介绍压缩式制冷的基本原理和制冷系统的电气控制。

5.3.1 压缩式制冷的基本原理和主要设备

1. 压缩式制冷的基本原理

在日常生活中我们都有这样的感受，如果皮肤上涂上一点酒精，它就会很快挥发，并给皮肤带来凉快的感觉，这是因为酒精由液态变为气态时，吸收皮肤上热量的缘故。其实，凡是液体汽化都要从周围介质（如水、空气）吸收热量，从而得到制冷效果。

在制冷装置中用来实现制冷的工作物质称为制冷剂（致冷剂或工质）。常用的制冷剂有氨和氟利昂等。

图 5-14 所示是由制冷压缩机、冷凝器、膨胀阀（节流阀或毛细管）和蒸发器四个主件以及管路等构成的最简单的蒸汽压缩式制冷装置工作原理示意，装置内充有一定质量的制冷剂。

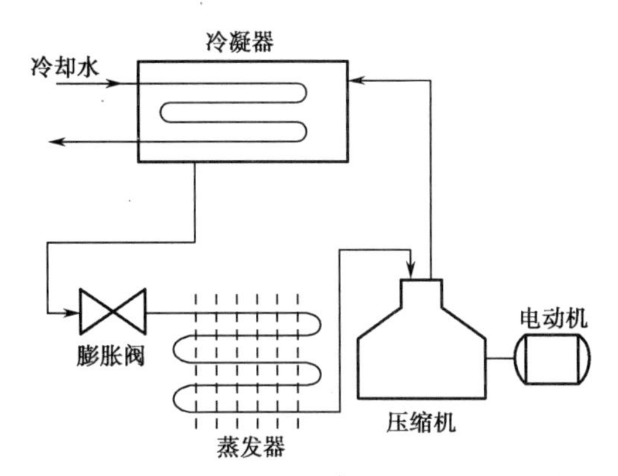

图 5-14　蒸汽压缩式制冷装置工作原理示意

工作原理：当压缩机在电动机驱动下运行时，就能从蒸发器中将温度较低的低压制冷剂气体吸入气缸内，经过压缩后成为压力、温度较高的气体被排入冷凝器；在冷凝器内，高压高温的制冷剂气体与常温条件的水（或空气）进行热交换，把热量传给冷却水（或空气），而使本身由气体凝结为液体；当冷凝后的液态制冷剂流经膨胀阀时，由于该阀的孔径极小，使液态制冷剂在阀中由高压节流至低压进入蒸发器；在蒸发器内，低压低温的制冷剂液体的状态是很不稳定的，立即进行汽化（蒸发）并吸收蒸发器水箱中水的热量，从而使喷水室回水重新得到冷却又成为冷水（冷冻水），蒸发器所产生的制冷剂气体又被压缩机吸走。这样制冷剂在系统中要经过压缩、冷凝、节流和蒸发等过程才完成一个制冷循环。

由上述制冷剂的流动过程可知，只要制冷装置正常运行，在蒸发器周围就能获得连续和稳定的冷量，而这些冷量的取得必须以消耗能量（如电动机耗电）作为补偿。

2．压缩式制冷系统的主要设备

制冷压缩机通过消耗由电动机转换来的机械能，一方面压缩蒸发器排出的低压制冷剂蒸汽，使之升压到在常温下冷凝所需的冷凝压力，同时也提供了制冷剂在系统中循环流动所需的动力。可以说，它是蒸汽压缩式制冷系统的心脏。

按工作原理分，制冷压缩机有容积式和离心式。容积式压缩机通过改变工作腔的容积来完成吸气、压缩、排气的循环工作过程，常用的压缩机有螺杆式和活塞式。离心式压缩机则是靠离心力的作用来压缩制冷剂蒸汽的，常用于大型中央空调制冷设备中。

制冷系统除具有压缩机、冷凝器、膨胀阀和蒸发器四个主要部件以外，为保证系统的正常运行，尚需配备一些辅助设备，包括油分离器（分离压缩后的制冷剂蒸汽所夹带的润滑油）、储液器（存放冷凝后的制冷剂液体，并调节和稳定液体的循环量）、过滤器和自动控制器件等。此外，氨制冷系统还配有集油器和紧急泄氨器等；氟利昂制冷系统还配有热交换器和干燥器等。

5.3.2　螺杆式冷水机组的电气控制

不同型号的冷水机组其控制电路是不同的，而且差别也比较大，如果不了解其运行工况，则识读控制电路图的难度是比较大的。首先，冷水机组的保护环节比较多，而且保护环节大多数是非电量的检测，比如吸/排气的压力、温度，润滑油的压力、温度，冷（冻）

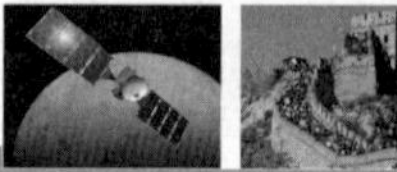

水与冷却水的压力、温度和流量，以及压缩机本身的能量调节等。其次是冷水机组的控制器件多数已经电子化了，电子器件与电磁器件的工作原理是不相同的，如果不了解电子器件的工作原理，就不知道其输出量与输入量的变化关系。所以必须先解读其电子器件的工作原理。目前，冷水机组已广泛应用直接数字控制（DDC），为了了解冷水机组的运行工况，下面介绍 RCU 日立螺杆式冷水机组的控制电路，为识读其他冷水机组的控制电路奠定基础。

1．控制电路的特点

1）主电路

螺杆式冷水机组的主电路如图 5-15 所示，设有两台压缩机，电动机为 M1 和 M2，每台电动机的额定功率为 29 kW，采用 Y-△降压启动，要求两台电动机启动有先后顺序，M1 启动结束后，M2 才能启动，以减轻启动电流对电网的冲击。

每台电动机分别由自动开关 QF1 和 QF2 实现过载和过电流保护。还装有防止相序接错而造成反转的相序保护电器 F1 和 F2，F1 或 F2 通电时，相序接对，F1 或 F2 的常开触点才能闭合，控制电路才能工作。同时也兼有缺相保护，缺相时，其常开触点也不能闭合。

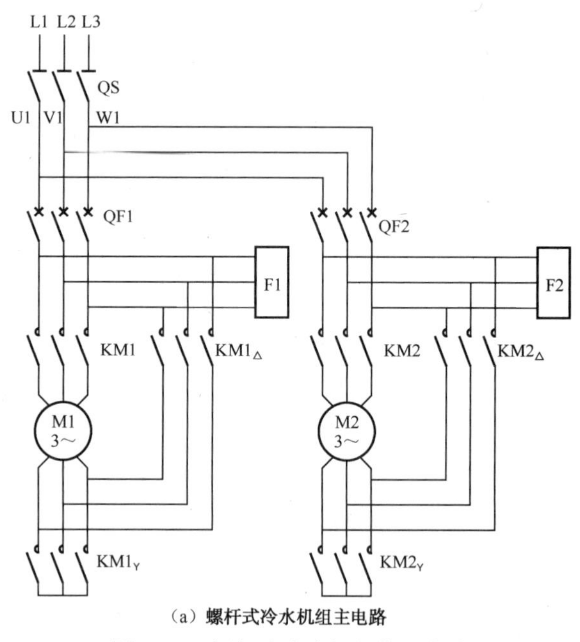

（a）螺杆式冷水机组主电路

图 5-15　螺杆式冷水机组的主电路

2）冷水机组的非电量保护

螺杆式冷水机组的控制电路如 5-16 所示。

（1）压缩机排气压力过高保护：由高压压力继电器 SP_{H1} 和 SP_{H2} 实现，当压缩机出口排气压力超过设定值时，其常闭触点断开，使对应的电动机停止运行，阻断压力为 2.2 MPa，接通压力为 1.6 MPa，主要目的是防止压缩机在过负载下运行而损坏设备。

（2）压缩机吸气压力过低保护：由低压压力继电器 SP_{L1} 和 SP_{L2} 实现，当压缩机进口吸气压力低于设定值时，其常闭触点断开，使对应的电动机停止运行，阻断压力为 0.25 MPa，接通压力为 0.5 MPa，主要目的是防止压缩机在低负载下运行而浪费能源。

（3）润滑油低温保护：当润滑油温度低于 110 ℃时，油的黏度太大，会使压缩机难以启动，为此，在压缩机的油箱里分别设置有油加热器 RO1 和 RO2。在压缩机启动前，使润滑油温度加热高于 110 ℃，油加热器的功率为 150 W，当油温加热高于 140 ℃时，通过油箱里分别设置的温度继电器而断开油加热器 RO1 或 RO2；当油温加热高于 110 ℃时，温度继电器 ST_{O1} 或 ST_{O2} 的触点闭合，压缩机电动机才能启动。

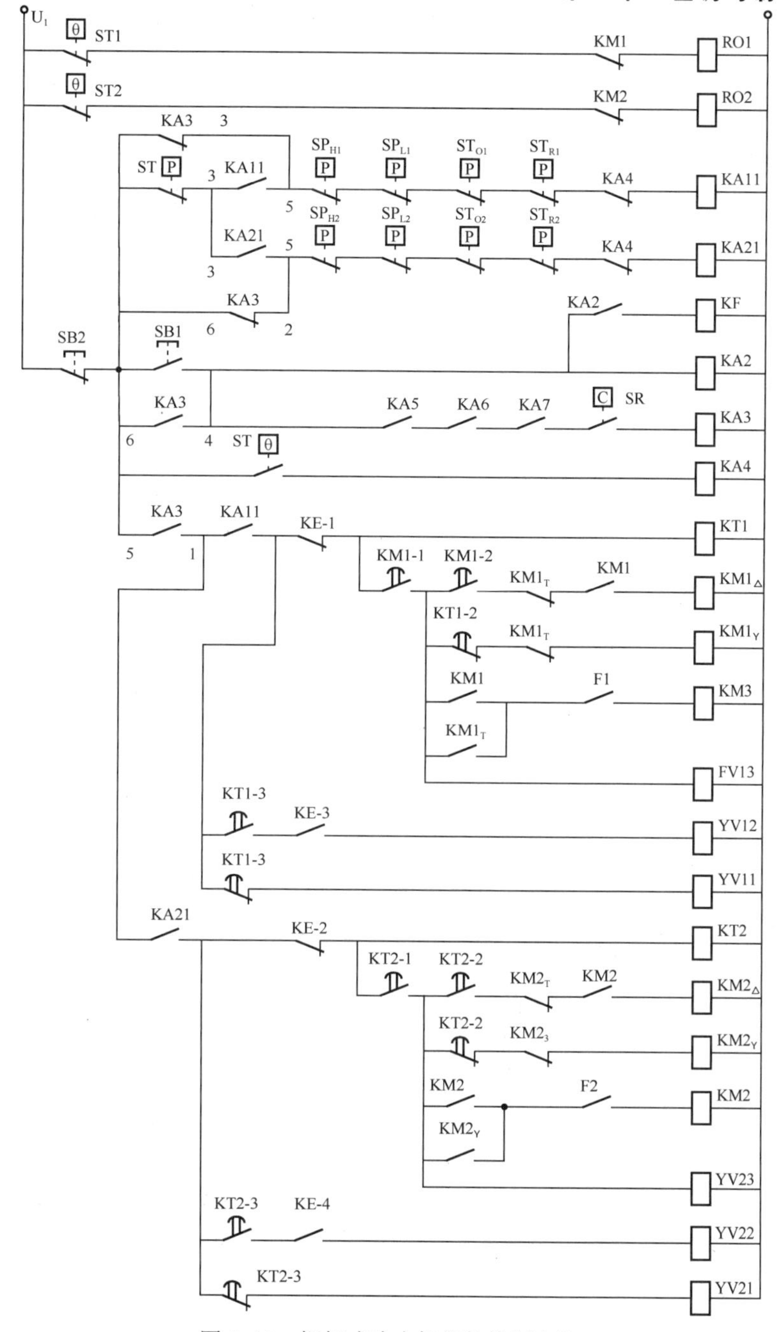

图 5-16　螺杆式冷水机组的控制电路

（4）电动机绕组高温保护：每台电动机定子内设置有温度继电器 ST_{R1} 和 ST_{R2}，当电动机绕组温度高于 115 ℃时，其常闭触点断开，使对应的电动机停止运行。

（5）冷水低温保护：在冷水管道上设置有温度传感器 ST，其触点有两对，常开和常闭触点。当冷水温度下降到 2.5 ℃时，温度传感器 ST 触点动作，其常开触点闭合，接通继电器 KA4，使事故继电器线圈断电，进而断开接触器 KM1 和 KM2，防止水温太低而结冰；当冷水温度回升到 5.5 ℃时，其触点才能恢复。

（6）冷水流量保护：在冷水管道上还设置有靶式流量计 SR，当冷水管道里有水流动时，SR 的常开触点才能闭合，冷水机组才能开始启动。

（7）水循环系统的联锁保护：与冷水机组配套工作的还应该有冷却水塔（冷却风机）、冷却水泵和冷水泵。其开机的顺序为：冷却风机开、冷却水泵开、冷水泵开，延时 1 min 后，再启动冷水机组。而停止的顺序为：冷水机组停，延时 1 min 后，冷水泵停、冷却风机停，然后为冷却水泵停。

由于冷却风机、冷却水泵、冷水泵等的电动机控制电路比较简单，此处不分析。如果电动机容量较大，则增加降压启动环节。图中的继电器 KA5、KA6、KA7 分别为各台电动机启动信号用继电器，只有三个继电器都工作，冷水机组才能开始启动。

3）电子控制器件

（1）温度控制调节器 KE 的功能是：当冷水机组需要工作时，按下 SB1，使 KA2 和 KA3 线圈通电，KA2 使 KE 整流变压器接通工作电源，其输入信号为安装在冷水回水管道上的热敏电阻传感器，调节器 KE 接有温度给定电位器，其输出有四对触点，可以设置四组温度，分别对应四对触点 KE-1、KE-2、KE-3 和 KE-4，其中 KE-1 和 KE-2 用的是常闭触点，KE-3 和 KE-4 用的是常开触点。

冷水回水温度一般为 12 ℃以上，当回水温度下降 4 ℃（为 8 ℃）时，KE-4 动作；当回水温度又下降 1 ℃（为 7 ℃）时，KE-3 动作；当回水温度再下降 1℃（为 6℃）时，KE-2 动作；当回水温度下降到 5 ℃（共下降 7 ℃）时，KE-1 动作。用温度控制方式对冷水机组实现能量调节。温度控制调节器 KE 可以看成由四组 RS 调节器组合而成。

（2）电子时间继电器 KT1 和 KT2 分别有三组延时输出，分别对应三组触点，如 KT1 有 KT1-1、KT1-2 和 KT1-3，其中 KT1-1 只用一对常开触点。时间继电器的延时主要是用于冷水机组电动机的启动顺序控制、启动过程中的 Y-△转换的控制及启动过程中的吸气能量控制等。

KT1-1 的延时可调节为 60 s，KT1-2 的延时为 65 s，KT1-3 的延时为 90 s。而 KT2-1 的延时可调节为 120 s，KT2-2 的延时为 125 s，KT2-3 的延时为 150 s。以上延时也可以根据实际需要重新调节。电子时间继电器 KT 可以看成分别由三组时间继电器组合而成，其线圈实际上就是整流变压器的工作电源。

2. 控制电路分析

1）冷水机组电动机的启动

冷水机组需要工作时，合上电源开关 QS、QF1 和 QF2，系统已经启动了冷却风机、冷却水泵、冷水泵等的电动机，对应的 KA5、KA6、KA7 常开触点闭合，各保护环节正常时，事故保护继电器 KA11 和 KA21 通电吸合，并且自锁，按下 SB1，使 KA2、KA3 线圈通电而吸合，KA2 触点闭合使温度控制调节器 KE 接通工作电源，此时冷水温度较高，KE 的状态不变；而 KA3 的 6-4 触点闭合，自锁；KA3 的 5-1 触点闭合，KT1、KT2 接通工作电源，开始延时，KT1 延时 60 s 时，KT1-1 的常开触点闭合，使 $KM1_Y$线圈通电，其主触点闭合，使 M1 定子绕组接成星形接法；其辅助常闭触点断开，互锁；常开触点闭合（相序正确，F1 常开触点闭合），接触器 KM1 线圈通电，其主触点闭合，使 M1 定子绕组接电源，星形接法启动。同时，KM1 的辅助触点闭合，自锁及准备接通 $KM1_{\triangle}$。

当 KT1 延时 65 s 时，KT1-2 的常闭触点断开，使 $KM1_Y$ 线圈断电，其触点恢复；

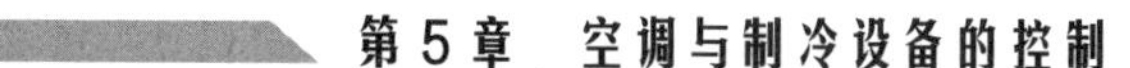

KT1-2 的常开触点闭合，使 $KM1_{\triangle}$线圈通电，其主触点闭合，使 M1 定子绕组接成三角形，启动加速及运行。$KM1_{\triangle}$的辅助触点断开而互锁。

在 M1 启动前，KT1-3 的常闭触点接通了启动电磁阀 YV11 线圈，其电磁阀推动能量控制滑块打开了螺杆式压缩机的吸气回流通道，使 M1 传动的压缩机能够轻载启动。

当 KT1 延时 90s 时，KT1-3 的常闭触点断开，YV11 线圈断电，电磁阀关闭了吸气回流通道，使 M1 开始带负载运行，进行吸气、压缩、排气，开始制冷。而 KT1-3 的常开触点闭合，因为冷水回水温度较高，KF-3 没有动作，电磁阀 YV12 没有得电。电磁阀 YV13 是安装在制冷剂通道的阀门，在电动机启动前才打开，制冷剂开始流动，可以使压缩机启动时的吸气压力不会过高而难于启动，电磁阀 YV23 的作用也是相同的。

当 KT2 延时 120 s 时，KT2-1 的常开触点闭合，使 $KM2_{Y}$线圈通电，其主触点闭合，使 M2 定子绕组接成星形接法；也准备降压启动，分析方法与 M1 的启动过程相同，也是空载启动。当 KT2 延时 125 s 时，M2 启动结束；当 KT2 延时 150 s 时，电磁阀 YV21 断电，M2 也满负载运行。

2）能量调节

当系统所需冷负荷减小时，其冷水的回水温度变低，低到 8 ℃时，经温度传感器检测，送到 KE 调节器，与给定温度电阻比较，使 KE-4 触点动作，其常开触点闭合，使能量控制电磁阀 YV22 线圈通电，M2 驱动的压缩机能量调节卸载滑阀动作，使压缩机的吸气回流口打开一半（50%），此时 M2 只有 50%的负载，两台电动机的总负载为 75%，制冷量下降，回水温度将上升。

如果回水温度上升到 12 ℃，使 KE-4 触点又断开，电磁阀 YV22 线圈断电，能量调节的卸载滑阀恢复，使压缩机的吸气回流口关闭，两台电动机的总负载可带 100%。一般不会满负荷运行。

当系统所需冷负荷又减小，其冷水的回水温度降低到 7 ℃时，使 KE-3 常开触点闭合，使能量控制电磁阀 YV12 线圈通电，M1 传动的压缩机能量调节卸载滑阀动作，使压缩机的吸气回流口打开一半（50%），M1 也只有 50%的负载运行，两台电动机的总负载也为 50%。

当系统回水温度降低到 6 ℃时，使 KE-2 的常闭触点断开，KM2、$KM2_{\triangle}$、KT2 的线圈都断电，使电动机 M2 断电停止，总负载能力为 25%。如果回水温度又回升到 10 ℃，又可能重新启动电动机 M2。

当系统回水温度降低到 5 ℃时，使 KE-1 的常闭触点断开，KM1、$KM1_{\triangle}$、KT1 的线圈都断电，使电动机 M1 也断电停止。由分析可知，此压缩机的能量控制可在 100%、75%、50%、25%和零几挡调节。

图中的油加热器 RO1 和 RO2 在合电源时就开始对润滑油加热，油温超过 110 ℃时，电动机才能启动，启动后，利用 KM1、KM2 的常闭触点使其断电。如果长时间没有启动，当油温加热高于 140 ℃时，利用其内部设置 ST1 或 ST2 的常闭触点动作使其断电。

5.3.3　活塞式制冷机组的电气控制

活塞式制冷机组的应用也比较广泛，其能量调节常用压力控制方式来实现，下面以集中式空调系统配套的制冷机组为例进行分析。图 5-17 为其电气控制电路图。

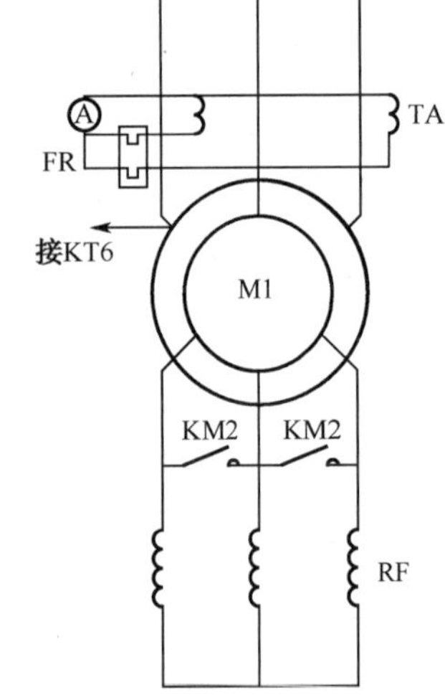

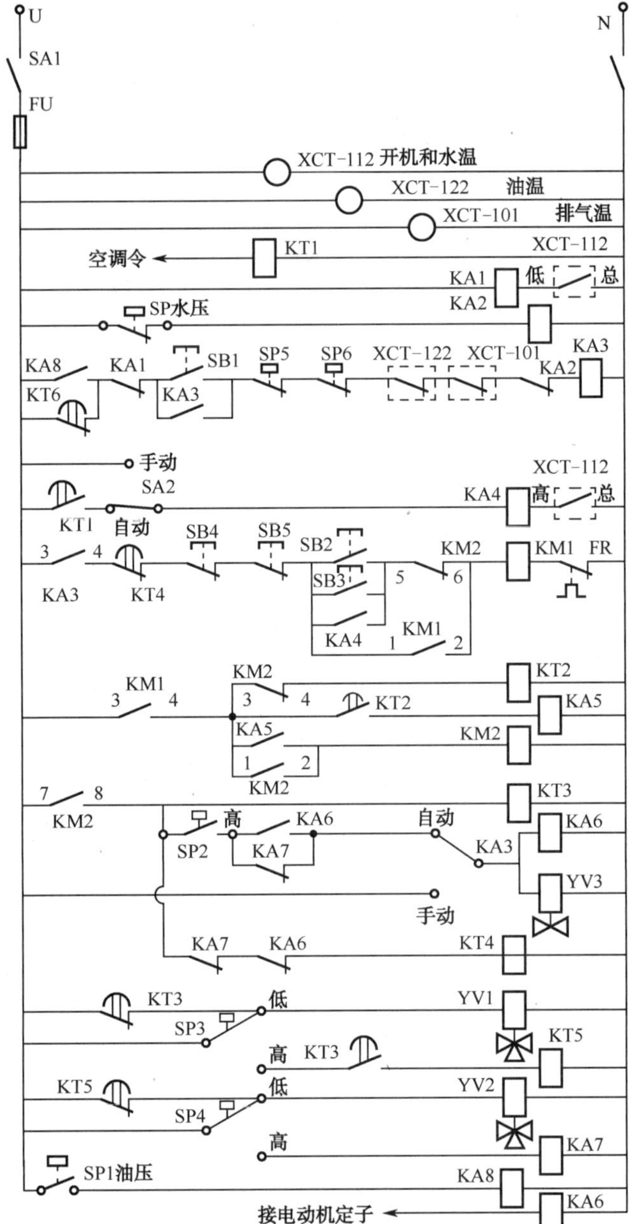
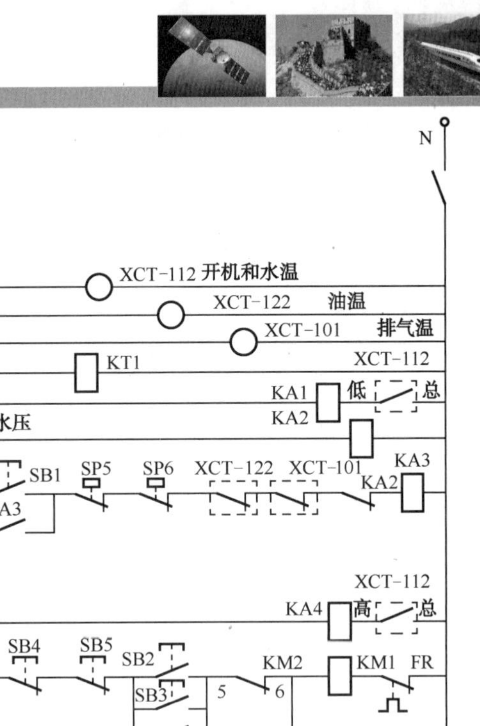

图 5-17　活塞式制冷机组的电气控制电路

1. 控制电路的特点

该制冷机组应用的是 6AW12.5 型氨制冷压缩机，有六个气缸，由于电动机的容量较大，为了限制其启动电流，又能带一定的负载启动，选择绕线式电动机拖动。控制电路可以分为启动控制环节、能量调节控制环节和保护环节。

1）启动控制环节

该绕线式电动机是串频敏变阻器 RF 来限制启动电流的，启动结束后要切除 RF。由接触器 KM1、KM2 和时间继电器 KT2 等实现控制。

2）能量调节控制环节

能量调节由压力继电器、电磁阀和卸载机构等组成。该压缩机有六个气缸，分成三组，每组两个气缸，压缩机工作时，1、2 缸直接投入工作，而 3、4 缸与 5、6 缸组成的两组各配一个压力继电器和一个电磁阀（分别为 SP3 和 YV1、SP4 和 YV2）。每一个压力继电器有高端和低端两对电触点，其对应压力都是预先整定的。如当负荷降低，吸气压力下降到某一压力继电器的低端整定值时，其低端触点即闭合，接通相对应的电磁阀线圈，使这个电磁阀打开，从而使它所控制的卸载机构中的油经过电磁阀回流入曲轴箱，卸载机构的油压下降，气缸组即行卸载。

当系统中吸气压力逐渐升高到压力继电器高端整定值时，其高端触点接通，而低端触点断开，电磁阀失电关闭，此时卸载机构油压上升，气缸组转入工作状态。

3）保护环节

（1）冷冻水温度过低、润滑油温度过低和排气温度过高的保护：该系统应用了三块 XCT 系列仪表，作为冷冻水温度、压缩机的润滑油温度过低和排气温度过高的指示与保护用仪表。XCT 系列动圈式指示调节仪表是一种简易式调节仪表，它与热电偶、热电阻等相配合，用来指示和调节被控制对象的温度或压力等参数。由于该仪表结构简单、使用方便，因此得到了广泛的应用。该仪表主要由测量电路、动圈测量机构、调节电路等组成，输出有直流 0～10 mA 电流或断续输出两类形式。该系列仪表的型号为 XCT-□□□，其中，XCT 分别指显示仪表、磁电式、指示调节仪；第一个方块的数字是指设计序号；第二个方块的数字表示调节规律：0 为双位调节，1 为三位调节（窄中间带），2 为三位调节（宽中间带），3 为时间比例调节等；第三个方块的数字表示输入信号：1 为热电偶毫伏数，2 为热敏电阻阻值，3 为霍尔变换器毫伏数，4 为压力传感器阻值。

冷冻水温度是由 XCT-112 指示与调节的，该仪表为三位调节，当冷冻水温度低于 1 ℃时，其低-总触点闭合，KA1 吸合使 KA3 动作而切断控制电路；当冷冻水温度高于 8 ℃时，其高-总触点闭合，KA4 吸合，准备启动机组。

XCT-122 的低-总触点和 XCT-101 的高-总触点直接串在 KA3 线圈回路，当压缩机的润滑油温度过低或排气温度过高时，其常闭触点都可以使 KA3 动作而切断控制电路。

（2）冷却水压力过低保护：由压力继电器 SP 和继电器 KA2 实现。冷却水压力正常时，压力继电器 SP 的常闭触点是断开的，继电器 KA2 没吸合。当冷却水压力过低时，SP 的常闭触点恢复，KA2 吸合使 KA3 动作而切断控制电路。

（3）压缩机吸气压力过高的保护：当压缩机吸气压力过高时，SP5 常闭触点断开使 KA3 动作而切断控制电路。而 SP6 用于第二次保护。

（4）润滑油压力过低保护：当压缩机启动开始时，时间继电器 KT6 线圈得电就开始计时，在整定的 18 s 内，其常闭触点 KT6 就断开，如果此时润滑系统油压差未能上升到油压差继电器整定值 P_1（润滑油由与压缩机同轴的机械泵供油），则压差继电器触点 SP1 不闭合，中间继电器 KA8 线圈不通电，事故继电器 KA3 失电，压缩机启动失败，处于事故状态，需仔细检查供油系统。若润滑系统正常，则在 18 s 内，油压差继电器 SP1 触点闭合，KA8 通电，其触点 KA8 闭合代替 KT6 触点，使压缩机正常工作。

2. 电气控制电路分析

1）投入前的准备

合上电源开关 QS 和控制电路开关 SA1，将 SA2 和 SA3 放在自动位。在准备阶段应仔细检查上述仪表及系统的其他仪表工作是否正常，并观察各手动阀门的位置是否符合运行需要等，检查完毕后，按下启动按钮 SB1，系统正常时，继电器 KA3 得电吸合，为机组启动做准备。

2）开机阶段

当空调系统送来交流 220 V 启动机组命令时，时间继电器 KT1 得电，其常开触点 KT1 经延时闭合。如此时蒸发器水箱中冷冻水温度高于 8 ℃，XCT-112 仪表的总-高触点闭合，使继电器 KA4 得电吸合，其触点使 KM1 线圈通电吸合，其主触点闭合，制冷压缩机电动机定子绕组接电源、转子绕组串频敏变阻器限流启动；同时，其辅助触点 KM1 的 1-2 闭合，自锁；KM1 的 3-4 触点闭合，时间继电器 KT2 得电，其常开触点 KT2 经延时闭合，使中间继电器 KA5 得电，KA5 的触点使接触器 KM2 线圈得电吸合，其主触点闭合，短接频敏变阻器；同时辅助触点 KM2 的 1-2 闭合，自锁；KM2 的 3-4 触点断开，使时间继电器 KT2 失电，为下次启动做准备；KM2 的 5-6 触点断开，为下次启动做准备；KM2 的 7-8 触点闭合，使时间继电器 KT3 得电，其常闭触点 KT3 延时 4 min 断开，为 YV1 断电做准备；KT3 的常开触点延时 4 min 闭合，为 KT5 通电做准备。

KM2 的 7-8 触点闭合，也使时间继电器 KT4 得电，其常闭触点延时 4 min 断开，使接触器 KM1 失电，压缩机停止，说明冷负荷较轻，不需压缩机工作。如在 4 min 之内，压缩机的吸气压力超过压力继电器 SP2 的高端整定值，SP2 高端触点接通，使电磁导阀 YV3 线圈得电，打开制冷剂管路的电磁阀 YV3 及主阀，由储氨筒向膨胀阀供氨液。同时，中间继电器 KA6 得电，其常闭触点断开，使时间继电器 KT4 失电；KA6 的常开触点闭合，自锁，压缩机正常运行。

压缩机启动后，润滑油系统正常时，油压上升，则在 18 s 内，油压差继电器 SP1 触点闭合，KA8 通电，其触点 KA8 闭合代替 KT6 触点，使压缩机正常工作。同时，1、2 气缸自动投入运行，有利于压缩机启动初始时为轻载启动，此时的负载能力为 33%。

3）能量调节

当空调冷负荷增加，压缩机吸气压力超过压力继电器 SP3 的高端整定值时，SP3 低端触点断开，若此时 KT3 的常闭触点已断开，电磁阀 YV1 失电关闭，其卸载机构的 3、4 缸油压上升，使 3、4 缸投入工作状态，压缩机的负载增加，此时的负载能力为 66%。同时 SP3 高端触点闭合，使时间继电器 KT5 得电，其常闭触点 KT5 延时 4 min 断开，为 YV2 失电做准备。

当压缩机吸气压力继续上升达到压力继电器 SP4 的高端整定值时，SP4 低端触点断开，让限制 5、6 缸投入的电磁阀 YV2 失电，5、6 缸投入运行，压缩机的负载又增加，此时的负载能力为 100%。同时，SP4 高端触点闭合，中间继电器 KA7 得电吸合，其触点断开，但暂时不起作用。

当吸气压力减小时，可以自动调缸卸载。例如，吸气压力降到压力继电器 SP4 的低端

整定值时，SP4 高端触点断开，而 SP4 低端触点接通，使电磁阀 YV2 线圈得电而打开，使它所控制的卸载机构中的油经过电磁阀回流入曲轴箱，卸载机构油压下降，5、6 缸即行卸载。卸载与加载有一定的压差，可避免调缸过于频繁。3、4 缸卸载也基本相同。

4）停机阶段

停机分长期停机、周期停机和事故停机三种情况。

长期停机是指因空调停止供冷后引起的停机。当空调停止喷淋水后，蒸发器水箱的水温下降，进而使吸气压力下降。当吸气压力下降到等于或小于压力继电器 SP2 整定的低端值时，SP2 高端触点断开，导阀 YV3 失电，使主阀关闭，停止向膨胀阀供氨液。与此同时，中间继电器 KA6 失电，其触点 KA6 恢复（KA7 已恢复），使时间继电器 KT4 得电，其触点 KT4 延时 4 min 后断开。接触器 KM1 失电，压缩机停止运行。延时的目的是为了在主阀关闭后，使蒸发器的氨液面继续下降到一定高度，以避免下次开车启动时产生冲缸现象。

周期停机是指存在空调需冷信号的情况下为适应负载要求而停机。这种停机与长期停机相似，通过 SP2 触点和 KT3 实现。但由于空调系统仍送来需冷信号，蒸发器压力和冷冻水温度将随冷负荷的增加而上升，一般水温上升较慢，在水温没有上升到 8 ℃时，XCT-112 仪表中的高-总触点未闭合，继电器 KA4 没得电，压缩机不启动。但吸气压力上升较快，当吸气压力上升到压力继电器 SP4 整定的高端值时，SP4 高端触点接通，使继电器 KA7 得电，其触点 KA7 断开，使导阀 YV3 不会在压缩机启动结束就打开；另一对触点 KA7 断开，使时间继电器 KT4 不会在压缩机启动结束就得电，防止冷负荷较轻而频繁启动压缩机。

当水温上升到 8℃时，XCT-112 仪表中的高-总触点闭合，KA4 得电，压缩机重新启动，只要吸气压力高于压力继电器 SP4 整定的高端值，导阀 YV3 就不会得电打开而供应氨液，只有在吸气压力下降到低端值时，SP4 高端触点断开，使 KA7 失电，导阀 YV3 和继电器 KA6 才得电，并通过 KA6 闭合自锁。压缩机气缸的投入仍按时间原则和压力原则分期投入，以防止压缩机重载启动。

事故停机是指由于运行中出现的各种事故通过事故继电器 KA3 的常开触点切断接触器 KM1 而导致的停机。例如，SP5 因吸气压力超过 SP5 整定的高端值时的高压停机，SP6 因吸气压力超过 SP6 整定的高端值时的超高压停机（两次保护）等。事故停机时，必须经检查后重新按事故联锁按钮 SB1，KA3 得电后，系统才能再次投入运行。

知识梳理与总结

本章主要分析了空调系统电气控制最基本的控制方式，目的是了解各类空调系统的运行工况，为分析和设计空调系统自动化奠定理论基础。介绍了空调系统的分类、空调系统的设备组成、空调电气系统常用器件；通过对分散式和集中式空调系统的电气控制实例的介绍，对夏季和冬季空调系统温、湿度调节的控制电路进行了详细的分析。作为电气专业技术人员，只有牢固掌握了最基本的控制理论知识后，才可能读懂较高程度的控制理论。

空调系统的节能控制主要是制冷机组的能量调节和水循环系统的流量控制，最优化的节能控制就是电动机的速度调节，因此，调频变压调速是空调系统控制的发展方向。

思考练习题 5

1．空调系统有哪几类？

2．什么是敏感元件、执行调节机构和调节器？

3．用什么方法可确定室内相对湿度？

4．电动阀、电磁阀的主要驱动器各是什么？

5．当室温低于给定值时 SY 型调节器通过哪个器件发出动作指令？

6．在恒温恒湿机组实例中，应用的传感器是什么？它采用哪种调节器？夏季运行应投入哪些电气设备？相对湿度调节是由哪种设备来完成的？冬季运行应投入哪些电气设备？其相对湿度调节是由哪种设备来完成的？

7．试述制冷装置四个主件的名称及制冷原理，螺杆式制冷压缩机控制电路有哪几种保护？压缩机开机时，电动机应用什么方法启动？其能量调节用什么方式控制？

第6章 电梯的控制

教学导航

教	知识重点	1．掌握电梯的结构； 2．掌握电梯各组成部分的功能作用； 3．熟悉电梯的变频器驱动控制
	知识难点	电梯的变频调速控制与变频器参数设置
	推荐教学方式	联系实际工程，参观电梯制造厂和现场应用电梯，熟悉电梯的结构与运行；实物电梯或模型电梯运行操作与现场讲解相结合
	建议学时	8 学时
学	推荐学习方法	理论与实践一体化学习
	必须掌握的理论知识	1．电梯结构及各组成部分的功能作用； 2．电梯变频器的基本知识
	必须掌握的技能	1．电梯的运行操作； 2．电梯一般故障的排除

知识分布网络

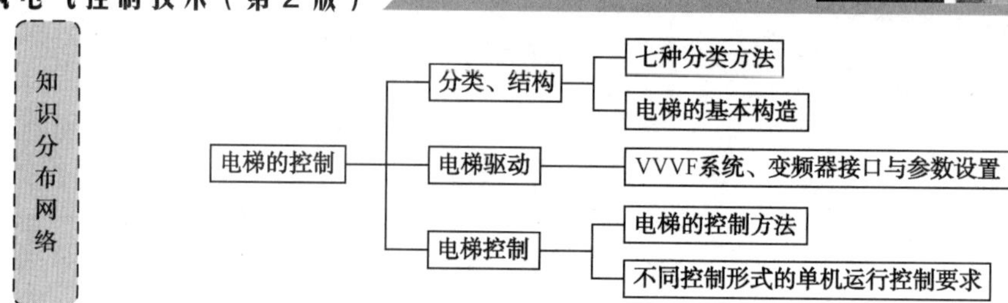

6.1 电梯的分类与结构

章节导读

电梯是服务于规定楼层的固定式升降设备。它具有一个轿厢，运行在至少两列垂直的倾斜角小于 15° 的刚性导轨之间。轿厢尺寸与结构形式应便于乘客出入或装卸货物。它适用于装置在两层以上的建筑内，是输送人员的交通工具或货物的垂直提升设备。本节介绍电梯的分类与结构。

6.1.1 电梯的分类

随着建筑业的迅猛发展，为建筑物提供上下交通运输的电梯大量应用，促进了电梯技术的发展进步，电梯行业也随之进入了新的发展时期，电梯已经成为城市物质文明的一种标志。在现代化的今天，电梯已不仅是一种生产环节中的重要设备，更是一种生活中的必需设备，电梯已像汽车一样，成为人们频繁乘用的交通运输工具。在纽约的前世界贸易中心大楼中，除每天有 5 万人上班外，还有 8 万人次的来访和旅游，通过 250 台电梯和 75 台自动扶梯的设置与正常运行，才使得合理调运人员、充分发挥大楼的功能成为现实。坐落在上海浦东的金茂大厦高度为 420.5 m，主楼地上 88 层，集金融、商业、办公和旅游于一体，安装了 60 台电梯、18 台扶梯。

由于建筑物的用途不同，客、货流量也不同，故需配置各种类型的电梯，因此各个国家对电梯的分类也采用不同方法。根据我国的行业习惯，大致归纳如下。

1．按速度分类

（1）低速电梯。电梯运行的额定速度在 1 m/s 以下，如 0.25 m/s、0.5 m/s、0.75 m/s，常用于 10 层以下的建筑物。

（2）快速电梯。电梯运行的额定速度在 1～2 m/s 之间，如 1.5 m/s、1.75 m/s，常用于 10 层以上的建筑物内。

（3）高速电梯。电梯运行的额定速度在 2 m/s 以上，如 2 m/s、2.5 m/s、3 m/s，常用于 16 层以上的建筑物内。

（4）超高速电梯。电梯运行的额定速度超过 5 m/s，甚至更高，常用于楼高超过 100 m 的建筑物内。

随着电梯速度的提高，以往对高、中、低速电梯速度限值的划分也将做相应的提高和调整。

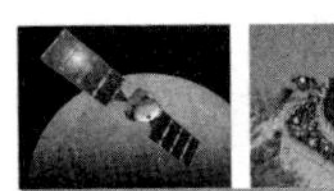

2. 按用途分类

（1）乘客电梯。为运送乘客而设计的电梯，主要用于宾馆、饭店、办公大楼及高层住宅。在安全设施、运行舒适、轿厢通风及装饰等方面要求较高。

（2）住宅电梯。供住宅楼使用，主要运送居民，也可运送家用物件或其他生活物件。

（3）观光电梯。观光电梯的侧轿厢壁透明，装饰豪华、活泼，运行于大厅中央或高层大楼的外墙上，供游客、乘客观光用。

（4）载货电梯。为运送货物而设计的电梯，轿厢的有效面积和载重量较大，因装卸人员常常需要随梯上下，故要求安全性好、结构牢固。

（5）客货两用电梯。主要用于运送乘客，也可运送货物。其与乘客电梯的区别主要在于轿厢内部的装饰较简单。

（6）医用（病床）电梯。专为医院设计的用于运送病人、医疗器械和救护设备的电梯。其轿厢窄而深，要求有较高的运行稳定性。

（7）杂物（服务）电梯。供图书馆、办公楼、饭店等运送图书、文件、食品等。其轿厢的有效面积和载重量均较小，不允许人员进入及乘坐，为门外按钮操作型。

（8）汽车电梯。用于多层、高层车库中的各种客、货、轿车的垂直运输。其轿厢面积较大，构造牢固。

（9）自动扶梯。与地面成 30°～35° 的倾斜角，在一定方向上以较慢的速度连续运行，多用于机场、车站、商场、多功能大厦中，是具有一定装饰性的代步运输工具。

（10）自动人行道。在一定的水平或倾斜方向上连续运行，常用于大型车站、机场等处，是自动扶梯的变形。

（11）其他电梯。除上述几种电梯外，还有一些特殊用途的电梯。例如，在施工现场运送施工材料及施工人员的建筑施工电梯；在发生火灾时，用于运送乘客、消防人员及消防器材的消防电梯；供特殊工作环境下使用的特殊电梯，如防爆、耐热、防腐等；用于运送矿井内的人员及货物的矿井电梯；为地下火车站和山坡站倾斜安装的集观光和运输于一体的斜运电梯；能将地下机库中几十吨甚至上百吨的飞机垂直提升到机场跑道上的运机电梯，以及随着高层建筑的发展变化所出现的用于维护高层楼宇的吊篮等。

3. 按拖动方式分类

（1）交流电梯。用交流感应电动机作为驱动力的电梯。根据拖动方式又可分为交流单速、双速、三速电梯，交流调速电梯，交流调压调速电梯，以及性能优越、安全可靠、速度可与直流电梯媲美的交流调频调压调速电梯。

（2）直流电梯。用直流电动机作为驱动力的电梯，包括采用直流发电动机—电动机组拖动、直流晶闸管励磁拖动、晶闸管整流器供电的直流拖动。在 20 世纪 80 年代中前期用于中、高档乘客电梯，以后不再生产。

（3）液压电梯。靠液压传动的原理，利用电动泵驱动液体流动，由柱塞使轿厢升降的电梯。梯速一般为 1 m/s 以下。

（4）齿轮齿条电梯。采用电动机—齿轮传动机构，将导轨加工成齿条，轿厢装上与齿条啮合的齿轮，由电动机带动齿轮旋转完成轿厢的升降运动的电梯。

（5）螺杆式电梯。将直顶式电梯的柱塞加工成矩形螺纹，再将带有推力轴承的大螺母

安装于油缸顶，然后通过电动机经减速机（或皮带）带动大螺母旋转，从而使螺杆顶升轿厢上升或下降的电梯。

（6）直线电动机驱动的电梯。用直线电动机作为动力源，是目前具有最新驱动方式的电梯。

4．按有无司机分类

（1）有司机电梯。必须由专职司机操作而完成电梯运行的电梯。

（2）无司机电梯。不需专门司机操作，由乘客自己按动需去楼层的按钮后，电梯自动运行到达目的层楼的电梯。此类电梯具有集选功能。

（3）有/无司机电梯。此类电梯可改变控制电路。平时由乘客自己操纵电梯运行，遇客流量大或必要时，改由司机操纵。

5．按控制方式分类

（1）手柄操纵控制电梯。由电梯司机在桥厢内控制操纵手柄开关，实现电梯的启动、上升、下降、平层、停止的运行状态。此类控制多用于货梯，目前已被淘汰。

（2）按钮控制电梯。它是一种简单的自动控制电梯，具有自动平层功能，常用于服务梯或货梯。因按钮箱所在位置不同，分为以下两种控制方式：

① 轿外按钮控制。电梯由安装在各楼层厅门口的按钮箱进行操纵。操纵内容通常为召唤电梯、指令运行方向和停靠楼层。当电梯接收了某一层楼的操纵指令后，在未完成此指令前，不接收其他楼层的操纵指令。

② 轿内按钮控制。按钮箱安装在轿厢内，电梯只接收轿厢内的按钮指令，层站的召唤按钮只能点亮轿内指示灯（或启动电铃），不能截停和操纵轿厢。

（3）信号控制电梯。它是一种自动控制程度较高的电梯，除具有自动平层、自动开门功能外，还具有轿厢命令登记、层站召唤登记、自动停层、顺向截停和自动换向等功能。司机只要将需停站的层楼按钮逐一按下，再按下启动按钮，电梯就自动关门运行，直到预先登记的指令全部执行完毕。在运行中，电梯能被符合运行方向的层站召唤信号截停。采用这种控制方式的常为有司机客梯或客货两用梯。

（4）集选控制电梯。它是一种在信号控制基础上发展起来的全自动控制的电梯。与信号控制的区别在于能实现无司机操纵。其主要特点是：把轿厢内选层信号和各层外呼信号集合起来，自动决定上、下运行方向，顺序应答。这类电梯在轿厢上设有称重装置，用于避免电梯超载。轿门上设有保护装置，以防乘客出入轿厢时被夹伤。

集选控制又分为双向集选和单向集选。双向集选控制的电梯，无论在上行或下行时，对层站的召唤按钮指令全部应答。而单向集选控制的电梯，只能应答层站单一方向（上或下）的召唤信号。一般集选控制方式用得较多，如住宅楼内。

（5）并联控制电梯。2～3 台电梯的控制线路并联起来进行逻辑控制，共用层站外召唤按钮，电梯本身具有集选功能。

当两台电梯并联工作时，一台电梯停在基站称基梯，另一台电梯完成任务后，就停在最后停靠的层楼作为自由梯。基梯可优先供进入大楼的乘客服务，而自由梯准备接收基站以上出现的任何指令而运行。当基梯离开基站向上运行时，自由梯便自动下降到基站替补。当各楼层（基站除外）有要梯信号时，自由梯前往，并应答顺向要梯信号；当要梯信号与自由梯行进方向相反时，则按优化程序由离要梯层最近的一台电梯去应答完成。基梯和自由梯不是固定不变的，而是根据运行的实际情况随时确定。

三台并联集选组成的电梯，有两台电梯作为基梯，一台为自由梯。运行原则与两台并联控制电梯类同。

（6）群控电梯。是用微机控制和统一调度多台集中并列的电梯。可分为：

① 梯群程序控制。控制系统按照客流状态编制程序，按程序集中调度和控制。例如，将一天中的客流量情况分为若干种状态，即上行高峰状态、下行高峰状态、平衡状态、上行较下行大的状态、下行较上行大的状态、空闲状态等。电梯在工作中，根据当时的客流情况、轿厢的载重量、层站的召唤频繁程度以及运行一周的时间间隔等，自动选择或人工变换控制程序。如在上行高峰期，对电梯实行下行直驶控制等。

② 梯群智能控制。智能控制电梯有数据的采集、交换、存储功能，还可进行分析、筛选和报告，并能显示出所有电梯的运行状态。计算机通过专用程序可分析电梯的工作效率、评价服务水平，并根据当前的客流情况，自动选择最佳的运行控制程序。

6．按曳引机结构分类

（1）有齿曳引机电梯。曳引机有减速器，用于交、直流电梯。

（2）无齿曳引机电梯。曳引机没有减速器，由曳引机直接带动曳引轮转动。

7．其他分类方式

按机房位置不同，可分为机房位于井道顶部的上置式电梯、机房位于井道底部或底部旁侧的下置式电梯、小机房电梯、无机房电梯。此外还有别墅电梯、船舶电梯、防爆电梯、防腐电梯等。

6.1.2　电梯的基本构造

电梯是机、电合一的大型机电产品，由机械和电气两大系统组成。机械部分相当于人的躯体，电气部分相当于人的神经，机与电的高度合一，使电梯成为现代高技术产品。

电梯由曳引系统、导向系统、轿厢系统、重量平衡系统、门系统、安全保护系统、电气拖动系统、信号控制系统八大系统组成。电梯的主要部件分别装在机房、井道、厅门及底坑中。

下面介绍电梯的结构。不同规格型号的电梯，其部件组成情况也不同。这里只能介绍一些基本的情况。图 6-1 所示为一种交流调速乘客电梯的整机示意。

1．电梯机房里的主要部件

1）曳引机

曳引机是电梯的驱动装置。曳引机包括：

（1）驱动电动机。交流梯为专用的交流电动机；直流梯为专用的直流电动机。

（2）制动器。在电梯上通常采用双瓦块常闭式电磁制动器。在电梯停止或电源断电情况下制动抱闸，以保证电梯不致移动。

（3）减速箱。大多数电梯厂选用蜗轮蜗杆减速箱，也有行星齿轮、斜齿轮减速箱。无齿轮电梯不需减速箱。图 6-2 为带减速箱的电梯曳引机；目前电梯曳引机主要采用无齿轮

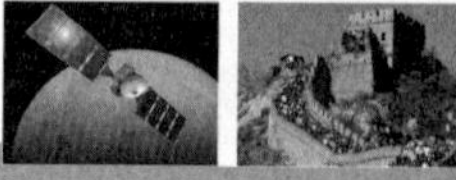

曳引机，其外形结构如图 6-3 所示。

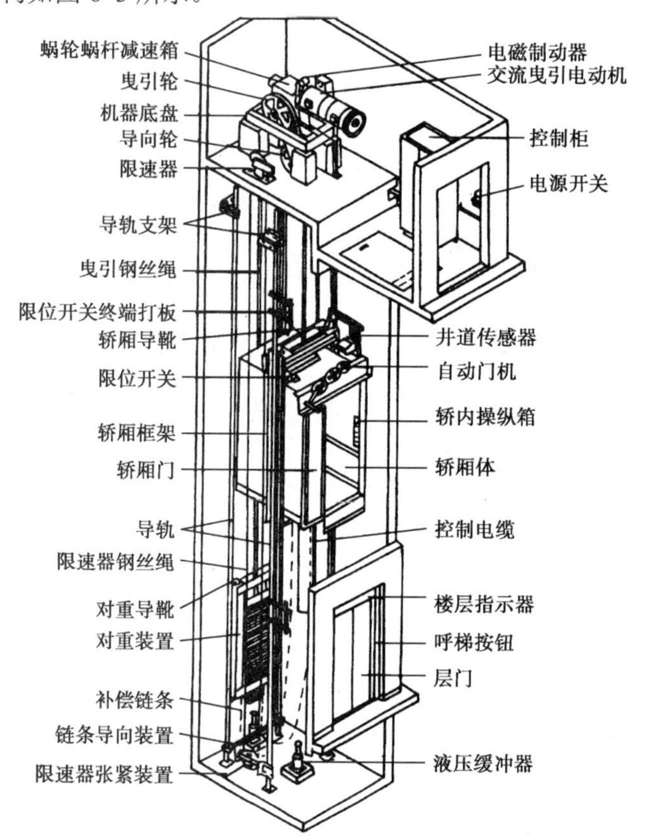

图 6-1　电梯整机示意图

图 6-2　带减速箱的电梯曳引机

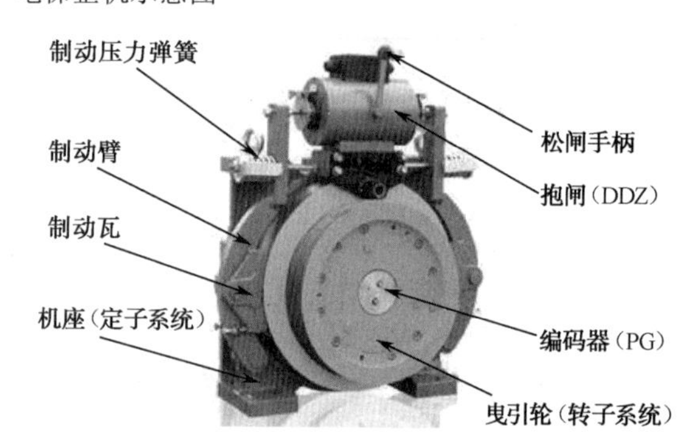

图 6-3　无齿轮曳引机

（4）曳引轮。曳引机上的绳轮称为曳引轮。两端借助曳引钢丝绳分别悬挂轿厢和对重，并依靠曳引钢丝绳与曳引轮绳槽间的静摩擦力来实现电梯轿厢的升降。

（5）导向轮或复绕轮。导向轮又称抗绳轮。因为电梯轿厢尺寸一般都比较大，轿厢悬挂中心和对重的悬挂中心的距离往往大于设计上所允许的曳引轮直径。因此对一般电梯而言，通常要设置导向轮，以保证两股向下的曳引钢丝绳之间的距离等于或接近轿厢悬挂中心和对重悬挂中心间的距离。

对复绕的无齿轮电梯而言，改变复绕轮的位置同样可以达到上述目的。

2）限速器

当电梯轿厢的运行速度达到限定值时，能发出电信号并产生机械动作的安全装置被称为限速器，如图 6-4 所示。其上装有限速器开关，该开关串入电梯安全回路，从电气上控制电梯的超速运行。

3）控制柜

各种电子元器件和电气元件安装在一个防护用的柜形结构内，按预定程序控制电梯轿厢运行的电控设备被称为控制柜。电梯控制柜一般放置于电梯机房内。电梯控制柜是电梯的电气控制核心、内部装有电梯主控制器、电梯驱动用变频器、电梯轿厢检修盒、交流接触器等控制部件。电梯所有信号全部汇集到电梯控制柜。图 6-5 为电梯控制柜实物。

图 6-4　电梯限速器

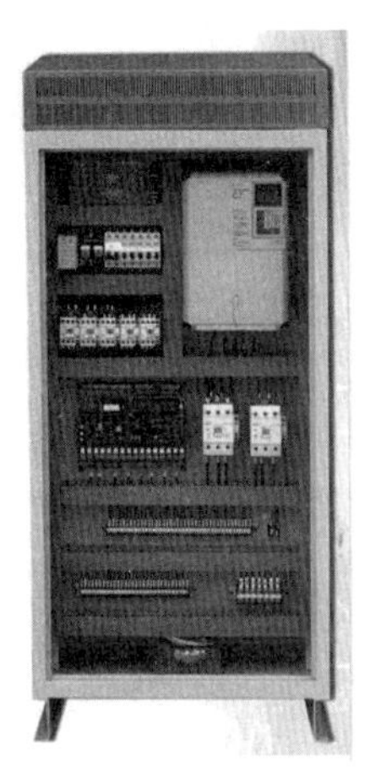
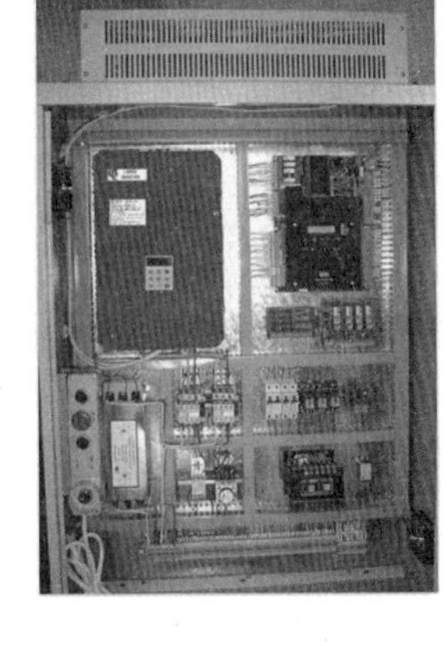

图 6-5　电梯控制柜

2．电梯井道里的主要部件

（1）轿厢。轿厢是电梯的主要部件，是容纳乘客或货物的装置。图 6-6 为电梯轿厢实物。

（2）导轨。导轨是供轿厢和对重在升降运行中起导向作用的组件。图 6-7 为电梯 T 形导轨实物。

图 6-6　电梯轿厢

图 6-7　电梯 T 形导轨

（3）对重装置。设置在井道中，由曳引钢丝绳经曳引轮与轿厢连接，在运行过程中起平衡作用的装置，如图 6-8 所示。

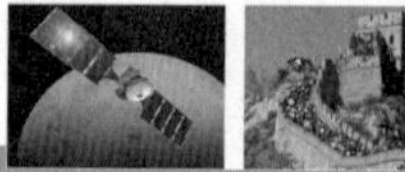

（4）缓冲器。当轿厢超过下极限位置时，用来吸收轿厢或对重装置所产生动能的制停安全装置，如图 6-9 所示。缓冲器一般设置在井道底坑上。液压缓冲器是以油为介质吸收动能的缓冲器，弹簧缓冲器是以弹簧形变来吸收动能的缓冲器。

（5）限位开关。该装置可以装在轿厢上，也可以装在电梯井道上端站和下端站附近，当轿厢运行超过端站时，用于切断控制电源的安全装置。

（6）接线盒。固定在井道壁上，包括井道中间接线盒及各层站接线盒。

（7）控制电缆。包括随行电缆和井道电缆，分别与轿内操纵箱连接和井道中间接线盒连接。

（8）补偿链条或补偿绳。用于补偿电梯在升、降过程中由于曳引钢丝绳在曳引轮两边的重量变化。

（9）平层感应器或井道传感器。在平层区内，使轿厢地坎与厅门地坎自动准确对准的装置。

3．轿厢上的主要部件

（1）操纵箱。装在轿厢内靠近轿厢门附近。用指令开关、按钮或手柄等操作轿厢运行的电气装置，其上配置有轿内选层按钮、开关门按钮、楼层指示、司机操作/检修开关盒、紧急呼叫按钮等设备，如图 6-10 所示。

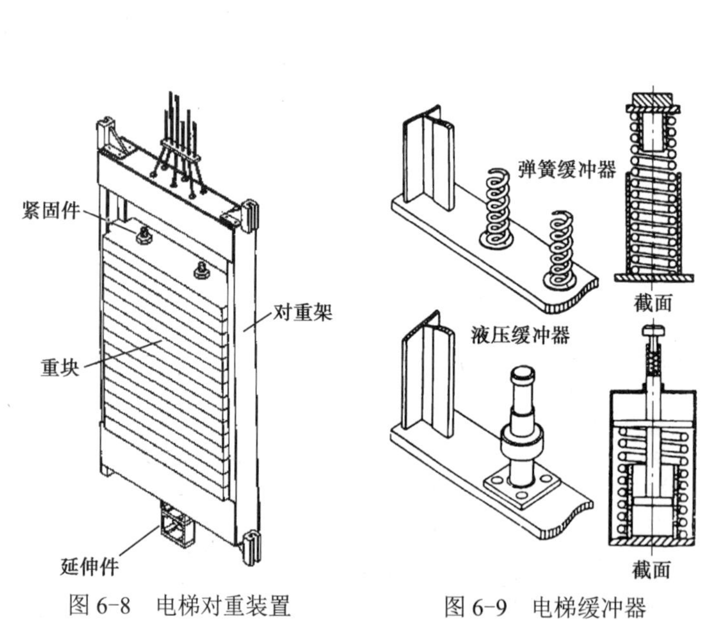

图 6-8　电梯对重装置　　图 6-9　电梯缓冲器

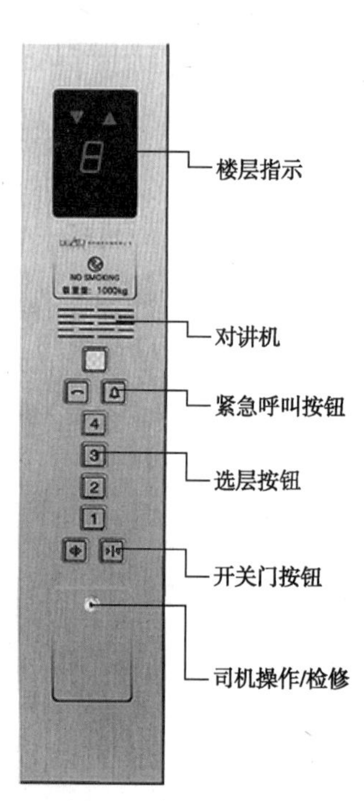

图 6-10　电梯操纵箱

（2）自动门机。装于轿厢顶的前部，以微型的交流、直流、变频电动机为动力的自动开关轿门和厅门的装置。图 6-11 为某电梯门机实物及门机结构示意。

（3）安全触板（光电装置）。设置在层门、轿门之间，在层门、轿门关闭过程中，当有乘客或障碍物触及时，门立刻停止并返回开启的安全装置。载货电梯一般不设此装置。

（4）轿门。设置在轿厢入口的门。

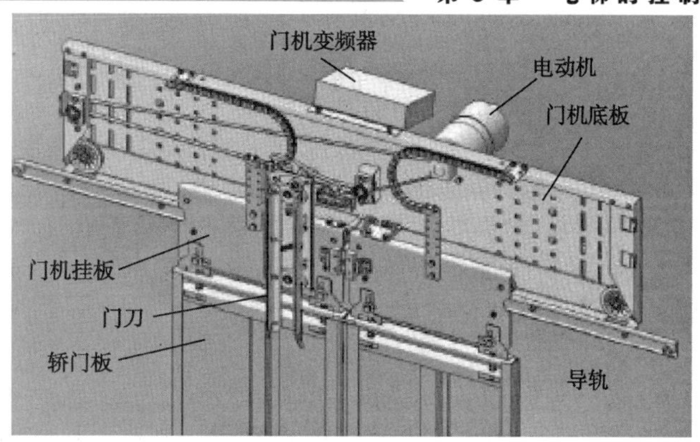

图 6-11　某电梯门机实物及门机结构示意

（5）称重装置。能检测轿厢内负载变化状态，并发出信号的装置，适用于乘客或货物电梯等。

（6）安全钳。由于限速器作用而引启动作，迫使轿厢或对重装置掣停在导轨上，同时切断控制回路的安全装置。图 6-12 为某电梯安全钳实物。

（7）导靴。设置在轿厢架和对重装置上，使轿厢和对重装置沿着导轨运行的装置。

4．电梯层门口的主要部件

（1）层门。设置在层站入口的封闭门。

（2）层门门锁。设置在层门内侧，门关闭后，将门锁紧，同时接通控制回路，轿厢可运行的机电联锁安全装置。图 6-13 为某电梯层门门锁装置实物。

图 6-12　电梯安全钳

图 6-13　电梯层门门锁装置

（3）楼层指示灯。设置在层站层门上方或一侧，用以显示轿厢运行层站位置和方向的装置。图 6-14 为电梯楼层指示灯，安装在电梯层站层门上方。

（4）层门方向指示灯（限于某些电梯需要）。设置在层站层门上方或一侧，用以显示轿厢欲运行方向并装有到站音响机构的装置。

（5）呼梯盒。设置在层站门侧，当乘客按下需要的召唤按钮时，在轿厢内即可显示或登记，令电梯运行停靠在召唤层站的装置。图 6-15 为不同形式的电梯层站呼梯盒，不带层楼和方向指示的是群控电梯的呼梯盒。

图 6-14 电梯楼层指示灯

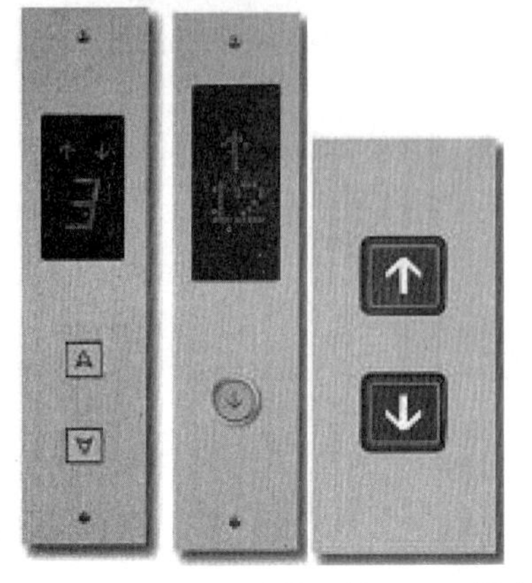

图 6-15 不同形式的电梯层站呼梯盒

6.2 电梯的控制方法与要求

6.2.1 电梯的控制方法

在电梯的电气自动控制系统中，实现电梯逻辑控制的方法主要有以下三种。

1．继电器—接触器控制系统

这种控制系统是已淘汰的一种电梯电气控制系统。该系统与其他控制系统相比，结构比较简单，易于理解和掌握。但从使用观点看，该系统有以下缺点：①接点易磨损，电接触不好；②接点闭合缓慢；③体积大，控制屏（柜）占机房面积大；④控制系统的能量消耗大；⑤维修保养工作量大、费用高。

2．PLC 控制系统

PLC 是一种通用逻辑控制器，在电梯的控制中占据一定的地位，尤其在电梯微机控制出现之前。用 PLC 控制与用微机控制一样，主要表现在以下几方面：

（1）信号处理及运行过程自动控制。

（2）梯群的控制、调度和管理。

（3）电梯的运行监控和故障诊断。

（4）PLC 具有 PID 运算、模拟量控制、位置控制等功能，它可以控制电梯的驱动装置，使电梯的速度可调可控。

电梯 PLC 控制系统的功能强大、可靠性高、寿命长、噪声低、能耗小、维护保养方便。目前还有不少采用 PLC 控制的电梯产品。

3．微机控制系统

自 20 世纪 70 年代开始，随着大规模集成电路的出现和发展，尤其自 70 年代末和 80 年代初开始，微处理机在各个领域内的广泛应用，有许多国家已成功地把微机技术应用于电梯控制系统，并取得了相当惊人的成就。

电梯的微机控制系统实质上是使控制算法不再由“硬件”逻辑所固定，而是通过一种所谓“程序存储器”中的程序（“软件”）而固定下来的控制系统。因此对于有不同功能要求的电梯控制系统，只要修改“程序存储器”中的程序指令——“软件”即可，而无须变更或减少“硬件”系统的布线。因而，微机控制系统使用方便、功能强大、维修保养成本低，为广大电梯厂商所青睐。

6.2.2　不同控制形式的单机运行电梯控制要求

1．轿内手柄开关控制、自动平层、自动开关门电梯电气控制系统

（1）有专职司机控制。

（2）自动开关门。

（3）到达预定停靠的中间层站时，提前自动将额定快速运行切换为慢速运行，平层时自动停靠开门。

（4）到达两端站时，提前自动强迫电梯由额定快速运行切换为慢速运行，平层时自动停靠开门。

（5）厅外有召唤装置，而且召唤时：①厅外有记忆指示灯信号；②轿内有音响信号和召唤人员所在层站位置及要求前往方向记忆指示灯信号。

（6）厅外有电梯运行方向和所在位置指示灯信号。

（7）自动平层。

（8）召唤要求实现后，自动消除轿内外召唤位置和要求前往方向记忆指示灯信号。

（9）开电梯时，司机必须向左或右扳动手柄开关，放开手柄开关有一定范围，需要在上平层传感器离开停靠站前一层站的平层隔磁板至准备停靠站的平层隔磁板之间放开手柄开关，手柄开关放开后，电梯仍以额定速度继续运行，到预定停靠层站时提前自动把快速运行切换为慢速运行，平层时自动停靠开门。

2．轿内按钮开关控制、自动平层、自动开关门电梯电气控制系统

（1）～（8）同1中的（1）～（8）。

（9）开电梯时，司机只需点按轿厢内操纵箱上与预定停靠楼层对应的指令按钮，电梯便能自动关门、启动加速、额定满速运行，到预定停靠层站时提前自动将额定快速运行切换为慢速运行，平层时自动停靠开门。

3．轿内外按钮开关控制、自动平层、自动开关门电梯电气控制系统

（1）无专职司机控制。

（2）～（4）同1中的（2）～（4）。

（5）厅外有召唤装置，乘用人员点按装置的按钮时：①装置上有记忆指示灯信号；②电梯在本层时自动开门，不在本层时自行启动运行，到达本层站时提前自动将快速运行切换为慢速运行，平层时自动停靠开门。

（6）～（8）同1中的（6）～（8）。

（9）电梯到达召唤人员所在层站停靠开门，乘用人员进入轿厢后只需点按一下操纵箱上与预定停靠楼层对应的指令按钮，电梯便自动关门、启动、加速、额定速度运行，到预定停靠层站时提前自动将额定快速运行切换为慢速运行，平层时自动停靠开门。乘用人员

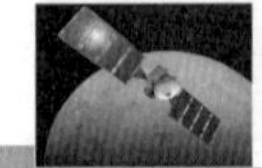

离开轿厢4～6 s后电梯自行关门，门关好后就地等待新的指令任务。

4．轿外按钮开关控制、自动平层、手动开关门电梯电气控制系统

（1）同3中的（1）。

（2）手动开关门。

（3）到达预定停靠的中间层站平层时自动停靠。

（4）到达两端站平层时强迫电梯停靠。

（5）厅外有控制电梯的操纵箱，使用人员通过该操纵箱召来电梯和送走电梯。

（6）同1中的（7）。

（7）使用人员使用电梯时通过厅外的操纵箱可以召来和送走电梯。

若电梯不在本站，只需点按操纵箱上对应本楼层的指令按钮，电梯立即启动向本层站驶来，在本层停靠。

若电梯在本层，只需点按操纵箱上对应某层站的指令按钮，电梯便启动驶向某层站，在某层站平层停靠。

5．信号控制电梯的电气控制系统

（1）～（8）同1中的（1）～（8）。

（9）开电梯时司机可按乘客要求做多个指令登记，然后通过点按启动或关门按钮启动电梯，在预定停靠层站停靠开门，乘客出入轿厢后，仍通过点按启动按钮或关门按钮启动电梯，直到完成运行方向的最后一个内外指令任务为止。若相反方向有内、外指令信号，电梯将自动换向，司机通过点按启动按钮或关门按钮启动运行电梯。电梯运行前方出现顺向召唤信号时，电梯到达有顺向召唤指令信号的层站能提前自动将快速运行切换为慢速运行，平层时自动停靠开门。在特殊情况下，司机可通过操纵箱的直驶按钮，实现直驶某层站。

6．集选控制电梯的电气控制系统

（1）有/无专职司机控制。

（2）～（8）同1中的（2）～（8）。

（9）在有司机状态下，司机控制程序和电梯性能与信号控制电梯相同。在无司机状态下，除与轿内外按钮控制电梯相同外，还增加了轿内多指令登记和厅外顺向召唤指令信号截梯性能等。

6.3 电梯的电力拖动

拖动系统通常利用电能驱动电梯机械装置运动，其主要功能是为电梯提供动力、对电梯运动操纵过程进行控制。电梯拖动系统主要由曳引电动机、供电装置、速度检测装置和调速装置等几部分构成，其中曳引电动机必须是能适应频繁启制动的电梯专用电动机。电梯的调速控制主要是对电动机的调速控制。电梯运行性能的好坏，在很大程度上取决于其拖动系统性能的优劣。

6.3.1　电梯拖动系统的分类

根据电动机和调速控制方式的不同，电梯拖动系统可分为直流调速拖动系统、变极调速拖动系统、变压调速拖动系统和变压变频调速拖动系统四种。

1．直流调速拖动系统

自从 19 世纪末，美国奥的斯公司制造出世界上第一台电梯，到 20 世纪 50 年代，电梯几乎都是由直流电动机拖动的。直流电梯拖动系统具有调速范围宽，可连续平稳调速，控制方便、灵活、快捷、准确等优点，但直流电梯拖动系统具有体积大、结构复杂、价格昂贵、维护困难和能耗大等缺点。目前直流电梯的应用已经很少，只在一些对调速性能要求极高的特殊场所使用。

2．变极调速拖动系统

由电动机学原理可知，三相异步电动机转速与定子绕组的磁极对数、电动机的转差率及电源频率有关，只要调节定子绕组的磁极对数就可以改变电动机的转速。电梯用交流电动机有单速、双速及三速之分。变极调速具有结构简单、价格较低等优点；其缺点是磁极只能成倍变化，其转速也成倍变化，级差特别大，无法实现平稳运行，加上该电动机的效率低，只限于货梯上使用，现已基本淘汰。

3．变压调速拖动系统

交流异步电动机的转速与定子所加电压成正比，改变定子电压可实现变压调速。常用反并联晶闸管或双向晶闸管组成变压电路，通过改变晶闸管的导通角来改变输出电压的有效值，从而改变转速。变压调速具有结构简单、效率较高、电梯运行较平稳和较舒适等优点。但当电压较低时，最大转矩锐减，低速运行可靠性差，且电压又不能高于额定电压，这就限制了调速范围；此外，供电电源含有高次谐波，加大了电动机的损耗和电磁噪声，降低了功率因数。

4．变压变频调速拖动系统

交流异步电动机的转速与电源频率成正比，连续均匀地改变供电电源的频率，就可平滑地改变电动机的转速，但同时也改变了电动机的最大转矩。电梯为恒转矩负载，为了实现恒定转矩调速，获得最佳的电梯舒适感，变频调速时必须同时按比例改变电动机电源电压，即变压变频（VVVF）调速。其调速性能远远优于前两种交流拖动系统，可以和直流拖动系统相媲美。目前，这种电梯拖动系统是电梯工业中应用最多的拖动方式。

6.3.2　变压变频调速拖动系统

1．VVVF 电梯拖动系统的组成

VVVF 电梯拖动系统的实质就是采用交流异步电动机驱动。来自电源的三相交流电经过二极管模块组成的整流器做全波整流，并经电路滤波，取得近似于直流的电压值，再经大功率三极管模块组成的逆变器逆变成为可变电压、可变频率的三相交流电，供给牵引电动机，同时采用 PWM 控制使逆变器输出的交流电压接近于正弦波，减少了高次谐波，因而降低了噪声，减少了电动机发热损耗，并使电梯运行平稳。VVVF 电梯拖动系统的组成

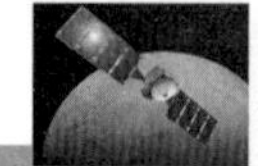

示意如图 6-16 所示。其中的脉冲编码器用来实现电梯的闭环控制，使电梯的运行速度更精确。

2. 电梯用变频器

在图 6-16 所示的电梯拖动系统中，电梯曳引电动机由电梯专用变频器驱动。变频器由整流器、逆变器、控制模块等组成，它的作用是对三相交流电源进行变电压、变频率控制，从而实现电梯的速度调节，因此，变频器在电梯的电力拖动中起着十分重要的作用。电梯的电力拖动控制是一种闭环控制，结合电梯专用脉冲编码器和电流检测环节，可实现速度和电流双闭环控制，使电梯的运行更加平稳精确。下面着重介绍一种电梯专用变频器——意大利西威（SIEI）变频器，它在电梯永磁无齿轮曳引机驱动领域有广泛的应用。图 6-17 为西威变频器外形。

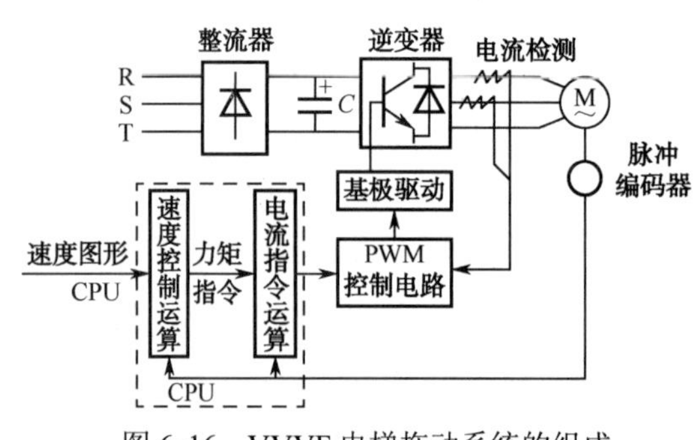

图 6-16　VVVF 电梯拖动系统的组成

图 6-17　西威变频器

1）变频器接线端子

熟悉变频器接线端子是变频器正确布线、阅读变频器驱动控制原理图的前提条件，是保证变频器正确安全使用的前提条件。图 6-18 为西威变频器的接线端子图。下面对部分接线端子进行说明。

（1）数字量输入端子，信号标准为最大值+30 V，3.2 mA@15 V；5 mA@24 V；6.4 mA@30 V。

Digital input 0（Dig. Inp. 0）（Enable）：变频器使能信号，高电平有效；只有当使能信号有效时，其他的输入才有效。其上串联有电梯安全触点，如电梯主回路接触器辅助触点。

Digital input 1（Dig. Inp. 1）：可编程输入，出厂默认值为电梯曳引机正转方向输入，即电梯上行方向。

Digital input 2（Dig. Inp. 2）：可编程输入，出厂默认值为电梯曳引机反转方向输入，即电梯下行方向。

Digital input 3（Dig. Inp. 3）：可编程输入，出厂默认值为外部故障。

COM DI/O：数字输入、输出的参考点。

0V24：24 V 的参考点，+24 V 电压输出的参考点。

+24 VDC：+24 V 电源输出。

Digital input 4（Dig. Inp. 4）：可编程输入，默认值为多段速选择 0，由变频器控制上位机给出。

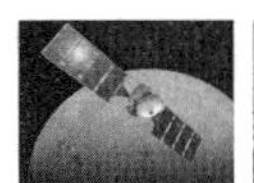

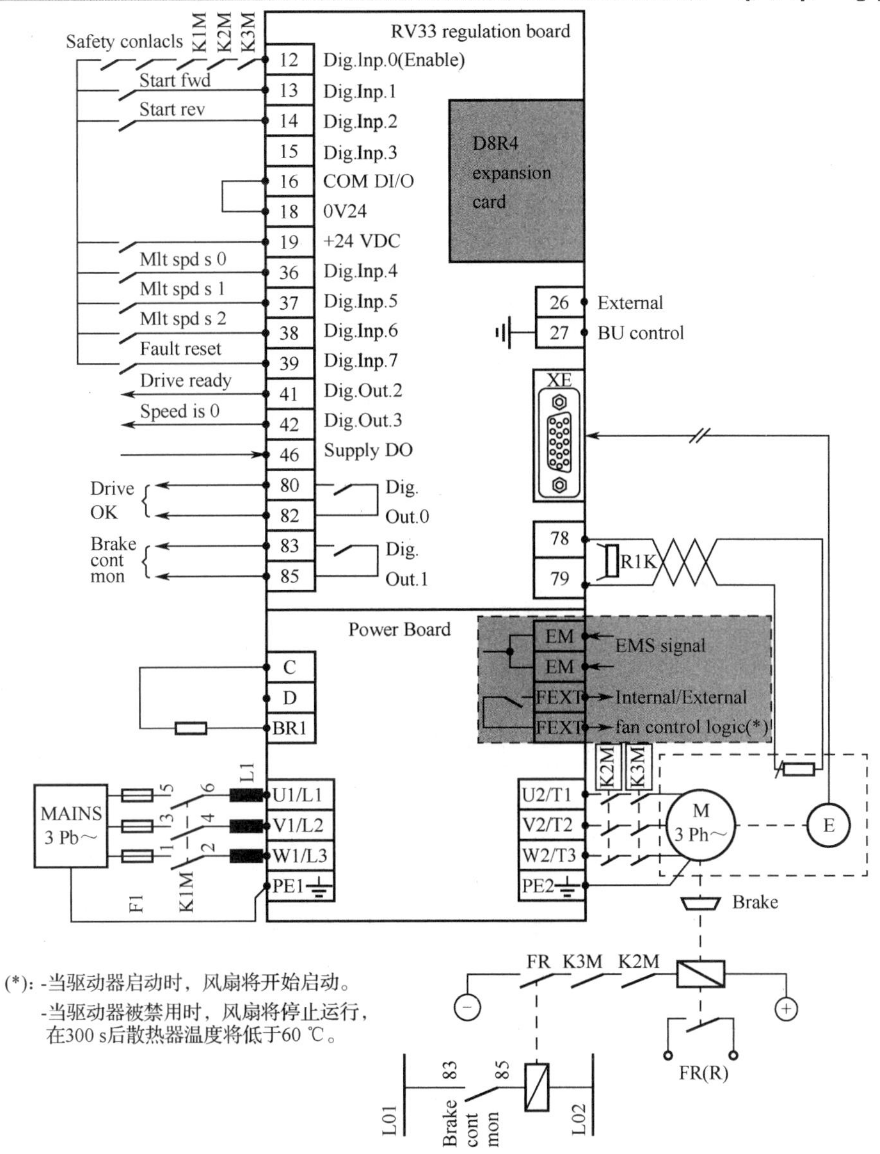

图 6-18　西威变频器的接线端子图

Digital input 5（Dig.Inp.5）：可编程输入，默认值为多段速选择 1，由变频器控制上位机给出。

Digital input 6（Dig. Inp.6）：可编程输入，默认值为多段速选择 2，由变频器控制上位机给出。

Digital input 7（Dig.Inp.7）：可编程输入，默认值为变频器故障复位。

Digital output 2（Dig.Out.2）：可编程输出，默认值为驱动器就绪，信号反馈给变频器控制上位机。

Digital output 3（Dig.Out.3）：可编程输出，默认值为电梯零速，信号反馈给变频器控制上位机。

Supply DO：数字输出端子 41、42 的电源。

（2）C/BR1：接电梯制动电阻，当电梯减速运行时，曳引电动机处于发电状态，这些电能必须由制动电阻来消耗，才能保证电梯的正常平层停车。当变频器功率超过一定值时，由外部制动单元实现制动能耗，接线端子为External/BU control。

（3）U1/L1、V1/L2、W1/L3：主电路三相交流电输入。

（4）U2/T1、V2/T2、W2/T3：主电路三相变频变压交流输出，接电梯曳引电动机。变频器主电路输入、输出切不可以接反，否则会损坏变频器。

（5）XE：接电梯专用旋转编码器，以实现电梯速度闭环控制。

（6）R1K：接曳引电动机内部的PTC保护电阻，以防止电动机过热而损坏。

在图6-18中还可以看出，电梯的停车制动是由直流电磁制动器实现的。当电梯运行速度达到“零速”时，变频器输出Brake cont/mon信号，结合电梯运行主接触器K2M、K3M信号，给直流电磁制动器供电实现电梯制动。

2）变频器键盘操作

对变频器进行操作，必须通过变频器的人机接口进行，那就是变频器的键盘。键盘由一个带有两行16位字符的LCD显示器、七个发光二极管和九个功能键组成。图6-19为变频器键盘和LED模块图。

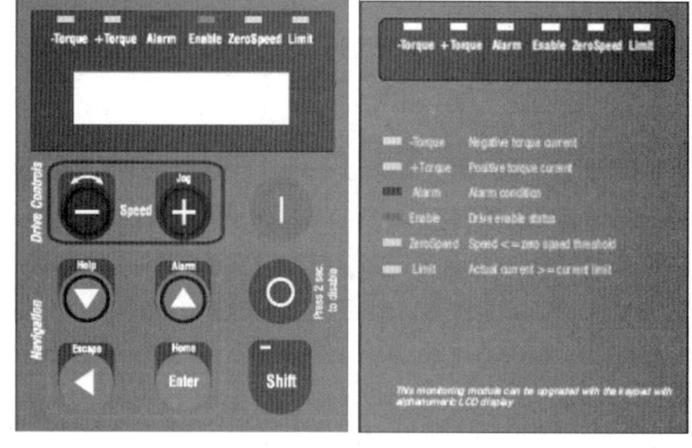

图6-19　变频器键盘和LED模块图

它可以用来：

（1）启动/关闭变频器（此功能可以不开启）。

（2）提高/降低速度和点动操作。

（3）运行时显示速度、电压、诊断结果等。

（4）设置参数和输入命令。

LED模块由六个发光二极管组成，用来显示运行时的状态和诊断信息。键盘和LED模块也可在变频器工作时安装或者拆卸。变频器键盘操作按钮定义如表6-1所示。

表6-1　变频器键盘操作按钮定义

控制键	文本名称	功　能
	[START]（开始）	变频器运行的启动指令键
	[STOP]（停止）	变频器停止指令键
	[Increase]/[Jog]（加速/点动）	当开启内部电位器功能时，此键增加速度给定，加上挡键为点动
	[Decrease]/[Rotation control]（减速/运转方向）	当开启内部电位器功能时，此键减小速度给定，若加上挡键，在点动和电位器模式中改变旋转方向

续表

控制键	文本名称	功　　能
	[Down arrow]/[Help] （下翻/帮助）	用来在目录内下翻菜单和参数。在参数模式下为参数向下选择或数值更改。按上挡键和 Help 键，可进入相应的 Help 菜单，当 Help 菜单无效时，将显示 Help not found
	[Up arrow]/[Alarm] （上翻/报警）	用来在目录内上翻菜单和参数。在参数模式下为参数向上选择或数值更改。按上挡键和 Alarm 键切换到故障寄存器显示。（加上挡键）用[UP/DOWN]浏览最后十个故障
	[Left arrow]/[Escape] （返回/取消）	编辑数字参数时，用来选择参数的位，其他情况用于退出设定模式。（加上挡键）Escape 用于退出设定模式和故障复位
	[Enter]/[Home] （确认/起始键）	菜单的进入键，参数设定模式中为确认所设定的新值。（加上挡键）Home 直接回到基本菜单中
	[Shift]（上挡键）	选择按键第二功能：Rotation control、Jog、Help、Alarm、Escape、Home

3）变频器的参数设置

根据应用性质的不同，变频器参数分多种类型。有些参数还与电动机的类型有关，电动机类型不一样，参数也不尽相同。变频器的参数设置比较复杂，要有效设置变频器参数，首先应正确理解参数的含义；其次，不同规格的电梯参数不尽相同。由于变频器参数非常多，在此不一一介绍，仅介绍一些常见的基本参数。

（1）MONITOR（监控菜单）

Drive status（驱动器状态）：在此菜单可以监控电梯运行时变频器输出的电压、电流、频率、功率、转矩、速度和内部使能命令等。

I-O status（输入、输出状态）：在此菜单可以监控电梯运行时变频器各个模拟和数字输入、输出的状态。“1”表示有信号，“0”表示无信号。

Advance status（高级参数监控）：在此菜单可以监控电梯运行时变频器的直流母线电压、励磁（给定）电流、转矩（给定）电流、（给定）磁通、电动机过载率、编码器检测速度和编码器位置等。

Drive ID status（驱动器规格参数）：此菜单用于查看变频器的型号，如额定电流、额定功率及软件版本信息。

（2）STARTUP（启动菜单）

Mains voltage（主电压）（V）：变频器电压等级，电压等级可选。工厂设置为 400 V。

Switching freq（变频器开关频率）（kHz）：关系变频器的工作效率，开关频率可选。工厂设置为 8 kHz。

Spd ref/fbk res（速度反馈参考值）（rpm）：工厂设置为 0.125 rpm。

注：以下为异步电动机参数。

Rated voltage（额定电压）（V）、Rated frequency（额定频率）（Hz）、Rated current（额定电流）（A）、Rated speed（额定速度）（rpm）、Rated power（额定功率）（kW）、Cosfi（功率因数）、Efficiency（效率）。这些参数如果电动机铭牌上有，则设成与电动机铭牌一致。

注：以下为同步电动机参数。

额定电压、额定电流、额定转速同异步电动机。属于同步电动机的参数还有：Pole

pairs（极对数）、Torque constant（转矩常数）（Nm/A）、EMF constant（反电势常数）（V.S）、Stator resistance（定子阻值）（Ω）、LsS inductance（电抗值）（H）。这些参数如果电动机铭牌上有，则设成与电动机铭牌一致。

（3）SETUP MODE/Autotune（自学习菜单）

为了使变频器更好地驱动电动机工作，变频器需学习获得电动机的电气性能参数，即变频器的自学习。变频器自学习的目的是使曳引机、编码器和变频器匹配。变频器自学习方式包括：

Cur reg autotune（电流标准自学习）。

Flux reg autotune at standstill［磁场静态自学习（不打开抱闸，电动机静止）］。

Flux reg autotune Shaft rotating［磁场旋转自学习（打开抱闸，电动机将旋转）］。

Complete still autotune（完整的静态自学习）。

Complete rot autotune（完整的旋转自学习）。

完整的静态自学习等效于电流标准自学习+磁场静态自学习。

完整的旋转自学习等效于电流标准自学习+磁场旋转自学习。

关于电动机自学习的注意事项如下：

① 在设置或修改驱动器或电动机参数后必须进行自学习。

② 对于异步电动机可以先进行电流自学习，再进行磁场自学习，或直接进行完整的自学习。

③ 进行旋转自学习；在不允许电动机转动时（如钢丝绳不能取下）应进行静态自学习。

④ 在进行自学习时，应将变频器的 Enable（12 端子）与+24V（19 端子）短接，并使输出接触器吸合；若进行旋转自学习，还应取下钢丝绳，并打开抱闸。

⑤ 在自学习完毕后，应先断开 Enable，再切断接触器和抱闸。

⑥ 对于同步电动机，由于转子是永磁的，不需要进行磁场自学习，只要进行电流自学习即可。

⑦ 在自学习完成后必须进入 Load setup 菜单将参数载入变频器，否则自学习结果随时可能丢失而导致需重新自学习。

（4）电梯其他参数

Travel units sel（单位选择）（mm）、Gearbox ratio（异步电动机齿轮箱减速比），设置与曳引机铭牌一致；Pulley diameter（曳引轮直径）（mm）、Full scale speed（最大转速范围）（rpm）、Cabin weight（空轿厢重量）（kg）、Counter weight（对重重量）（kg）、Load weight（额定载重量）（kg）、Rope weight（钢丝绳重量）（kg）、Std enc type（编码器类型）、Std enc pulses（编码器脉冲数）、Std enc supply（编码器电源电压）（V）、BU resistance（制动电阻阻值）、BU res cont pwt（制动电阻功率）等。

（5）变频器运行参数

在变频器中有些参数可以设置，使电梯的启动、运行和减速阶段舒适平稳。如 Smooth start spd（平滑启动速度）（mm/s）、MR0 acc ini jerk（开始加速时的加加速度）（rpm/s^2）、MR0 acceleration（加速度）（rpm/s）、MR0 acc end jerk（结束加速时的加加速度）（rpm/s^2）、MR0 dec ini jerk（开始减速时的减减速度）（rpm/s^2）、MR0 deceleration（减速度）

（rpm/s）、MR0 dec end jerk（结束减速时的减减速度）（rpm/s^2）、MR0 end decel（运行结束时的减速度）（rpm/s）、Cont close delay（接触器闭合延时）（ms）、Brake open delay（抱闸打开延时）（ms）、Smooth start delay（平滑启动延时）（ms）、Brake close delay（抱闸闭合延时）（ms）、Cont open delay（接触器打开延时）（ms）等。

为了适应电梯运行的不同速度要求，变频器提供了多段速速度控制，最多可达 8 种速度控制，Multi speed 0～7（多段速 0～7），表 6-2 是多段速选择时序。Mlt spd s0～2 是多段速输入端子。

表 6-2　电梯多段速选择时序

Mlt spd s0	Mlt spd s1	Mlt spd s2	Active speed
0	0	0	Multi speed 0
1	0	0	Multi speed 1
0	1	0	Multi speed 2
1	1	0	Multi speed 3
0	0	1	Multi speed 4
1	0	1	Multi speed 5
0	1	1	Multi speed 6
1	1	1	Multi speed 7

为了使变频器驱动电梯运行的速度和输出电流更加准确，变频器的参数设置中还有 PID 参数，如 SpdP1 gain%（速度比例增益）、SpdI1 gain%（速度积分增益）等。通过对 PID 参数的调节，还可以改善电梯运行的舒适性。PID 参数的调节需要根据现场情况来设定，因此，在此不再展开。

（6）无齿轮曳引电动机编码器相位调整

为了使无齿轮曳引电动机有效获得电磁转矩，无齿轮曳引电动机在运行前，必须对编码器相位进行调整。调整方法如下：

进入 REGULATION PARAM/Test generator/Test gen mode 菜单，将参数 Modify Test Gen Mode 设为 4 Magn curr ref。

进入 REGULATION PARAM/Test generator/Test gen cfg 菜单，设置参数 Gen hi ref 5 000 cnt 和 Gen low ref 5 000 cnt，这两个参数的设定值必须使变频器在 Enable 后的输出电流接近或等于电动机的额定电流（可通过 MONITOR 菜单进行监控）。

Enable 变频器，电动机将运行并停止在某一个固定的位置。此时可通过机械方式（A）或软件方式（B）来完成相位调整。

A：机械定位

查看菜单 SERVICE/Brushless 中变量 Sin-Cos Res pos 的值。

松开固定编码器的部件，小心旋转编码器的角度，直到 Sin-Cos Res pos=0。

此时固定好编码器，相位调整完成。

Disable 变频器，将菜单 REGULATION PARAM/Test generator 中的参数 Test gen mode 重新设为 0 off。

保存参数。

B：软件定位

反复 Disable、Enable 变频器几次，直到电动机不再运动。

直接将菜单 SERVICE/Brushless 中变量 Int calc offset 的值填写到变量 Sin-Cos Res off 中。

Disable 变频器，将菜单 REGULATION PARAM/Test generator 中参数 Test gen mode 重新设为 0 off。

保存参数。

知识梳理与总结

本章内容主要有以下几个方面:

1. 电梯的分类与结构: 该部分内容重点掌握电梯的结构及各部件的功能与作用。

2. 电梯的电力拖动: 该部分主要内容是电梯电动机的变频器驱动，这是电梯学习内容中的一个重要部分，必须熟悉电梯用变频器的一般原理与接口，熟悉变频器驱动电动机时事先必须设置的一些参数以及设置方法。

思考练习题 6

1. 请写出电梯的组成部分及各部分中部件的功能与作用。
2. 电梯的控制方法有哪些?
3. 简述电梯拖动系统的分类。
4. 请写出电梯用变频器的接口及其功能。
5. 请写出电梯用变频器的参数类型。

第7章 建筑施工常用机械设备的控制

教学导航

教	知识重点	1．散装水泥装置与混凝土搅拌机的控制； 2．塔式起重机的控制
	知识难点	塔式起重机的电气控制
	推荐教学方式	以案例分析法为主，联系实际工程，根据案例分析和讲解，与学生形成互动，更好地掌握建筑施工常用机械设备的电气控制
	建议学时	10学时
学	推荐学习方法	以案例分析和小组讨论的学习方式为主。结合本章内容，通过课前预习、课后复习，掌握施工常用机械设备的工作原理，自主分析相关设备的电气控制
	必须掌握的理论知识	1．散装水泥装置和混凝土搅拌机的控制原理； 2．塔式起重机的工作机构； 3．塔式起重机的安全保护装置
	必须掌握的技能	1．懂得建筑施工常用机械设备的工作原理； 2．识读建筑施工常用机械设备电气控制电路图的能力

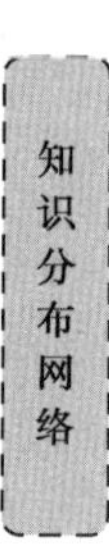

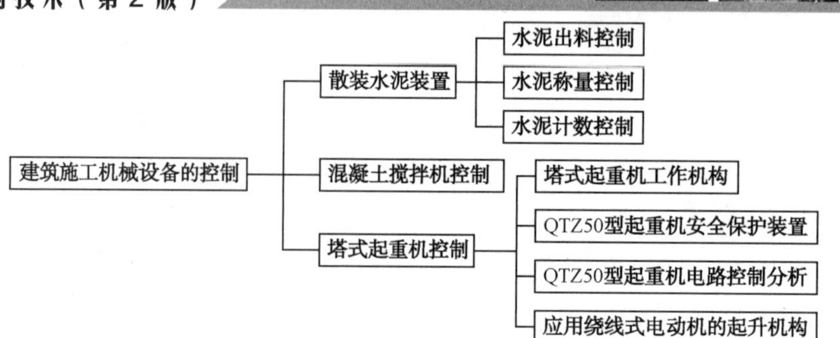

7.1 散装水泥装置与混凝土搅拌机的控制

章节导读

从事建筑电气技术工作，常会遇到建筑机械设备的维修和保养，因此，需要了解该类设备的控制要求和电路分析。混凝土的搅拌是建筑工程中必不可少的一道工序，而在混凝土搅拌中，散装水泥通常储存在水泥罐中，水泥从罐中出灰、运送，往料斗中给料、称量和计数。混凝土搅拌机是建筑施工现场最常见的设备之一，其运动形式和电气控制也是从事电气施工人员必须要了解和掌握的。

7.1.1 散装水泥出料、称量及计数的电气控制

散装水泥装置的自动控制电路如图7-1所示。图中螺旋运输机由电动机M1驱动，振动给料器由电动机M2驱动。SQ受控于M1，给料时SQ闭合，否则断开，YA为电磁铁，G为计数器。

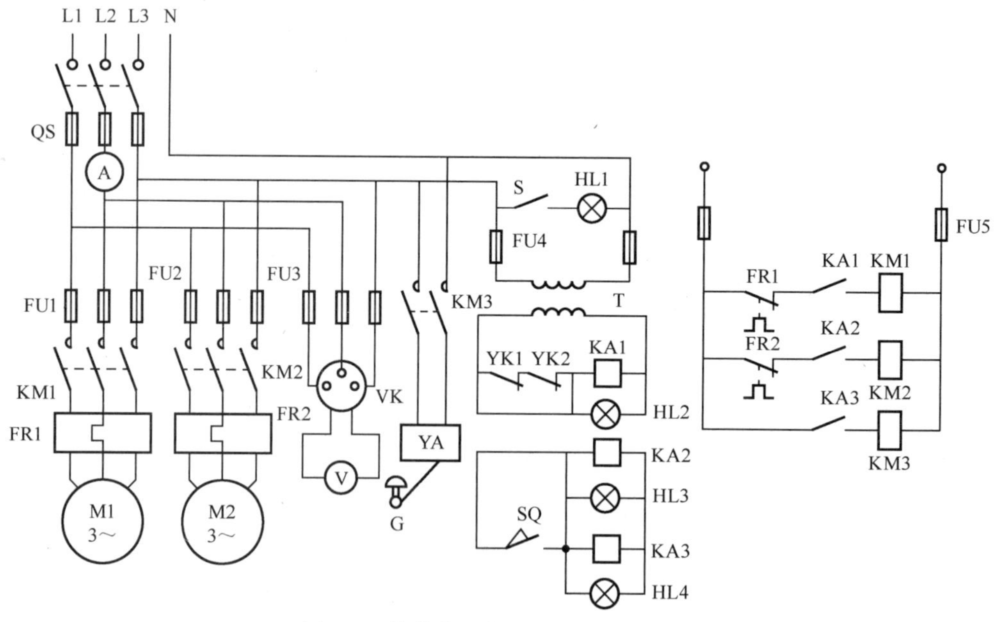

图7-1 散装水泥装置的自动控制电路

专用元件水银开关的原理示意如图 7-2 所示。水银开关是利用水银的流动性和导电性制成的开关，包括密封玻璃管、水银和两个电极等部分，玻璃管的形状是不固定的，主要应用在转动的机械上，将机械转动的角度转变成电信号，从而达到自动控制的目的。称量水泥用的称量斗是利用杠杆原理工作的。称量斗一端是平衡重，另一端是装水泥的容器，在两端装有水银开关，其电接点用 YK1、YK2 表示。称量水泥时，在水泥没有达到预定重量时，称量斗两端达不到平衡，水银开关呈倾斜状态，水银开关是导体，把两个电极接通即 YK1、YK2 呈闭合状态；当水泥达到预定值时，水银开关呈水平状态，两个电接点 YK1、YK2 断开。

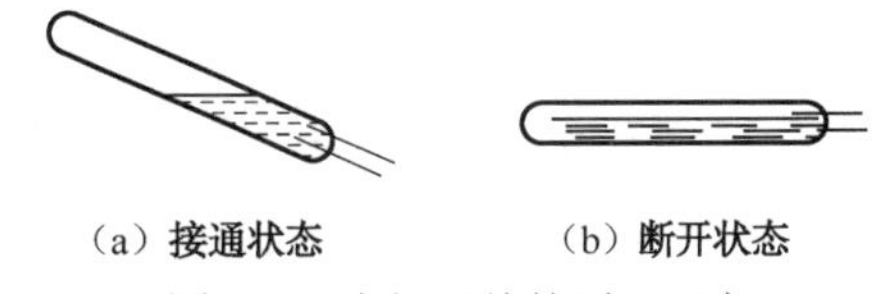

图 7-2　水银开关的原理示意

出料、称量及计数过程：首先合上 QS、S 开关，预定好重量，此时水银开关电接点 YK1、YK2 闭合，使中间继电器 KA1 线圈通电，KA1 使接触器 KM1 通电，螺旋运输机电动机 M1 转动，碰撞 SQ 使之闭合，中间继电器 KA2、KA3 同时通电，使接触器 KM2、KM3 通电，电磁铁 YA 通电，做好计数准备，给料器电动机 M2 启动，水泥从水泥罐中给出，并进入螺旋运输机，在 M1 转动时，水泥进入称量斗，当达到预定数量时，水银开关电接点 YK1、YK2 断开，KA1 失电，使 KM1 也失电，M1 停止转动，螺旋给料机停止给料，SQ 不受碰撞、复位，使继电器 KA2、KA3 失电释放，使 KM2、KM3 也失电释放，电动机 M2 停止转动，振动给料器停止工作，同时电磁铁 YA 释放，带动计数器计数一次。

7.1.2　混凝土搅拌机的控制

图 7-3 为 JZC350 锥形反转出料混凝土搅拌机。

搅拌筒通过中心锥形轴支撑在倾翻机架上，在筒底沿轴向布置三片搅拌叶片，筒的内壁装有衬板。搅拌筒安装在倾翻机架上，由两台电动机带动旋转，整个倾翻机架和搅拌筒在气缸作用下完成倾翻卸料作业。混凝土搅拌包括以下几道工序：搅拌机滚筒正转搅拌混凝土，反转使搅拌好的混凝土出料，料斗电动机正转，牵引料斗起仰上升，将骨料和水泥倾入搅拌机滚筒，反转使料斗下降放平（以接收再一次的下料）。在混凝土搅拌过程中，需要操作人员按动按钮，以控制给水电磁阀的启动，使水流入搅拌机的滚筒中，当加足水时，松开按钮，电磁阀断电，切断水源。

1. 混凝土骨料上料和称量设备的控制

在混凝土搅拌之前需要将水泥、黄沙和石子按比例称好上料，需要用拉铲将它们先后铲入料斗，而料斗和磅秤之间用电磁铁 YA 控制料斗斗门的开启和关闭，其工作原理如图 7-4 所示。

工作过程分析：当电动机 M 通电时，电磁铁 YA 的线圈得电产生电磁吸力，吸动（打开）下料料斗的活动门，骨料落下；当电路断开时，电磁铁断电，在弹簧的作用下，通过杠杆关闭下料料斗的活动门。

图 7-5 为上料和称量设备的电气控制原理。电路中 KM1～KM4 接触器分别控制黄沙和石子拉铲电动机的正、反转，正转使拉铲拉着骨料上升，反转使拉铲回到原处，以备下一次拉料；KM5 和 KM6 两只接触器分别控制黄沙和石子料斗斗门电磁铁 YA1 和 YA2 的通断。

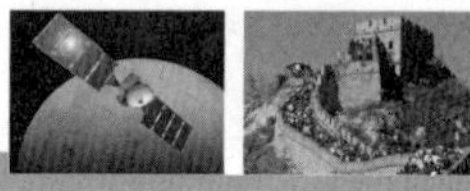

图 7-3　混凝土搅拌机

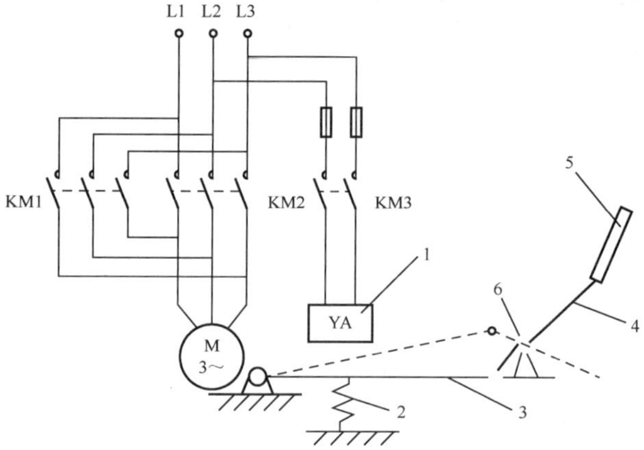

1—电磁铁；2—弹簧；3—杠杆；4—活动门；5—料斗；6—骨料

图 7-4　电磁铁控制料斗斗门

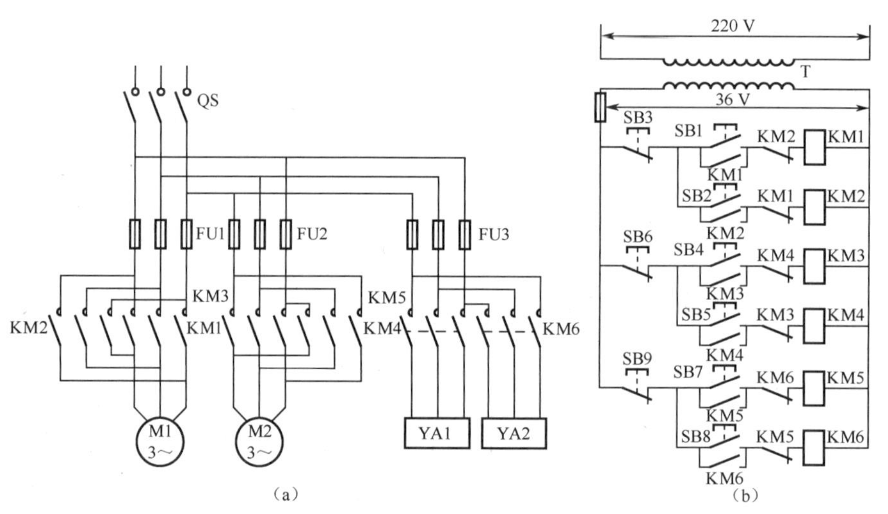

图 7-5　上料和称量设备的电气控制原理

在图 7-1 中料斗斗门控制的常闭触点 YK1 和 YK2 常以磅秤秤杆的状态来实现。空载时，磅秤秤杆与触点相接，相当于触点常闭；一旦装满了称重数量，磅秤秤杆平衡，与触点脱开，相当于触点常开，如图 7-6 所示。

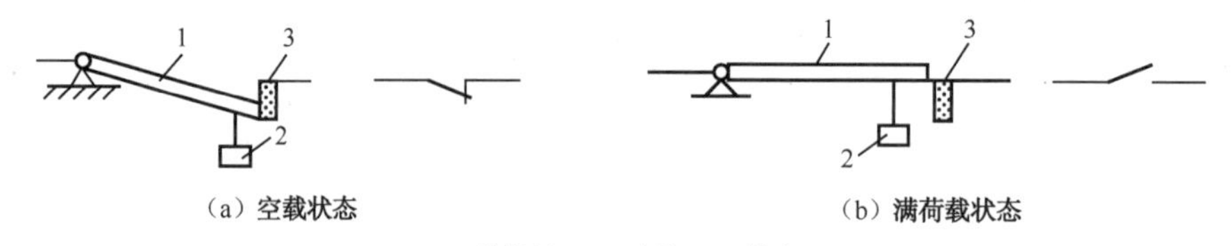

1—磅秤杆；2—砝码；3—触点

图 7-6　磅秤与触点的关系

2. 混凝土搅拌机的电气控制

混凝土搅拌机是在建筑施工现场最常见的设备之一，其种类和结构形式很多，典型的混凝土搅拌机电气控制电路如图 7-7 所示。

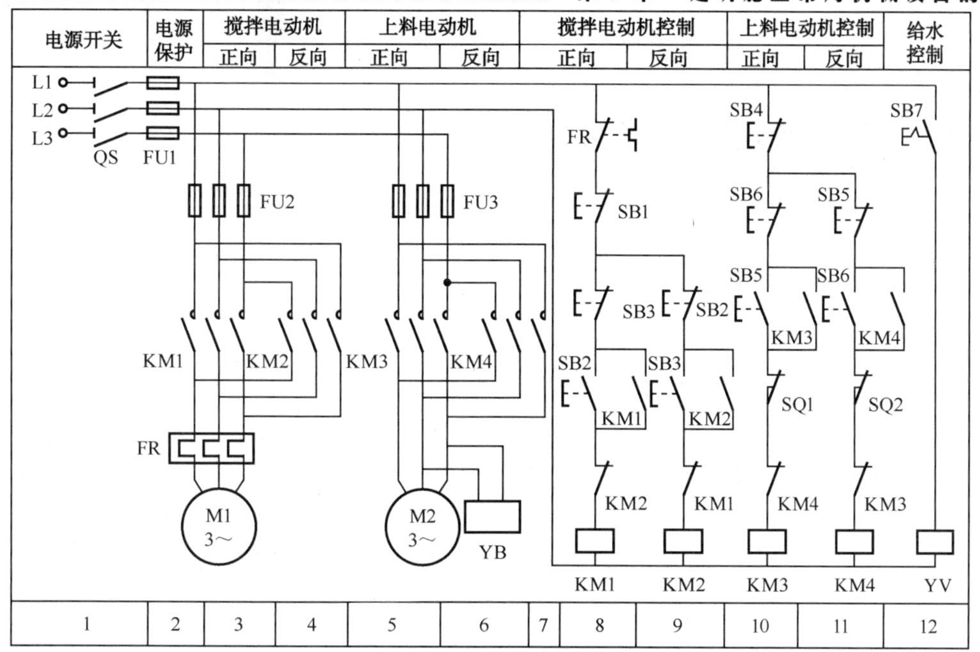

图 7-7　混凝土搅拌机电气控制电路

该混凝土搅拌机主要由搅拌机构、上料装置、给水环节组成。

对搅拌机构的滚筒要求能正转搅拌混凝土，反转使搅拌好的混凝土倒出，即要求拖动搅拌机构的电动机 M1 可以正、反转。其控制电路就是典型的用接触器触点互锁的正反转电路。

上料装置的料斗要求能正转提升料斗，料斗上升到位后自动停止，并翻转将骨料和水泥倾入搅拌机滚筒，反转使料斗下降，下降到位后放平并自动停止，以接受再一次的上料。为了保证在料斗负重上升时停电和中途停止运行时的安全，采用电磁制动器 YB 作为机械制动装置。上料装置电动机 M2 属于间歇运行，所以未设过载保护装置，其控制电路与前面分析的正反限位控制电路是相同的。电磁抱闸线圈为单相 380 V，与电动机定子绕组并联，M2 得电时抱闸打开，M2 断电时抱闸抱紧，实现机械制动。SQ1 限位开关作为上升限位控制，SQ2 限位开关作为下降限位控制。

给水环节由电磁阀 YV 和按钮 SB7 控制。按下 SB7，电磁阀 YV 线圈通电打开阀门，向滚筒加水。再按一次 SB7，关闭阀门停止加水。

7.2 塔式起重机的控制

塔式起重机（简称塔机）是一种塔身竖立、起重臂回转的起重机械，具有回转半径大、提升高度高、操作简单、安装拆卸方便等优点，广泛应用于建筑施工和安装工程中。

塔式起重机有多种形式，整台起重机可以沿铺设在地面上的轨道行走的称为行走式，本身不行走的称为自升式；用改变起重臂仰角的方式进行变幅的称为俯仰式，起重臂处于水平状态，利用小车在起重臂轨道上行走而变幅的称为小车式。

目前，自升小车式应用得比较普遍，下面仅以 QTZ50 固定型自升塔式起重机为例，介绍其运行工艺和电气控制原理。

7.2.1 塔式起重机的工作机构

QTZ50 型塔式起重机的工作机构包括：提升机构、回转机构、小车牵引机构、液压顶升机构、安全保护装置和电气控制装置等，其电气控制电路如图 7-8 所示。

各机构的运动情况简介如下：

1. 提升机构

提升机构对于不同的起吊质量有不同的速度要求，以充分满足施工要求。QTZ50 型塔式起重机采用了 YZTDF250M-4/8/32、20/20/4.8 kW 的三速电动机，通过柱销联轴器带动变速箱再驱动卷筒，使卷筒获得三种速度。根据吊重可选择不同的滑轮倍率，当选用两绳时，速度可达到 80 m/min、40 m/min、10 m/min 三种；若选用四绳，速度可达到 40 m/min、20 m/min、5 m/min 三种。提升机构带有制动器，提升机构不工作时，制动机构永远处于制动状态。

2. 回转机构

回转机构一套，布置在大齿圈一旁，由 YD132S-4/8、3.3/2.2 kW 电动机驱动，经液力耦合器和立式行星减速器带动小齿轮，从而带动塔机上部的起重臂、平衡臂等左右回转。其速度为 0.8 r/min、0.4 r/min。在液力耦合器的输出轴处加一个盘式制动器，盘式制动器处于常开状态，主要用于塔机顶升时的制动定位，保证安全进行顶升作业。回转制动器也用于有风状态下工作时，起重臂不能准确定位之用。严禁用回转制动器停车，起重臂没有完全停止时，不允许打反转来帮助停止。

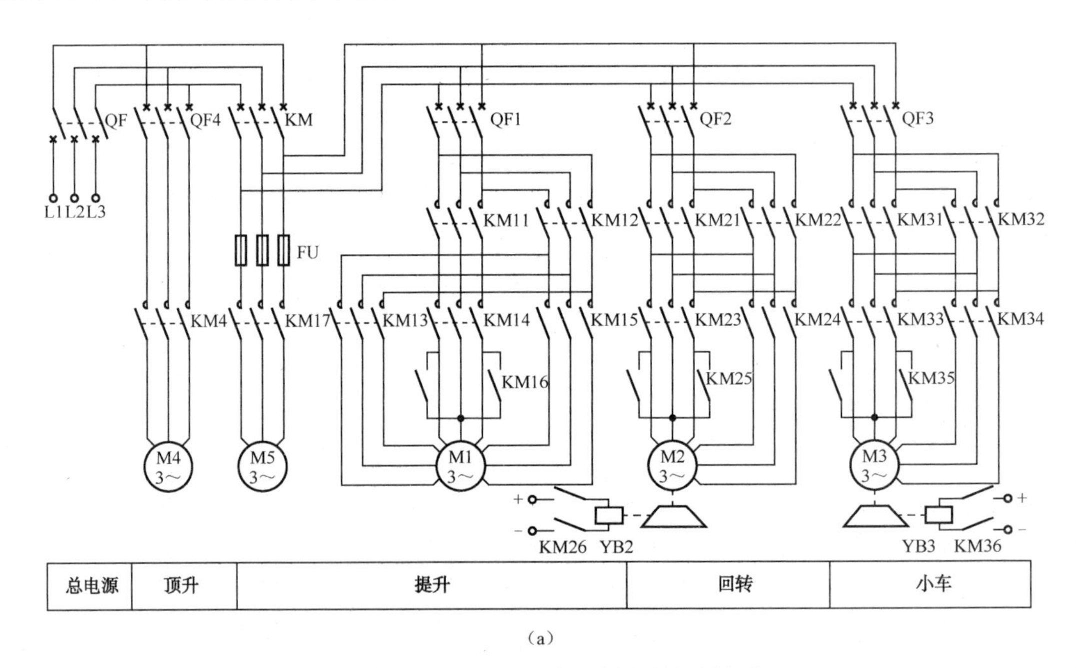

（a）

图 7-8　QTZ50 型塔式起重机电气控制电路

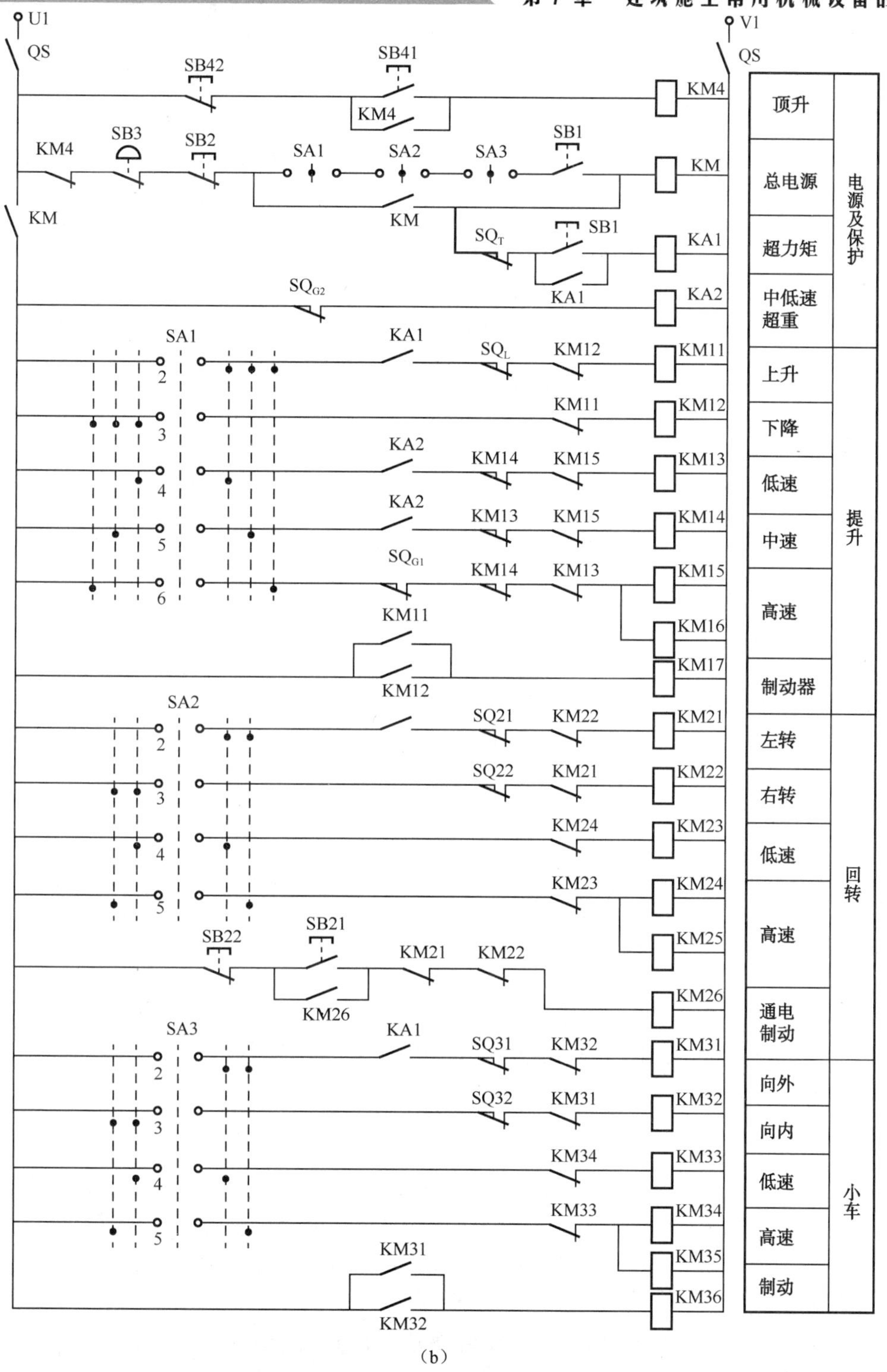

(b)

图 7-8　QTZ50 型塔式起重机电气控制电路图（续）

3. 小车牵引机构

小车牵引机构是载重小车变幅的驱动装置，采用 YD132S-4/8、3.3/2.2 kW 电动机，经

由圆柱蜗轮减速器带动卷筒，通过钢丝绳使载重小车以 38 m/min、19 m/min 的速度在起重臂轨道上来回变幅运动。牵引钢丝绳一端缠绕后固定在卷筒上，另一端则固定在载重小车上。变幅时通过钢丝绳的收、放，来保证载重小车正常工作。

4．液压顶升机构

液压顶升机构的工作主要靠安装在爬升架内侧面的一套液压油缸、活塞、泵、阀和油压系统来完成。当需要顶升时，由起重吊钩吊起标准节，送进引入架，把塔身标准节与下支座的四个 M45 的连接螺栓松开，开动电动机使液压缸工作，顶起上部机构，操纵爬爪支持上部质量，然后收回活塞，再次顶升，这样两次工作循环可加装一个标准节。

7.2.2 塔式起重机的安全保护装置

1．零位保护

塔机开始工作时，把控制起升、回转、小车用的转换开关操作手柄先置于零位，按下启动按钮 SB1，主接触器 KM 吸合，塔机各机构才能开始工作，可以防止各机构误动作。

2．吊钩提升高度限位

在提升机构的卷筒另一端装有提升高度限位器（多功能限位开关），高度限位器可根据实际需要进行调整。提升机构运行时，卷筒转动的圈数也就是吊钩提升的高度，通过一个小变速箱传递给行程开关。当吊钩上升到预定的极限高度，行程开关动作，切断提升方向的运行。再次启动只能向下降钩。当提升机构由一个方向转换为另一个方向运行时，必须将操作手柄先扳回零位，待电动机停止后，再逆向扳动手柄，禁止突然打反转。

3．小车幅度限位

小车牵引机构旁设有限位装置，内有多功能行程开关，小车运行到臂头或臂尾时，碰撞多功能行程开关，小车将停止运行。再开动时，小车只能往吊臂中央运行。

4．力矩保护

为了保证塔机的起重力矩不大于额定力矩，塔机设有力矩保护装置。当起重力矩超过额定值，并小于额定值的 110%时，SQ_T 使卷扬机的提升方向及变幅小车的向外方向运动停止，这时可将小车向内变幅方向运动，以减小起重力矩，然后再驱动提升方向。

5．超重保护

塔机起升机构的工作方式分为轻载高速，重载中、低速两挡，每一挡都规定了该挡的最大起重质量，在低速挡最大起重质量为 5 t，在高速挡最大起重质量为 2.5 t。为了使各挡的起重质量在规定值以下，塔机设有起重质量限制器。它是通过 SQ_{G1} 和 SQ_{G2} 分别控制卷扬机的起升来实现的。

当卷扬机工作在轻载高速挡时，如果起重质量超过高速挡的最大起重质量，SQ_{G1} 动作，该挡的上升电路被切断，此时可以将挡位开关换到重载低速挡工作。若起重质量超过低速挡的最大起重质量，SQ_{G2} 动作，卷扬机上升电路被切断，操作台上的超重指示灯亮，发出报警信号，待减轻负载后，才能再次启动。

7.2.3　塔式起重机的控制电路分析

由于塔式起重机的电动机较多，而每台电动机控制的电器也较多，为了分析方便，用对应的标注方法进行标注，例如，提升机构电动机为 M1，其控制接触器标注为 KM11～KM17 等。

1．总电源部分

1）总电源开关

QTZ50 型塔机由 380 V、三相四线制电源供电，其装机容量约为 28 kW，电源总开关 QF 为 DZ20-100 型号的自动空气开关，对塔机电气系统进行短路和过载保护。

2）顶升液压电动机的控制

本控制系统由液压油泵电动机 M4、自动开关 QF4、接触器 KM4 及启动按钮 SB41 和停止按钮 SB42 组成。顶升是利用标准节将塔身增高，数天才顶升一次，塔机进行顶升作业时，应先合上 QF4 和 QF1（利用提升机构吊起标准节，送进引入架），操作 SB41，电动机 M4 启动使液压缸工作，顶起上部结构加装标准节。顶升作业完毕后，应先操作停止按钮 SB42，再断开 QF4。

3）总电源的零位保护

由电源接触器 KM、总启动按钮 SB1、总停止按钮 SB2、总紧急停止按钮 SB3 及提升用转换开关 SA1、回转用转换开关 SA2 和小车用转换开关 SA3 的零位触点组成。

在停产或停电时，由于操作人员的疏忽会忘记将各转换开关的手柄扳回零位，当再次工作或恢复供电时，就有可能造成电动机直接启动（绕线式电动机）或自行启动而可能引起的人身或设备事故。零位保护就是为了防止这类事故的发生而设置的一种安全保护。

如图 7-8（b）所示，当 SA1、SA2 和 SA3 的操作手柄均处于零位时，对应的 SA1-1、SA2-1 和 SA3-1 三对零位触点闭合，按下总启动按钮 SB1，电源接触器 KM 吸合，分别接通主回路及控制回路电源，并且自锁。这时，再分别操作 SA1 或 SA2、SA3 的手柄就可以对提升或回转及小车进行控制。与失（零）压保护的不同之处在于零位保护主要指用转换类（主令控制器、凸轮控制器等）开关控制的电路，开始工作时，必须先将转换开关的手柄扳回零位，按下总启动按钮 SB1，电源才能接通。

4）超力矩保护

当塔机力矩超限时，力矩行程开关 SQ_T 动作，切断力矩保护用继电器 KA1 的线圈回路，进而切断了塔机的提升向上和小车向外（前）方向的控制回路，即停止增大力矩的操作。此时，只能接通起升向下或小车向里（后）方向的控制回路。减小力矩至塔机允许的额定力矩时，SQ_T 复位，再按一次 SB1，KA1 得电，这时，可恢复塔机的提升向上和小车向外（前）方向的控制。

5）超质量保护

超质量保护分为提升高速超重和提升低速超重，SG_{G1} 为高速超重保护开关，SG_{G2} 为低

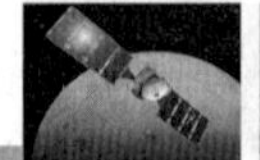

速超重保护开关，当高速超重时，SG_{G1} 动作，切断提升高速接线回路，塔机只能进行低速起升。当低速超重时，SG_{G2} 动作，切断低速超重保护用继电器 KA2 的线圈回路，进而切断了塔机的提升中速和低速的控制回路，只有卸载后才能提升。

2. 提升电动机的控制

提升电动机 M1 为三速电动机，定子铁芯安装有两套独立绕组，其中一套绕组磁极数为 32 极，不能变极调速，为低速接法，由接触器 KM13 控制通和断；另一套绕组磁极数为 8 极，为中速接法，由接触器 KM14 控制通和断，定子绕组为三角形（△）接法；此套绕组可以改变极数实现调速，变极后的极数为 4 极高速接法，绕组为双星形（YY）接法，由接触器 KM16 先将绕组接成双星形，再由接触器 KM15 接电源。

转换开关 SA1 的操作手柄共有 7 挡（左、右各 3 挡和中间挡），共用了 6 对触点，中间挡为 SAl-1 触点闭合，用于零位保护；左、右各 3 挡为对称分布，每挡分别有两对触点闭合，用于提升或下降及低、中、高三速。

提升接触器 KM11 回路设置有吊钩上升限位保护开关 SQ_L 和超力矩保护（由 SQ_T 动作、KA1 转换）KA1 触点，不超力矩时，KA1 为闭合的。低速和中速回路分别设置有超重保护（由 SQ_{G2} 动作、KA2 转换）KA2 触点，不超重时，KA2 为闭合的。高速回路设置有超重保护 SQ_{G1} 触点，各自完成对应的保护。

吊钩下降时，如重物较轻，负载为反抗（摩擦）性的负载，电动机将工作在强迫下降的电动状态；如重物较重，负载为位能性的负载，重物将拖着电动机反向加速，电动机将工作在回馈制动状态，电动机的转速将高于同步转速。注意，转换开关 SA1 的操作手柄不要放在高速挡。

提升机构的制动器为电动液压推杆制动器，M5 为其液压油泵电动机，M5 工作时，制动器打开；M5 停止时，制动器抱紧。M5 由 KM17 控制，KM17 线圈由 KM11 或 KM12 控制。

3. 回转电动机的控制

起重臂回转电动机 M2 为单绕组变极调速双速电动机，低速接法为 8 极，由 KM23 控制通和断，定子绕组为△接法；变极后的极数为 4 极高速接法，绕组为 YY 接法，由接触器 KM25 先将绕组接成 YY 形再由接触器 KM24 接电源，实现高速接法。

转换开关 SA2 的操作手柄共有 5 挡（左、右各 2 挡和中间挡），共用了 5 对触点，中间挡为 SA2-1 闭合触点，用于零位保护；左、右各 2 挡为对称分布，每挡分别有两对触点闭合，用于起重臂的左旋或右旋及低速或高速。起重臂的旋转运动最大转角为 500°，因此，要设置转动角的正、反限位保护，分别由限位开关 SQ21 和 SQ22 实现。

回转机构的制动器要求为开式制动器，即制动器通电时抱紧，断电时打开，而且只要求在特殊情况下才可以制动，即塔身顶升时，标准节需要准确定位；当有较大的风时，被起重物需要准确定位。平时不允许制动。本系统是应用电磁离合器盘式摩擦制动，即电磁离合器通电时挂上，断电时离开。通过 SB21、SB22 和 KM26 控制，该回路串入 KM21 和 KM22 常闭触点，可以实现起重臂需要回转时，制动器自动解除制动。平时也不允许用制动方式使起重臂快速停止。有的系统只用一个转换开关来替代 SB21 和 SB22 两个按钮的操作方案。

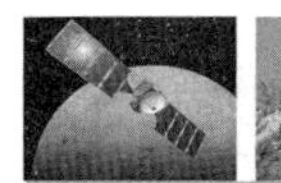

4. 小车电动机的控制

小车电动机 M3 与回转电动机 M2 的调速及控制基本相同，行程开关 SQ31 和 SQ32 分别实现小车向外或向里终端的限位保护。KM31 回路串入 KA1 常开触点实现超力矩时，不允许小车再向外运行（由 SQ_T 动作、KA1 转换）的保护。不超力矩时，KA1 常开触点是闭合的。小车制动器为闭式的，应用的是直流电磁线圈，容易实现断电时制动器缓慢抱紧。也可以增加一个时间继电器，实现断电时制动器缓慢抱紧的效果。

本系统的各台电动机容量较小，故都是直接启动，电动机的启动转矩都能满足启动要求，起重容量大的塔机电动机容量也大，就需要限制启动电流了，对于提升机构，用鼠笼式电动机降压启动来限制启动电流，其启动转矩也会显著减小，因此，多选择绕线式电动机转子串电阻启动和调速。

5. 应用绕线式电动机的提升机构

图 7-9 为某型号塔机的绕线式电动机提升机构的控制电路，主电路中的 M1 为绕线式异步电动机，电动机启动时，转子回路可以串入电阻来限制启动电流，如果所串电阻不切除还可以实现调速。M5 为电动液压推杆制动器的液压油泵电动机，重物下放时，可以用其作为负载而调速，工作原理介绍如下。

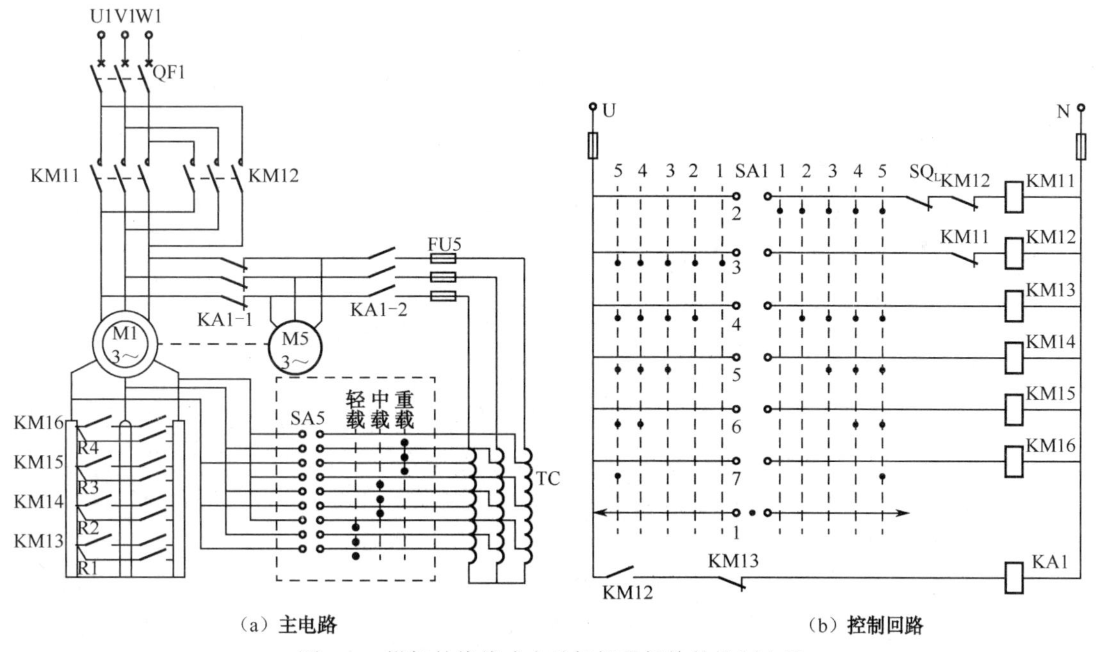

（a）主电路　　　　（b）控制回路

图 7-9　塔机的绕线式电动机提升机构的控制电路

1）重物提升

提升电动机 M1 用 4 段附加电阻 R1～R4 进行启动和调速。用主令控制器（转换开关）SA1 控制，SA1 有 11 挡（左、右各 5 挡和中间挡），有 7 对触点，其中 SA1-1 用于零位保护。

当 SA1 从中间扳向上升 1 挡时，上升接触器 KM11 通电吸合，电动机 M1 定子绕组接正相序电源，转子绕组串 4 段附加电阻 R1～R4 启动（制动器 M5 也通电打开抱闸）。此挡

启动转矩小，仅用于咬紧齿轮，减小机械冲击。若是轻载，可以慢速上升。图 7-10 为提升电动机各挡的机械特性曲线。若是重载，将不能启动，重物如在空中，电动机会进入倒拉反接制动状态，使重物下降，操作时应较快滑过。

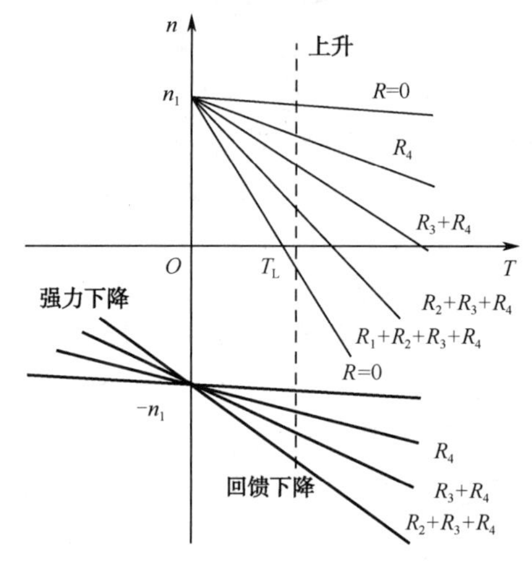

图 7-10　提升电动机各挡的机械特性曲线

当 SA1 从 1 挡扳向上升 2 挡时，加速接触器 KM13 通电吸合，R1 被短接，电动机可以正常启动或者获得较低的上升转速。SA1 从上升 2 挡逐个扳向上升 5 挡时，加速接触器 KM14、KM15、KM16 依次得电，R2、R3、R4 逐段被短接，电动机逐挡加速。在不同的挡，可以得到不同的提升速度。5 挡时，转速最高。

需要停止时，将 SAl 扳回中间挡，上升接触器 KM11 断电释放，电动机 M1 断电，制动器电动机 M5 也断电，抱闸抱紧。

2）重物下降

当 SA1 从中间扳向下降 1 挡时，下降接触器 KM12 通电吸合，电动机 M1 定子绕组接反相序电源，转子绕组串 4 段附加电阻 R1～R4 反向启动。此挡继电器 KA1 线圈（因 KM12 辅助触点常开闭合，KM13 没有动）通电吸合，其常闭触点 KA1-1 断开，M5 脱离主电源；而常开触点 KA1-2 闭合，使制动器电动机 M5 经过调压器 TC、转换开关 SA5 并联在 M1 转子绕组电路上，因 M1 启动初始时，转子绕组的感应电动势较高，频率也较高，M5 启动而打开抱闸，M1 启动加速。

若此时是重载，负载为位能性负载，重物将拖着电动机加速，随着电动机 M1 加速，转子绕组的感应电动势将减小，频率也降低，M5 的转速降低，液压推杆制动器的油压力下降，使制动器闸瓦又开始逐渐抱紧，使 M1 的下降速度不会升高，起制动调速的作用，这就是应用绕线式电动机和电动制动器的优点之一。此时，转子回路串 4 段电阻，电流也较小。

因为 M1 转子绕组的感应电动势的频率与转差率成正比，即 $f_2=Sf_1$，所以 M5 的同步转速与 f_1=50Hz 时相比的关系为

$$n_{M5} = 60f_2/P_{M5} = 60Sf_1/P_{M5} \quad (7.1)$$

式中，n_{M5} 为推杆制动器电动机的同步转速；P_{M5}——推杆制动器电动机的磁极对数；f_1 为电源频率；f_2 为 M1 的转子电动势频率；S 为 M1 的转差率。

M1 的转子电压比电源电压低，为了使 M5 的工作电压尽量接近于额定电压，故用调压器 TC 升压后供给 M5。TC 有 3 组抽头，可以根据负荷情况用 SA5 选择，重载时选择变比较小的抽头，使 M5 的电压较低，转速也较低，制动器的机械制动转矩增大而进一步减慢重载下降速度。

用推杆制动器进行机械制动时，提升电动机输出的机械能和负载的位能都消耗在闸瓦与闸轮之间的摩擦上而严重发热；另一方面，推杆制动器的小电动机工作于低电压和低频率状态，时间稍长就会使它过热而烧坏，因此，重物离就位点的高度小于 2m 时才允许使

用这种制动方法。

当 SA1 从下降 1 挡扳向下降 2 挡时，下降接触器 KM12 通电吸合，加速接触器 KM13 也通电吸合，继电器 KA1 线圈断电，其触点恢复使 M5 接通主电源，制动器打开。此时，电动机 M1 转子串 3 段（R2、R3、R4）电阻反向启动、运行，重物较轻时，电动机为反向电动，强迫下放重物；如果重物较重，重物将拖着电动机加速进入回馈制动状态。转子串入的电阻越大，转速越高，比较危险，应将 SA1 连续推向 3～5 挡。重物较轻时，电动机为反向电动，5 挡的转速最高；重物较重时，电动机为反向回馈制动状态，5 挡的转速最低，但也比电动状态时 5 挡的高，要想获得较低的转速，只有扳回下降 1 挡，实现机械摩擦制动。

应用绕线式电动机的主要优点是可以在转子回路串电阻启动，既可以限制启动电流，又能增大启动转矩。常用在起重容量大，又需要限制启动电流的塔机电动机上。

知识梳理与总结

本章节主要列举了建筑工程中常涉及的典型机械设备的电气控制实例，学习了散装水泥装置的电气控制电路、混凝土搅拌机的电气控制电路及塔式起重机的电气控制电路。塔式起重机的种类较多，其电气控制的要求也不尽相同，起重机的控制重点是提升机构，提升机构的拖动电动机可以选用特制的起重用三相鼠笼式变极调速电动机，其控制方式比较简单；也可选用三相绕线式电动机，利用在转子绕组电路串入电阻，既可限制启动电流又能增大启动力矩，也可以进行调速，因此应用得比较多。起重机常常应用主令控制器操纵其启动和变速，主令控制器的手柄挡位比较多，触点对数也比较多，读图时应掌握其识读方法。

思考练习题 7

1. 塔式起重机的工作机构一般由哪几部分组成？
2. 塔式起重机一般有哪几种保护？
3. 什么是零位保护？目的是什么？
4. 塔式起重机对回转机构的制动器有什么要求？
5. 用三相笼式变极调速电动机拖动的塔式起重机提升机构，在重物下降时，其电动机工作在什么状态？应注意什么？
6. 用三相绕线式电动机拖动的塔式起重机的提升机构，在重物下降时，主令控制器的手柄在不同的挡位时，其电动机可能工作在哪种状态？应注意什么？
7. 绕线式电动机启动时，是否在转子绕组电路串入的电阻越大其启动力矩就越大？
8. 试分析混凝土搅拌机电路上料装置的控制原理。

第8章 可编程控制技术

教学导航

教	知识重点	1．掌握可编程控制器的基本工作原理； 2．熟知 PLC 的硬件选型； 3．掌握 PLC 软件编程方法
	知识难点	硬件选型及 PLC 软件编程
	推荐教学方式	理论教学为辅，实际操作、培训为主。结合案例教学，让学生了解、掌握 PLC 的控制精髓
	建议学时	12 学时
学	推荐学习方法	以实训学习和小组实验的学习为主，结合本章内容，通过网络收集相关资料，拓展思维和思路，为今后掌握 PLC 软、硬件设计打下良好基础
	必须掌握的理论知识	1．PLC 的基本工作原理； 2．PLC 的硬件选型方法； 3．PLC 的指令系统
	必须掌握的技能	1．PLC 的寻址； 2．PLC 的编程方法

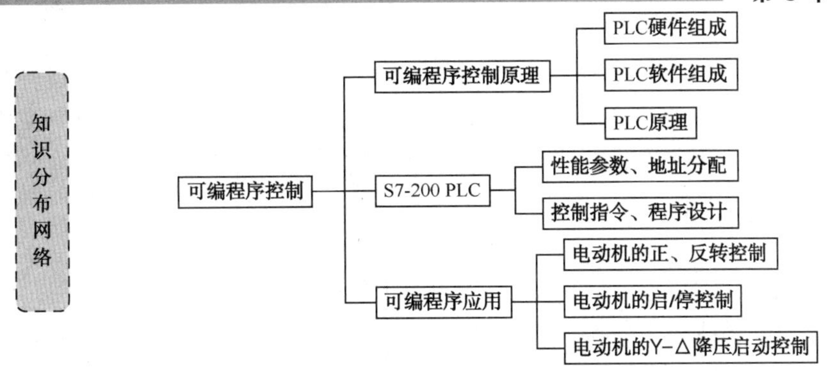

章节导读

本章着重介绍 PLC 的发展概况、基本工作原理、硬件组成及软件结构。

介绍 S7-200 PLC 的主要特点、主要硬件的性能及选型、程序的寻址方式，以及 PLC 的常用指令系统，并通过生产实际介绍相关的 PLC 编程方法。通过电气控制最常见也是最常用的电动机正、反转控制的案例分析，详述了 PLC 控制系统从方案设计，到输入、输出点的确定、I/O 的地址分配，再到硬件选型及程序设计，系统地阐明了 PLC 控制系统应用的过程。

8.1 可编程控制器的组成和工作原理

可编程逻辑控制器（Programmable Logic Controller，PLC）是以微处理器为基础，综合了计算机技术、自动控制技术和通信技术，用面向控制过程、面向用户的“自然语言”编程，适应工业环境、简单易懂、操作方便、可靠性高的新一代通用工业控制装置。

自 1969 年美国数字设备公司（GEC）首先研制成功世界上第一台可编程逻辑控制器 PLC 以来，经过 40 多年的发展与实践，其功能和性能已经有了很大的提高，从当初用于逻辑控制扩展到运动控制和过程控制领域。可编程逻辑控制器 PLC 也改称为可编程控制器（Programmable Controller，PC），由于个人计算机也简称为 PC，为了避免混淆，可编程控制器仍被称为 PLC。

1987 年 2 月，国际电工委员会（IEC）颁布的可编程控制器标准第三稿中，对可编程控制器的定义如下：“可编程控制器是一种数字运算操作的电子系统，专为工业环境应用而设计。它采用可编程序的存储器，用来在其内部存储执行逻辑运算、顺序控制、定时、计数和算术运算等操作的指令，并通过数字式、模拟式的输入/输出，控制各种机械或生产过程。可编程控制器及其有关外部设备，都应按易于与工业控制系统联用做一个整体、易于扩充其功能的原则来设计。”

PLC 最初用于逻辑控制和顺序控制，面对运动控制和过程控制，如位置控制和速度控制，生产 PLC 的厂家相继推出了位置控制模块、伺服定位模块、运动控制模块、电子凸轮模块、A/D 转换模块、D/A 转换模块以及高速计数模块等功能模块，用于速度、加速度以及位置控制等运动控制。为了适应过程控制的需要，PLC 又推出了温度传感器模块、PID（比例、积分、微分）控制模块、A/D 转换模块、D/A 转换模块、闭环控制模块以及模糊控制模

块等功能模块，用于温度、压力、流量以及液位等过程控制。

PLC 本身的模块化结构以及远程 I/O 模块功能的不断完善，使得 PLC 易于实现多级控制（分布控制、分散控制），通过不同级别的网络将 PLC 与 PLC、PLC 与远程 I/O 模块、PLC 与人机界面以及 PLC 与 PC 连接起来，形成管控一体化的网络结构。

8.1.1 PLC 的硬件组成

尽管 PLC 的品种繁多，结构、功能多种多样，但系统组成和工作原理基本相同。系统都由硬件和软件两大部分组成，都采用集中采样、集中输出的周期性循环扫描方式进行工作。PLC 的硬件由中央处理器（CPU）、存储器、输入/输出单元（I/O 模块）、电源、底板或机架、外部设备等组成。图 8-1 为 PLC 的硬件框图。

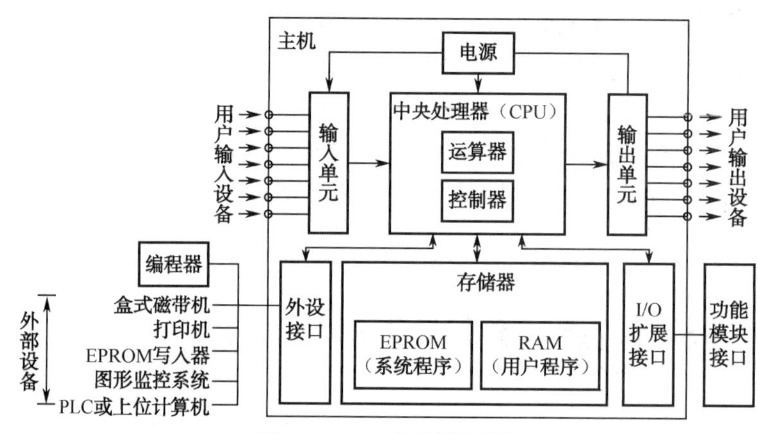

图 8-1 PLC 的硬件框图

1. 中央处理器

中央处理器（CPU）是 PLC 的核心部分，由控制器、运算器和寄存器组成并集成在一个芯片内。在 PLC 系统中，CPU 通过数据总线、地址总线、控制总线和电源总线与存储器、输入/输出单元等相连，在系统中起到类似人体神经中枢的作用，来协调控制整个系统。

2. 存储器

存储器即 PLC 系统的内存，一般包括系统程序存储器、用户程序存储器和工作存储器三部分，主要用于存放系统程序、用户程序及工作数据等。存储器通常分为可读/写的随机存储器 RAM（Random Access Memory）和只读存储器 ROM（Read Only Memory）两种。系统程序存储器用于存储整个系统的监控程序，一般为 ROM，需要后备电池在掉电后保护程序。现在多采用电可擦除的可编程只读存储器 EEPROM（Electrical Erasable Programmable Read Only Memory）或闪存，免去了后备电池的麻烦。工作寄存器中的工作数据是 PLC 运行中经常变化、经常存取的一些数据，存放在 RAM 中，以适应随机存取的要求。

3. I/O 模块

输入/输出模块通常称为 I/O 模块，PLC 的对外功能主要是通过各种 I/O 接口模块与外界联系而实现的。输入模块和输出模块是 PLC 与现场 I/O 装置或设备之间的连接部件。根据工作电源的类型，常用的开关量输入接口分为三种类型：直流输入接口、交流输入接口和交/直流输入接口。

4．电源

PLC 一般都配有开关式稳压电源，用于给 PLC 的内部电路和各模块提供工作电源。PLC 电源的工作稳定性好、抗干扰能力强。有些机型的 PLC 电源还向外提供 24V 直流电源，用于给外部输入信号或传感器供电。

1）底板或机架

大多数 PLC 使用底板或机架，用以实现各模块之间的联系，同时在机械上实现各模块间的连接，使各模块构成一个整体。

2）外部设备

外部设备是 PLC 系统的有机组成部分，主要包括以下几种类型。

（1）编程设备（编程器）：其作用是输入、编辑和调试用户程序，在线监视 PLC 内部状态和参数。

（2）输入/输出设备：用于接收现场的输入信号或送出输出信号，一般有条码读入器、输入模拟量的电位器和打印机等。

（3）网络通信设备：PLC 具有通信联网功能，借助于通信模块可使 PLC 与 PLC 之间、PLC 与上位机以及其他智能设备之间能够交换信息，构成控制网络。

8.1.2　PLC 的软件组成

PLC 除硬件设备外，还需要软件系统支撑。PLC 软件根据生产厂家和型号不同而有所不同，总体可分为系统程序和应用程序两大部分。

系统程序是 PLC 本身的运行控制程序，由生产厂家设计，包括系统管理程序、用户指令解释程序、编辑程序、功能子程序以及调用管理程序，不包括 PLC 编程、调试与仿真软件，其程序代码不向用户开放。

1）系统管理程序

系统管理程序是系统程序的主体，负责整个 PLC 的运行，是管理程序中最重要、最核心的部分，主要包括以下三方面的内容。

（1）系统运行管理：时间分配的管理，即 PLC 输入采样、刷新、运算、自诊断以及数据通信的时序。

（2）存储空间分配管理：生产用户环境，规定各种数据、程序的存放地址，将用户程序中使用的数据、存储地址转化为系统内部的数据格式以及物理存放地址。通过内存管理，PLC 可以将有限的资源转变为用户直接可以使用的方便元件。

（3）系统自检程序：包括系统错误检测、用户程序语法检测、通信超时检查、警戒时钟运行等。当系统发生错误时，可进行相应的报警提示。

2）用户指令解释程序

该程序的主要作用是在执行指令前，将用户编程的 PLC 语言转化为机器能识别的机器

代码。为节省内存，提高解释速度，用户程序是以内码的形式存储在PLC中的。

3）标准程序块

为方便用户编程，PLC厂家将一些实现标准动作或特殊功能的程序以类似子程序的形式存储在系统程序中，这些子程序称为标准程序块。用户程序如需标准程序块功能，只需调用相应的标准程序块，并进行执行条件的赋值即可。

8.1.3 PLC的工作原理

PLC实际上是一台用于工业控制的专用计算机，其工作原理与普通计算机类似，但实际工作方式却与计算机有一定的差异。

早期的PLC主要用于替代传统的继电-接触器控制系统，但两者的运行方式不同。继电-接触器的控制方式属于并列运行的方式。如果一个继电器的线圈通电或断电，它的所有触点都立即同时动作。PLC采用顺序扫描用户程序的运行方式，如果一个线圈接通或断开，该线圈的所有触点不会立即动作，必须等到扫描到该触点时才会动作。计算机一般采用等待输入、响应处理的工作方式。没有输入时就等待输入，如有键盘或鼠标等信号触发，则由计算机的操作系统进行处理，转入响应的程序。

在PLC中，用户程序按顺序存放，系统工作时从第一条指令开始逐条执行，直到最后一条指令又返回到开始，不断地循环执行程序。

PLC的一个工作过程一般有五个阶段：内部处理阶段、通信处理阶段、输入采样阶段、程序执行阶段和输出刷新阶段。从以下具体工作过程可以看出PLC的工作方式是一种串行循环工作方式。

1）内部处理阶段

在该阶段，CPU监测主机硬件、用户程序存储器、I/O模块的状态，以及清除I/O映像区的内容等。若诊断正常，就继续向下扫描。若发现异常，PLC会进行必要的处理，如停止运行、报警、在内部产生出错标志等。

2）通信处理阶段

在该阶段，CPU自动监测并处理各种通信接口收到的任何信息，检查是否有编程器、计算机等的通信要求，进行相应的处理。PLC通信处理的作用如下。

（1）数据输入：CPU接收来自通信接口的输入数据，并将其保存到对应的存储器中。

（2）数据输出：CPU通过通信接口向外部发送数据，进行状态显示、打印、通信等。

3）输入采样阶段

在该阶段，PLC首先扫描所有的输入端，并按顺序将所有输入端的输入信号读入输入映像寄存区。完成输入端刷新工作后，将关闭输入接口，转到下一步即程序执行阶段。在程序执行期间，即使输入端状态发生变化，输入寄存器的内容也不会发生改变，这些改变必须等到下一个周期的输入刷新阶段才能被读入。

输入采样存在一定的时间间隔，对一般的开关量信号不会产生多大的影响。但对于输入频率高、周期短（小于2倍PLC循环周期）的脉冲信号将产生错误。因此，对高频脉冲输入与状态保持时间小于PLC循环时间的信号，必须用PLC的高速输入端或高速计数器模块进行输入。

4）程序执行阶段

在该阶段，PLC 根据用户的输入控制程序，从第一条指令开始逐条执行，并将相应的逻辑运算结果存入对应的内部辅助存储器和输出状态寄存器中。状态寄存器的状态马上被后面的程序使用，无须等到下次循环。但是，在本次循环中，除非再次对状态寄存器进行赋值，否则不能改变已经写入的状态，必须等到下一个循环的到来。对于输出线圈来说，程序按照“从上到下”的顺序执行；对同一线圈的控制支路，按照从左到右的顺序执行，动作不可逆转。在扫描过程中如果遇到程序跳转指令，就会根据跳转条件是否满足来决定程序的跳转地址。

5）输出刷新阶段

在该阶段，CPU 根据用户程序的处理结果，将输出状态寄存器的状态依次输出到输出锁存电路，并通过一定的输出方式输出，驱动外部负载。

PLC 的状态输出是集中、统一进行的，虽然在用户程序的执行过程中，输出映像的状态可能会不断改变，但 PLC 最终向外输出的状态是唯一的，仅取决于全部用户程序执行完成后的输出映像状态。

PLC 对输出信号的刷新也需要一定的时间间隔，对一般的开关量输出不会产生影响，但不能输出高频率、短周期的高速脉冲，高速脉冲输出必须用 PLC 的高速脉冲模块实现。

8.2 西门子 S7-200 系列可编程控制器

西门子 S7 系列可编程控制器分为 S7-400、S7-300、S7-200 等系列，分别为 S7 系列的大、中、微型可编程控制器系统。S7-200 PLC 是西门子公司 S7 系列中的重要产品，是西门子全集成自动化的核心组成部分。凭借其强大的运算处理能力、灵活的通信扩展能力、良好的扩展性、低廉的价格、强大的控制能力和较高的稳定性得到广泛应用，S7-200 PLC 可以满足许多工业现场小规模控制的要求。

S7-200 PLC 的主要特点如下：

（1）采用整体固定 I/O 型（CPU221）与基本单元加扩展的结构，PLC 的 CPU、电源、I/O 安装于一体，结构紧凑，安装简单。

（2）运算速度快，基本逻辑扩展指令每条用时 0.22 μs，可实现高速控制。

（3）编程指令、编程元件较丰富，性价比高。

（4）PLC 集成有固定点数的高速计数输入与高速脉冲输出，脉冲频率可达 20～100 Hz。

（5）PLC 带有 RS-485 串行通信接口，支持无协议点到点通信（PPI）、多点通信（MPI）、PROFIBUS 总线通信。

8.2.1 可编程控制器的结构与性能参数

1. S7-200 PLC CPU22×系列的主要单元

S7-200 PLC 由基本单元（S7-200 PLC CPU 模块）、数字量和模拟量扩展模块、个人计

算机（PC）或编程器、STEP7-Micro/WIN32 编程软件以及通信电缆组成，如图 8-2 所示。基本单元（S7-200 PLC CPU 模块）也称为主机。由中央处理单元（CPU）、电源以及数字量输入/输出单元组成，被紧凑地安装在一个独立的装置中，基本单元可以构成一个独立的控制系统。

在 CPU 模块的顶部端子盖内有电源及输出端子；在底部端子盖内有输入端子及传感器电源；在中部右侧前盖内有 CPU 工作方式选择开关（RUN/STOP）、模拟调节电位器和扩展 I/O 连接接口；在模块的左侧分别有系统状态 LED 指示灯、可选存储卡插槽（存储 EEPROM 卡、时钟卡、电池卡）及通信口，如图 8-3 所示。

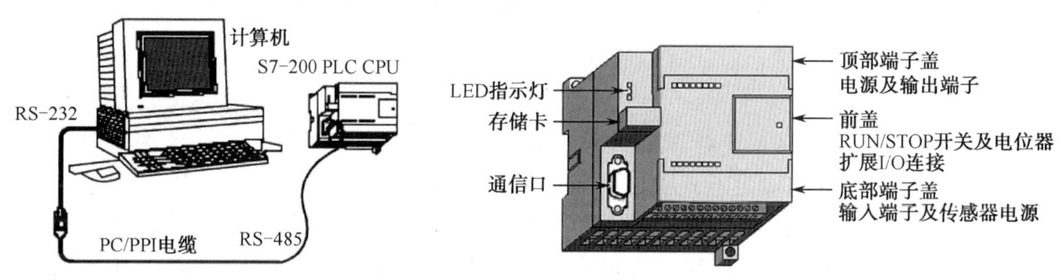

图 8-2　S7-200 PLC 系统组成　　　图 8-3　S7-200 PLC CPU 模块

在主机模块上安装有 LED 状态指示灯，用于指示 PLC 电源（POWER）、运行（RUN）、编程（PROG）、测试（TEST）、断开（BREAK）、出错（ERROR）、电池电量不足（BATT）、警告（ALARM）等工作状态。

S7-200 PLC 是一个系列，包括多种型号的 CPU，以适应不同需求的控制场合。西门子公司推出的 S7-200 PLC CPU22×系列产品主要性能如表 8-1 所示，供用户在进行系统设计时查询。

表 8-1　S7-200 PLC CPU22×系列产品主要性能

项　目	CPU221	CPU222	CPU224	CPU226
程序存储器	4 KB	4 KB	8 KB	8 KB
用户存储器类型	EEPROM	EEPROM	EEPROM	EEPROM
本机 I/O	6 入/4 出	8 入/6 出	14 入/10 出	24 入/16 出
扩展模块数量	无	2 个模块	7 个模块	7 个模块
数字量 I/O	128 入/128 出	128 入/128 出	128 入/128 出	128 入/128 出
模拟量 I/O	无	16 入/16 出	32 入/32 出	32 入/32 出
内部继电器	256	256	256	256
计数器	256	256	256	256
定时器	256	256	256	256
顺序控制继电器	256	256	256	256
独立硬件计数器	4 个（30 kHz）	4 个（30 kHz）	6 个（30 kHz）	6（30 kHz）
独立的报警输入	4	4	4	4
高速脉冲输出	2 路（20 kHz）	2 路（20 kHz）	2 路（20 kHz）	2 路（20 kHz）
通信中断	1 发送器/2 接收器	1 发送器/2 接收器	1 发送器/2 接收器	1 发送器/2 接收器

续表

项　目	CPU221	CPU222	CPU224	CPU226
硬件输入中断	4 个输入点	4 个输入点	4 个输入点	4 个输入点
定时中断	1～125 ms 分辨率 1 ms	1～125 ms 分辨率 1 ms	1～125 ms 分辨率 1 ms	1～125 ms 分辨率 1 ms
定时时钟	可选	可选	集用做的	集用做的
通信数量（RS-485）	1	1	1	2

2．S7-200 PLC 的接口模块

S7-200 PLC 的接口模块有数字量模块、模拟量模块和智能模块等。

1）数字量模块

数字量模块按照功能可分为以下三种类型。

DI：数字量输入模块 EM221。

DO：数字量输出模块 EM222。

DI/DO：数字量输入/输出模块 EM223。

具体性能如表 8-2 所示。

表 8-2　S7-200 PLC 数字量模块

功　能	输入/输出模块	输入/输出点数	输入/输出类型
DI	EM221 数字量输入模块	8DI	24 V（DC）
			120/230 V（AC）
		16DI	24 V（DC）
DO	EM222 数字量输出模块	4DO	24 V（DC）-5 A
			继电器 10A
		8DO	24 V（DC）-0.75 A
			继电器 2 A
			120/230 V（AC）
DI/DO	EM223 数字量输入/输出模块	4DI/4DO	24 V（DC）/24 V（DC）-0.75 A
			24 V（DC）/继电器-2A
		8DI/8DO	24 V（DC）/24 V（DC）-0.75 A
			24 V（DC）/继电器-2A
		16DI/16DO	24 V（DC）/24 V（DC）-0.75 A
			24 V（DC）/继电器-2 A
		32DI/32DO	24 V（DC）/24 V（DC）-0.75 A
			24 V（DC）/继电器-2 A

2）模拟量模块

（1）模拟量输入模块可分为普通模拟量输入模块和测温模拟量输入模块。

如果传感器输出的模拟量是电压或电流信号（如±10 V 或 0～20 mA），可选用普通的模拟量输入模块，通过拨码开关设置来选择输入信号量程。具体有：

4AI　EM231 模块；

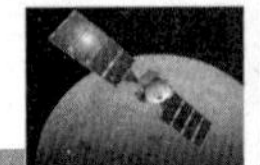

8AI　EM231 模块。

如果传感器是热电阻或热电偶，则直接输出信号接模拟量输入，需要选择特殊的测温模块。具体有：

热电偶模块 TC；

热电阻模块 RTD。

（2）模拟量输出模块有 2 路、4 路的模拟量输出模块 EM232。根据接线方式（M-V 或 M-I）选择输出信号类型、电压±10 V、电流 0～20 mA。

（3）模拟量 I/O 模块有 224XP 和 EM235 等，具体性能如表 8-3 所示。

表 8-3　S7-200 PLC 模拟量模块

<table>
<tr><th>功能</th><th colspan="2">模块类型</th><th>通道数</th><th>量程范围</th><th>订货号</th></tr>
<tr><td rowspan="4">AI</td><td colspan="2" rowspan="2">EM231 普通模拟量模块</td><td>4AI</td><td rowspan="2">单极性：4～20 mA 或 0～10 V；0～5 V；0～20 mA
双极性：±5V；±2.5 V</td><td>6SES7 231-0HC22-0XA8：6ES7 231-0HC22-0XA0</td></tr>
<tr><td>8AI</td><td>6ES7 231-0HC22-0XA0</td></tr>
<tr><td rowspan="2">EM231 测温模拟量模块</td><td rowspan="2">热电偶 TC</td><td>4AI</td><td rowspan="2">支持：S、T、R、E、N、K、J；不支持 B 型热电偶</td><td>6SES7 231-7PD22-0XA8：6ES7 231-7PD22-0XA0</td></tr>
<tr><td>8AI</td><td>6ES7 231-7PD22-0XA0</td></tr>
<tr><td rowspan="2">AI</td><td rowspan="2">EM231 测温模拟量模块</td><td rowspan="2">热电阻 RTD</td><td>2AI</td><td rowspan="2">铂（Pt）、铜（Cu）、镍（Ni）或电阻（R<600 Ω）</td><td>6SES7 231-7PB22-0XA8：6ES7 231-7PB22-0XA0</td></tr>
<tr><td>4AI</td><td>6ES7 231-7PD22-0XA0</td></tr>
<tr><td rowspan="2">AO</td><td colspan="2" rowspan="2">EM232 模拟量输出模块</td><td>2AO</td><td rowspan="2">电压输出：±10 V
电流输出：0～20 mA 或 4～20 mA</td><td>6SES7 232-0HB22-0XA8：6ES7 232-0HB22-0XA0</td></tr>
<tr><td>4AO</td><td>6ES7 232-0HD22-0XA0</td></tr>
<tr><td rowspan="4">AI/AO</td><td colspan="2" rowspan="2">EM235 模拟量输入/输出模块</td><td>4AI</td><td>可测量 mV 信号，通过拨码开关设置选择信号量程</td><td rowspan="2">6SES7 235-0KD22-0XA8：6ES7 235-0KD22-0XA0</td></tr>
<tr><td>1AO</td><td>电压输出：±10 V
电流输出：0～20 mA 或 4～20 mA</td></tr>
<tr><td colspan="2" rowspan="2">224XP 或 224Xpsi 本体集成模拟量通道</td><td>2AI</td><td>电压输出：±10 V</td><td rowspan="2">具体订货号参阅《S7-200 可编程控制器系统手册》附录 A-CPU 规范</td></tr>
<tr><td>1AO</td><td>电压输出：±10 V
电流输出：0～20 mA 或 4～20 mA</td></tr>
</table>

8.2.2　CPU 存储器的数据类型及寻址方式

1. 基本数据类型

S7-200 PLC 指令系统所采用的基本数据类型有：1 位布尔型（BOOL）、8 位字节型（BYTE）、16 位无符号整数（WORD）、16 位有符号整数（INT）、32 位无符号整数（DWORD）、32 位有符号整数（DINT）和 32 位实数（REAL）。

16 位无符号整数一般称为“字”，16 位有符号整数一般称为“整数”，32 位无符号整数一般称为“双字”，32 位有符号整数一般称为“双整数”。一般用字节（B）型、字（W）型、双字（D）型分别表示 8 位、16 位、32 位数据的数据长度。不同指令所需操作数的数据类型一般不同，在编程时应注意操作数的数据类型要与操作码相匹配，具体见表 8-4。

表 8-4　数据长度与数据范围

数据类型	数据大小	说　明	数值范围
布尔（BOOL）	1 位	布尔	0、1
字节（BYTE）	8 位	不带符号的字节	0～255
字节（BYTE）	8 位	带符号的字节	-128～127
字（WORD）	16 位	不带符号的整数	0～65 535
整数（INT）	16 位	带符号的整数	-32 768～32 767
双字（DWORD）	32 位	不带符号的双整数	0～4 294 967 295
双整数（DINT）	32 位	带符号的双整数	-2 147 483 648～2 147 483 647
实数（REAL）	32 位	IEEE32 位浮点数	-1.175 495E-38～3.402 823E+38

2. 寻址方式

寻址就是程序执行过程中寻找指令操作数存放的地址，指令中如何提供操作数或操作数地址，称为寻址方式。S7-200 CPU 的寻址分三种：立即寻址、直接寻址和间接寻址。

1）立即寻址

立即寻址方式是指令直接给出操作数，操作数紧跟着操作码，在取出指令的同时也就取出了操作数，立即有操作数可用，所以称为立即操作数或立即寻址。立即寻址方式可用来提供常数，设置初始值等。指令中常常使用常数。常数值可分为字节、字、双字型等数据。CPU 以二进制方式存储所有常数。

2）直接寻址

直接寻址方式是指令直接使用存储器或寄存器的元件名称和地址编号，根据这个地址就可以立即找到该数据。操作数的地址应该按规定的格式表示。指令中，数据类型应与指令标识符相匹配。S7-200 PLC 中可以存放操作数的存储器区有 I、Q、M、SM、S、V、L、T、C、HC、AC、AI 和 AQ 等。

不同数据长度的寻址指令举例如下：

位寻址：AND　Q5.5

字节寻址：ORB VB33，LB21

字寻址：MOVW AC0，AQW2

双字寻址：MOVD AC1，VD200

3）间接寻址

指令中给出的地址是存放数据的地址的地址，称为间接寻址。间接寻址方式是指令给出了存放操作数地址的存储单元的地址（也称为地址指针），按照这一地址找到的存储单元中的数据才是所需要的数据，相当于间接取得数据。可间接寻址的存储器区域有 I、Q、V、M、S、T（仅当前值）和 C（仅当前值）。对独立的位（BIT）值或模拟量值不能间接寻

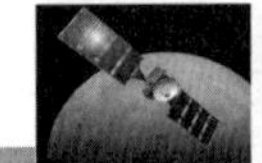

址。用间接寻址方式存取数据时应遵循以下步骤：建立指针，使用指针来存取数据（间接存取）和修改指针。

8.2.3 可编程控制器的指令系统

1．编程语言

SIMATIC 指令集是西门子公司专门为 S7-200 系列 PLC 设计的编程语言，该指令集不支持系统完全数据检查，使用 SIMATIC 指令集，可以使用梯形图（Ladder Diagram，LAD）、功能块图（Function Block Diagram，FBD）和语句表（Statement Block Diagram）编程语言编程。

S7-200 PLC 的程序分为主程序（OB1）、子程序（SBR0～SBR63）和中断程序（INT0～INT127）三种。主程序是用户程序的主体，在一个项目中只能有一个主程序，CPU 在每个扫描周期都要执行一次主程序指令。子程序是程序的可选部分，最多可以有 64 个，只有当主程序调用时才能执行。中断程序也是程序的可选部分，最多可以有 128 个，用来及时处理与用户程序的执行时序无关的操作，或不能预测何时发生的中断事件。中断程序的调用由中断事件来触发，中断程序可以在扫描周期的任意点执行。

2．常用的基本指令

S7-200 PLC 的常用基本指令和图形符号如表 8-5 所示。

表 8-5　S7-200 PLC 的常用基本指令和图形符号

指　令	功　能	梯形图符号图例	指　令	功　能	梯形图符号图例
LD	起始连接 常开接点	├┤ ├	LDR- AR- OR	实数比较 -≠≤≥<>	IN1 ─┤==R├─ IN2
LDN	起始连接 常闭接点	├┤/├	LDS- AS- OS	字符串比较 -≠≤≥<>	IN1 ─┤==S├─ IN2
LDI	起始连接 立即常开接点	├┤/├	-	普通线圈	Q0.0 ─(　)
LDNI	起始连接 立即常闭接点	├┤/I├	=I	立即线圈	Q0.0 ─(I)
O	并联常开接点	└┤ ├┘	S	置位线圈	Q0.0 ─(S) 2
ON	并联常闭接点	└┤/├┘	R	复位线圈	Q0.0 ─(R) 8
OI	并联立即常开接点	└┤I├┘	S1	立即置位线圈	Q0.0 ─(SI) 2
ONI	并联立即常闭接点	└┤/I├┘	R1	立即复位线圈	Q0.0 ─(RI) 4
A	串联常开接点	─┤ ├─	TON T×× PT	累计延时定时器	T×× IN　TON PT

续表

指　　令	功　　能	梯形图符号图例	指　　令	功　　能	梯形图符号图例
AN	并联常闭接点	─┤/├─	TOF T×× PT	通电延时定时器	T×× IN TONR PT
AI	串联立即常开接点	─┤I├─	TON T×× PT	断电延时定时器	T×× IN TOF PT
ANI	串联立即常闭接点	─┤/I├─	CTU C×× PV	加计数器	C×× CU CTU R PV
ALD	串联导线	——	CTD C×× PV	减计数器	C×× CD CTD LD PV
OLD	并联导线	┴	CTUD C×× PT	加减计数器	C×× CU CTUD CD R PV
LPS	回路向下 分支导线	┬	STOP	停止	—(STOP)
LRD	中间回路 分支导线	├──	END	条件结束	—(END)
LPP	末回路 分支导线	└──	JMP	跳转开始	1 —(JMP)
NOT	接点取反	─┤NOT├─	LBL	跳转结束	1 LBL
EU	上升沿	─┤P├─	WDR	看门狗复位	—(WDR)
ED	下降沿	─┤N├─	CALL	子程序调用	SBR_2 EN
LDB- AB- OB-	字符比较 -≠≤≥<>	IN1 ─┤==B├─ IN2	CRET	子程序标号	—(RET)
LDW- AW- OW-	整数比较 -≠≤≥<>	IN1 ─┤==I├─ IN2	FOR	循环开始	FOR EN ENO INDX INIT FINAL
LDD- AD- OD-	双字整数比较 -≠≤≥<>	IN1 ─┤==D├─ IN2	NEXT	循环结束	—(NEXT)

1）单接点指令

单接点指令是用于对梯形图中的一个接点进行编程的指令，它表示一个接点在梯形图中的串联、并联和在左母线的初始连接的逻辑关系。它可分为普通单接点和立即单接点两种类型。

普通单接点指令可用于位元件 I、Q、M、S、T、C、V、L、SM 的接点；立即单接点只能用于输入继电器 I。普通单接点指令有：LD、LDN、A、AN、O、ON；立即单接点指令有 LDI、LDNI、OI、ONI、AI 和 ANI 等，如表 8-6 所示。

表 8-6　单接点指令和图形符号

	普通单接点梯形图符号		立即单接点梯形图符号	
	常开接点	常闭接点	常开接点	常闭接点
起始接点指令	LD ├┤ ├	LDN ├┤/├	LDI ├┤I├	LDNI ├┤/I├
串联接点指令	A ─┤ ├	AN ─┤/├	AI ─┤I├	ANI ─┤/I├
并联接点指令	O └┤ ├┘	ON └┤/├┘	OI └┤I├┘	ONI └┤/I├┘
可用的位元件	I、Q、M、S、T、C、V、L、SM		I	

2）连接导线指令

单接点指令只能用于单个的接点，对于接点组或电路的分支需要用连接导线指令来完成。由于连接导线指令相当于导线，指令后面不能用软元件。连接导线指令有接点组连接导线和回路分支导线两种。接点组连接导线指令用于接点组的连接，指令有 ALD 和 OLD；回路分支导线指令用于与一个电路块回路输出分支的导线连接，指令有 LPS、LRD 和 LPP，如表 8-7 所示。

表 8-7　连接导线指令

导线类型	导线名称	指　令	梯形图符号
接点组连接导线	接点组串联导线	ALD	──
	接点组并联导线	OLD	│
回路分支导线	回路向下分支导线	LPS	┬─
	中间回路分支导线	LRD	├─
	末回路分支导线	LPP	└─

3）接点逻辑取反指令和边沿接点指令

（1）接点逻辑取反指令

接点逻辑取反指令为 NOT，梯形图符号如表 8-8 所示，用于将以 LD、LDN、LDI、LDNI 开始的接点或接点组的逻辑结果进行取反。

（2）边沿接点指令

边沿接点指令 EU（Edge Up）和 ED（Edge Down）的梯形图符号，用于接点或接点组的上升沿和下降沿，只能放在接点后面使用，不能单独使用，如表 8-9 所示。

（3）边沿常闭接点

I0.0 常开接点和 N 接点组用做了下降沿常开接点，其组成方法如图 8-4 所示。

表 8-8　接点逻辑取反指令

功能	指令	梯形图符号
接点逻辑取反	NOT	─┤NOT├─

表 8-9　边沿接点指令

功能	指令	梯形图符号
上升沿	EU	─┤P├─
下降沿	ED	─┤N├─

I0.0 常开接点、P 接点和 NOT 接点组成 I0.0 上升沿常闭接点。

I0.0 常开接点、N 接点和 NOT 接点组成 I0.0 下降沿常闭接点。

上升沿常闭接点在正常情况下是闭合的，在上升来临时断开一个扫描周期。下降沿常闭接点在正常情况下是闭合的，在下降来临时断开一个扫描周期。

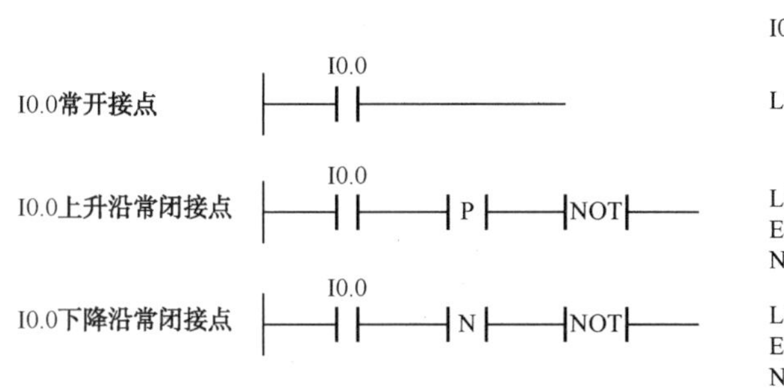

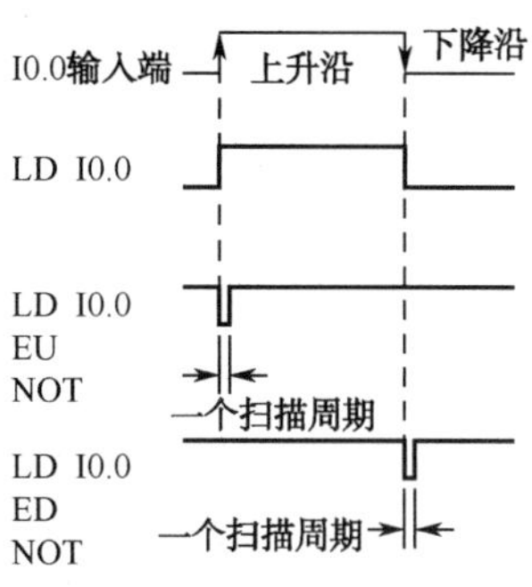

图 8-4　边沿常闭接点

4）比较接点指令

比较接点指令是将两个操作数按指定条件进行比较，条件成立时，触点就闭合。比较接点指令的类型有字节比较、整数（字）比较、双字整数比较、实数比较和字符串比较五种类型。数值比较指令的运算符号有=、>=、<=、>、<和<>六种，而字符串比较指令的运算符只有=和<>两种。比较指令可进行 LD、A 和 O 编程。比较指令的 LAD 和 STL 形式如表 8-10 所示。

表 8-10　比较接点指令

比较方式	字节比较	整数比较	双字整数比较	实数比较	字符串比较
LAD （以==为例）	IN1 ─┤==B├─ IN2	IN1 ─┤==I├─ IN2	IN1 ─┤==D├─ IN2	IN1 ─┤==R├─ IN2	IN1 ─┤==S├─ IN2
STL	LDB=IN1,IN2 AB=IN1,IN2 OB=IN1,IN2= LDB<>IN1,IN2 AB<>IN1,IN2 OB<>IN1,IN2 LDB<>IN1,IN2 AB<IN1,IN2 OB<IN1,IN2 LDB<=IN1,IN2 AB<=IN1,IN2	LDW=IN1,IN2 AW=IN1,IN2 OW=IN1,IN2 LDW<>IN1,IN2 AW<>IN1,IN2 OW<>IN1,IN2 LDW<IN1,IN2 AW<IN1,IN2 OW<IN1,IN2 LDW<=IN1,IN2 AW<=IN1,IN2	LDD=IN1,IN2 AD=IN1,IN2 OD=IN1,IN2 LDD<>IN1,IN2 AD<>IN1,IN2 OD<>IN1,IN2 LDD<IN1,IN2 AD<IN1,IN2 OD<IN1,IN2 LDD<=IN1,IN2 AD<=IN1,IN2	LDR=IN1,IN2 AR=IN1,IN2 OR=IN1,IN2 LDR<>IN1,IN2 AR<>IN1,IN2 OR<>IN1,IN2 LDR<IN1,IN2 AR<IN1,IN2 OR<IN1,IN2 LDR<=IN1,IN2 AR<=IN1,IN2	LDS=IN1,IN2 AS=IN1,IN2 OS=IN1,IN2 ODS<>IN1,IN2 AS<>IN1,IN2 OS<>IN1,IN2

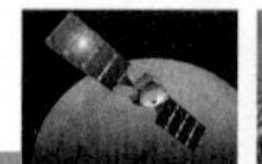

续表

比较方式	字节比较	整数比较	双字整数比较	实数比较	字符串比较
STL	OB<=IN1,IN2 LDB>IN1,IN2 AB>IN1,IN2 OB>IN1,IN2 LDB>=IN1,IN2 AB>=IN1,IN2 OB>=IN1,IN2	OW<=IN1,IN2 LDW>IN1,IN2 AW>IN1,IN2 OW>IN1,IN2 LDW>=IN1,IN2 AW>=IN1,IN2 OW>=IN1,IN2	OD<=IN1,IN2 LDD>IN1,IN2 AD>IN1,IN2 OD>IN1,IN2 LDD>=IN1,IN2 AD>=IN1,IN2 OD>=IN1,IN2	OR<=IN1,IN2 LDR>IN1,IN2 AR>IN1,IN2 OR>IN1,IN2 LDR>=IN1,IN2 AR>=IN1,IN2 OR>=IN1,IN2	
比较元件 IN1 和 IN2	IB,QB,MB,SMB, VB,SB,LB,AC, *VD,*AC,*LD, 常数	IW,QW,MW,T,C,MW, VW,SW,LW,AC, *VD,*AC,*LD, 常数	ID,QD,MD,SMD, VD,SD,LD,AC, *VD,*AC,*LD, 常数	ID,QD,MD,SMD, VD,SD,LD,AC, *VD,*AC,*LD, 常数	IN1：VB,LB, *VD,*LD,*AC, 常数 IN2：VB,LB, *VD,*LD,*AC

5）逻辑线圈指令

逻辑线圈指令用于梯形图中接点逻辑运算结果的输出或复位，如表 8-11 所示。各种逻辑线圈应和右母线连接，当右母线省略时逻辑线圈只能在梯形图右边。

表 8-11　逻辑线圈指令

数据类型	指令	梯形图符号举例	软元件
普通线圈	=	Bit —(　)	Bit：I、Q、V、M、SM、S、T、C、L N：IB、QB、VB、MB、SMB、SB、LB、AC、*VD、*LD、*AC、常数
置位线圈	S	Bit —(S) N	
复位线圈	R	Bit —(R) N	
置位优先触发器		Bit SI　OUT SR R	Bit：I、Q、V、M、S
复位优先触发器		Bit S　OUT RS RI	Bit：I、Q、V、M、S
立即线圈	-1	Bit —(I)	Bit：Q N：IB、QB、VB、MB、SMB、SB、LB、AC、*VD、*LD、*AC、常数
立即置位线圈	SI	Bit —(SI) N	
立即复位线圈	RI	Bit —(RI) N	
累计延时定时器	TON T×× PT	T×× Ni　TON PT	T××：常数（T0～T255） IN：Q、V、M、SM、S、T、C、L PT：IW、QW、VW、MW、SMW、SW、LW、T、C、AC、AIW、*VD、*LD、*AC、常数
累计延时定时器	TOTOF T×× PT	T×× IN　TONR PT	
断电延时定时器	TOF T×× PT	T×× IN　TOF PT	

续表

数据类型	指　令	梯形图符号举例	软元件
加计数器	CTU T×× PV	C×× CU　CTU R PV	C××：常数（C0～C255） CU、CD、LD、R：Q、V、M、SM、S、T、C、L PV：IW、QW、VW、MW、SMW、SW、LW、T、C、AC、AIW、*VD、*LD、*AC、常数
减计数器	CTD C×× PV	C×× CU　CTU LD PV	
加/减计数器	CTUD C×× PT	C×× CU　CTU LD R PV	

6）普通线圈、定时器和计数器指令

普通线圈、定时器和计数器指令是在 PLC 控制程序中使用最多的指令。

普通线圈指令为=，用于表示 I、Q、V、M、SM、S、T、C、L 位元件的线圈。

例如：用一个按钮控制电动机的启动和停止，要求启动时按下按钮先预警 5 s 后电动机启动，停止时再按下按钮先预警 5 s 后电动机停止。

控制梯形图如图 8-5 所示，它实际上是由上升沿单稳态电路和单按钮控制电动机启动停止电路组合而用做的。其控制原理请自行分析。

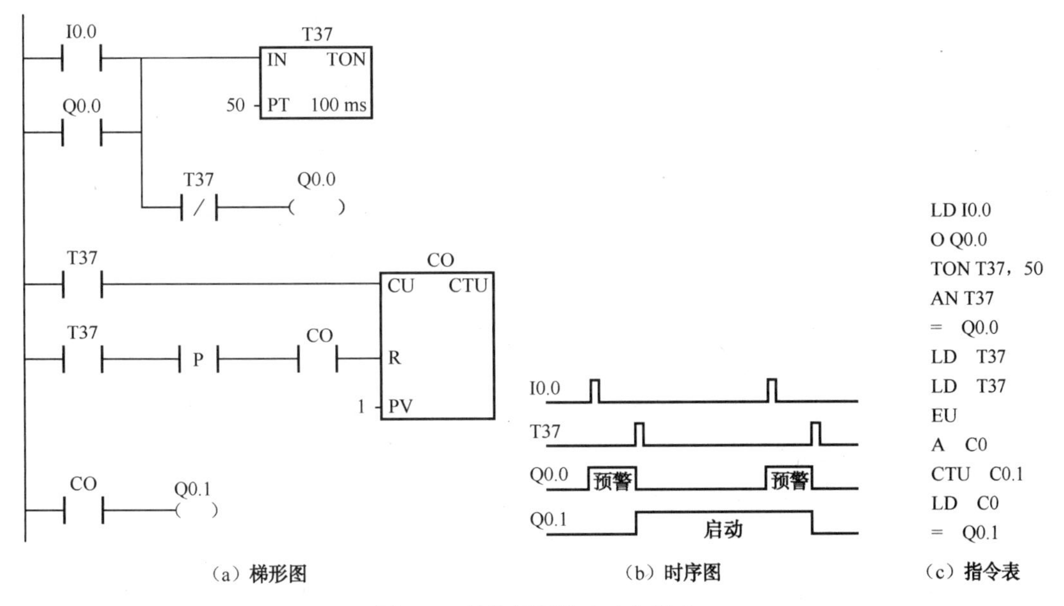

（a）梯形图　（b）时序图　（c）指令表

图 8-5　单按钮预警启动和停止

7）置位线圈指令和复位线圈指令

置位线圈指令为 S，复位线圈指令为 R，用于 I、Q、V、M、SM、S、T、C、L 的位元件线圈。图 8-6 和图 8-7 所示为复位线圈指令 R 和置位线圈指令 S 的基本应用梯形图。

图 8-6（b）所示为复位优先电路，其特点是 S 指令在前，R 指令在后。当 I0.1 接点闭合时，Q0.0 线圈得电置位（等同于自锁）；当 I0.1 接点断开时，Q0.0 线圈仍得电。如要使 Q0.0 线圈失电，则只要闭合 I0.0 接点，执行复位指令 R 即可。如果 I0.0 和 I0.1 同时闭合，由于先执行 S 指令，后执行 R 指令，所以 Q0.0 线圈不得电。它的控制功能与如图 8-6（a）所示的停止优先电路是一样的。

图 8-7（b）所示为置位优先电路，其特点是 R 指令在前，S 指令在后。其控制原理和图 8-7（a）是相同的，与复位优先电路不同的是，当 I0.0 和 I0.1 同时闭合时，由于先执行 R 指令，后执行 S 指令，所以 Q0.0 线圈是得电的。

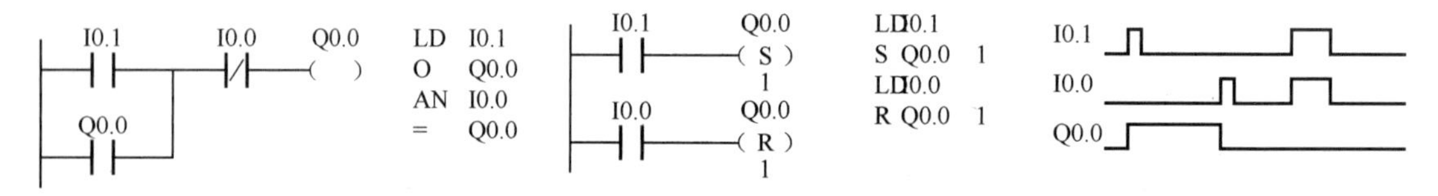

（a）停止优先电路及指令表　（b）复位优先电路及指令表　（c）停止、复位优先时序

图 8-6　停止、复位优先电路

8）SR 触发器和 RS 触发器

SR 触发器和 RS 触发器的作用与图 8-7 中的置位优先电路和图 8-6 中的复位优先电路类似。

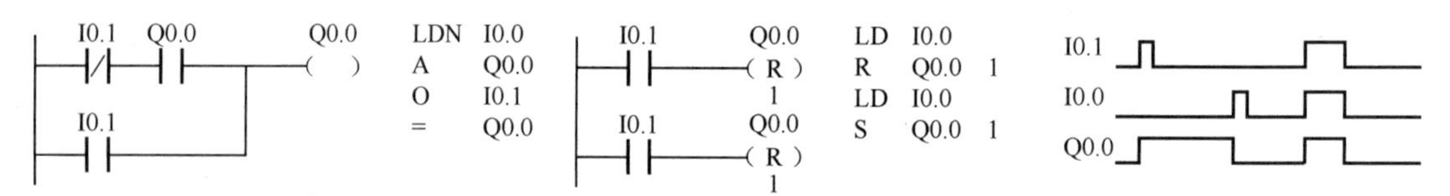

（a）启动优先电路及指令表　（b）置位优先电路及指令表　（c）启动、置位优先时序

图 8-7　启动、置位优先电路

SR 触发器为置位优先触发器，当置位端（SI）为 1 时输出为 1。当复位端（R）为 1 时，输出为 0。当置位端（SI）和复位端（R）都为 1 时，输出优先为 1。

RS 触发器为复位优先触发器，当置位端（S）为 1 时输出为 1。当复位端（RI）为 1 时，输出为 0。当置位端（S）和复位端（RI）都为 1 时，输出为 0，如图 8-8 所示。

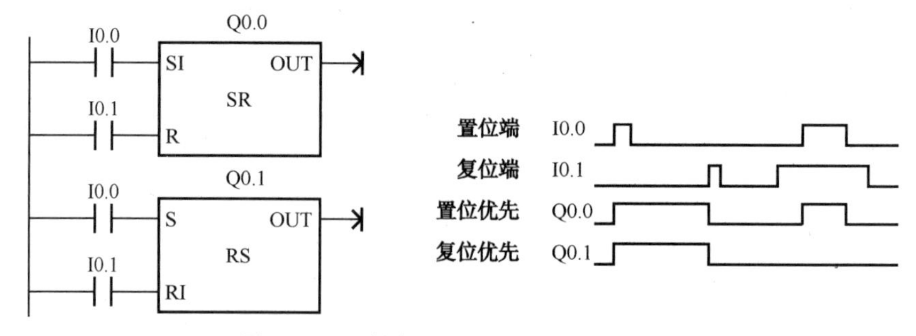

图 8-8　SR 触发器和 RS 触发器应用说明

9）程序控制指令

程序控制指令用于梯形图（指令）的控制，如表 8-12 所示。

表 8-12　程序控制指令

功　能	指　令	梯形图符号举例	软 元 件
停止	STOP	—(STOP)	
条件结束	END	—(END)	
看门狗复位	WDR	—(WDR)	
跳转开始	JMP	1 —(JMP)	N：0～255
跳转结束	LBL	1 LBL	N：0～255
子程序调用	CALL	SBR 2 EN	
子程序标号	CRET	—(RET)	
循环开始	FOR	FOR EN ENO INDX INIT FINAL	INDX：VW、IW、QW、MW、SW、SMW、LW、T、C、AC、*VD、*AC 和*CD。 ININ 和 FINAL：VW、IW、QW、MW、SW、SMW、LW、T、C、AC、常数、*VD、*AC 和*CD
循环结束	NEXT	—(NEXT)	

程序控制类指令使程序结构灵活，合理使用该指令可以优化程序结构，增强评审功能。这类指令主要包括有条件结束、停止、看门狗复位、跳转、子程序、循环和顺序控制等指令。

（1）有条件结束（END）指令

END 指令只能用在主程序中，不能在子程序和中断程序中使用。在主程序中插入 END 指令，当满足条件执行 END 指令时，END 指令后面的程序将不再执行。

使用 Micro/Win32 编程软件时，该软件会自动在主程序的结尾加上一条无条件结束指令（MEND)，而无须人工加入。

在调试程序时，在程序的适当位置加入 END 指令可实现程序的分段调试。

（2）停止（STOP）指令

当执行 STOP 指令时，可以使主机 CPU 的工作方式由 RUN 切换到 STOP，从而立即停止用户程序的执行。

STOP 指令可以用在主程序、子程序和中断程序中。如果在中断程序中执行 STOP 指令，则中断处理立即中止，并忽略所有挂起的中断。继续扫描程序的剩余部分，在本次扫描周期结束后，完成将主机从 RUN 到 STOP 的切换。

STOP 和 END 指令通常在程序中用来对突发紧急事件进行处理，以避免实际生产中的意外损失。

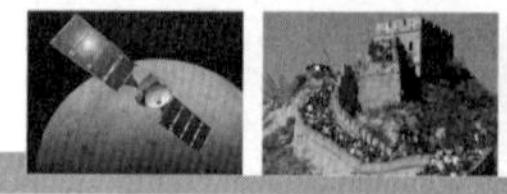

（3）看门狗复位（WDR）指令

PLC 在执行程序时，为防止错误程序导致扫描时间过长，设置了一个警戒时钟，当扫描周期时间超过 300 ms 时将禁止程序运行，但是有时候编制的程序可能超过 300 ms，这时可以在程序中加入看门狗复位（Watchdog Reset，WDR）指令（又称警戒时钟刷新指令）。当执行 WDR 指令时，警戒时钟被刷新，重新开始计时，这样就可以延长扫描周期的时间。

使用 WDR 指令时要特别小心，如果因为使用 WRD 指令而使扫描时间拖得过长（如在循环结构中使用 WDR），那么在中止本次扫描前，下列操作过程将被禁止：

① 通信（自由口除外）。

② I/O 刷新（直接 I/O 除外）。

③ 强制刷新。

④ SM 位刷新（SM0、SM5～SM29 的位不能被刷新）。

⑤ 运行时间诊断。

⑥ 扫描时间超过 25 s 时，使 10 ms 和 100 ms 定时器不能正确计时。

⑦ 中断程序中的 STOP 指令。

（4）跳转（JMP）指令及标号（LBL）指令

跳转指令可以使 PLC 编程的灵活性大大提高，可根据对不同条件的判断，选择不同的程序段执行程序。

跳转（Jump，JMP）指令：当输入端有效时，使程序跳转到标号处执行。

标号（Label，LBL）指令：指令跳转的目标标号。

使用说明如下：

① 跳转指令和标号指令必须配合使用，而且只能使用在同一程序段中，如主程序、同一个子程序或同一个中断程序。不能在不同的程序段中互相跳转。

② 执行跳转后，被跳过程序段中的各元器件的状态：

Q、M、S、C 等元件的位保持跳转前的状态。

计数器 C 停止计数，当前值存储器保持跳转前的计数值。

对定时器来说，因刷新方式不同而工作状态不同。

（5）循环（FOR、NEXT）指令

循环指令有两条：循环开始（FOR）指令，用来标记循环体的开始；循环结束（NEXT）指令，用来标记循环体的结束，无操作数。

FOR 和 NEXT 指令之间的程序段称为循环体，每执行一次循环体，当前计数值增 1，并且将其结果同终值做比较，如果大于终值，则终止循环。

循环开始指令盒中有三个数据输入端：当前循环计数值（Index Value or Current Loop Count，INDX）、循环次数初值（Starting Value，INIT）和循环次数终值（Ending Value，FINAL）。

循环指令使用示例如图 8-9 所示。当 I0.1 接通时，循环指令执行一个扫描周期，在一个扫描周期内被循环的程序被执行 100 次。很明显循环体越长，循环次数越多，扫描周期的时间就越长。循环指令使用时应注意以下几点：

① FOR、NEXT 指令必须用做对使用。

② FOR 和 NEXT 可以循环嵌套，嵌套最多为 8 层，但各个嵌套之间不可有交叉现象。

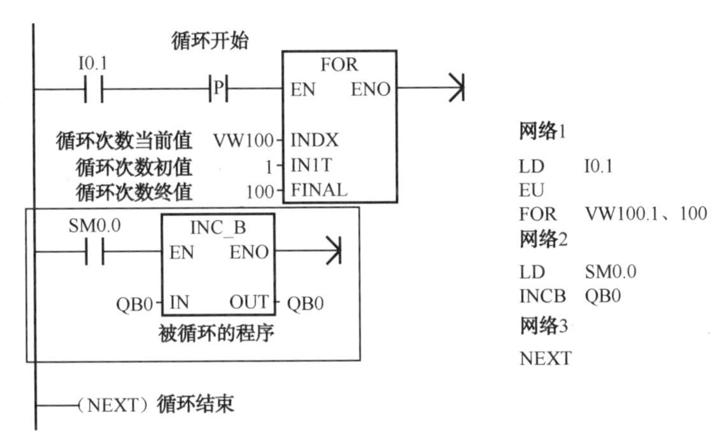

图 8-9　循环指令

③ 每次使能输入（EN）重新有效时，指令将自动复位各参数。

④ 初值大于终值时，循环体不被执行。

（6）子程序

子程序在结构化程序设计中是一种方便有效的工具。S7-200 PLC 的指令系统具有简单、方便、灵活的子程序调用功能。与子程序有关的操作有建立子程序、子程序的调用和返回。

① 建立子程序是通过编程软件来完用做的。可用编程软件“编辑”菜单中的“插入”选项，选择“子程序”，以建立或插入多个新的子程序，同时，在指令窗口可以看到新建的子程序图标，默认的程序名是 SBR_N，编号 N 的范围为 0～63，编号 N 从 0 开始按递增顺序生成，也可在图标上直接更改子程序的程序名，把它变为更能描述该子程序功能的名字。在指令树窗口双击子程序的图标就可进入子程序，并对它进行编辑。

② 子程序调用（CALL）指令和子程序条件返回（CRET）指令：

● 在 CALL 指令使能输入有效时，主程序把程序控制权交给子程序，子程序的调用可以带参数，也可以不带参数。

● 在 CRET 指令使能输入有效时，结束子程序的执行，返回主程序中（此子程序调用的下一条指令）。梯形图中以线圈的形式编程，指令不带参数。

③ 带参数调用子程序：首先要在子程序的局部变量表中定义参数的变量名（最多 23 个字符）、变量类型和数据类型，如表 8-13 所示，一个子程序最多可以传递 16 个参数。

8.2.4　可编程控制器的程序设计

1．十字路口交通灯控制

在十字路口，要求东西方向和南北方向各通行 35 s，并周而复始。在南北方向通行时，东西方向的红灯亮 35 s，而南北方向的绿灯先亮 30 s 后再闪 3 s（0.5 s 暗，0.5 s 亮）后黄灯亮 2 s。在东西方向通行时，南北方向的红灯亮 35s，而东西方向的绿灯先亮 30 s 后再闪 3 s（0.5 s 暗，0.5 s 亮）后黄灯亮 2 s。十字路口的交通灯布置示意图如图 8-10 所示。

表 8-13　局部变量表参数变量类型

参数变量类型	描　述
IN	输入子程序参数
IN_OUT	输入/输出子程序参数
OUT	输出子程序参数
TEMP	中间变量的子程序参数（用于存放临时结果）

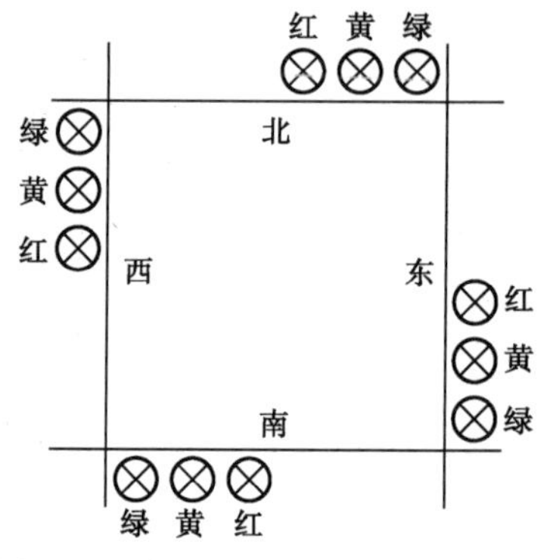

图 8-10　十字路口的交通灯布置示意

由于东西方向和南北方向的通行时间相同，所以，为了简化编程和减少定时器的数量，可将十字路口交通灯通行时间改为如图 8-11 所示的时间。这是一个由时间控制的电路，共分 6 个时间段，东西方向和南北方向各有 3 个。由于东西方向和南北方向通行时间相同，所以可考虑用 3 个定时器。定时器的设定时间既可以按题目给定的 30s、3s、2s 来设定，也可以按图 8-11 来设定。根据十字路口交通灯通行时间图设计的梯形图如图 8-12 所示。

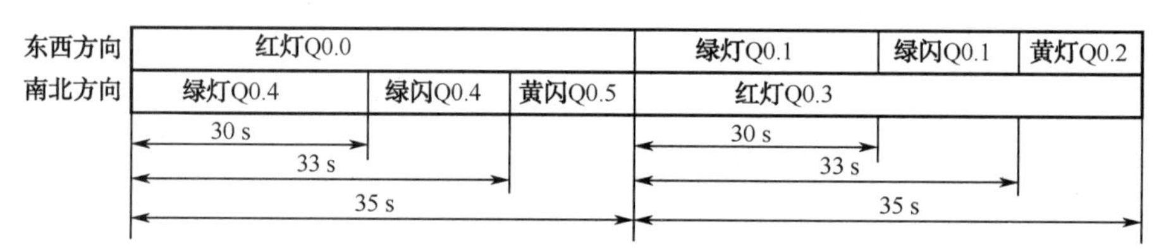

图 8-11　十字路口交通灯通行时间图

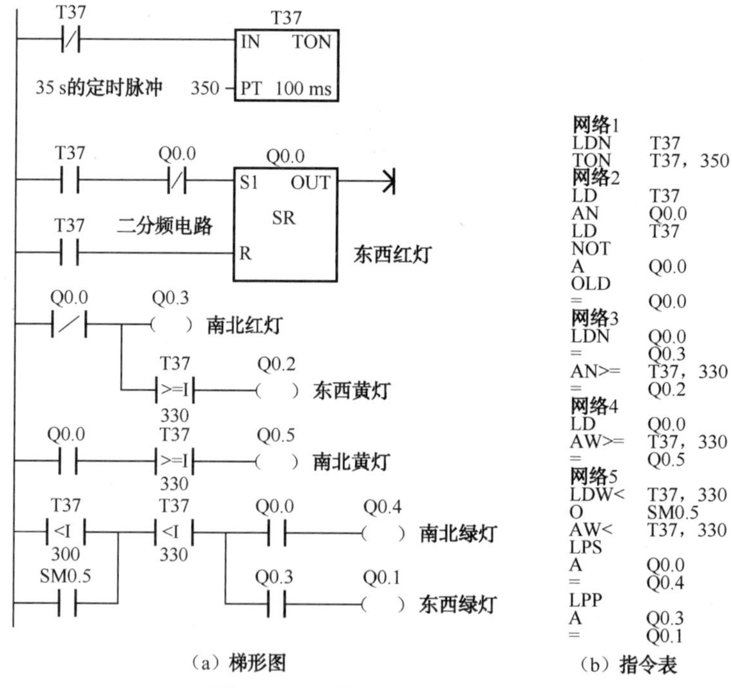


```
网络1
LDN     T37
TON     T37, 350
网络2
LD      T37
AN      Q0.0
LD      T37
NOT
A       Q0.0
OLD
=       Q0.0
网络3
LDN     Q0.0
=       Q0.3
AN>=    T37, 330
=       Q0.2
网络4
LD      Q0.0
AW>=    T37, 330
=       Q0.5
网络5
LDW<    T37, 330
O       SM0.5
AW<     T37, 330
LPS
A       Q0.0
=       Q0.4
LPP
A       Q0.3
=       Q0.1
```

（b）指令表

图 8-12　十字路口交通灯控制

网络 1 是一个 35 s 的定时脉冲，T37 每隔 35 s 发一个定时脉冲。

网络 2 是一个组成二分频电路的 SR 触发器，Q0.0 断开 35 s，接通 35 s。东西方向的红灯 Q0.0 和南北方向的红灯 Q0.3 状态反相。

初始状态 Q0.0=0，Q0.0 常闭接点闭合。Q0.3=1，南北方向的红灯亮；Q0.1=1，东西方向绿灯亮，当 T37 时间大于等于 30 s 时，比较接点<（T37，300）断开，Q0.1 经 SM0.5 得电，东西方向绿灯闪；当 T37 时间大于等于 33 s 时，比较接点<（T37，330）断开，Q0.1 失电，东西方向绿灯灭，比较接点>=T（37，330）闭合，Q0.2=1，东西方向黄灯亮。当 T37 时间达到 35 s 设定值时，T37 接通一个扫描周期，使 Q0.0=1，东西方向红灯亮。Q0.0 常闭接点断开，Q0.3 和 Q0.2 失电。Q0.4=1，南北方向的绿灯亮，转入南北方向通行程序，其工作过程与上述类似。

绿灯的闪亮由 1 s 的时钟脉冲 SM0.5 来控制（SM0.5 的通断时间由内部时钟控制，与程序无关，用于要求不高的场合，如要求较高，可采用振荡电路来代替 SM0.5）。

2. 按钮人行道

按钮人行道如图 8-13 所示。道路上的交通灯由行人控制，在人行道的两边各设一个按钮，当行人要过人行道时按下路边的按钮，交通灯按图 8-14 所示的时间顺序变化。在道路交通灯已进入绿灯运行状态时，按钮将不会立即起作用改变信号灯状态。

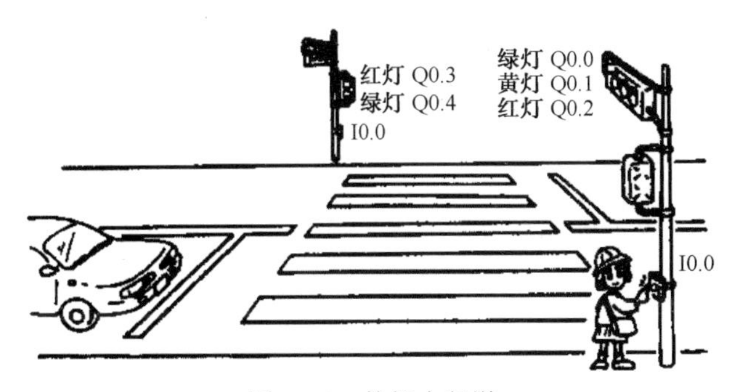

图 8-13　按钮人行道

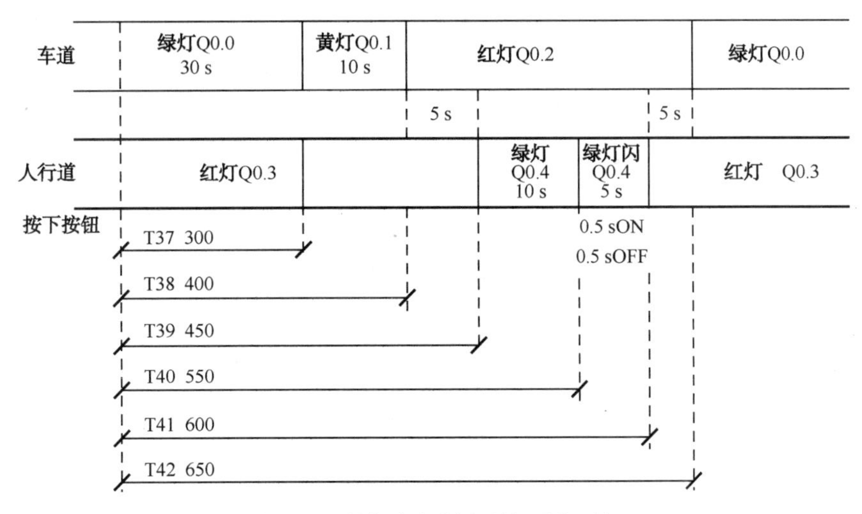

图 8-14　按钮人行道交通灯通行时间

按钮人行道交通灯的时间顺序变化可以根据图 8-14 所示分为 6 个时间段，分别用 6 个定时器来控制。

按钮人行道交通灯控制接线如图 8-15 所示。按钮人行道交通灯梯形图如图 8-16 所示。

在未按下按钮时，Q0.0和Q0.3经常闭接点得电，人行道红灯亮，车道绿灯亮；当按下按钮I0.0时，M0.0得电自锁，将定时器T37～T42线圈接通开始延时，在此期间按按钮对梯形图没有影响。首先T37经30 s动作断开Q0.0，车道绿灯灭，闭合Q0.1，车道黄灯亮。10 s后T38接点动作，断开Q0.1车道，黄灯灭，闭合Q0.2，车道红灯亮0.5 s后T39接点动作，断开Q0.3，人行道红灯灭，闭合Q0.4，人行道绿灯亮，行人可以通行。10 s后T40接点动作，接通由T43、T44组用做的振荡电路。T43常开接点使Q0.4线圈0.5 s断、0.5 s通，人行道绿灯闪。闪5 s后T41接点动作，断开Q0.4，人行道绿灯灭，闭合Q0.3，红灯亮0.5 s后T42接点动作，T42常闭接点使M0.0和所有定时器线圈断开，恢复到初始状态，完成一次行人通行过程。

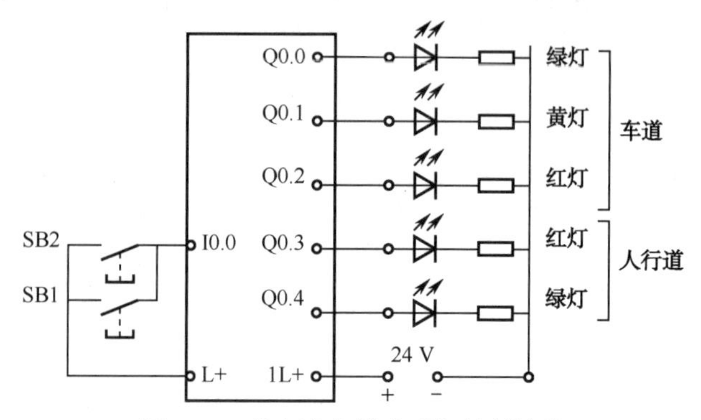

图8-15　按钮人行道交通灯控制接线

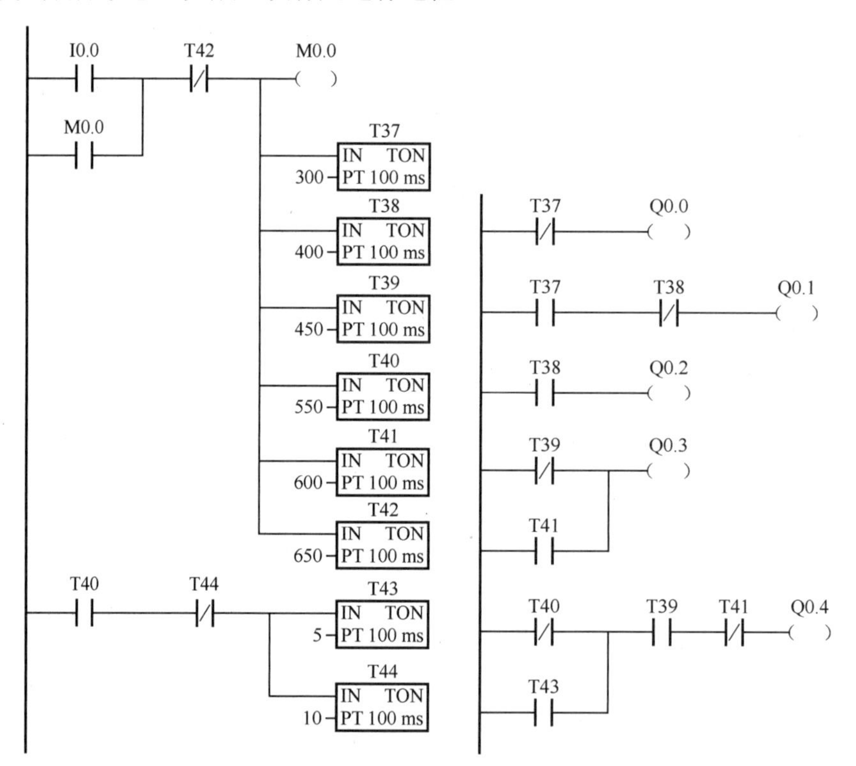

图8-16　按钮人行道交通灯梯形图

3．三相异步电动机点动、连动、能耗制动电路

用按钮点动或连动启动控制一台三相异步电动机。停止时电动机进行能耗制动，延时8 s，断开直流电源，电动机停止转动。三相异步电动机点动、连动、能耗制动主电路和PLC接线图如图8-17所示。

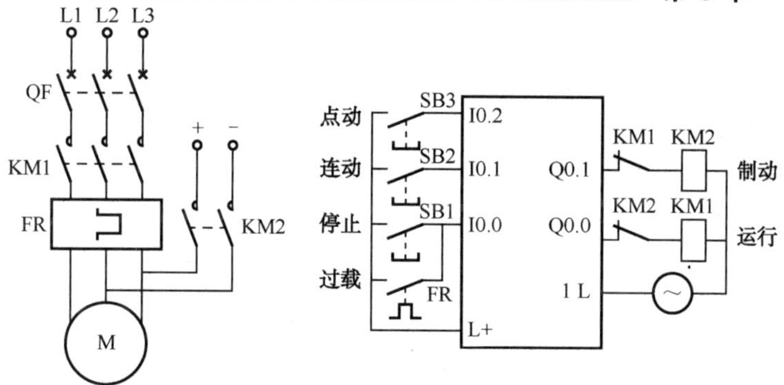

图 8-17　三相异步电动机点动、连动、能耗制动主电路和 PLC 接线

控制原理如下：按下连动按钮 I0.1，Q0.0 得电并自锁，接触器 KM1 得电，电动机连续运行。按下停止按钮 I0.0，Q0.0 线圈失电，Q0.0 下降沿接点接通一个扫描周期，使 Q0.1 得电自锁。接触器 KM2 得电，KM2 主触点接通直流电源，电动机工作在能耗制动状态，同时定时器 T37 延时 5 s 断开 Q0.1 线圈，制动结束。

三相异步电动机点动、连动、能耗制动梯形图如图 8-18 所示。

按下点动按钮 I0.2，Q0.0 得电，电动机启动运行；当松开点动按钮 I0.2 时，I0.2 常开接点和下降沿指令 ED 及取反指令 NOT 组成一个下降沿常闭接点，按钮 I0.2 在断开时 I0.2 下降沿常闭接点断开一个扫描周期，Q0.0 线圈失电，实现点动控制。三相异步电动机点动、连动、能耗制动时序如图 8-19 所示。

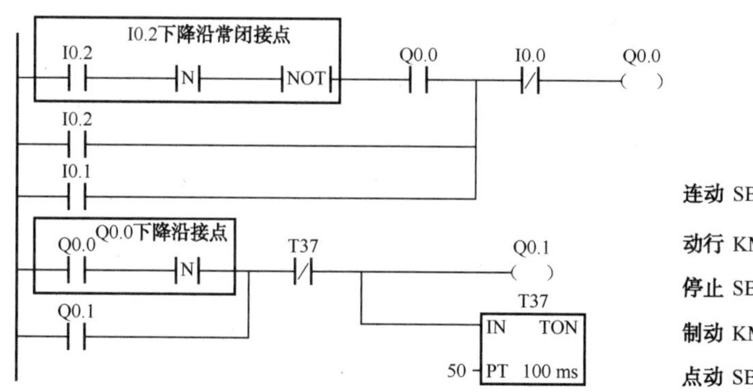

图 8-18　三相异步电动机点动、连动、能耗制动梯形图

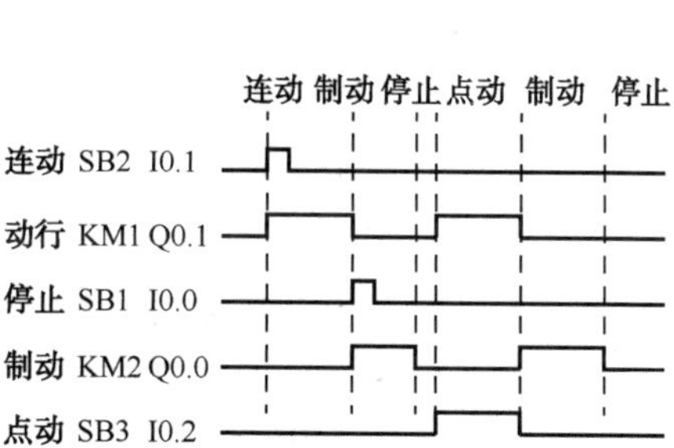

图 8-19　三相异步电动机点动、连动、能耗制动时序

8.3　PLC 在典型电动机控制系统中的应用与编程

各类电动机在生产以及人们的日常生活中起着非常重要的作用，几乎所有的机电系统都离不开电动机的驱动，电动机已成为大部分机电系统的动力来源。

PLC 在电动机的控制中应用非常广泛，过去通常采用继电器-接触器系统对电动机进行控制。虽然继电器-接触器控制系统结构简单、价格低廉，但由于其利用的机械触点很容易损坏，寿命短，正在被新型的控制装置所代替。PLC 由于体积小、抗干扰能力强、使用灵

活等优点，在各类电动机控制中得到了越来越广泛的应用。

本节将以一些典型控制环节以及典型应用场合为例，介绍西门子 S7-200 系列 PLC 在各类电动机控制系统中的编程特点、编程基本方法以及一些编程技巧，使读者能够更好地掌握 PLC 控制器在各类电动机中的基本编程思想和编程方法。

8.3.1 电动机的正、反转控制

在实际应用中，往往要求各类生产机械能改变运动方向，具有上下、前后、左右等相反方向的运动，如镗床或车床工作台的前进与后退，起重机起吊重物的上升与下降，电梯的上升与下降，数控铣床的正、反转等，这就要求电动机能实现正、反转，以带动各类生产机械的往复运动。

三相异步电动机的正、反转控制可借助正、反向接触器改变定子绕组的相序来实现，控制方法有多种，其中重要的一个问题是要保证正、反转接触器不会同时接通，以免造成电源相间短路。在继电器-接触器控制系统中，用正、反转接触器的动断触点组成互锁电路可以解决这个问题。在 PLC 控制系统中，可以通过软件设置获得更可靠的互锁控制。

本节主要实现三相异步电动机的启动、停止和正、反转控制，使用两个继电器分别控制电动机的启动、停止和正、反转。作为本书的第一个较完整的实例，本节将详细介绍 PLC 编程的详细过程，请读者认真阅读本节介绍的内容，以后编写实际的控制程序时可参考本节描述的编程过程。

1. 电动机正、反转控制工作原理

由三相异步电动机转动原理可知，只需要将接于电动机定子绕组的三相电源线中的任意两相对调，就可以实现电动机正、反转。对调后可以改变定子绕组的相序，旋转磁场方向也相应发生变化，转子的中感应电势、电流以及产生的电磁转矩都要改变方向，电动机的转子就逆转了，可以使用 PLC 实现这一控制目的。

电动机可逆运行的控制电路，实质上是两个方向相反的单向运行电路的组合。为此，采用两个继电器分别给电动机定子送入 A、B、C 相序和 C、B、A 相序的电源，电动机就能实现可逆运行。为了避免误操作引起的电源短路，需要在这两个方向相反的单向运动电路中加入必要的联锁，如图 8-20 所示。

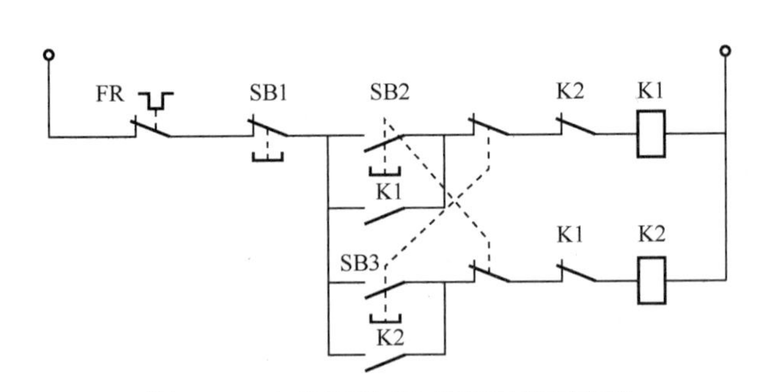

图 8-20 电动机正-反-停手动控制电路

电动机的正-反-停手动控制电路是利用复合按钮组用做的正、反转控制电路。按下正转启动按钮 SB2，电动机正转。若需要使电动机反转，不必按下停止按钮 SB1，可直接按下反转启动按钮 SB3，使继电器 K1 失电释放，继电器 K2 得电吸合，电动机先脱离电源，停止正转，然后再反向启动运行。反之亦然，通过将继电器 Kl、K2 的常闭辅助触点串入对方的线圈电路中，形成相互联锁，可以防止误操作。

2. 系统硬件设计

1）输入/输出信号分析

根据上述对三相异步电动机正、反转工作原理的描述可知，该 PLC 控制系统的输入信号有：电动机启动和停止按钮各 1 个，控制电动机正转和反转的控制按钮各 1 个，共 4 个控制按钮，需 4 路输入端子。

输出信号：控制电动机启动与停止需要 1 个继电器。另外，控制电动机的正转和反转需要 1 个继电器，共需 2 个继电器，所以需 2 路输出端子。

2）确定 PLC 的输入/输出分配

使用 PLC 控制设备时，需要将设备的各个控制信号与 PLC 的输入端口连接，将设备的执行电器与 PLC 的输出端口连接，也就是为所有的设备信号分配 PLC 的输入/输出通道。设备信号与 PLC 输入/输出通道的联系，可以采用输入/输出表的形式给出，也可以采用端子图的形式绘出。本实例 PLC 的输入/输出分配如表 8-14 所示。

表 8-14　PLC 的输入/输出分配

类别	序号	地址	名　称	功能说明
4 路数字输入信号	1	I0.0	启动按钮	控制电动机的启动
	2	I0.1	停止按钮 SB1	控制电动机的停止
	3	I0.2	正转启动按钮 SB2	控制电动机的正转
	4	I0.3	反转启动按钮 SB3	控制电动机的反转
2 路数字输出信号	1	Q0.0	继电器 K1	控制电动机的启、停
	2	Q0.1	继电器 K2	控制电动机的正、反转

3）PLC 的选型

根据表 8-14 所示的 PLC 控制系统的输入/输出分配，根据 S7-200 CPU 系列产品主要性能表现，本实例中的 PLC 可选择西门子公司 S7-200 系列微型 PLC CPU222 作为控制主机。

4）线路连接

根据系统要实现的功能以及控制要求，可设计如图 8-21 和图 8-22 所示的电动机正、反转 PLC 控制主电路和 PLC 控制电路接线图。其中，直流电源由 PLC 供给，可直接将 PLC 电源端子接在开关上，交流电源由外部供给。

3. 程序设计

根据前述的电动机正、反转控制的工作原理，可设计如图 8-23 所示的电动机正、反转流程图。根据图 8-23 所示的流程图，可进行相应的程序设计，下面对该程序的设计进行详细介绍。

1）新建项目

单击“文件”下拉菜单，在弹出的菜单中单击“新建”，如图 8-24 所示，然后弹出如图 8-25 所示建立项目，默认“项目 1（CPU 221 REL 01. 10）”，可修改。用鼠标右键单击此项弹出“类型”选项。

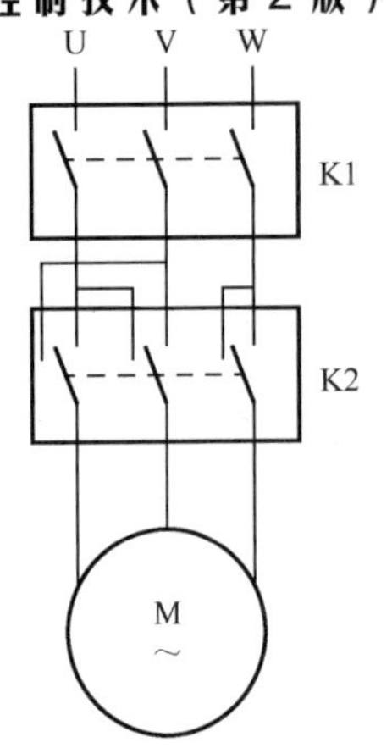

图 8-21　电动机正、反转 PLC 控制主电路

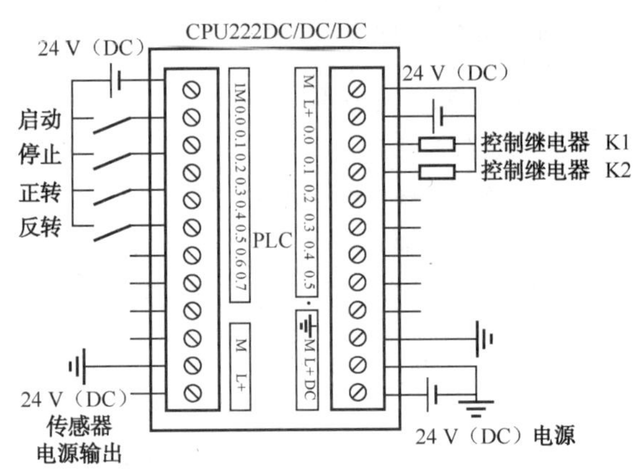

图 8-22　电动机正、反转 PLC 控制电路接线

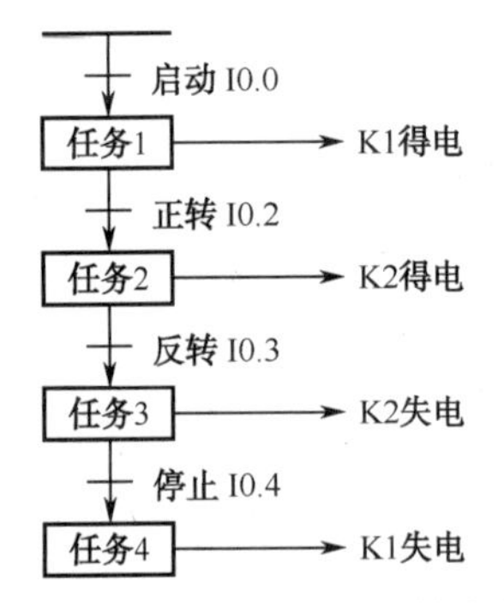

图 8-23　电动机正、反转流程图

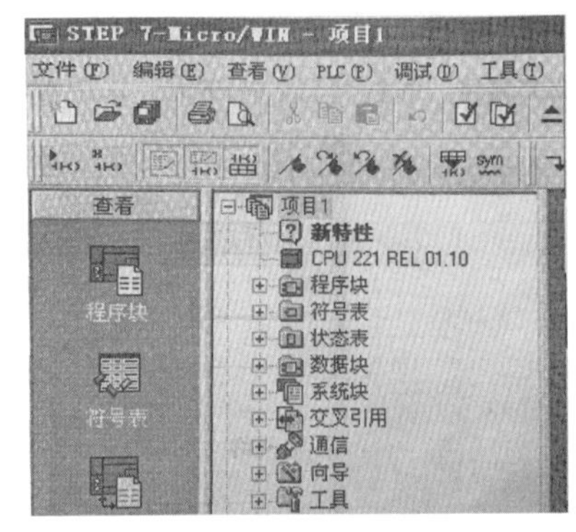

图 8-24　新建项目

2）选择 CPU 类型

在“类型”选项中选择 CPU 类型，如图 8-25 所示，单击下拉按钮，选择 PLC 类型，单击“确认”按钮，完成 PLC 选型。

3）编写程序

若按下“启动”键，则电动机开始转动；若按下“正转”键，则电动机正转；若按下“反转”键，则电动机反转；若接下“停止”键，则电动机停止转动。选择程序块中的主程序（OB1），如图 8-26 所示，准备编写程序。

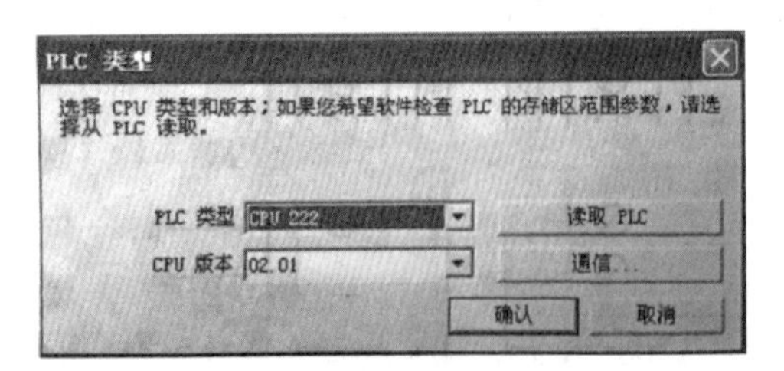

图 8-25　选择 PLC 类型

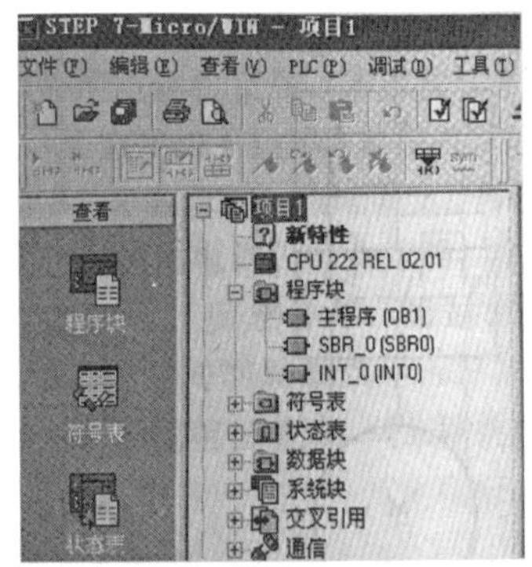

图 8-26　选择主程序

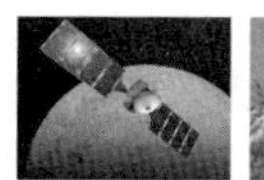

（1）在打开的主程序框内，选中“网络 1”上方的绿色文字“程序注释”，输入主程序名称，这里输入“电动机启动、正反转控制”，如图 8-27 所示。

（2）选择网络。单击“网络 1”下方有箭头处的网络，如图 8-28 所示。

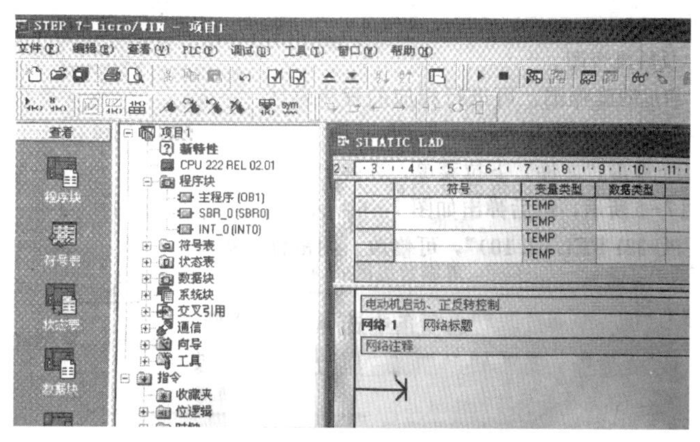

图 8-27　输入主程序名称

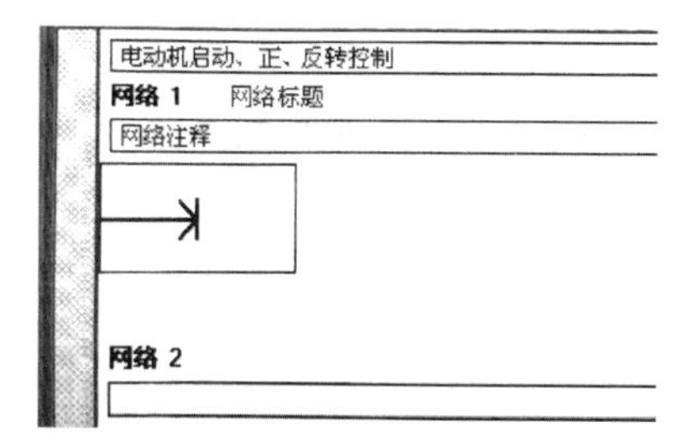

图 8-28　选择网络

（3）添加接点。单击图示符号，添加接点，如图 8-29 所示。

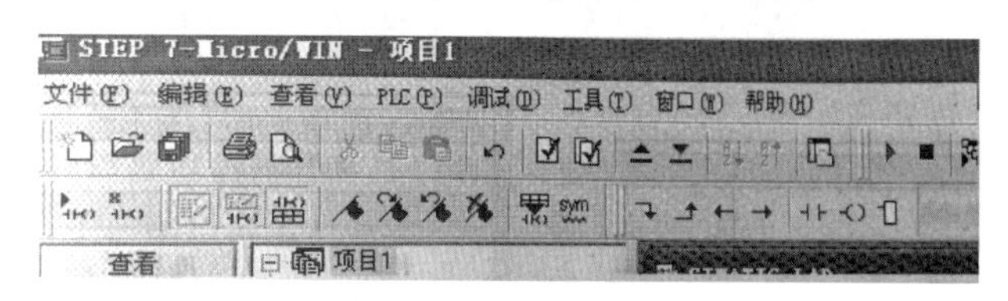

图 8-29　添加接点

（4）弹出如图 8-30 所示菜单，拖动移动条，单击选择要添加的接点，如图 8-30 中单击“┤├”。

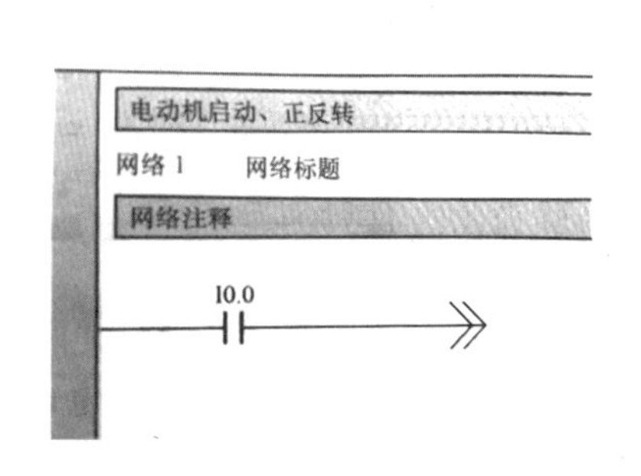

（a）输入接点编号

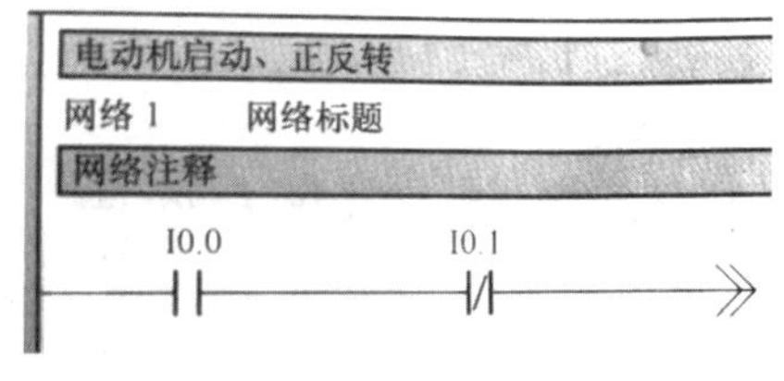

（b）输入编号效果

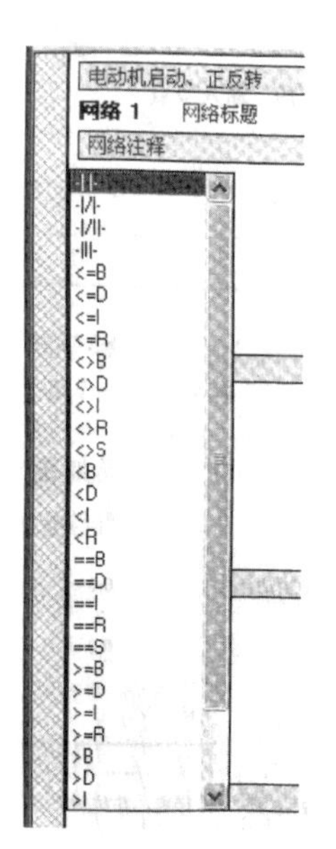

（c）单击“┤├”

图 8-30　选择要添加的接点

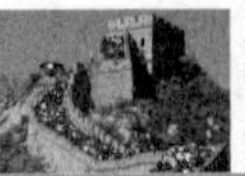

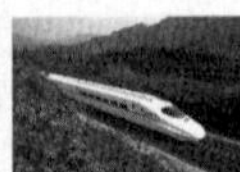

（5）在“??...?”处单击选中，输入接点的编号“I0.0”，如图 8-30（a）所示，按上述方法输入常闭触点“I0.1”，如图 8-30（b）所示。

（6）添加线圈并实现自锁，如图 8-31 所示。

电动机启动、正反转
网络 1 网络标题
网络注释
I0.0
I0.1
M

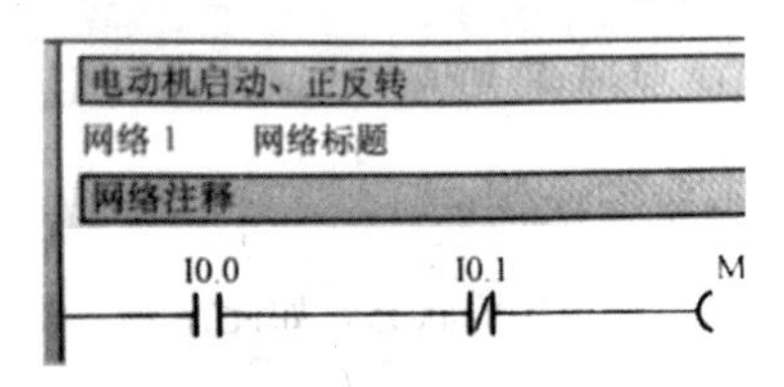

图 8-31 输入线圈名称后的效果

4）正、反转控制程序

PLC 控制的电动机正、反转程序及对应的解释如图 8-32 所示。

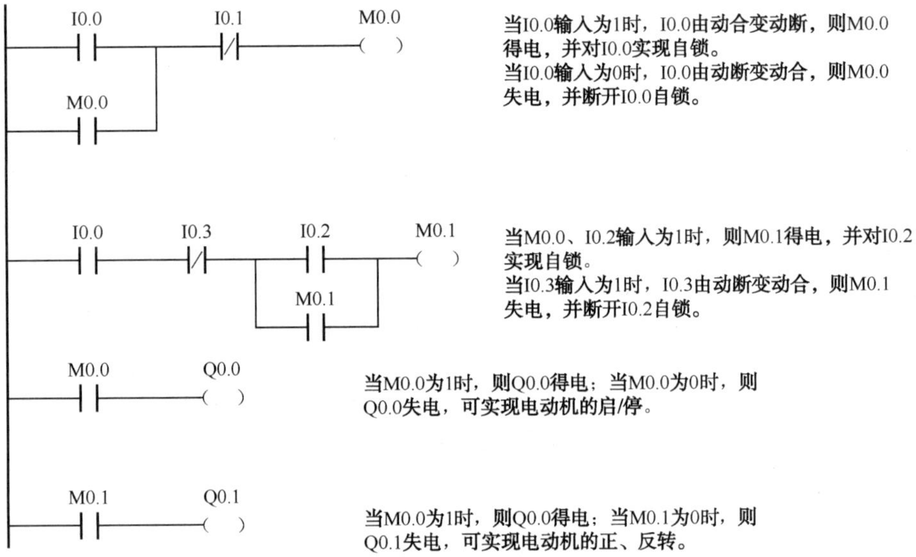

I0.0
I0.1
M0.0
M0.0
当I0.0输入为1时，I0.0由动合变动断，则M0.0得电，并对I0.0实现自锁。
当I0.0输入为0时，I0.0由动断变动合，则M0.0失电，并断开I0.0自锁。
I0.0
I0.3
I0.2
M0.1
M0.1
当M0.0、I0.2输入为1时，则M0.1得电，并对I0.2实现自锁。
当I0.3输入为1时，I0.3由动断变动合，则M0.1失电，并断开I0.2自锁。
M0.0
Q0.0
当M0.0为1时，则Q0.0得电；当M0.0为0时，则Q0.0失电，可实现电动机的启/停。
M0.1
Q0.1
当M0.0为1时，则Q0.0得电；当M0.1为0时，则Q0.1失电，可实现电动机的正、反转。

图 8-32 电动机正、反转控制程序

8.3.2 电动机的启/停控制

本节使用单键控制实现电动机的启动和停止。第一次按下按键，输出开的状态；第二次按下该按键，输出关的状态，如此循环，实现电动机的启动和停止。

1．硬件设计

1）输入/输出信号分析

根据电动机启/停控制的要求，可知该控制系统的输入信号有：控制电动机启/停的按钮 1 个，需 1 个输入端子；输出信号：继电器 1 个，需 1 个输出端子。

2）确定输入/输出分配

确定 PLC 的输入/输出分配，如表 8-15 所示。

表 8-15 PLC 的输入/输出分配

类别	序号	地址	说　明	功　能
1 路数字输入	1	I0.0	启/停按钮	控制电动机的启动和停止
2 路数字输出	1	Q0.0	继电器 K1	控制继电器的启/停

3）PLC 的选型

根据表 8-15 所示的 PLC 控制系统的输入/输出分配，本实例选用的是 S7-200 PLC 的 CPU222。

4）线路连接

主电路及控制电路接线如图 8-33 所示。

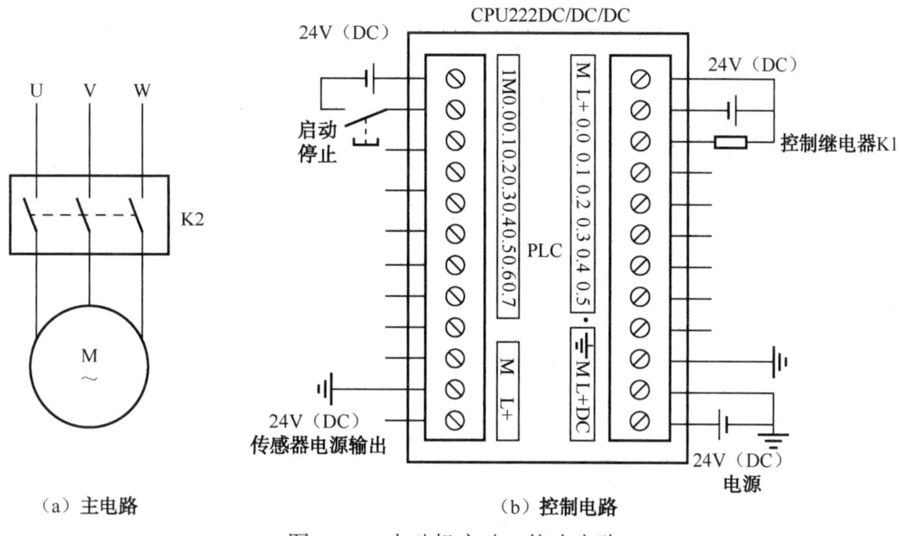

图 8-33　电动机启动、停止电路

2．程序设计

单键控制电动机启动/停止控制的流程图如图 8-34 所示，编程梯形图如图 8-35 所示。单键按下 I0.0 为 1，C1 增 1，放开按键 I0.0 为 0。单键再次按下时 I0.0 为 1，C1 增加到设定值 2，延时 0.5 s，C1 复位。放开按键 I0.0 为 0。

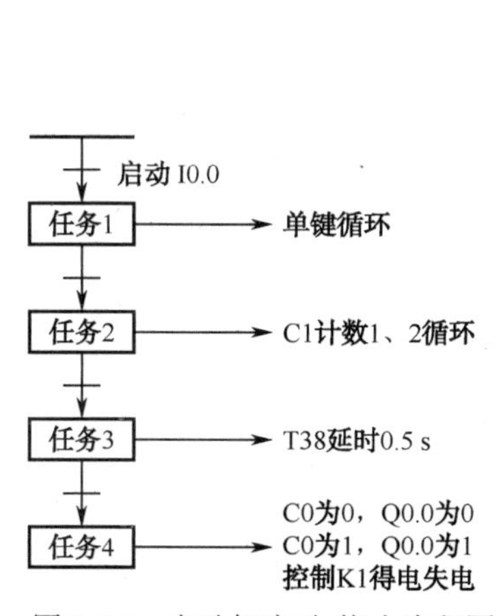

图 8-34　电动机启动/停止流程图

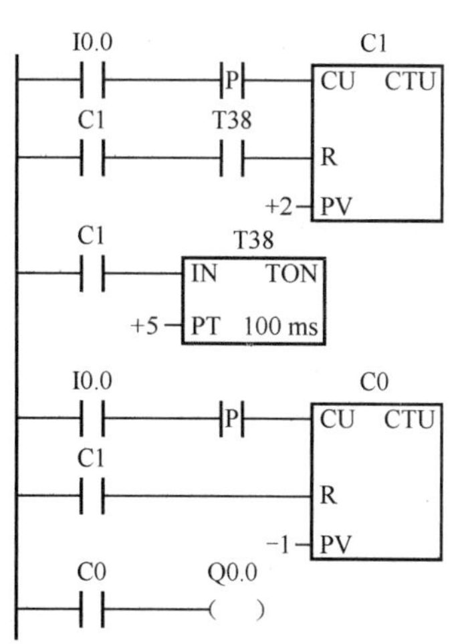

图 8-35　单键控制电动机启动/停止梯形图

I0.0 按下，C0 增 1，C0 达到设定值，C0 输出为 1，再次按下，C1 达到设定值，C1 使 C0 复位，C0 输出为 0。

C0 为 1，Q0.0 得电，K1 得电，电动机启动；C0 为 0，Q0.0 失电，K1 失电，电动机停止。

8.3.3　电动机 Y-△降压启动控制

1. 工作原理

电动机绕组接成三角形连接时，每相绕组所承受的电压是电源的线电压（380 V），接成星形时，每相绕组所承受的电压是相电压（220 V）。因此，对于正常运行时定子绕组接成三角形的笼型异步电动机，控制线路也是按时间原则实现控制的。启动时将电动机定子绕组连接成星形，加在电动机每相绕组上的电压为额定电压的 $1/\sqrt{3}$，从而减小了启动电流。待启动后按预先整定的时间把电动机换用做三角形连接，使电动机在额定电压下运行。控制电路如图 8-36 所示。

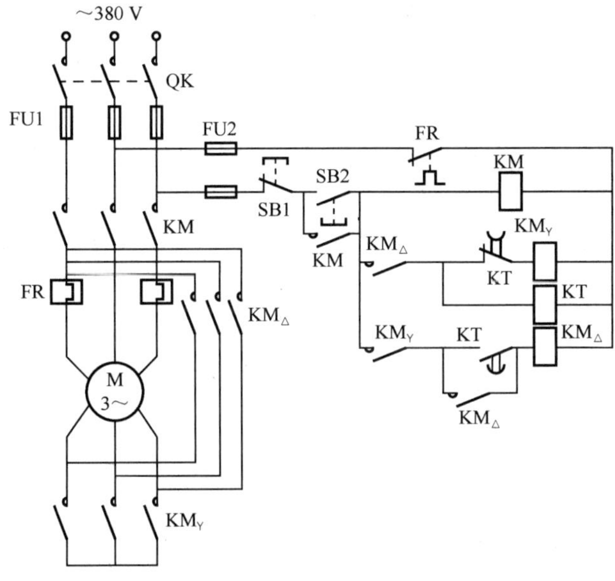

图 8-36　Y-△降压启动控制电路

启动过程如下：

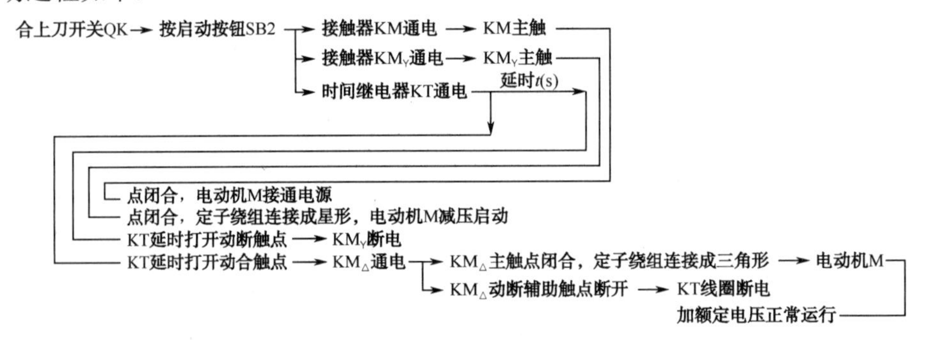

该线路结构简单，缺点是启动转矩也相应下降为三角形连接的 1/3，转矩特性差。因而本线路适用于电网电压 380V、额定电压 660/380V、Y-△连接的电动机轻载启动的场合。

2. 系统硬件设计

1）输入/输出信号分析

根据前面对电动机 Y-△降压启动控制原理的描述，可知该控制系统的输入信号有启动和停止电动机运行的按钮各 1 个，共需 2 个输入端子；输出信号：控制继电器的启/停需 3 个接触器，共需 3 个输出端子。

2）确定输入/输出分配

确定 PLC 输入/输出分配如表 8-16 所示。

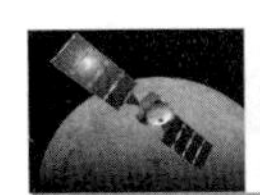

3）PLC 选型

根据表 8-16 和 PLC 的性能指标，本实例选用 S7-200 系列 PLC CPU222。

4）控制电路

控制电路如图 8-37 所示。在图 8-37 中，电动机由接触器 KM1、KM2 和 KM3 控制，其中 KM3 将电动机定子绕组连接成星形，KM2 将电动机定子绕组连接成三角形。KM2 和 KM3 不能同时吸合，否则将产生电源短路。在程序设计过程中，应充分考虑由星形向三角形切换的时间，即由 KM3 完全断开（包括灭弧时间）到 KM2 接通这段时间应锁定住，以防电源短路。

表 8-16　PLC 输入/输出分配表

类别	序号	地址	说　明	功　能
2 路输入信号	1	I0.0	停止按钮 SB1	停止电动机运动
	2	I0.1	启动按钮 SB2	启动电动机运动
3 路输出信号	1	Q0.1	接触器 KM1	控制继电器的启/停
	2	Q0.2	接触器 KM2	
	3	Q0.3	接触器 KM3	

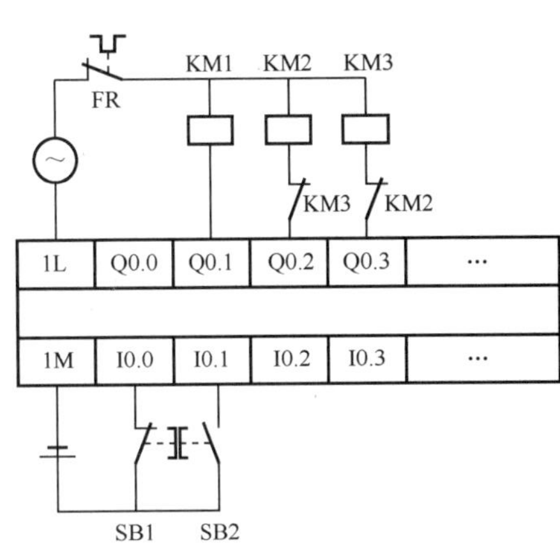

图 8-37　电动机 Y-△降压启动控制电路

3．程序设计

按照前述的工作原理及硬件连接，可以写出如图 8-38 所示的电动机 Y-△降压启动的 PLC 控制程序。

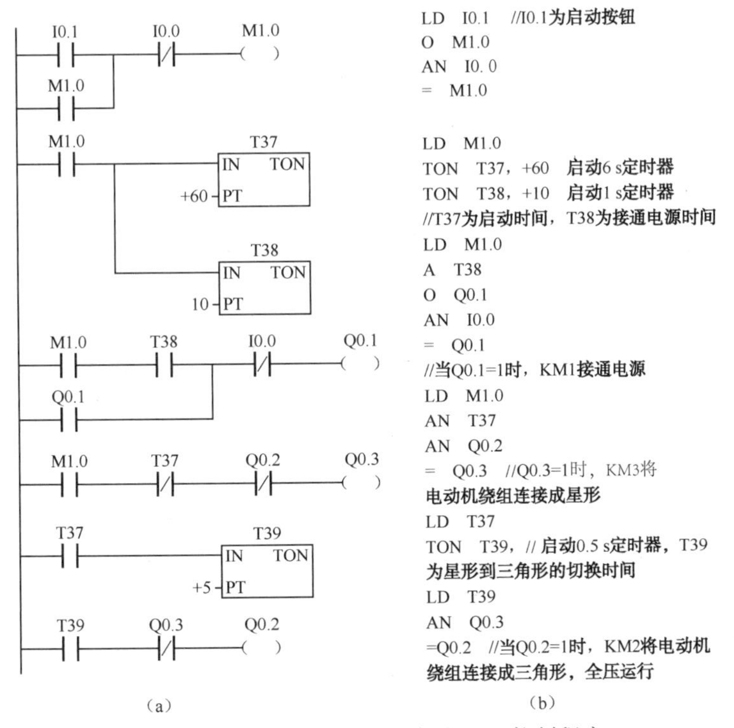

图 8-38　电动机 Y-△降压启动 PLC 控制程序

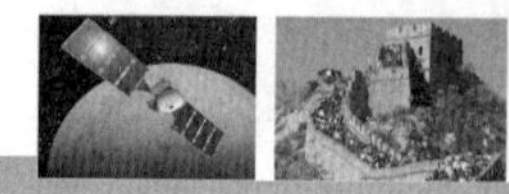

知识梳理与总结

本章主要介绍了以下三方面内容:

1. 可编程控制器的组成和工作原理：可编程控制器概述、PLC 的硬件组成、PLC 的软件组成、PLC 的工作原理。

2. 西门子 S7-200 系列可编程控制器：S7-200 系列可编程控制器概述、S7-200 系列可编程控制器的指令系统、S7-200 系列可编程控制器的程序设计。

3. 典型环节编程与应用实例：电动机的正、反转控制，电动机的启/停控制，电动机 Y-△降压启动控制。

思考练习题 8

1. 简述可编程控制器的定义。

2. 简述可编程控制器的组成。

3. 简述可编程控制器的工作原理。

4. 简述 S7-200 系列可编程控制器的组成。

5. 有 3 台电动机，要求启动时，每隔 10 min 依次启动一台，每台运行 8 h 后自动停机。在运行中可用停止按钮将 3 台电动机同时停机。试设计梯形图程序。

第9章 电气控制设计

教学导航

教	知识重点	1．熟知电气控制设计的基本原则和步骤； 2．掌握电气控制设计的内容和方法； 3．掌握主要参数计算及常用元器件的选择
	知识难点	主要参数计算及常用元器件的选择
	推荐教学方式	以案例分析法为主，联系实际工程，根据案例分析和讲解，与学生形成互动，更好地掌握电气控制设计方法
	建议学时	10 学时
学	推荐学习方法	以案例分析和小组讨论的学习方式为主。结合本章内容，通过自我对照、观察总结，体会电气控制设计的基本原则、内容和步骤，为今后电气控制设计打下良好的基础
	必须掌握的理论知识	1．电气控制设计的基本原则、内容和步骤； 2．电气控制设计的基本要求
	必须掌握的技能	1．电气控制设计方法； 2．主要参数计算及常用元器件的选择

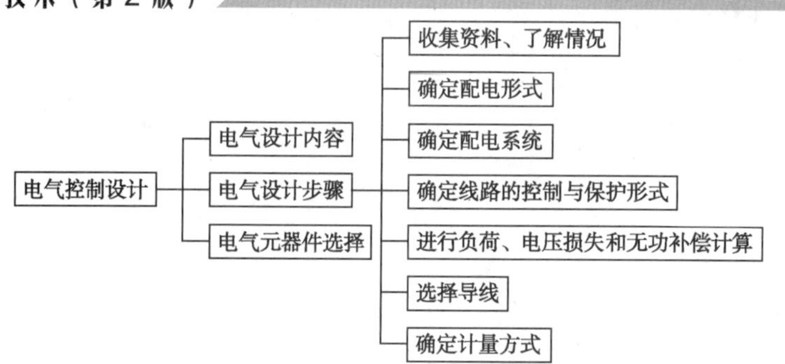

章节导读

电气控制系统的设计包含两个基本内容：一个是原理设计，即要满足建筑设备的运行和工艺的各种控制要求；另一个是工艺设计，即要满足电气控制装置本身的制造、使用和维修的需要。原理设计决定着生产机械设备的合理性与先进性，工艺设计决定电气控制系统是否具有生产可行性、经济性、美观、使用维修方便等特点，所以电气控制系统的设计要全面考虑两方面的内容。在熟练掌握典型环节控制电路、具有对一般电气控制电路能进行分析后，设计者应能举一反三，对被控制生产机械进行电气控制系统的设计并提供一套完整的技术资料。

9.1 电气控制设计的原则、内容和步骤

9.1.1 电气控制设计的一般原则

建筑设备的种类繁多，其电气控制方案各异，但电气控制系统的设计原则和设计方法基本相同。设计工作的首要问题是树立正确的设计思想和工程实践的观点，它是高质量完成设计任务的基本保证。电气控制设计的一般原则介绍如下。

1．适用

能为建筑设备的运行提供必需的动力；为在建筑物内创造良好的人工环境提供必要的能源。应能满足用电设备对于负荷容量、电能质量与供电可靠性的要求；应能保证建筑设备对于控制方式的要求，从而使建筑设备的使用功能得到充分的发挥。做到强电系统高效、灵活、稳定、易控，弱电系统多样、便捷、保真、通畅。

2．安全

建筑设备中的电气线路应有足够的绝缘距离、绝缘强度、负荷能力、热稳定性等，确保供电、配电与用电设备的安全运行。设备应有可靠的防雷装置及防雷与防电击技术措施。在特殊场合下设备还应有防静电技术措施。按建筑物的重要性与灾害潜在危险程度设置必要的火灾报警与自动灭火设施、保安监控设施，特殊重要的场所还应考虑采取抗震技术措施。

3．经济

在满足建筑物对使用功能的要求和确保安全的前提下，尽可能减少建设投资，最大限度地减少电能与各种资源的消耗，选用节能设备，均衡负荷，补偿无功，节约用电，降低

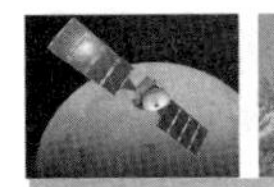

运行与维护费用，提高能源的综合利用率，为实现建筑物的经济运行创造有利条件。

4．美观

民用建筑中的电气设备往往也是建筑空间中可视环境的一部分，许多电气设备常常兼有装饰作用，就本质而言，建筑物不仅是物质生产的产品，也是精神创造的成果。设计者应当力求使电气设备的形体、色调、安装位置与建筑物的性质、风格相适应，在不增加或少增加成本的前提下，创造尽可能美好的氛围，这不仅有利于使用者的身心健康，而且有助于提高工作效率，对降低安全事故的概率也有积极意义。应满足以下要求。

（1）最大限度地满足生产机械和生产工艺对电气控制系统的要求。电气控制系统设计的依据主要来源于生产机械和生产工艺的要求，控制电路是为整个设备和工艺过程服务的，因此，在设计之前要调查清楚生产要求，对机械设备的工作性能、结构特点和实际加工情况有充分的了解。电气设计人员应深入现场对同类或接近的产品进行调查，收集资料，加以分析和综合，最大限度地实现生产机械和工艺对电气控制电路的要求，包括以下几个方面。

① 用户供电电网的种类、电压、频率及容量；

② 电气传动的基本特性，如运动部件的数量和用途，负载特性，调速范围和平滑性，电动机的启动、反向和制动要求等；

③ 电气控制的特性，如控制的基本方式、自动工作循环的组成、动作程序、电气保护、联锁条件等；

④ 操作方面的要求，如操作台的布置、操作按钮的设置和作用、测量仪表的种类以及显示、报警和照明等。

（2）设计方案要合理。在满足控制要求的前提下，设计方案应力求简单、经济、便于操作和维修，不要盲目追求高指标和自动化程度。

（3）机械设计与电气设计应相互配合。许多生产机械采用机电结合控制的方式来实现控制要求，因此要从工艺要求、制造成本、结构复杂性、使用维护的便利性等方面协调处理好机械和电气的关系。

（4）正确合理地选用电气元件，确保控制系统安全可靠地工作。

9.1.2　电气控制设计的基本内容

电气控制设计的基本任务是根据控制要求设计和编制出建筑设备使用与维修过程中所必需的图纸、资料等。图纸包括电气原理框图、电气原理总图、总装配图、总接线图、各组件原理电路图、各组件电气装配图、各组件安装接线图、电气控制柜图、控制面板图等。

电气控制设计的内容主要包含原理设计与工艺设计两部分，以电气传动控制设备为例，设计内容介绍如下。

1．原理设计内容

电气控制系统原理设计的主要内容包括以下几个方面。

1）拟定电气设计任务书

（1）说明所设计设备的型号、用途、工艺过程、动作要求、传动参数、工作条件。

（2）电源种类、电压等级、频率及容量。

（3）对控制精度及生产效率的要求。

（4）电气传动的特点。

（5）保护要求及联锁条件。

（6）控制要求达到的自动化程度。

（7）设备布置及安装方面的要求。

（8）稳定性和抗干扰能力。

（9）目标成本及经费限额。

（10）验收标准及验收方式。

2）确定电气传动方案与控制方式

（1）根据综合条件，做好调研，列出几种方案进行对比和研究，最后确定一种可行性方案。

（2）确定电动机的类型、台数、传动方式及电动机启动、制动、转向、调速等要求。

（3）电力气传方案的选择是以后各部分设计内容的基础和先决条件。

3）选择电动机

选择电动机包括类型、容量、转速及电压等级，并选择具体型号。

（1）根据环境条件选择电动机的结构形式

① 在正常环境条件下，选防护式电动机；在安全有保证的条件下，也可采用开启式电动机。

② 在空气中存在较多粉尘的场所，宜选用封闭式电动机。

③ 在露天场所，宜选用户外型电动机，若有防护措施也可采用封闭式或防护式电动机。

④ 在有爆炸危险或有腐蚀性气体的场所，选用防爆安全型或防腐型电动机。

⑤ 在潮湿场所，应尽量选用湿热带型电动机。

⑥ 在高温场所，选用相应绝缘等级的电动机。

（2）电动机电压、转速的选择

① 额定线电压：一般情况下选用 380 V，只有某些大容量的生产机械可考虑用高压电动机。

② 转速：

- 对不要求调速的高转速或中转速的机械，选用相应转速的异步电动机或同步电动机直接与机械相连接。
- 对不调速的低速运转的生产机械，选用适当转速的电动机通过减速机构来传动。
- 对需要调速的机械，电动机的最高转速应与生产机械的最高转速相适应。

（3）电动机容量的选择

根据电动机的负载和工作方式，正确选择电动机的容量。电动机的容量应由负载时的温升决定，让电动机在运行过程中尽量达到允许温升。选择电动机的容量按以下四种类型进行。

① 对于恒定负载长期工作制的电动机，应保证电动机的额定功率大于等于负载所需要的功率。

② 对于变动负载长期工作制的电动机，应保证当负载变到最大时，电动机仍能给出所需要的功率，同时电动机的温升不超过允许值。

③ 对于短时工作制的电动机，应按照电动机的过载能力来选择。

④ 对于重复短时工作制的电动机，可按照电动机在一个工作循环内的平均功耗来选择。

（4）电动机电压的选择

① 应根据使用地点的电源电压来选择，常用为380 V、220 V。

② 在没有特殊要求的场合，一般均采用交流电动机。

4）设计电气原理框图

确定各部分之间的关系，拟定各部分技术要求。

5）设计并绘制电气原理图，设计主要技术参数

6）选择电气元件，制定元器件材料表

7）编写设计说明书

2. 工艺设计内容

工艺设计的主要目的是便于组织电气控制装置的制造，实现电气原理设计所要求的各项技术指标，为设备以后的安装、使用和维修提供必要的图样资料。工艺设计的主要内容如下。

（1）在原理设计的基础上，考虑电气设备的总体配置，绘制电气控制系统的总装配图及总接线图。应反映电动机、执行电器、电气箱各组件、操作台布置、电源以及检测元件的分布状况和各部分之间的接线关系与连接方式。

（2）按照电气原理框图或划分的组件，对总原理图进行编号，绘制各组件原理电路图，列出各部分的元件目录表，根据总图编号统计出各组件的进出线号。

（3）设计组件电气装配图（元件布置与安装图）、接线图。

（4）绘制电气安装板和非标准的电气安装零件图纸，标明技术要求。

（5）设计电气控制柜（箱或盘）。确定其结构及外形尺寸，设计安装支架，标明安装尺寸、面板安装方式、各组件的连接方式、通风散热及开门方式。

（6）汇总资料（总原理图、总装配图、各组件原理图），列出外购件清单、标准件清单和主要材料消耗定额。

（7）编写使用维护说明书。

9.1.3 电气控制设计的一般步骤

1. 拟定设计任务书

设计任务书是整个电气控制系统的设计依据，又是设备竣工验收的依据。设计任务的拟定一般由技术领导部门、设备使用部门和任务设计部门等几方面共同完成。

电气控制系统的设计任务书中，主要包括以下内容：

（1）设备名称、用途、基本结构、动作要求及工艺过程。

（2）电气传动的方式及控制要求等。

（3）联锁、保护要求。

（4）自动化程度、稳定性及抗干扰要求。

（5）操作台、照明、信号指示、报警方式等要求。

（6）设备验收标准。

（7）其他要求。

2. 确定电气传动方案

电力气传方案选择是电气控制系统设计的主要内容之一，也是以后各部分设计内容的基础和先决条件。

所谓电气传动方案是指根据零件加工精度、加工效率要求、生产机械的结构、运动部件的数量、运动要求、负载性质、调速要求以及投资额等条件，去确定电动机的类型、数量、传动方式以及拟定电动机的启动、运行、调速、转向、制动等控制要求。

电气传动方案的确定要从以下几个方面考虑。

1）传动方式的选择

电力气传方式分独立传动和集中传动。电气传动的趋势是多电动机驱动，这不仅能缩短机械传动链，提高传动效率，而且能简化总体结构，便于实现自动化。具体选择时，可根据工艺与结构决定电动机的数量。

2）调速方案的选择

大型、重型设备的主运动和进给运动应尽可能采用无级调速，有利于简化机械结构、降低成本；精密机械设备为保证加工精度也应采用无级调速；对于一般中型、微型设备，在没有特殊要求时，可选用经济、简单、可靠的三相笼型异步电动机。

3）电动机调速性质要与负载特性适应

对于恒功率负载和恒转矩负载，在选择电动机调速方案时，要使电动机的调速特性与生产机械的负载特性相适应，这样可以使电动机得到充分合理的应用。

3. 电动机的选择

电动机的选择主要有电动机的类型、结构形式、容量、额定电压与额定转速。电动机选择的基本原则是：

（1）根据生产机械调速的要求选择电动机的种类；

（2）在工作过程中，电动机的容量要得到充分利用；

（3）根据工作环境选择电动机的结构形式。

应该强调，在满足设计要求情况下优先考虑采用结构简单、价格便宜、使用维护方便的三相交流异步电动机。

正确选择电动机容量是电动机选择中的关键问题。电动机容量计算有两种方法，一种是分析计算法，另一种是统计类比法。分析计算法是按照机械功率估计电动机的工作情况，预选一台电动机，然后按照电动机实际负载情况作出负载图，根据负载图校验温升情况，确定预选电动机是否合适，不合适时再重新选择，直到电动机合适为止。

电动机容量的分析计算在有关论著中有详细介绍，这里不再重复。

在比较简单、无特殊要求、生产数量又不多的电气传动系统中，电动机容量的选择往往采用统计类比法，或者根据经验采用工程估算的方法来选用，通常选择较大的容量，预留一定的裕量。

4．控制方式的选择

选择控制方式要实现传动方案的控制要求。随着现代电气技术的迅速发展，生产机械电气传动系统的控制方式从传统的继电器-接触器控制向 PLC 控制、CNC 控制、计算机网络控制等方面发展，控制方式越来越多。控制方式的选择应在经济、安全的前提下，最大限度地满足工艺的要求。

5．设计电气控制原理图，并合理选用元器件，编制元器件明细表

6．设计电气设备的各种施工图纸

7．编写设计说明书和使用维护说明书

9.2 电气控制设计的基本要求

1．满足生产机械的工艺要求

2．线路应结构简单、经济

（1）选用标准的电气元件，减少电气元件的数量，选用相同型号的电气元件以减少备用品的数量。

（2）选用标准的、常用的或经过实践考验的典型环节或基本电气控制线路。

（3）减少不必要的触点、导线以简化电气控制线路。一般情况下，减少触点数目和连接导线的方法有如下几种。

① 减少被控制的负载或电器在接通时所经过的触点数，以避免任一电器触点发生故障时而影响其他电器。例如，图 9-1（a）中的线路设计不如图 9-1（b）的合理。

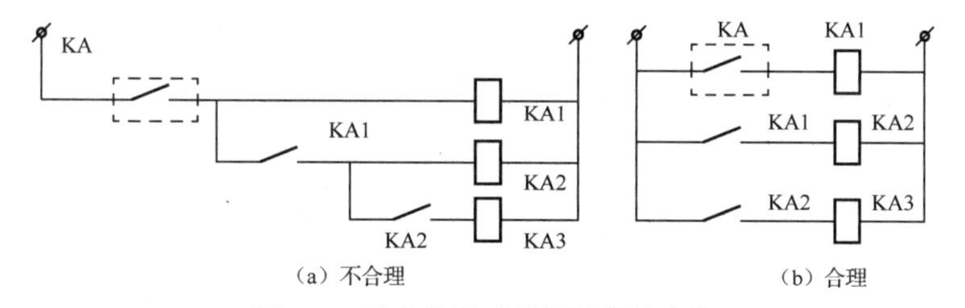

图 9-1 减少接通时所经过的触点数

② 合并同类触点，注意触点的额定电流是否允许，如图 9-2 所示。

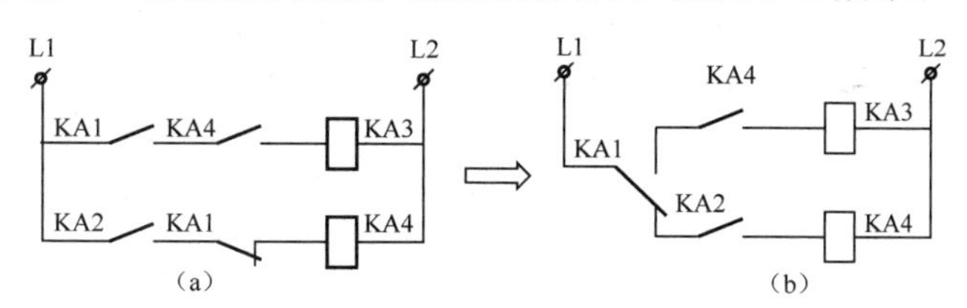

图 9-2 合并同类触点

③ 对有转换触点的中间继电器，多利用转换触点，如图9-3所示。

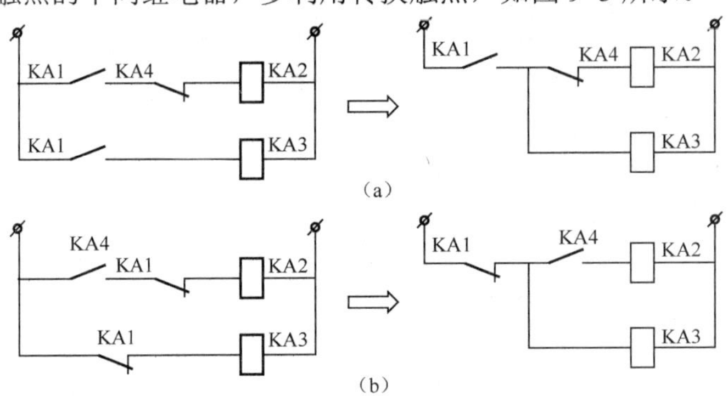

图9-3　利用转换触点

④ 减少连接导线。合理布置电器或同一电器的不同触点在线路中尽可能具有更多的公共连接线，减少导线的长度或根数，如图9-4所示。

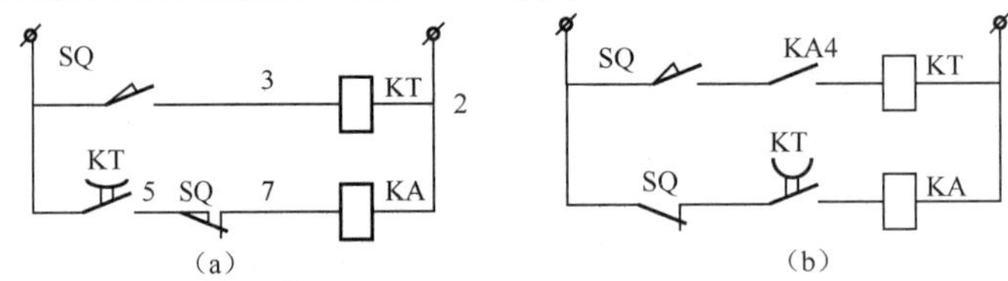

图9-4　减少连接导线

3．操作调整和检修应方便

在设备运行过程中难免会有故障，电路设计时应考虑检修和调整的方便。

4．应确定相应的电流种类与电压数值

简单的线路直接用交流380 V或220 V电压。当电磁线圈超过5个时，控制电路应采用控制电源变压器，将控制电压降到110 V或48 V、24 V。这对维修与操作及电气元件的可靠工作均有利。

对于直流传动的控制线路，电压常用220 V或110 V直流电源供电，必要时也可以用6 V、12 V、24 V、36 V、48 V等直流电压。

5．保证线路的安全可靠性

（1）电气线路应符合使用条件，其电气元件的动作时间要短，如线圈的吸引和释放时间应不影响线路的工作。

（2）电气元件要正确连接。

① 线圈连接：串联时，电压依线圈的阻抗大小被正比例地分配。当一个线圈先动作后，这个阻抗要比没吸合的线圈阻抗大，没吸合的线圈因电压小而不能吸合，使电流增大，将会烧毁线圈，如图9-5所示。

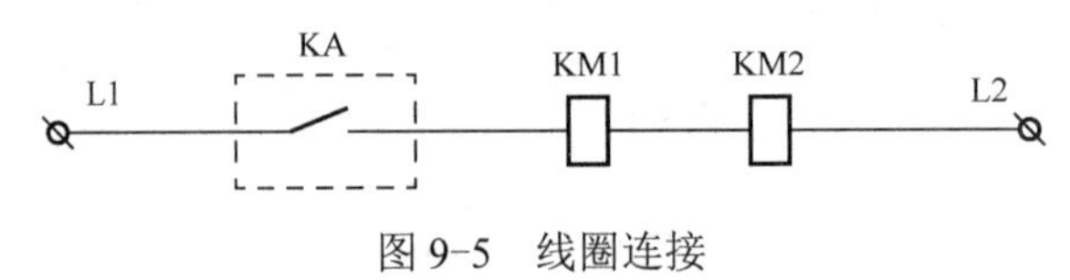

图9-5　线圈连接

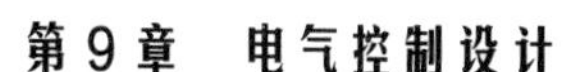

② 触点的连接：例如，图 9-6（a）的触点连接比图 9-6（b）的可靠性高。同一个电器的触点接到同一极性或同一相上，避免在电器触点上引起短路。

③ 故障保护环节和机械之间与电气间的联锁与互锁环节。

④ 防止寄生回路：寄生回路是指控制回路在正常工作或事故情况下，发生意外接通的电路。例如，当电动机过热后 FR 动作时，会产生图中虚线所示的寄生回路，因电动机正转时 KM2 已吸引，故 KM1 不能释放，电动机得不到过载保护，如图 9-7 所示。

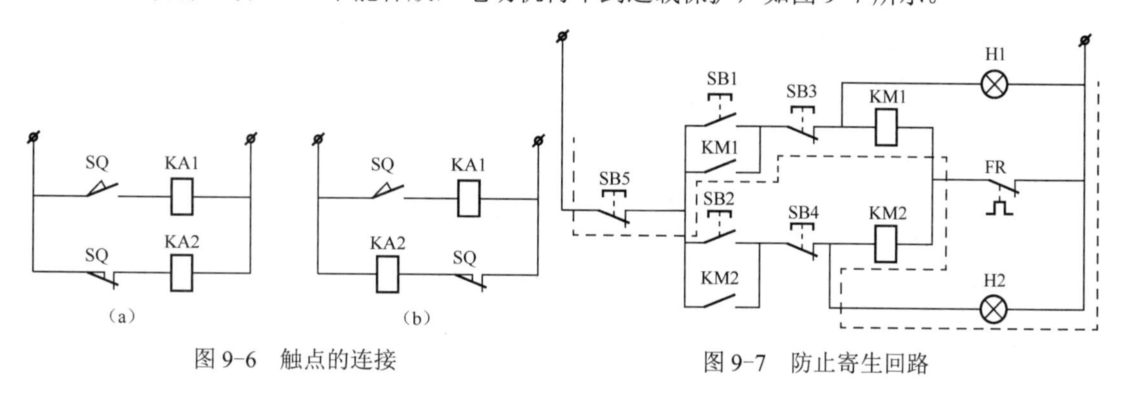

图 9-6　触点的连接　　图 9-7　防止寄生回路

9.3　电气控制系统的设计方法

1. 分析设计法

分析设计法又称经验设计法。所谓分析设计法就是根据生产工艺要求直接设计出控制电路。在具体的设计过程中常有两种做法：一种是根据生产机械的工艺要求，适当选用现有的典型环节，将它们有机地组合起来，综合成所需要的控制电路；另一种是根据工艺要求自行设计，随时增加所需的电气元件和触点，以满足给定的工作条件，但方案不一定是最佳方案。

技巧是：化整为零定原形，积零为整完善线路。

1）分析设计法的特点

（1）易于掌握，使用很广，但一般不易获得最佳设计方案。

（2）要求设计者具有一定的实际经验，在设计过程中往往会因考虑不周发生差错，影响电路的可靠性。

（3）当电路达不到性能要求时，多用增加触点或电器数量的方法来加以解决，所以设计出的电路常常不是最简单经济的。

（4）需要反复修改草图，一般需要进行模拟试验，设计速度较慢。

2）分析设计法的基本步骤

（1）主电路设计。主要考虑电动机的启动、点动、正反转、制动及调速要求。

（2）控制电路设计。主要考虑如何满足电动机的各种运转功能及生产工艺要求。

（3）连接各单元环节，构成整机电路。

（4）联锁保护环节设计。

（5）辅助电路设计：照明、指示、报警等。

（6）电路的综合审查。反复审核电路是否满足设计原则及控制要求。在条件允许的情况下，进行模拟试验，逐步完善整个电气控制电路的设计直至电路动作准确无误。

实例9-1　设计由三个皮带运输机构成的散料运输线控制电路。

1．控制要求（见图9-8）

（1）启动顺序为3#、2#、1#，有一定的时间间隔，以免货物在皮带上堆积。

（2）停车顺序为1#、2#、3#，有一定的时间间隔，保证停车后皮带上不残存货物。

（3）不论2#或3#哪一个出现故障，1#必须停车，以免继续进料，造成货物堆积。

（4）必要的保护。

2．主电路设计（见图9-9）

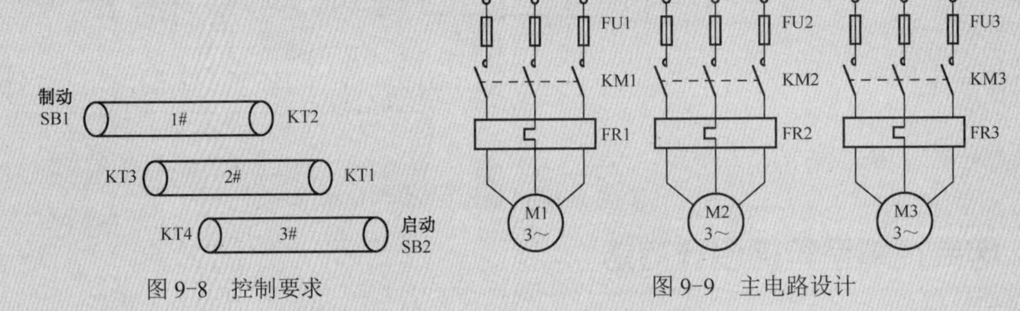

图9-8　控制要求　　　　图9-9　主电路设计

3．控制电路设计（见图9-10）

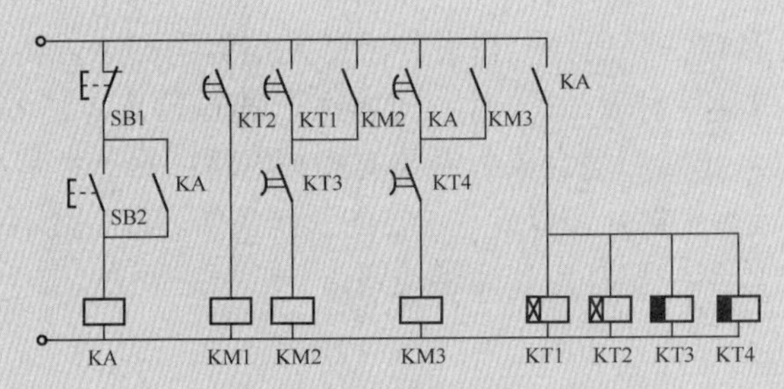

图9-10　控制电路设计

4．设计联锁保护环节（见图9-11）

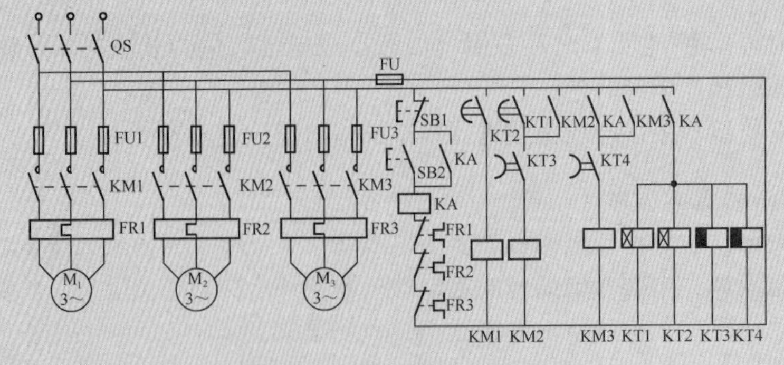

图9-11　设计联锁保护环节

5．电路的综合审查

2. 逻辑设计法

逻辑设计法是根据生产工艺的要求，利用逻辑代数来分析、化简、设计电路的方法。

这种设计方法是将控制电路中的继电器-接触器线圈的通、断，触点的断开、闭合等看成逻辑变量，并根据控制要求将它们之间的关系用逻辑函数关系式来表达，然后再运用逻辑函数基本公式和运算规律进行简化，根据最简式画出相应的电路结构图，最后再做进一步的检查和完善，即能获得需要的控制线路。

逻辑设计法较为科学，能够用必需的最少的中间记忆元件（中间继电器）的数目，确定实现一个自动控制电路，以达到使逻辑电路最简单的目的，设计的电路比较简化、合理。但是当设计的控制系统比较复杂时，这种方法就显得十分烦琐，工作量也大。

因此，如果将一个较大的、功能较为复杂的控制系统分成若干个互相联系的控制单元，用逻辑设计方法先完成每个单元控制电路的设计，然后再用经验设计方法把这些单元电路组合起来，各取所长，也是一种简捷的设计方法。

过程：根据生产机械的工艺和拖动要求，将执行元件的工作信号以及主令电器的接通与断开状态看成逻辑变量，并根据控制要求将它们之间的关系用逻辑函数关系式表示，再进行化简，使之成为最简单的逻辑表达式，由最简式画出相应的电路图，最后进一步完善。

1）低压电器线圈与触点的逻辑表示方法

为保证电气控制电路逻辑关系的一致性，特做以下规定：

（1）接触器、继电器、电磁阀等元件的线圈，得电状态为“1”状态，失电状态为“0”状态。

（2）各电气元件的触点，闭合状态为“1”状态，断开状态为“0”状态。

（3）接触器、继电器的线圈和触点用同一字符标示。

（4）常开触点用原变量形式表示，常闭触点用反变量形式表示。

2）电气控制电路与逻辑关系表达式的对应关系（见图 9-12）

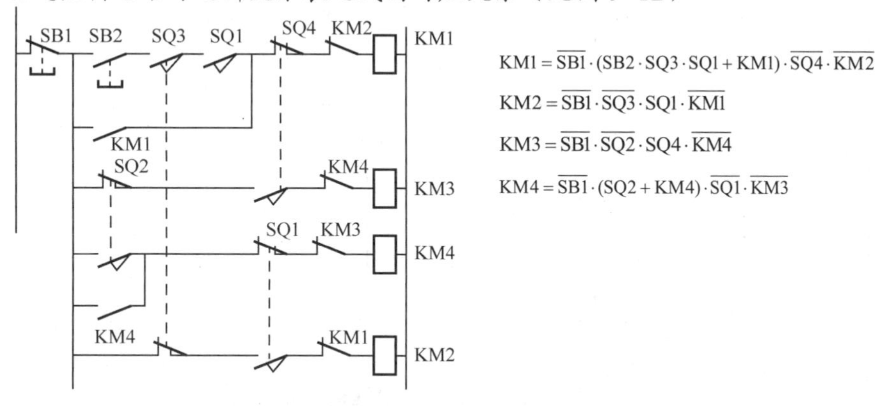

图 9-12　电气控制电路与逻辑关系表达式的对应关系

3）逻辑设计法的一般步骤

（1）将电气控制系统的工作过程及控制要求用文字的形式表述出来，或以图形的方式示意清楚。

（2）根据电气控制系统的工作过程及控制要求，绘制逻辑关系图。

（3）写出各运算元件和执行元件的逻辑表达式。

（4）根据各运算元件和执行元件的逻辑表达式绘制电气控制电路图。

（5）检查并进一步完善电路设计。

4）逻辑关系图的画法（见图9-13）

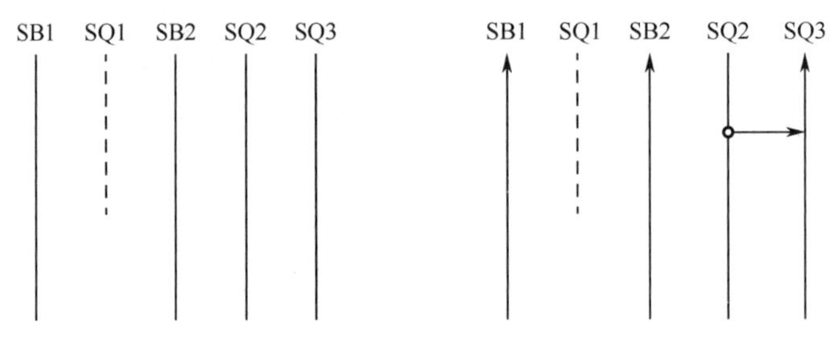

图9-13　逻辑关系图的画法

（1）检测信号

有效信号：能够引起元件状态改变或能够使工步发生切换的检测信号。用竖实线表示。

非控信号：不能引起元件状态改变，也不能使工步发生切换的检测信号。用竖虚线表示。

（2）检测信号的特性

瞬时信号：有效信号的持续时间少于一个工步。用带箭头的竖实线表示。

持续信号：有效信号的持续时间不少于一个工步。以表示持续信号的竖实线为起点，用垂直于该竖实线的带箭头的横实线来表示其持续的长短。

（3）执行元件的工作区间

用垂直于有效信号的粗横实线来标注执行元件的工作区间。

当检测信号确定后，再确定其特性，然后布置执行元件的工作区间，这样，就绘制成了逻辑关系图。

5）由逻辑关系列写逻辑表达式（见图9-14）

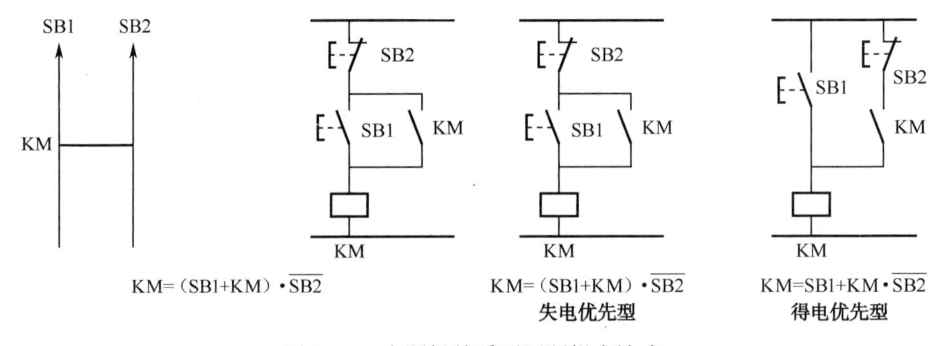

图9-14　由逻辑关系列写逻辑表达式

实例9-2　试用逻辑设计法设计两台电动机顺序启动、逆序停车的控制电路。

控制要求：

按启动按钮 SB1 后，M1 先启动，t_1 秒后，M2 才启动；按下停止按钮 SB2 后，M2 先停车，t_2 秒后，M1 才停车。

分析：

用 KM1、KM2 分别作为 M1、M2 的控制接触器。

启动：按下 SB1，KM1 得电，KT1 开始延时，t_1 时间到，KM2 得电。

停止：按下 SB2，KM2 失电，KT2 开始延时，t_2 时间到，KM1 失电。

启动：按下 SB1，KM1 得电，KT1 开始延时，t_1 时间到，KM2 得电。

停止：按下 SB2，KM2 失电，KT2 开始延时，t_2 时间到，KM1 失电。

逻辑关系见图 9-15。

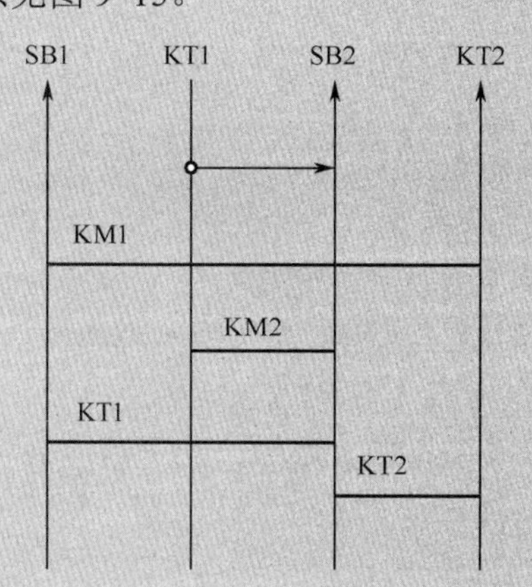

$$\mathrm{KM1} = (\mathrm{SB1} + \mathrm{KM1}) \cdot \overline{\mathrm{KT2}}$$

$$\mathrm{KM2} = \mathrm{KT1}$$

$$\begin{aligned}\mathrm{KT1} &= (\mathrm{SB1} + \mathrm{KT1}) \cdot \overline{\mathrm{SB2}} \\ &= (\mathrm{SB1} + \mathrm{KM1}) \cdot \overline{\mathrm{SB2}} \\ &= (\mathrm{SB1} + \mathrm{KM1}) \cdot \overline{\mathrm{KT2}}\end{aligned}$$

$$\mathrm{KT2} = (\mathrm{SB2} + \mathrm{KT2}) \cdot \mathrm{KM1}$$

图 9-15　逻辑关系

利用逻辑函数来简化电路时需要注意以下问题：

（1）注意触点容量的限制。检查化简后触点的容量是否足够，尤其是担负关断任务的触点。

（2）注意电路设计的合理性和可靠性。一般继电器和接触器有多对触点，在有多余触点的情况下，不必强求化简，而应考虑充分发挥元件的功能，让线路的逻辑功能更明确。

9.4　主要参数计算及常用元器件的选择

正确、合理地选用电气元件，是电路安全、可靠工作的保证。选择原则如下：

（1）按功能要求确定电气元件的类型。

（2）根据所控制的电压、电流及功率大小确定电气元件的规格。

（3）根据工作环境及元件供应情况选择。

（4）根据电气元件所要求的可靠性进行选择。

（5）确定电气元件的使用类别。

9.4.1　三相绕线转子异步电动机启动电阻的计算

为减小启动电流、增加启动转矩并获得一定的调速要求，采用绕线转子异步电动机转

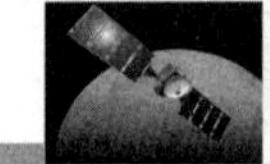

子串接电阻的方法实现。为此要确定外加电阻的级数，以及各级电阻的大小。电阻的级数越多，启动或调速时转矩波动就越小，但控制线路也就越复杂。通常电阻的级数可以根据表来选取。对于平衡短接法，转子绕组中每相串联的各级电阻值

$$R_n=km-nr$$

式中，m 为启动电阻级数；n 为各级启动电阻的序号，n=1 表示第一级，即最先被接的电阻；k 为常数；r 为最后被短接的那一级电阻值。

k、r 值可分别由下列两个公式计算：

$$k=\sqrt[m]{\frac{1}{S}} \qquad r=\frac{E_2(1-S)}{\sqrt{3}I_2}\times\frac{k-1}{k^m-1}$$

式中，S 为电动机的额定转差率；E_2 为正常工作时电动机的转子电压（V）；I_2 为正常工作时电动机的转子电流（A）。

每相的启动电阻的功率为：

$$P=（1/2\sim1/3）I_{2s}^{\ 2}R$$

式中，I_{2s} 为转子启动电流（A），取 $I_{2s}=1.5I_2$；R 为每相串联电阻（Ω）。

结论：启动电阻仅在启动时使用，为减小体积，可按启动电阻功率的 1/2～1/3 来选择电阻功率。

若是启动电阻仅在电动机的两线上串联，那么此时选用的启动电阻应为上述计算值的 1.5 倍。

反接制动时，三相定子中各相串联的限流电阻 R 为：

$$R\approx k$$

式中，k 为系数，当要求最大反接制动电流 $I_m<I_S$ 时，k=0.13，当要求 $I_m<1/2I_S$ 时，k=1.5。

若仅在两相定子绕组中串接电阻，电阻值应为上述计算值的 1.5 倍，而制动电阻的功率为：

$$P=（1/2\sim1/4）I_e^2R$$

式中，I_e 为电动机的额定电流；R 为每一相串接的限流电阻值。

在实际中应根据制动频繁程度适当选取前面系数。

9.4.2 笼型异步电动机的能耗制动参数计算

能耗制动电流与电压的计算如下。

（1）制动时直流电流计算：

$$I_D=（2\sim4）I_0 \quad 或 \quad I_D=（1\sim2）I_N$$

式中，I_0 为电动机的空载电流；I_N 为电动机的额定电流。

（2）制动时直流电压为：

$$U_D=I_DR$$

式中，R 为两相串联定子绕组的冷电阻。

9.4.3 整流变压器的参数计算

对单相桥式整流电路计算如下。

（1）变压器二次交流电压为：

$$U_2=U_D/0.9$$

（2）变压器容量计算。只有在能耗制动时变压器才工作，故容量可小些，取计算容量的 1/2～1/4。

控制变压器容量计算：

应根据控制电路在最大工作负载时所需要的功率考虑，并留有一定的余量，即

$$S_T=K_T\sum S_C$$

式中，S_T 为变压器的控制容量（VA）；$\sum S_C$ 为控制电路在最大负载时所有吸持电器消耗功率的总和（VA），对于交流电磁式电器，S_C 应取其吸持视在功率（VA）；K_T 为变压器的容量储备系数，一般取 1.1～1.25。

9.4.4　常用电气元件的选择

按钮、刀开关、组合开关、限位开关及自动开关的选择依据如下。

1）按钮的选用依据

（1）需要的触点对数。

（2）动作要求。

（3）是否需要带指示灯。

（4）使用场所。

（5）对颜色的要求。

2）刀开关的选用依据

（1）电源种类。

（2）电压等级。

（3）断流容量。

（4）需要极数。

（5）额定电流。当用刀开关来控制电动机时，其额定电流要大于电动机额定电流的 3 倍。

3）组合开关的选用依据

（1）电源种类。

（2）电压等级。

（3）触点数量。

（4）断流容量。

当采用组合开关来控制 5 kW 以下小容量异步电动机时，其额定电流一般为（1.5～2.5）I_S。接通次数小于 15～20 次/h，常用的组合开关为 HZ10 系列。

4）限位开关的选用依据

（1）机械位置对开关形式的要求。

（2）控制电路对触点数量的要求。

（3）电流、电压等级。

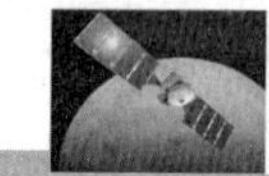

5）自动开关的选用依据

（1）根据要求确定类型，如框架、塑料外壳、限流式等。

（2）额定电压和电流不小于正常工作电压和电流。

（3）热脱扣器的整定电流应与所控制的电动机的额定电流或负载额定电流一致。

（4）电磁脱扣器的瞬时脱扣整定电流应大于负载电路正常工作时的峰值电流。对于电动机来说，DZ型自动开关电磁脱扣器的瞬时脱扣整定电流值 I_Z 可按下式计算：

$$I_Z \geqslant KI_Q$$

式中，K 为安全系数，可取1.7；I_Q 为电动机的启动电流。

（5）初选参数后，还要和其上、下级开关做保护特性的协调配合，从总体上满足系统对选择性保护的要求。

9.4.5 接触器的选择

主要考虑主触点的额定电压与额定电流、辅助触点数量、吸引线圈电压等级、使用类别、操作频率等。主触点的额定电流应等于或大于负载或电动机额定电流。

1. 主触点额定电流 I_e 的选择

应大于、等于负载电流。

$$I_e = k\frac{P_e}{\sqrt{3}U_e}$$

式中，P_e 为被控制电动机的额定功率（kW）；U_e 为电动机的额定线电压（kV）；k 为经验系数，常取1～1.4。

在选用接触器的额定电流时，应大于计算值，也可以参照表，按被控制电动机的容量进行选取。

对于频繁启动、制动与频繁正反转工作的情况，为防止主触点烧蚀和过早损坏，应将接触器的额定电流降低一个等级使用，或将表中的控制容量减半选用。

2. 主触点额定电压的选择

应大于控制电路的额定电压。

3. 接触器控制线圈电压种类与电压等级的选择

简单时可直接选用交流380/220 V，复杂时应选用127 V、110 V或更低的控制电压。

4. 接触器触点数量、种类的选择

直流接触器的选择方法与交流接触器相似。

5. 其他

（1）根据使用环境选择有关系列接触器或特殊用接触器。

（2）电器的固有动作时间、使用寿命和操作频率。

9.4.6 继电器的选择

1. 电磁式继电器的选用

中间继电器、电流继电器、电压继电器等都属于这一类型。选用的依据主要是：

（1）被控制或被保护对象的特性。

（2）触点的种类、数量。

（3）控制电路的电压、电流、负载性质。

（4）线圈的电压、电流应满足控制电路的要求，如果控制电流超过继电器触点的额定电流，可将触点并联使用，也可以采用触点串联使用方法来提高触点的分断能力。

2．选用时应考虑的问题

（1）延时方式（通电延时或断电延时）。

（2）延时范围。

（3）延时精度要求。

（4）外形尺寸。

（5）安装方式。

（6）价格等因素。

3．热继电器的选用

对于星形接法的电动机及电源对称性较好的情况，可采用两相结构的热继电器。

对于三角形接法的电动机或电源对称性不够好的情况，则应选用三相结构或带断相保护的三相结构热继电器。

而在重要场合或对容量较大的电动机，可选用半导体温度继电器来进行过载保护。

发热元件的额定电流原则上按被控制电动机的额定电流选取，并以此去选择发热元件编号和一定的调节范围。

9.4.7　熔断器的选择

先确定熔体的额定电流，然后根据熔体规格，选择熔断器的规格，再选择熔断器的类型。

1．熔体额定电流的选择

（1）无冲击电流负载，如照明电路、信号电路、电阻炉等，有：

$$I_{FUN} \geqslant I$$

式中，I_{FUN}为熔体的额定电流；I为负载的额定电流。

（2）负载出现尖峰电流，如笼型异步电动机的启动电流为（4～7）I_{ed}（I_{ed}为电动机的额定电流）。

单台不频繁启、停，且长期工作的电动机有：

$$I_{FUN}=(1.5\sim2.5)I_{ed}$$

单台频繁启动、长期工作的电动机有：

$$I_{FUN}=(3\sim3.5)I_{ed}$$

多台长期工作的电动机共用熔断器，有：

$$I_{FUN} \geqslant (1.5\sim2.5)I_{emax}+\sum I_{ed}$$

$$\text{或}\ I_{FUN} \geqslant I_m/2.5$$

式中，I_{emax}为容量最大的一台电动机的额定电流；$\sum I_{ed}$为其余电动机的额定电流之和；I_m为电路中可能出现的最大电流。

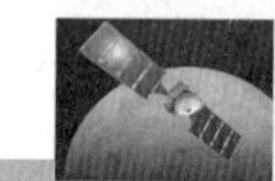

几台电动机不同时启动时，电路中的最大电流：

$$I_{m}=7\,I_{emax}+\sum I_{ed}$$

熔体额定电流的选择还要照顾到上下级保护的配合，以满足选择性保护要求，使下一级熔断器的分断时间较上一级熔断器熔体的分断时间要小，否则将会发生越级动作，扩大停电范围。

（3）采用降压方法启动的电动机有：

$$I_{FUN}\geqslant I_{ed}$$

2．熔断器规格的选择

熔断器的额定电压应大于电路工作电压，其额定电流应等于或大于所装熔体的额定电流。

3．熔断器类型的选择

熔断器类型应根据负载的保护特性、短路电流大小及安装条件来选择。

9.5 电气控制设计中的电气保护

电气控制设计中的保护环节是现代自动化控制系统中不可或缺的重要组成部分，电气控制系统在满足生产工艺控制要求的同时，还需要有控制电路的保护环节，这是考虑生产过程中有可能发生故障或不正常情况，引起电流增大，电压和频率降低或升高，致使生产过程中电气设备和工艺指标失衡，破坏正常工作，或导致生产设备的损坏。在电气控制电路中主要的保护环节有短路保护、过电流保护、过载保护、失压保护和欠压保护等。

1．短路保护

在生产实践中，三相交流电力系统最常见和最危险的故障是短路。当出现线路或电气绝缘遭到破坏、操作或接线错误、控制回路或电气设备故障等引发短路事故时，发现线路中产生的瞬时故障电流为额定电流的几倍到几十倍，过大的短路电流会使电气设备急剧发热，致使电气设备或配电线路的绝缘降低甚至损坏，严重时引起火灾。所以当线路出现短路电流时，必须快速、可靠地切断电源，这种瞬时特性就是在线路中安装短路保护装置。短路保护主要采用熔断器、低压断路器和专用的短路保护装置。在三相供电系统主电路中必须采用短路保护。在主电路容量较小的线路中使用熔断器，同时可以作为控制回路的短路保护，在主电路容量较大的线路中，主电路一定要单独设置短路保护熔断器，控制回路单独设置熔断器作为短路保护。

2．过电流保护

过电流就是用电设备在超过其额定电流的状态下运行。过电流一般要比短路电流小，一般不超过额定电流的 6 倍。在生产过程中，电动机出现过电流的原因，主要还是不正确地启动和负载转矩过大，电动机在运行过程中发生过电流的可能性较大，尤其在生产工艺要求频繁启动和正反转、重复短时工作情况下，电动机运转时的过电流更是如此。在生产实践中过电流保护通常采用过电流继电器、低压断路器、电动机保护器等，其动作值的整定要躲过正常运转的电流值。

在控制线路中，过电流继电器与接触器配合使用，将过电流继电器线圈串联在被保护电路中，电路电流达到其整定值时，过电流继电器动作，切断电源。我们应该知道，过电流继电器不同于熔断器和低压断路器，低压断路器是把测量元件和执行元件装在一起；熔断器的熔体本身就是测量和执行元件；而过电流继电器只是一个测量元件，过电流保护要通过执行元件接触器来完成。在设计安装时，为避免电动机的启动电流使过电流继电器动作，需要时间继电器与过流继电器配合，设定时间继电器延时闭合常开点，使过流继电器的线圈接入保护电路，在运行当中起保护作用。

3．过载保护

过载保护是说电动机在大于其额定电流的情况下运行，一般是指在其额定电流的 150%以内运行。在实践中出现电动机过载的原因有很多，诸如缺相运行、负荷突然增加、电网电压降低等。如果电动机长时间过载运行，其绕组就会升温，当超过允许值时绕线绝缘材料就会变脆、老化，甚至烧坏电动机。通常在处理过载保护时采用热继电器或电动机保护器作为保护装置。过载保护的特性与过电流的保护不同，这主要是因为在工艺生产中，负载的临时增加而引起过载，短时间后就恢复正常工作状态，对于电动机只要过载时间内绕组的温度不超过允许的温度，一般不需要立即切断电源。热继电器具有与电动机反时限特性相吻合的特性，根据电流过载倍数的不同，其动作的时间也是不同的，是随着电流的增大而减少等待时间。在使用过程中，热继电器的热惯性比较大。检测到的电流超过几倍的额定电流，均需要一个等待时间才能动作后切断电源，正因如此，热继电器能够经得起电动机在启动时大电流的冲击，从而躲过启动过电流的时间，也只有在电动机长时间过载的情况下，热继电器才会动作，切断控制电路，接触器线圈断电释放触点，电动机停止运转，达到电动机过载保护作用。

4．电压保护

用电设备在一定的额定电压范围内才能正常工作，过高的电压或过低的电压以及生产过程中非人为原因出现的突然停电都可能造成生产事故，所以在设计电气控制电路时需要设置失压保护、欠压保护等。

1）失压保护

在生产过程中电动机正常运转时，出现突然停电致使电动机断电停转，相应的机械部分也随之停止工作，若在电源自行恢复时，电动机能够自行启动，有可能造成机械设备事故或人身事故，也有可能致使电气部分过负荷引发火灾，为此装设防止电压恢复电气设备自行启动而设置的保护称为失压保护。在生产中电气设备的主电路和控制电路是通过接触器和按钮控制电动机的启动和停止，那么控制电路中的自锁环节就具有失压保护作用。在电气控制中若有不能自动复位的手动开关或行程开关控制接触器，就必须设计零压继电器。在工作过程中，若出现失电，零压继电器释放，其控制电路自锁也释放；当供电系统恢复正常时，主电路就不会导通，设备也就不会自行投入工作。

2）欠压保护

当供电系统中出现电压降低时，用电设备如电动机在欠压下依然运行，在负载一定的情况下，由于额定电压的下降，导致线路中的电流增大，这个电流增大但不足以使熔断

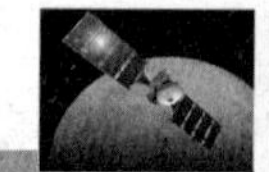

器、过电流继电器或热继电器动作，维持电动机在欠压状态下运行，这样不仅影响产品工艺指标，还会造成机械设备损坏而停产，同时在控制回路中的接触器、继电器既不释放又不能可靠地吸合接触，出现触点抖动时噪声增大，线圈电流增大，触点升温造成电气元件或电动机烧毁。如果在供电系统电压下降到额定电压的 80%以下，控制电路能够自动切除主电路电源使用电设备停止工作，这就是欠压保护。欠压保护采用欠电压继电器来实现，其线圈跨接在电源上，常开触点串接在接触器控制回路中，当供电电压下降到继电器的整定值时，触点释放，切断控制回路从而实现欠压保护。

电气控制设计中的电气保护还有急停保护、信号联锁保护（含运行到位减速保护、停止保护、超程保护、热继电器信号反馈保护、变频器故障保护等）；提升机构一般有超重保护；液压系统一般有液位保护、压力保护、油温信号保护等；热过载保护有超温、超压保护等。在电气控制保护设计中，具体选用时应有取舍，关键要看实际的控制系统应用需求，保障电气和生产设备安全可靠地工作。

综合实训　某高层建筑泵机的电气控制电路设计

该实训是针对一般民用建筑、高层建筑及其他建筑常用泵房中各类泵机的电气自动控制展开的，有较大的通用性和一定的实用价值。

民用建筑、高层建筑、住宅小区及其他建筑中一般需设置泵房，以解决人们日常生活、工作及应急所需。常见泵房一般涉及的泵机有：生活给水泵、加压泵、排污泵和消防泵等。对泵机控制的一般要求有：生活给水泵自动给水控制、消火栓给水泵的自动控制、喷淋给水泵的自动控制、消防稳压泵的自动控制、排污泵的自动控制等。

1．设计任务

根据某高层建筑泵房中设置的给水、排水和消防给水设备，进行设备的电气控制设计，具体内容如下。

由给排水专业提供的设备情况如下：

（1）生活给水泵，两台一用一备自动投入，容量为：P_N=2×11 kW。

地下室泵房设置有生活水箱。

（2）消火栓给水泵，两台一用一备自动投入，容量为：P_N=2×45 kW。

地下室泵房设置有消防备用水水池，屋顶设置消防水箱，启动消火栓泵的信号由消火栓报警按钮直接控制，或火灾探测信号经确认后由消防控制中心直接控制。

（3）喷淋给水泵，两台一用一备自动投入，容量为：P_N=2×30 kW。地下室泵房设置有消防备用水水池，屋顶设置消防水箱，由喷淋头直接控制，或火灾探测信号经确认后由消防控制中心直接控制。

（4）消防稳压泵，两台一用一备恒压自动投入，容量为：P_N=2×3 kW。消防稳压泵设置在屋顶，由压力控制器直接控制，或火灾探测信号经确认后由消防控制中心直接控制。

（5）排污泵，两台自动循环控制，容量为：P_N=2×2.2 kW。

注：污水池设置在地下室。

2．设计要求

（1）完成以上设备的控制电路原理图设计（一次电路和二次电路）。在两张A2图纸上完成草图设计，在两张A2图纸完成控制电路原理图设计。各泵的启动方式自己根据具体情况选择。

（2）完成设计计算说明书与各类元器件的选择。

（3）在一张A3图纸上完成设计说明、主要设备材料表。

3．设计指导

（1）了解和熟悉设计任务。

（2）根据任务书的有关内容收集生活给水泵、消火栓给水泵、喷淋给水泵、消防稳压泵及排污泵控制的资料，并认真自学，了解和熟悉控制要求，理顺各控制系统间的关系。

例如：到图书馆查找这方面的资料，确定各类泵机的控制电路和控制原理、适用范围等；对照任务书研读有参考价值的部分，边读边理解任务书中各控制环节及各系统间的制约和联系等。

（3）构思各种设备间、电气元件之间的关系，各元器件的动作顺序，如生活给水系统、消防给水系统及喷淋给水系统之间的关系，在控制上应确定优先权的问题、手动控制和自动控制的关系。

例如：在一用一备系统中，首选设置1号和2号设备，1号为工作泵，2号为备用泵，利用时间继电器监测1号泵对信号的响应时间，确定是否启动2号备用泵；当生活给水泵、消火栓给水泵、喷淋给水泵及排污泵同时收到启泵信号时，优先启泵权属于喷淋给水泵和消火栓给水泵。

（4）按各子系统为单位进行子系统控制要求分析，并在此基础上再进行整个系统的控制要求设置。

（5）根据控制电路设计、电动机的容量及控制要求，进行各电气元件的选择计算、导线的选择计算、保护电器的选择计算。

由上述计算结果确定电气元件的型号、规格、数量。

以生活给水泵中选择接触器为例说明：

已知：P_N=11 kW，$\cos\phi$=0.75，线路额定电压=380 V，则对于每台设备的主电路有：

$$I_{js}=\frac{P_N}{\sqrt{3}U_1\cos\phi}=22.3\ \text{A}$$

可选接触器：

CJ20-25：I_N=25 A，U_N=380 V，可控电动机的最大功率为11 kW；

3TB44：I_N =32 A，U_N =380 V，可控电动机的最大功率为15 kW；

B25：I_N =40 A，U_N =380 V，可控电动机的最大功率为11 kW。

综合考虑：确定选择3TB44。

（6）确定主要设备材料表。该表的内容应包含：序号、图形文字符号、名称、型号、规格、数量及备注等。

（7）确定设计说明。设计说明应包含电源配置要求、控制方式、安装需注意的问题及其他在电路图中无法表示的问题。

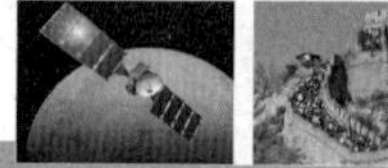

知识梳理与总结

电气控制电路设计的主要内容是选择电气传动方案，拟定自动控制原理，设计电气控制系统，绘制电气原理图和接线图。

电气控制系统应充分满足生产工艺所提出的要求，这是电气控制电路设计的基本出发点，同时应力求可靠、安全、简单、经济。

电气控制电路的设计方法有两种，即分析设计法和逻辑设计法。前者是根据经验，后者则依据逻辑代数。目前常用的方法是根据经验设计，然后用逻辑代数进行控制电路的简化。

分析设计法是将电气控制系统分为主电路和控制电路顺序设计。设计控制电路时，可根据控制对象和作用划分几个基本控制环节，并参照典型线路逐一进行设计，再根据联锁条件加以综合，最后考虑电源、信号指示等，以完善线路设计。

思考练习题 9

1．设计一个用按钮和接触器控制电动机的启动与停止电路，用组合开关控制电动机实现正反转控制。

2．设计一个在甲地和乙地都能控制其长动和点动的控制电路。

3．有一台电动机拖动一个运货小车沿轨道正反运行，要求：①正向运行到终端后能自动停止；②经过3 min后能自动返回；③返回到起点端能自动停止；④再次运行时由人工发出运行指令。试设计其电气控制电路。

4．某发电厂用一台皮带运输机输送煤，该台皮带运输机由两台电动机分别拖动两条皮带，要求M1启动2 min后M2自动启动，而停止时，要求M2停止3 min后M1才能停止，并且有过载保护功能。试设计其控制电路。

参 考 文 献

[1] 行业标准．民用建筑电气设计规范（JGJ16—2008）．北京：中国建筑工业出版社，2008．

[2] 标准图集．民用建筑电气设计与施工（D800-1～3）．北京：中国建筑标准设计研究院，2008．

[3] 赵宏家．建筑电气控制（第二版）．重庆：重庆大学出版社，2009．

[4] 马小军．建筑电气控制技术（第2版）．北京：机械工业出版社，2012．

[5] 孙景芝，李庆武．建筑设备电气控制工程．北京：电子工业出版社，2010．

[6] 孙景芝．建筑电气控制系统安装．北京：机械工业出版社，2007．